全国水利行业职工培训教材

农村水利工程建设与管理

主　编　汪绍盛　孙书洪
副主编　杨树生　朱士权

U0217492

中国水利水电出版社
www.waterpub.com.cn

内 容 提 要

　　本教材根据我国农村水利发展新形势的需要，针对农村水利工程建设与管理中经常遇到的实际问题，从农村水利工程规划、设计、施工、管理、评价及水土保持等方面进行了系统、详细的阐述。除传统的农田水利工程外，增加了农村饮水安全工程、农村水环境治理及保护等新内容。全教材共分8篇，包括农田水利工程建设与管理、农村饮水安全工程建设与管理、农村生活污水处理工程建设与管理、农村水环境保护与坑塘治理、水资源管理、农村水土保持技术、防汛抗旱、农村水利信息技术。内容精炼、通俗易懂，方便实用。

　　本教材可作为农村基层水利技术人员的技术培训用书，也可供区县水利技术人员学习和参考。

图书在版编目（ＣＩＰ）数据

　　农村水利工程建设与管理 / 汪绍盛，孙书洪主编
. -- 北京 ： 中国水利水电出版社，2015.3
　　全国水利行业职工培训教材
　　ISBN 978-7-5170-2948-9

　　Ⅰ. ①农… Ⅱ. ①汪… ②孙… Ⅲ. ①农村水利—水
利建设—职工培训—教材②农村水利—水利工程管理—职
工培训—教材 Ⅳ. ①S27

中国版本图书馆CIP数据核字(2015)第030311号

书　　名	全国水利行业职工培训教材 **农村水利工程建设与管理**	
作　　者	主编　汪绍盛　孙书洪　　副主编　杨树生　朱士权	
出版发行	中国水利水电出版社 （北京市海淀区玉渊潭南路1号D座　100038） 网址：www.waterpub.com.cn E-mail：sales@waterpub.com.cn 电话：（010）68367658（发行部）	
经　　售	北京科水图书销售中心（零售） 电话：（010）88383994、63202643、68545874 全国各地新华书店和相关出版物销售网点	
排　　版	中国水利水电出版社微机排版中心	
印　　刷	三河市鑫金马印装有限公司	
规　　格	184mm×260mm　16开本　25.25印张　598千字	
版　　次	2015年3月第1版　2015年3月第1次印刷	
印　　数	0001—3000册	
定　　价	**65.00元**	

凡购买我社图书，如有缺页、倒页、脱页的，本社发行部负责调换

版权所有·侵权必究

编审人员名单

主　　编：汪绍盛　孙书洪

副 主 编：杨树生　朱士权

参编人员：周青云　李　桐　赵宝永　安立群　叶澜涛

　　　　　金建华　杨世鹏　笪志祥　张　东　韩娜娜

　　　　　赵永志　李松敏　佘　萍　李　妍　梁小宏

　　　　　李绍飞　刘　玲　吴　岩

主　　审：王仰仁

前言

QIANYAN

我国是一个农业大国，农村水利既是农村经济的一个重要组成部分，也是农村经济、社会可持续发展的重要基础，在改善农民生产生活条件、促进粮食生产方面发挥了重要作用。近年来，农村经济体制改革进一步深入，迫切需要加强农村水利工程的建设与管理，以保证其能发挥正常的效益。随着农村水利建设大规模展开，农村水利基础设施建设获得迅猛发展，使得对农村水利工程设计、施工、运行管理等专业技术人才的需求也更为迫切。同时，农业和农村经济的快速发展，进一步赋予了农村水利工作新内涵、新要求和新任务，农村水利工作已从传统的农田水利建设和防汛抗旱延伸到农村饮水安全、农村水环境保护治理、农村生活污水处理及水土保持等领域。农村水利基层服务组织不断健全完善，至2013年农村基层水利服务组织从业人员达13万人。近年来农村水利工程建设的投资不断加大，农村水利设施经营管理改革不断加强，提高农村水利服务队伍的技术水平和管理水平迫在眉睫。

本培训教材由农村水利的高级技术人员和水利院校教授专家联合编写，紧密结合农村水利工程建设管理的实际需求，综合了农田水利、水资源、给排水、水环境、水土保持、信息化等学科。内容精炼、方便实用、通俗易懂，便于广大的农村水利基层服务组织的技术人员以及区县水利技术人员及管理人员学习和参考。

本教材的主要内容包括农田水利工程建设与管理、农村饮水安全工程建设与管理、农村生活污水处理工程建设与管理、农村水环境保护与坑塘治理、水资源管理、农村水土保持技术、防汛抗旱、农村水利信息技术。

本教材由汪绍盛、孙书洪任主编，杨树生、朱士权任副主编，编写过程中得到天津市水务局、天津农学院等单位的大力支持，全书由王仰仁教授主审。

由于编者水平有限，书中难免出现不妥之处，恳请读者、专家和同行批评指正。

编者

2014 年 12 月

目 录 MULU

前言

第 2 篇　农村饮水安全工程建设与管理

第 3 篇　农村生活污水处理工程建设与管理

第 4 篇　农村水环境保护与坑塘治理

第5篇 水 资 源 管 理

第6篇 农 村 水 土 保 持 技 术

第7篇　防汛抗旱

第8篇　农村水利信息技术

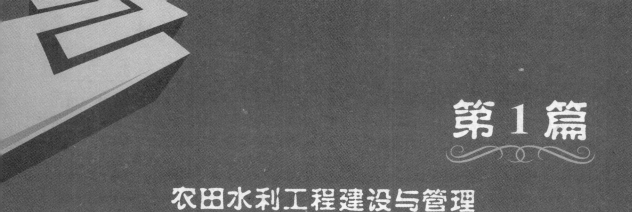

第1章 农田水利工程规划设计

1.1 作物需水量

作物需水量是灌溉农业用水的主要组成部分,也是整个国民经济中消耗水分的最主要部分。因此,它是水资源开发利用时的必需资料,同时也是灌排工程规划、设计、管理的基本依据。

1.1.1 作物需水量的概念

作物需水量从理论上说系指大面积生长的无病虫害作物,在土壤水分和肥力适宜时,在给定的生长环境中能取得高产潜力条件下的植株蒸腾和棵间蒸发量,包括组成植株体所需的水量。

农田水分的消耗途径主要有 5 个部分:植株蒸腾、棵间蒸发、深层渗漏 (或田间渗漏)、地表径流和组成植株体。

植株蒸腾是作物根系从土壤中吸入体内的水分,通过叶片的气孔扩散到大气中去的现象。试验证明,植株蒸腾要消耗大量水分,作物根系吸入体内的水分有 99% 以上消耗于叶面蒸腾,只有不足 1% 的水量留在植株体内,成为作物植株体的组成部分。

棵间蒸发是指植株间土壤或田面的水分蒸发,又称株间蒸发。旱作物农田棵间蒸发是指旱作物植株间的土壤蒸发,水稻田的棵间蒸发是指水稻田的水面蒸发。

深层渗漏是指灌溉水或降水水量太多,使土壤水分超过了作物根系层土壤田间持水量,下渗到不能为作物利用的深层土壤的现象。通常情况下,对于旱作农田,深层渗漏是无益的水分消耗,且会造成养分的流失,灌溉要避免产生深层渗漏。田间渗漏是指水稻田的渗漏。由于水稻田经常保持一定的水层,所以水稻田经常产生渗漏,且渗漏量较大,但是渗漏量过大也会造成水量和养分的流失。

在一定供水条件下,作物获得一定产量时实际所消耗的水量称为作物田间耗水量,简称耗水量。耗水量通常小于作物需水量。作物需水量是一个理论值,又称为潜在蒸散量 (或潜在腾发量),而作物耗水量是一个实际值,又称实际蒸散量或实际腾发量。需水量与耗水量的单位一样,常以 m^3/hm^2 或 mm 水深表示。

作物生产单位产量（如 1kg 玉米）的需水量称为作物需水系数。反之，作物每消耗单位水量（mm 或 m³）所能生产的产量，称为作物水分生产率，又可称为作物水分利用效率，其单位通常为 kg/m³。

1.1.2　作物需水量的计算

根据大量灌溉试验研究分析，作物需水量的大小与气象条件（温度、日照、湿度、风速）、土壤含水状况、作物种类及其生长发育阶段、农业技术措施、灌溉排水措施等有关。这些因素对需水量的影响是互相联系的，也是错综复杂的，目前尚难从理论上对作物需水量进行精确的计算。在生产实践中，一方面是通过田间试验的方法直接测定作物需水量；另一方面常采用某些计算方法确定作物需水量。

在生产实践中，计算作物需水量的方法大致可归纳为两类，一类是直接计算出作物需水量，另一类是通过计算参照作物需水量来计算实际作物需水量。

1.1.2.1　直接计算作物需水量的方法

一般是先从影响作物需水量的诸因素中，选择一个或几个主要因素（例如水面蒸发、气温、湿度、日照、辐射等），再根据试验观测资料分析这些主要因素与作物需水量之间存在的数量关系，最后归纳成某种形式的经验公式。当已知影响因素的参数值时，便可算出需水量。目前，在我国采用较多的有蒸发皿法、产量法和多因素法等。下面以水面蒸发为参数的需水系数法（简称"α值法"或称蒸发皿法）为例来介绍直接计算作物需水量的方法。

大量灌溉试验资料表明，日照、气温、湿度和风速等气象因素是影响作物需水量的重要因素，而水面蒸发量能综合反映上述各种气象因素的影响。因此，可以用水面蒸发量这一参数来衡量作物需水量的大小。这种方法的计算公式一般为

$$ET = \alpha E_0 \tag{1.1.1}$$

或

$$ET = \alpha E_0 + b \tag{1.1.2}$$

式中：ET 为某时段内的作物需水量，以水层深度计，mm；E_0 为与 ET 同时段的水面蒸发量，以水层深度 mm 计，一般采用 E601 型蒸发皿或 20cm 口径蒸发皿测定；b 为经验常数；α 为需水系数，或称为蒸发系数，为作物需水量与水面蒸发量之比值。

α 值随作物生育阶段而改变，由实测资料确定。一般条件下，α 取值为：水稻为 0.8～1.57，小麦为 0.3～0.9，棉花为 0.34～0.9，玉米为 0.33～1.0，谷糜为 0.5～0.72。

由于"α值法"只需要水面蒸发量资料，易于获得且比较稳定，所以该法在我国水稻地区被广泛采用。多年来的实践表明，采用 α 值法时除了必须注意使水面蒸发皿的规格、安设方式及观测场地规范化外，还必须注意非气象条件（如土壤、水文地质、农业技术措施、水利措施等）对 α 值的影响，否则将会给资料整理工作带来困难，并使计算结果产生较大误差。

1.1.2.2　基于参照作物需水量计算实际作物需水量的计算方法

参照作物需水量是指土壤水分充足、地面完全覆盖、生长正常、高矮整齐的开阔（地块的长度和宽度都大于 200m）矮草地（草高 8～15cm）上的蒸发量，一般是指在这种条

件下的苜蓿的需水量。因为这种参照作物需水量主要受气候条件的影响，所以都是根据当地的气候条件分阶段（月和旬）计算。有了参照作物需水量，然后再根据作物系数对参照作物蒸发蒸腾量进行修正，即可求出作物的实际需水量 ET。此概念最早是由英国气象学家彭曼于 1946 年提出来的，它不受土壤含水量和作物种类的影响，故可以分为以下两步：①考虑气象因素对作物需水量的影响，用理论的、经验的或半经验的方法先算出参照作物需水量；②考虑土壤水分及作物条件的影响，对参照作物需水量进行修正，计算出实际作物需水量。

1. 参照作物需水量的计算

在国外，对于这一方法的研究较多，有多种理论和计算公式，如 Penman 法、Penman-Monteith 法、辐射法、布莱尼-克雷多法等。这些方法比较成熟、完整。其基本思想是：将作物腾发看作是能量消耗的过程，通过平衡计算求出腾发所消耗的能量，然后再将能量折算为水量，即作物需水量。其中 Penman-Monteith 法是在 Penman 法基础上加以修正提出的，并由联合国粮农组织（FAO，1998）推荐世界各地使用。

经国内外大量研究证明，Penman-Monteith 公式适用于不同地区估算参考作物蒸腾蒸发量，该腾发量为一种假想的参照作物冠层的蒸发蒸腾速率，即假设作物高度为 12cm，固定叶面阻力为 70s/m，反射率为 0.23，非常类似于表面开阔、高度一致、生长旺盛、完全覆盖地面且不缺水的绿色草地的蒸发蒸腾速率。与 20 世纪 70 年代应用的 Penman 公式比较，该公式统一了计算标准，无需进行地区率定和使用当地的风速函数，同时也不用改变任何参数即可适用于世界各个地区和各种气候，估值精度高且具备良好的可比性。

Peman-Monteith 方法使用一般气象资料（湿度、风速、温度和实际日照时数）即可计算日、旬、月的参照作物蒸发蒸腾量，因此我国在计算作物需水量时多采用此公式，但计算公式较为复杂，限于篇幅，此处不予介绍，请参阅有关书籍。

2. 实际作物需水量的计算

参照作物蒸发蒸腾量只考虑了气象因素对作物需水量的影响，实际作物需水量还应考虑作物因素和土壤含水率进行修正。Wright（1982）最早提出作物系数，用于计算实际作物需水量，并被联合国粮农组织（FAO）推荐采用。其计算公式为

$$ET = K_s K_c ET_0 \qquad (1.1.3)$$

式中：ET 为实际作物蒸发蒸腾量；ET_0 为参照作物蒸发蒸腾量；K_c 为作物系数，与作物种类、品种、生育期和作物的群体叶面积指数等因素有关，是作物自身生物学特性的反映；K_s 为土壤水分修正系数，反映根区土壤水分不足对作物需水量的影响。

（1）作物系数。作物系数取决于作物冠层的生长发育。作物冠层的发育状况通常用叶面积指数（LAI）描述。叶面积指数为叶面积数值与其覆盖下的土地面积的比率。随着作物的生长，LAI 逐步从 0 增加到最大值。作物系数 K_c 在作物全生育期内的变化规律是：在生育期初始，作物系数很小。随着作物生长，作物系数也随着冠层的发育而逐渐增大。在某一阶段，冠层得到充分发育，作物系数达到最大值。此后作物系数会在一定时期内保持稳定。随着作物成熟及叶片衰老，作物系数开始下降。

作物系数受土壤、气候、作物生长状况和管理方式等诸多因素影响，因此确定作物系数的主要方法是通过田间试验，利用试验资料反求作物系数。在没有实测资料的情况下，

也可采用计算的方法确定作物系数。FAO（1998）给出了两种计算作物系数的方法。

（2）土壤水分修正系数。若供水充足，没有水分胁迫时，土壤水分修正系数 $K_s=1$；若供水不足，作物遭受水分胁迫时，土壤水分修正系数 $K_s<1$。其值主要与土壤含水率或土壤水势有关，有多种计算方法，如，詹森（Jensen）模型（1970）：

$$K_s=\frac{\ln(AW+1)}{\ln(101)} \tag{1.1.4}$$

其中

$$AW=\frac{\theta-\theta_{wp}}{\theta_c-\theta_{wp}}$$

式中：AW 为土壤实际有效水分百分数；θ 为土壤根系层实际含水率，cm^3/cm^3；θ_c 为田间持水量，cm^3/cm^3；θ_{wp} 为永久凋萎点含水量，cm^3/cm^3。

雷志栋等建议的模型（1988）：

$$K_s=\begin{cases} 1 & (\theta\geqslant\theta_j) \\ a+b\theta & (\theta_{wp}\leqslant\theta<\theta_j) \\ 0 & (\theta<\theta_{wp}) \end{cases} \tag{1.1.5}$$

该式表示当含水率大于等于临界含水率 θ_j 时，作物蒸发蒸腾量达到最大值，且不受土壤水分限制；当含水率低于该临界值时，蒸发蒸腾量随含水率的降低而线性减小；a 和 b 为待定系数。

对于多数作物，当根区的土壤水分含量低于毛管断裂含水量时，作物蒸发蒸腾过程受到土壤水分含量的限制，作物蒸发蒸腾量开始减少，即水分胁迫开始发生。一般可取 θ_j 等于田间持水量的 $65\%\sim80\%$。

1.2　灌溉渠系规划设计

1.2.1　灌溉渠道系统及渠系建筑物

灌溉渠道系统是指从水源取水、通过渠道及其附属建筑物向农田供水、经由田间工程进行农田灌水的工程系统，包括渠首工程、输配水工程和田间工程三大部分。灌溉渠首工程有水库、提水泵站、有坝引水工程、无坝引水工程、水井等多种形式，用以适时、适量地引取灌溉水量。输配水工程包括渠道和渠系建筑物，其任务是把渠首引入的水量安全地输送、合理地分配到灌区的各个部分。田间工程指农渠以下的临时性毛渠、输水垄沟和田间灌水沟、畦田以及临时分水等，用以向农田灌水，满足作物正常生长或改良土壤的需要。

在现代灌区建设中，灌溉渠道系统和排水沟道系统是并存的，两者互相配合，协调运行，共同构成完整的灌区灌溉排水系统，如图1.1.1所示。

1.2.1.1　渠道系统的组成和分类

灌溉渠系由各级灌溉渠道和退（泄）水渠道组成。灌溉渠道按其使用寿命分为固定渠道和临时渠道两种：多年使用的永久性渠道称为固定渠道；使用寿命小于一年的季节性渠道称为临时渠道。按控制面积大小和水量分配层次又可把灌溉渠道分为若干等级：大、中型灌区的固定渠道一般分为干渠、支渠、斗渠、农渠四级，如图1.1.1所示。

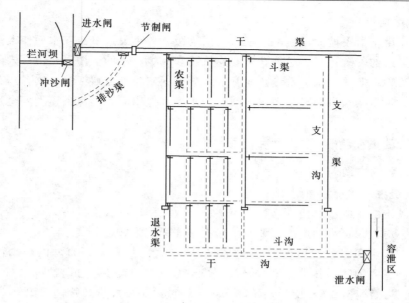

图 1.1.1　灌溉排水系统示意图

1.2.1.2　渠系建筑物

渠系建筑物系指各级渠道上的建筑物，按其作用的不同，可分为以下几种类型：

1. 引水建筑物

从河流无坝引水灌溉时的引水建筑物就是渠首进水闸，其作用是调节引入干渠的流量；有坝引水时的引水建筑物是由拦河坝、冲沙闸、进水闸等组成的灌溉引水枢纽，其作用是壅高水位、冲刷进水闸前的淤沙、调节干渠的进水流量、满足灌溉对水位、流量的要求。

2. 配水建筑物

配水建筑物主要包括分水闸和节制闸。

（1）分水闸。分水闸的作用是控制和调节向下级渠道的配水流量，其结构形式有开敞式和涵洞式两种，如图 1.1.2 所示。

（2）节制闸。节制闸垂直渠道中心线布置，其作用是根据需要抬高上游渠道的水位或阻止渠水继续流向下游。

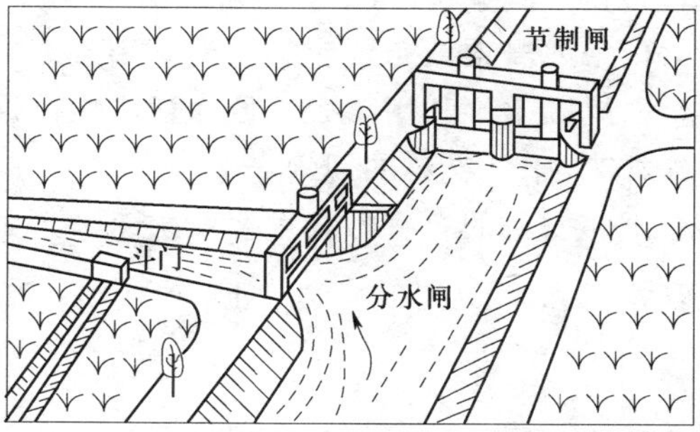

3. 交叉建筑物

渠道穿越山岗、河沟、道路时，需要修建交叉建筑物。常见的交叉建筑物有隧洞、渡槽、倒虹吸、涵洞、桥梁等。

4. 衔接建筑物

当渠道通过坡度较大的地段时，为了防止渠道冲刷，保持渠道的设计比降，就把渠道分成上、下两段，中间用衔接建筑物连接，常见的衔接建筑物有跌水和陡坡。一般当渠道通过跌差较小的陡坎时，可采用跌水；跌差较大、地形变化均匀时，多采用陡坡。

图 1.1.2　分水闸与节制闸

5. 泄水建筑物

为了防止由于沿渠坡面径流汇入渠道或因下级（游）渠道事故停水而使渠道水位突然升高，威胁渠道的安全运行，必须在重要建筑物和大填方段的上游以及山洪入渠处的下游修建泄水建筑物，泄放多余的水量。通常是在渠岸上修建溢流堰或泄水闸，当渠道水位超过加大水位时，多余水量即自动溢出或通过泄水闸宣泄出去，确保渠道的安全运行。

6. 量水建筑物

灌溉工程的正常运行需要控制和量测水量，以便实施科学的用水管理。

1.2.2　渠道系统的规划

1.2.2.1　灌溉渠道的规划原则

（1）在既定的水源和水位下，各级渠道应布置在灌区的较高地带，以便自流控制较大的灌溉面积，对面积很小的局部高地宜采用提水灌溉的方式。

（2）使工程量和工程费用最小。一般来说，渠线应尽可能短直，以减少占地和工程量。尽可能与道路和防护林带、排水渠系等统一考虑（如渠线结合防护林带布置或沿路布置），以减少渠道深挖高填和交叉建筑物的数量，节约工程投资及管理费用。

（3）渠道的布置应尽量与行政区划或农业生产单位相结合，尽可能使各用水单位都有独立的用水渠道，以利管理。

（4）斗、农渠的布置要满足机耕要求。渠道线路要直，上、下级渠道尽可能垂直，斗、农渠的间距要有利于机械耕作。

（5）要考虑综合利用。山区、丘陵区的渠道布置应集中落差，以便发电和进行农副业加工。

（6）灌溉渠系规划应和排水系统规划结合进行。在多数地区，必须有灌有排，以便有效地调节农田水分状况。通常先以天然河沟作为骨干排水沟道，布置排水系统，在此基础上，布置灌溉渠系。应避免沟、渠交叉，以减少交叉建筑物。

（7）灌溉渠系布置应和土地利用规划（如耕作区、道路、林带、居民点等规划）相配合，以提高土地利用率，方便生产和生活。

1.2.2.2　干、支渠的规划布置

干、支渠的布置形式主要取决于地形条件，大致可以分为以下3种类型。

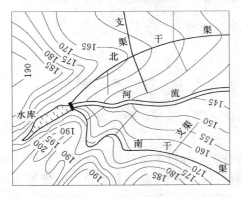

图 1.1.3　山区、丘陵区干支渠道布置

1. 山区、丘陵区灌区的干、支渠布置

山区、丘陵区地形比较复杂、岗冲交错、起伏剧烈、坡度较陡、河床切割较深、比降较大、耕地分散、位置较高。山区、丘陵区的干渠通常有两种布置方式，一种是沿灌区上部边缘布置，大体上和等高线平行，支渠沿两溪间的分水岭布置，如图1.1.3所示。一种是在丘陵地区，灌区内有主要岗岭横贯中部，干渠可布置在岗脊上，大体和等高线垂直，干渠比降视地面坡度而定，支渠自干渠两侧分出，控制岗岭两侧的坡地。

2. 平原区灌区的干、支渠布置

这类灌区大多位于河流中、下游地区的冲积平原，地形平坦开阔，耕地集中连片。依地形情况可分为山前洪积冲积扇灌区和河谷阶地灌区两种情况。其中山前洪积冲积扇，地面坡度较大，排水条件较好，洪、涝威胁较轻，但干旱问题比较突出。当灌区内地下水丰富时，可同时发展井灌和渠灌。干渠多沿山麓方向大致和等高线平行布置，支渠与其垂直或斜交，如图1.1.4（a）所示；河谷阶地位于河流两侧，呈狭长地带，地面坡度倾向河流，高处地面坡度较大，河流附近坡度平缓，干渠多沿河流岸旁高地与河流平行布置，大致和等高线垂直或斜交，支渠与其成直角或锐角布置，如图1.1.4（b）所示。

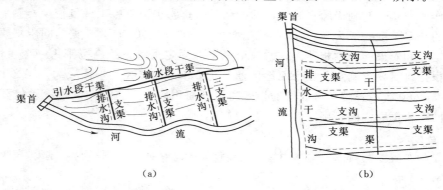

图1.1.4　平原区干支渠道布置
（a）山前洪积冲积扇灌区布置形式；（b）河谷阶地灌区布置形式

3. 圩垸区灌区的干、支渠布置

分布在沿江、滨湖低洼地区的圩垸区，地势平坦低洼，河湖港汊密布。该区域由于外河水位常高于农田，人们在江河两岸和沿湖滩地圈坪筑堤防洪（挡潮），进行围垦，形成独立的区域，叫作圩垸，如图1.1.5（a）所示。由于特殊的地形条件，本区常受外洪内涝威

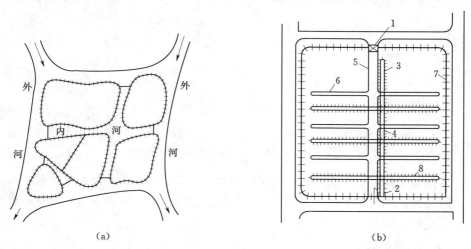

图1.1.5　圩垸区灌、排渠系统布置
（a）圩垸示意图；（b）渠系统布置图

1—封闭闸；2—泵站；3—灌溉干渠；4—地下涵洞；5—排水干沟；6—排水支沟；7—圩堤；8—灌溉支渠

胁，地下水位较高。此外，因降雨不均，也常发生旱情。除涝和控制地下水位是圩垸型灌区的首要问题，圩垸区的渠道系统为灌、排、蓄结合的深沟河网系统，圩垸内地形一般四周高而中间低，干渠常沿圩垸四周布置，灌溉渠系一般设干、支两级到田。干渠控制面积大。以排为主，兼顾灌溉，排灌分家，各成系统。圩垸区渠道系统如图1.1.5（b）所示。

1.2.2.3 斗、农渠的的规划布置

1. 斗、农渠的规划布置要求

斗、农渠的规划和农业生产要求关系密切，除遵守前面讲过的灌溉渠道规划原则外，还应满足以下要求：①适应农业生产管理和机械耕作要求；②便于配水和灌水，有利于提高灌水工作效率；③有利于灌水和耕作的密切配合；④土地平整工程量较少；⑤平原地区自流灌区的斗渠长度一般为3～5km，控制面积为3000～5000亩，斗渠的间距主要根据机耕要求确定，和农渠的长度相适应；⑥农渠是末级固定渠道，控制范围为一个耕作单元。农渠长度根据机耕要求确定，在平原地区通常为500～1000m，间距为200～400m，控制面积为200～600亩。丘陵地区农渠的长度和控制面积较小。在有控制地下水位要求的地区，农渠间距根据农沟间距确定。

2. 布置形式

斗农渠的布置要与排水沟道相配合。其配合方式取决于地形条件，有以下两种基本形式：

（1）灌排相间布置。在地形平坦或有微地形起伏的地区，宜把灌溉渠道和排水沟道交错布置，沟、渠都是两侧控制，工程量较省。这种布置形式称为灌排相间布置，如图1.1.6（a）所示。

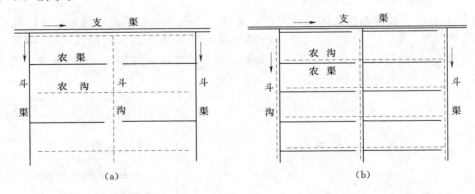

图 1.1.6 沟、渠配合方式

(a) 灌排相间布置；(b) 灌排相邻布置

（2）灌排相邻布置。在地面向一侧倾斜的地区，渠道只能向一侧灌水，排水沟也只能接纳一边的径流，灌溉渠道和排水沟道只能并行，上灌下排，互相配合。这种布置形式称为灌排相邻布置，如图1.1.6（b）所示。

1.2.3 渠道设计流量

1.2.3.1 灌溉渠道流量概述

在灌溉实践中，渠道的流量是在一定范围内变化的，设计渠道的纵横断面时，要考虑

流量变化对渠道的影响。通常用以下 3 种特征流量覆盖流量变化的范围，代表在不同运行条件下的工作流量。

1. 设计流量

在灌溉设计标准条件下，为满足灌溉用水要求，需要渠道输送的最大流量。通常是根据设计灌水模数（设计灌水率）和灌溉面积进行计算的。

在渠道输水过程中，有水面蒸发、渠床渗漏、闸门漏水、渠尾退水等水量损失。需要渠道提供的灌溉流量称为渠道的净流量，计入水量损失后的流量称为渠道的毛流量，设计流量是渠道的毛流量，它是设计渠道断面和渠系建筑物尺寸的主要依据。

2. 最小流量

在灌溉设计标准条件下，渠道在工作过程中输送的最小流量；用修正灌水模数图上的最小灌水模数值和灌溉面积进行计算。应用渠道最小流量可以校核下一级渠道的水位控制条件和确定修建节制闸的位置等。

3. 加大流量

考虑到在灌溉工程运行过程中可能出现一些难以准确估计的附加流量，把设计流量适当放大后所得到的安全流量。简单地说，加大流量是渠道运行过程中可能出现的最大流量，它是设计渠堤堤顶高程的依据。

1.2.3.2　灌溉渠道水量损失

由于渠道在输水过程中存在水量损失，就出现了净流量（Q_n）、毛流量（Q_g）、损失流量（Q_l）这 3 种既有联系、又有区别的流量，他们之间的关系为

$$Q_g = Q_n + Q_l \tag{1.1.6}$$

对于一个渠段而言，段首处的流量为毛流量，段尾处的流量为净流量；对于一条渠道来说，该渠道引水口处的流量为毛流量，同时自该渠道引水的所有下一级渠道分水口的流量之和为净流量。渠道的水量损失包括渠道水面蒸发损失、渠床渗漏损失、闸门漏水和渠道退水等。水面蒸发损失一般不足渗漏损失水量的 5％，在渠道流量计算中常忽略不计。闸门漏水和渠道退水取决于工程质量和用水管理水平，可以通过加强灌区管理工作予以限制，在计算渠道流量时不予考虑。把渠床渗漏损失水量近似地看作总输水损失水量。

1.2.3.3　渠道的工作制度

渠道的工作制度就是渠道的输水工作方式，分为续灌和轮灌两种。

（1）续灌。在一次灌水延续时间内，自始至终连续输水的渠道称为续灌渠道。这种输水工作方式称为续灌。

为了各用水单位受益均衡，避免因水量过分集中而造成灌水组织和生产安排困难，一般灌溉面积较大的灌区，干、支渠多采用续灌。

（2）轮灌。同一级渠道在一次灌水延续时间内轮流输水的工作方式叫做轮灌。实行轮灌的渠道称为轮灌渠道。

1.2.3.4　渠道设计流量推算

渠道的工作制度不同，设计流量的推算方法也不同，下面分别予以介绍。

1. 轮灌渠道设计流量的推算

因为轮灌渠道的输水时间小于灌水延续时间，所以不能直接根据设计灌水模数和灌溉

面积自下而上的推算渠道设计流量。常用的方法是：根据轮灌组划分情况自上而下逐级分配末级续灌渠道（一般为支渠）的田间净流量，再自下而上逐级计入输水损失水量，推算各级渠道的设计流量。

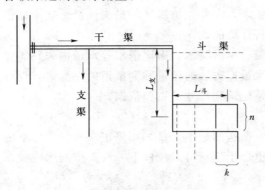

图 1.1.7 渠道轮灌示意图

（1）自上而下分配末级续灌渠道的田间净流量。如图 1.1.7 所示，支渠为末级续灌渠道，斗、农渠的轮灌组划分方式为集中编组，同时工作的斗渠有两条，农渠有 4 条。为了使讨论具有普遍性，设同时工作的斗渠为 n 条，每条斗渠里同时工作的农渠为 k 条。

1）计算支渠的设计田间净流量。在支渠范围内，不考虑损失水量的设计田间净流量为

$$Q_{支田净} = A_支 \, q_设 \qquad (1.1.7)$$

式中：$Q_{支田净}$ 为支渠的田间净流量，m^3/s；$A_支$ 为支渠的灌溉面积，万亩；$q_设$ 为设计灌水模数，$m^3/(s \cdot 万亩)$。

2）由支渠分配到每条农渠的田间净流量为

$$Q_{农田净} = \frac{Q_{支田净}}{nk} \qquad (1.1.8)$$

式中：$Q_{农田净}$ 为农渠的田间净流量，m^3/s。

在丘陵地区，受地形限制，同一级渠道中各条渠道的控制面积可能不等。在这种情况下，斗、农渠的田间净流量应按各条渠道的灌溉面积占轮灌组灌溉面积的比例进行分配。

（2）自下而上推算各级渠道的设计流量。

1）计算农渠的净流量。先由农渠的田间净流量计入田间损失水量，求得田间毛流量，即农渠的净流量为

$$Q_{农净} = \frac{Q_{农田净}}{\eta_f} \qquad (1.1.9)$$

2）推算各级渠道的设计流量（毛流量）。根据农渠的净流量自下而上逐级计入渠道输水损失，得到各级渠道的毛流量，即设计流量。由于有两种估算渠道输水损失水量的方法，由净流量推算毛流量的方法也就有两种。

a 用经验公式估算输水损失的计算方法：

$$Q_g = Q_n(1 + \sigma L) \qquad (1.1.10)$$

式中：Q_g 为渠道的毛流量，m^3/s；Q_n 为渠道的净流量，m^3/s；σ 为每千米渠道损失水量与净流量比值；L 为最下游一个轮灌组灌水时渠道的平均工作长度，km。计算农渠毛流量时，可取农渠长度的一半进行估算。

b 用经济系数估算输水损失的计算方法：

$$Q_g = \frac{Q_n}{\eta_c} \qquad (1.1.11)$$

在大、中型灌区，支渠数量较多，支渠以下的各级渠道实行轮灌。如果都按上述步骤

逐条推算各条渠道的设计流量，工作量很大。为了简化计算，通常选择一条有代表性的典型支渠（作物种植，土壤性质，灌溉面积等影响渠道流量的主要因素具有代表性）按上述方法推算支、斗、农渠的设计流量，计算支渠范围内的灌溉水利用系数 $\eta_{支水}$，以此作为扩大指标，用式（1.1.12）计算其余支渠的设计流量。

$$Q_支 = \frac{q_设 A_设}{\eta_{支水}} \qquad (1.1.12)$$

同样，以典型支渠范围内各级渠道水利用系数作为扩大指标，可计算出其他支渠控制范围内的斗、农渠的设计流量。

2. 续灌渠道设计流量的推算

续灌渠道一般为干支渠道，渠道流量较大，上下游流量相差悬殊，这就要求分段推算设计流量，各渠段采用不同的断面。另外，各级续灌渠道的输水时间都等于灌水延续时间，可以直接由下级渠道的毛流量推算上级渠道的毛流量。所以，续灌渠道设计流量的推算方法是自下而上逐级、逐段进行推算。

由于渠道水利用系数的经验值是根据渠道全部长度的输水损失情况统计出来的，它反映出不同流量在不同渠段上运行时输水损失的综合情况，而不能代表某个具体渠段的水量损失情况。

1.2.3.5　渠道最小流量和加大流量的计算

1. 渠道最小流量的计算

对于同一条渠道，其设计流量（$Q_设$）与最小流量（$Q_{最小}$）相差不要过大，否则在用水过程中有可能因水位不够而造成引水困难。为了保证对下级渠道正常供水，目前有些灌区规定渠道最小流量以不低于渠道设计流量的 40% 为宜；也有的灌区规定渠道最低水位不小于设计水位的 70%。在实际灌水中，如某次灌水定额过小，可适当缩短供水时间，集中供水，使流量大于最小流量。

2. 渠道加大流量的计算

渠道加大流量的计算是以设计流量为基础，设计流量乘以"加大系数"，按式（1.1.13）计算：

$$Q_J = J Q_d \qquad (1.1.13)$$

式中：Q_J 为渠道加大流量，m^3/s；J 为渠道流量加大系数，见表 1.1.1；Q_d 为渠道设计流量，m^3/s。

表 1.1.1　　　　　　　　　　　渠 道 流 量 加 大 系 数

设计流量 /(m^3/s)	<1	1~5	5~10	10~30	>30
加大系数 J	1.35~1.30	1.30~1.25	1.25~1.20	1.20~1.15	1.15~1.10

轮灌渠道控制面积较小，轮灌组内各条渠道的输水时间和输水流量可以适当调剂，因此轮灌渠道不考虑加大流量。在抽水灌区，渠首泵站设有备用机组时，干渠的加大流量按备用机组的抽水能力而定。

1.2.4　渠道纵横断面设计

最小流量主要用来校核对下级渠道的水位控制条件，判断当上级渠道输送最小流量时，下级渠道能否满足相应的最少流量。如果不能满足某条下级渠道的进水要求，就要在该分水口下游设节制闸，壅高水位，满足其取水要求。加大流量是确定渠道断面深度和堤顶高程的依据。

合理的渠道纵、横断面除了满足渠道的输水、配水要求外，还应满足渠床稳定条件，包括纵向稳定和平面稳定两个方面。纵向稳定要求渠道在设计条件下工作时，不发生冲刷和淤积，或在一定时期内冲淤平衡。平面稳定要求渠道在设计条件下工作时，渠道水流不发生左右摇摆。

1.2.4.1　设计原理

灌溉渠道一般都是正坡明渠。在渠道建筑物附近，因阻力变化，水流不能保持均匀流状态，但影响范围很小，其影响结果在局部水头损失中考虑。因此，灌溉渠道可以按明渠均匀流公式设计。

明渠均匀流水力计算可采用式（1.1.14）：

$$Q = AC\sqrt{Ri} \tag{1.1.14}$$

式中：Q 为渠道过流量，m^3/s；A 为过水断面面积，m^2；R 为水力半径，m；i 为渠底坡度；C 为谢才系数，常用曼宁公式 $C = \dfrac{1}{n}R^{1/6}$ 计算，其中 n 为渠床糙率。

1.2.4.2　梯形渠道横断面设计

对于梯形渠道横断面，过水断面面积和水力半径如下：

$$A = (b + mh)h$$

$$R = \frac{(b + mh)h}{b + 2h\sqrt{1 + m^2}}$$

将其代入式（1.1.14）可得

$$Q = AC\sqrt{Ri} = \frac{[(b + mh)h]^{5/3}\sqrt{i}}{n(b + 2h\sqrt{1 + m^2})^{2/3}} \tag{1.1.15}$$

式中：b 为底宽，m；h 为水深，m；m（$m = \cot\alpha$）为边坡系数；其余符号意义同前。

式（1.1.15）中包括 Q、b、h、m、i、n 6 个参数，其中只有流量 Q 已知，其余参数的确定还需要寻找另外一些条件。通常可利用已有工程经验先拟定 m、n、i 3 个参数值，利用经济断面要求确定 b 和 h 的关系，然后依据不冲不淤流速要求校核所确定的断面尺寸。

1. 渠道水力计算

渠道水力计算的任务是通过计算，确定渠道过水断面的水深 h 和底宽 b。渠道梯形断面的水力计算分以下两种情况。

（1）一般断面的水力计算。这是广泛使用的渠道设计方法。根据式（1.1.14）用试算法求解渠道的断面尺寸，具体步骤如下：

1）假设 b、h 值。为了施工方便，底宽 b 应取整数。因此，一般先假设一个整数的 b

值，再选择适当的宽深比 α，用公式 $h=b/\alpha$ 计算相应的水深值。

2）计算渠道过水断面的水力要素。根据假设的 b、h 值计算相应的过水断面面积 A、湿周 P、水力半径 R 和谢才系数 C 等；

3）用式（1.1.15）计算渠道流量；

4）校核渠道输水能力。3）计算出来的渠道流量（$Q_{计算}$）是假设的 b、h 值相应的输水能力，一般不等于渠道的设计流量（Q）。通过试算，反复修改 b、h 值，直至渠道计算流量等于或接近渠道设计流量为止。要求误差不超过 5%，即

$$\left|\frac{Q-Q_{计算}}{Q}\right|\leqslant 0.05 \tag{1.1.16}$$

在试算过程中，如果计算流量和设计流量相差不大，只需修改 h 值，再行计算；如二者相差很大，就要修改 b、h 值，再行计算。

5）校核渠道流速。在稳定渠道中，允许的最大平均流速称为临界不冲流速，简称不冲流速，用 v_{cs} 表示；允许的最小平均流速称为临界不淤流速，简称不淤流速，用 v_{cd} 表示。

$$v_d=\frac{Q}{A} \tag{1.1.17}$$

渠道的设计流速应满足条件 $v_{cd}<v_d<v_{cs}$。如不满足流速校核条件，就要改变渠道的底宽 b 值和渠道断面的宽深比，重复以上计算步骤。直到既满足流量校核条件又满足流速校核条件为止。

（2）U 形断面设计。U 形断面接近水力最优断面，具有较大的输水输沙能力，占地较少，省工省料，而且由于整体性好，抵抗基土冻胀破坏的能力较强。因此，U 形断面受到普遍欢迎，在我国已广泛使用，多用混凝土现场浇筑。

图 1.1.8 为 U 形断面示意图，下部为半圆形，上部为稍向外倾斜的直线段。直线段下切于半圆，外倾角 $\alpha=5°\sim20°$，随渠槽加深而增大。较大的 U 形渠道采用较宽浅的断面，深宽比 $H/B=0.65\sim0.75$；较小的 U 形渠道则宜窄深一点，深宽比可增大到 $H/B=1.0$。

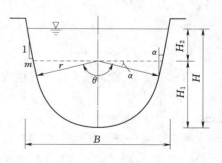

图 1.1.8　U 形断面

U 形断面水力计算的任务是根据已知的渠道设计流量 Q、渠床糙率系数 n 和渠道比降 i 求圆弧半径 r 和水深 h。由于断面各部分尺寸间的关系复杂，U 形断面的设计，需要借助某些尺寸间的经验关系。其过水断面面积和湿周分别用式（1.1.18）和式（1.1.19）进行计算。

$$A=K_A H^2 \tag{1.1.18}$$
$$\chi=K_\chi H \tag{1.1.19}$$

其中：
$$K_A=\left(\frac{\theta}{2}+2m-2m'\right)K_r^2+2(m'-m)K_r+m$$

$$K_\chi=\left(\frac{\theta}{2}+m-m'\right)K_r+2m'$$

$$K_r = \frac{r}{H}$$

式中：H 为水深，m；θ 为圆心角，(°)；m 为上部直线段的边坡系数；$m' = \sqrt{1+m^2}$；r 为圆弧半径，m；A 为过水断面面积，m^2。

由上式推导出的最佳水力断面半径与水深之比 $K_r = 1$，即水面线刚好通过圆心。实际上，设计中常选用实用经济断面，实用经济断面的 K_r 可按下列方法选用。

1）当渠顶以上挖深不超过 1.5m，边坡系数 $m \leqslant 0.3$，渠线经过耕地时，K_r 值可按表 1.1.2 选用；

2）填方断面或渠顶以上挖深很小（接近 0）以及土质差时，K_r 取 1.0～0.8。

表 1.1.2 U 形渠道的 K_r 值

m $[\alpha/(°)]$	0 (0)	0.1 (5.7)	0.2 (11.3)	0.3 (16.7)	0.4 (21.8)
$\theta/(°)$	180	168.6	157.4	146.6	136.4
K_r	0.65～0.72	0.62～0.68	0.56～0.63	0.49～0.56	0.39～0.47

2. 渠道过水断面以上部分的有关尺寸

（1）渠道加大水深。渠道通过加大流量 Q_j 时的水深称为加大水深 h_j。计算加大水深时，渠道设计底宽 b_d 已经确定，明渠均匀流流量公式中只包含一个未知数，但因公式形式复杂，直接求解仍很困难。通常还是用试算法或查诺模图求加大水深，计算的方法步骤和求设计水深的方法相同。

（2）安全超高。为了防止风浪引起渠水漫溢，保证渠道安全运行，挖方渠道的渠岸和填方渠道的堤顶应高于渠道的加大水位，要求高出的数值称为渠道的安全超高，通常用经验公式计算。《灌溉与排水工程设计规范》（GB 50288—99）建议按式（1.1.20）计算渠道的安全超高 Δh。

$$\Delta h = \frac{1}{4} h_j + 0.2 \tag{1.1.20}$$

（3）堤顶宽度。为了便于管理和保证渠道安全运行，挖方渠道的渠岸和填方渠道的堤顶应有一定的宽度，以满足渠道稳定的需要。其中万亩以上灌区干、支渠岸顶宽度应大于 2m，斗、农渠宜大于 1m，万亩以下灌区可适当减小。如果有交通要求，应按照公路相关标准确定。对于防渗渠道，堤顶宽度可按照表 1.1.3 选用。U 形和矩形渠道，公路边缘应距渠口边缘 0.5～1.0m，堤顶应做成外倾斜 1/100～1/50 的斜坡。

表 1.1.3 防渗渠道堤顶宽度

渠道设计流量/(m³/s)	<2	2～5	5～20	>20
堤顶宽度/m	0.5～1.0	1.0～2.0	2.0～2.5	2.5～4.0

1.2.4.3　渠道的纵断面设计

灌溉渠道不仅要满足输送设计流量的要求，还要满足水位控制的要求。横断面设计通过水力计算确定了能通过设计流量的断面尺寸，满足了前一个要求。纵断面设计的任务是根据灌溉水位要求确定渠道的空间位置，先确定不同桩号处的设计水位高程，再根据设计水位确定渠底高程、堤顶高程、最小水位等。

1. 灌溉渠道水位的推算

为了满足自流灌溉的要求，各级渠道入口处都应具有足够的水位。这个水位是根据灌溉面积上控制点的高程加上各种水头损失，自下而上逐级推算出来的。水位推算公式如下：

$$H_{进} = A_0 + \Delta h + \sum L_i + \sum \phi \tag{1.1.21}$$

式中：$H_{进}$ 为渠道进水口处的设计水位，m；A_0 为渠道灌溉范围内控制点的地面高程，m；Δh 为控制点地面与附近末级固定渠道设计水位的高差，一般取 $0.1 \sim 0.2$m；L 为渠道的长度，m；i 为渠道的比降；ϕ 为水流通过渠系建筑物的水头损失，m，可参考表 1.1.4 所列数值选用。控制点是指较难灌到水的地面，在地形均匀变化的地区，控制点选择的原则是：如沿渠地面坡度大于渠道比降，渠道进水口附近的地面最难控制；反之，渠尾地面最难控制。

表 1.1.4　　　　　　　　　渠道建筑物水头损失最小数值　　　　　　　单位：m

渠别	控制面积/100hm²	进水闸	节制闸	渡槽	倒虹吸	公路桥
干渠	$66.7 \sim 266.7$	$0.1 \sim 0.2$	0.10	0.15	0.40	0.05
支渠	$6.7 \sim 40$	$0.1 \sim 0.2$	0.07	0.07	0.30	0.03
斗渠	$2.0 \sim 2.7$	$0.05 \sim 0.15$	0.05	0.05	0.20	
农渠		0.05				

式（1.1.21）可用来推算任一条渠道进水口处的设计水位，推算不同渠道进水口设计水位时所用的控制点不一定相同，要在各条渠道控制的灌溉面积范围内选择相应的控制点。

2. 渠道纵断面图的绘制

渠道纵断面图包括：沿渠地面高程线、渠道设计水位线、渠道最低水位线、渠底高程线、堤顶高程线、分水口位置、渠道建筑物位置及其水头损失等，如图 1.1.9 所示。

渠道断面图的绘制步骤如下：

（1）绘地面高程线。在方格纸上建立直角坐标系，横坐标表示桩号，纵坐标表示高程。根据渠道中心线的水准测量成果（桩号和地面高程）按一定的比例点绘出地面高程线。

（2）标绘分水口和建筑物的位置。在地面高程线的上方，用不同符号标出各分水口和建筑物的位置。

（3）绘渠道设计水位线。参照水源或上一级渠道的设计水位、沿渠地面坡度、各分水点的水位要求和渠道建筑物的水头损失，确定渠道的设计比降，绘出渠道的设计水位线。该设计比降作为横断面水力计算的依据。如横断面设计在先，绘制纵断面图时所确定的渠道设计比降应和横断面水力计算时所用的渠道比降一致，如二者相差较大，难以采用横断面水力计算所用比降时，应以纵断面图上的设计比降为准，重新设计横断面尺寸。所以，渠道的纵断面设计和横断面设计要交错进行，互为依据。

（4）绘渠底高程线。在渠道设计水位线以下，以设计水深为间距，画设计水位线的平行线，该线就是渠底高程线。

（5）绘制渠道最小水位线。从渠底线向上，以渠道最小水深（渠道设计断面通过最小流量时的水深）为间距，画渠底线的平行线，此即渠道最小水位线。

（6）绘堤顶高程线。从渠底线向上，以加大水深（渠道设计断面通过加大流量时的水深）与安全超高之和为间距，作渠底线的平行线，此即渠道的堤顶线。

（7）标注桩号和高程。在渠道纵断面的下方画一表格（图 1.1.9），把分水口和建筑物所在位置的桩号、地面高程线突变处的桩号和高程、设计水位线和渠底高程线突变处的桩号和高程以及相应的最低水位和堤顶高程标注在表格内相应的位置上。桩号和高程必须写在表示该点位置的竖线的左侧，并应侧向写出。在高程突变处，要在竖线左、右两侧分别写出高、低两个高程。

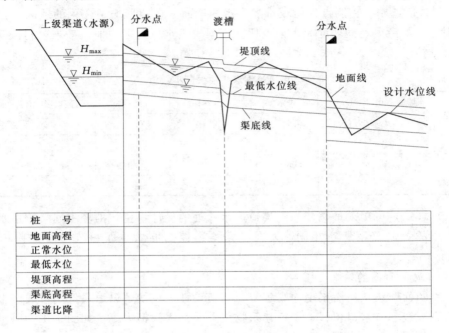

桩　　号				
地面高程				
正常水位				
最低水位				
堤顶高程				
渠底高程				
渠道比降				

图 1.1.9　渠道纵断面图

（8）标注渠道比降。在标注桩号和高程的表格底部，标出各渠段的比降。

至此，渠道纵断面图绘制完毕。根据渠道纵、横断面图可以计算渠道的土方工程量，也可以进行施工放样。

3. 渠道纵断面设计中的水位衔接

在渠道设计中，常遇到建筑物引起的局部水头损失和渠道分水处上、下级渠道水位要求不同以及上下游不同渠段间水位不一致等问题，必须给予正确处理。

1.3　排水沟道系统规划设计

1.3.1　排水沟道系统的规划布置

1. 排水沟道系统的组成

排水系统一般由排水区内的排水沟系和蓄水设施（如湖泊、河沟、坑塘等）、排水区外的容泄区及排水枢纽（如排水闸、抽排站等）四大部分组成。

一般排水沟系与灌溉渠系配套使用，且和灌溉渠系相类似，分为干、支、斗、农4级固定沟道，若排水面积较大或地形较复杂，固定排水沟可多于4级，如干沟上有总干、分干，支沟之下有分支；反之，也可少于4级。某一地区或灌区的排水沟系究竟适合采用几级，主要取决于灌区面积、灌区地形、流域防洪除涝规划等方面。干、支、斗3级排水沟属于输水系统，其作用为收集田间排水系统所排出的水量，并输送到容泄区。农沟及其以下的沟道属于田间排水系统，其作用为聚集排水地段上土壤内或地面上多余的水，并向下一级沟渠输送。容泄区一般多为天然湖泊、河网、洼地，也有人工兴建的容泄区。

2. 排水方式及工程规划原则

（1）排水方式。排水沟系统的布置，通常由排水方式所决定。我国各地区或灌区的排水类别可以归纳为以下几种：

1）水平（沟道）排水和垂直（或竖井）排水。对于主要由降雨和灌溉渗水形成的涝地地区，一般采用水平排水方式；如由于地下深层承压水补给潜水所导致的渍涝，可考虑采用竖井排水方式；对于旱涝碱兼治地区，如地下水质和含水层出水条件较好，适宜实行井灌井排，并配合田间排涝明沟，形成垂直与水平相结合的排水系统。

2）自流排水和抽水排水。当容泄区水位低于排水干沟出口水位时，一般采用自流排水，否则须采取抽水排水或抽排与滞蓄相结合的除涝排水方式。

3）排涝和排渍。排涝是为了避免耕地受涝水淹没及江河泛滥。排渍则是为了控制地区的地下水位和农田水分。两者排水任务虽然不同，但均是为了保障农、林、牧业的正常生产，所以在规划布置排水沟系时，应均满足这两方面的要求。

4）地面截流沟（又称撇洪沟）和地下截流沟排水。对于外区流入排水区的地面水或地下水及其他特殊地形条件所形成的涝渍，可分别采用地面或地下截流沟排水的方式。

（2）规划布置原则。排水系统的规划布置，主要包括选择容泄区和排水出口及布置各级排水沟道两部分。由于排水地区的具体情况不同，因此排水系统规划时必须因地制宜，合理制定各种方案，根据排水系统的作用及任务，布置排水系统时应根据下列原则：

1）充分利用水土资源，尽量增加自流排水面积，减少占地面积，节省投资。

2）系统分级合理，长短适当，排水与行政区划相结合，以利于机耕和统一管理。

3）尽量利用现有水利设施，特别注意不打乱自然排水流势，以保障排水流畅。

4）建筑物尽量集中，尽量减少交叉。

5）系统线路在满足排水要求的前提下，争取做到"一直、二短、三安全"。线路尽量避免深挖高填、风化岩层、节理发育的破碎带和强透水地带。

6）灌排配套，有灌有排，保证及时灌溉与排水。

1.3.2 排水沟流量和水位的确定

1.3.2.1 排水流量的确定

排水流量是确定各级排水沟道断面、沟道上建筑物规模及分析现有排水设施排水能力的主要依据。排涝设计流量是指在发生除涝设计标准规定的设计暴雨时，排水沟中应通过的最大流量，它是由除涝设计标准和排水沟控制面积的大小决定的。确定排涝设计流量时，应首先确定除涝设计标准。

1. 除涝设计标准

除涝设计标准是指排水设施计划达到的除涝能力，它是确定除涝设计流量和排水工程规模的重要依据。如果设计标准定得较低，虽然工程规模小，投资少，但抵御涝灾的能力较低，除涝的作用不大，作物易受涝。如果除涝设计标准定得过高，则排涝设计流量和排水工程规模将较大，工程投资和占地较多，但因出现排涝设计流量的几率不多，工程利用率不高。因此，除涝设计标准应根据自然条件、涝渍灾害、治理难易和工程效益等综合分析确定。排涝设计标准一般有 3 种表示方法：①暴雨重现期；②排涝保证率；③典型年。

（1）暴雨重现期。暴雨重现期是以治理区发生一定重现期的暴雨，作物不受涝作为除涝设计标准。这种表达方式除明确指出一定重现期的暴雨外，还规定在这种暴雨发生时作物不允许受涝。即当实际发生暴雨不超过设计暴雨时，农田的淹水深度、历时不应超过农作物正常生长所允许的耐淹水深和历时。

（2）排涝保证率。排涝保证率是以治理区作物不受涝的保证率作为除涝设计标准。作物不受涝的保证率，是指治理工程实施后作物能正常生长的年数与全系列总年数之比（经验保证率）。实际应用时，先假定在不同的工程规模下分别进行全系列的排涝演算，求出各种规模下作物能正常生长的经验保证率，然后选择经验保证率与治理设计保证率相一致的工程规模作为设计采用值。这种方法能综合反映雨量、水位及其他有关因素在时间、地点和数量上的组合情况，比较符合实际。但需要有相当长的降雨、水位等资料，且计算比较复杂，除大型的重要治理区外，通常较少采用。

（3）典型年。以某一定量暴雨或涝灾严重的典型年作为排涝设计标准。这种表达方式可以反映涝灾的实际情况，概念比较明确、具体，不因资料的加长而改变结果。与第二种表达方式一样，具有能反映各种有关因素之间有机联系的优点，但定量暴雨或典型年仅有一定重现期的概念，在选择定量暴雨或典型年时仍需进行频率分析。

根据《农田排水工程技术规范》（SL/T 4—1999），设计暴雨重现期可采用 5～10a 一遇，相应的频率为 20%～10%；暴雨历时和排除时间，对于旱作物通常采用 1～3d 暴雨 1～3d 排完，对于水稻一般采用 1～3d 暴雨 3～5d 排至耐淹水深。我国部分省市地区的除涝设计标准见表 1.1.5。

表 1.1.5　　　　　　　　　目前各地采用的排涝设计标准表

地　　区	设计暴雨重现期/a	设计暴雨和排涝天数
天津郊县（区）	10	1d 暴雨 2d 排出
河南安阳、信阳地区	3～5	3d 暴雨 1～2d 排出（旱作区）
河北白洋淀地区	5	1d 暴雨 3d 排出
辽宁中部平原区	5～10	3d 暴雨 3d 排至作物耐淹深度
陕西交口灌区	10	1d 暴雨 1d 排出
黑龙江三江平原	5～10	1d 暴雨 2d 排出
吉林丰满以下第二松花江流域	5～10	1d 暴雨 1～2d 排出
湖北平原湖区	10	1d 暴雨 3d 排至作物耐淹深度

地　　区	设计暴雨重现期/a	设计暴雨和排涝天数
湖南洞庭湖区	10	3d 暴雨 3d 排至作物耐淹深度
广东珠江三角洲	10	1d 暴雨 4d 排至作物耐淹深度
广西平原区	10	3d 排至作物耐淹深度
浙江杭嘉湖区	10	1d 或 3d 暴雨分别 2d 或 4d 排至作物耐淹深度
江西鄱阳湖区	5～10	3d 暴雨 3～5d 排至作物耐淹深度
江苏水稻圩区	5～10	1d 暴雨 1d 排至作物耐淹深度
安徽巢湖、芜湖、安庆地区	5～10	3d 暴雨 3d 排至作物耐淹深度
福建闽江、九龙江下游地区	5～10	3d 暴雨 3d 排至作物耐淹深度
上海郊县（区）	10～20	1d 暴雨 1～2d 排出（蔬菜田当日排出）

注　数据摘自《农田排水工程技术规范》(SL/T 4—1999)。

2. 排涝设计流量（最大设计流量）

排涝设计流量是指在发生除涝设计标准规定的设计暴雨时，排水沟中应通过的最大流量。影响排涝设计流量的因素有设计暴雨、排涝面积、流域形状、地面坡度、地面植被、作物组成、土壤性质、水文地质、排水沟比降以及排水沟配套情况等。目前，计算排涝设计流量常用的方法主要有地区排涝模数经验公式法、平均排除法和排涝流量过程线法。

（1）地区排涝模数经验公式法。单位排涝面积上的最大排涝流量称为排涝模数 (q)。在计算排涝设计流量时，一般是先求得除涝设计标准下的排涝模数，然后再乘以排水沟控制断面以上的排涝面积 (F)，就可以求得该排水沟控制的排涝设计流量 (Q)，即 $Q=qF$，故排涝模数是排水系统设计的重要数据，同时也是衡量排涝能力的技术指标。影响排涝模数的因素很多，主要有设计暴雨、流域形状、排涝面积、地形坡度、地面覆盖、作物组成、土壤性质、地下水埋深、排水沟网密度与比降以及湖塘调蓄能力等，应通过当地或邻近类似地区的实测资料分析确定。在生产实践中，多采用分析暴雨径流资料，建立设计净雨深、流域面积和排涝模数之间的经验关系，总结出排涝模数的经验公式。该法适用于大型涝区，需要求出最大排涝流量的情况。

1）平原地区排涝模数经验公式。

$$q=KR^mF^n \tag{1.1.22}$$

式中：q 为设计排涝模数，$m^3/(s \cdot km^2)$；F 为排水沟设计断面所控制的排涝面积，km^2；R 为设计径流深，mm；K 为综合系数（反映河网配套程度、降雨历时、排水沟坡度及流域形状等因素）；m 为峰量指数（反映洪峰与洪量的关系）；n 为递减指数（反映排涝模数与面积的关系）。

排水区的面积可以从地形图中量得，因此根据有关实测资料求得 R、K、m、n 等值后，该排水区的排水模数计算公式便已确定。由于有关系数和指数是根据实测资料进行分析确定的，所以求得的公式是经验公式，一般适用于汇水面积较大的除涝排水沟的流量计算。

2）山丘区排涝模数经验公式。对于山丘区，可采用设计洪峰流量经验公式计算排水

沟流量。各省、区根据具体条件，统计分析了许多形式不同的经验公式可供采用。例如安徽省采用的经验公式为

$$Q = CR_{24}^{1.21}F^{0.75} \qquad (1.1.23)$$

式中：Q 为一定频率的设计洪峰流量，m^3/s；R_{24} 为相应频率的 24h 设计暴雨的净雨深，mm，深山区：$R_{24} = X_{24} - 30$；浅山和丘陵区：$R_{24} = X_{24} - 40$；X_{24} 为 24h 设计暴雨，mm，并通过点面关系折算而得；C 为地区经验系数，该省分深山、浅山、高丘、低丘 4 类地区，相应 C 值为 0.0514、0.0285、0.0239、0.0194；其余符号意义同前。

另外，当 $10km^2 < F < 100km^2$ 时的经验公式为

$$q = K_a P_s F \qquad (1.1.24)$$

式中：q 为设计排涝模数，$m^3/(s \cdot km^2)$；P_s 为设计暴雨强度，mm/h；F 为汇流面积，km^2；K_a 为流量参数，可按表 1.1.6 选用。

当 $F < 10km^2$ 时的经验公式为

$$q = K_b F^{n-1} \qquad (1.1.25)$$

式中：K_b 为径流模数，各地不同设计暴雨频率的径流模数可按表 1.1.7 选用；n 为汇水面积指数，可按表 1.1.7 选用，当 $F < 1km^2$ 时，取 $n = 1$。

表 1.1.6　　　　　　　　　　流 量 参 数 K_a 值

汇水区类别	石山区	丘陵区	黄土丘陵区	平原坡水区
地面坡度/%	>15	>5	>5	>1
K_a	0.60~0.55	0.50~0.40	0.47~0.37	0.40~0.30

表 1.1.7　　　　　　　　　　山 丘 区 的 K_b 和 n 值

地区	不同设计暴雨频率的 K_b			n
	20%	10%	4%	
华北	13.0	16.5	19.0	0.75
东北	11.5	13.5	15.8	0.85
东南沿海	15.0	18.0	22.0	0.75
西南	12.0	14.0	16.0	0.75
华中	14.0	17.0	19.6	0.75
黄土高原	6.0	7.5	8.5	0.80

（2）平均排除法。平均排除法是以排水面积上的设计净雨在规定的排水时间内排除的平均排涝流量或平均排涝模数作为设计排涝流量或排涝模数的方法。

1）旱地排涝模数平均排除法的计算公式。

$$Q = RF/86.4t \qquad (1.1.26)$$

或

$$q_d = R/86.4t \qquad (1.1.27)$$

式中：Q 为设计排涝流量，m^3/s；q_d 为设计排涝模数，$m^3/(s \cdot m^2)$；F 为排水沟控制的排水面积，km^2；R 为设计径流深，mm；t 为规定的排涝时间，d，主要根据作物的允许耐淹历时确定。对于旱地、因耐淹较差，排涝时间应当选得短些，通常取 1~3d。

2）水田排涝模数平均排除法的计算公式。

$$q_w = \frac{P - h_w - E_w - S}{86.4t}$$
(1.1.28)

式中：P 为设计暴雨量，mm；h_w 为水田滞蓄水深，mm，由水稻耐淹水深确定；E_w 为历时为 t 的水田田间蒸发量，mm；S 为排涝时间内的水田渗漏总量，mm；t 为规定的排涝时间，d，主要根据作物的允许耐淹历时确定。对于水田，通常选 3～5d 排除。

3）旱地和水田的综合排涝模数计算公式。

如排水区既有旱地又有水田时，则首先按上式分别计算水田和旱地的排涝模数，然后按旱地和水田的面积比例加权平均，即得综合排涝模数。

$$q = \frac{q_d F_d + q_w F_w}{F_d + F_w}$$
(1.1.29)

式中：F_d 为设计排涝面积中的旱地面积，km²；F_w 为设计排涝面积中的水田面积，km²；q_d 为旱田设计排涝模数，m³/(s·m²)；q_w 为水田设计排涝模数，m³/(s·m²)。

（3）排涝流量过程线法。当涝区内有较大的蓄涝区时，即蓄涝区水面占整个排涝区面积的 5% 以上时，需要考虑蓄涝区调蓄涝水的作用，并合理确定蓄涝区和排水闸、站等除涝工程的规模。对于这种情况，就需要采用概化过程线等方法推求设计排涝流量过程线，供蓄涝、排涝演算使用。

3. 排渍设计流量

地下水排水流量，自降雨开始至雨后同样也存在一个流量高峰和一个变化过程。排渍流量是指非降雨期间为控制地下水位而经常排泄的地下水流量，即当地下水位达到一定控制要求时的地下水排水流量，又称日常流量。它不是降雨期间或降雨后某一时期的地下水高峰排水流量，而是一个经常性的比较稳定的较小数值。单位面积上的排渍流量称为设计地下水排水模数或排渍模数 [m³/(s·km²)]。地下水排水模数的值与当地的气象条件（降雨、蒸发）、土质条件、水文地质条件和排水沟的密度等因素有关。由于各因素之间的关系复杂，其值目前很难用公式进行精确计算，而是根据资料分析确定，表 1.1.8 是根据某些地区的资料分析确定的由降雨产生的排渍模数。在降雨持续时间长、土壤透水性强、排水沟网较密的地区，排渍模数可选表 1.1.8 中较大值。

表 1.1.8　　　　　　　　　　各种土质设计排渍模数

土质	轻砂壤土	中壤土	重壤土、黏土
设计排渍模数/[m³/(s·km²)]	0.03～0.04	0.02～0.03	0.01～0.02

盐碱土改良地区，由于冲洗而产生的地下水排水模数，其值一般较大，如山东省打渔张灌区在洗盐的情况下，实测的排渍模数见表 1.1.9。而防止土壤次生盐碱化地区，在强烈返盐季节，其地下水控制在临界深度时的设计排渍模数通常较小。如河南省人民胜利渠引黄灌区在这种情况下测得的排水模数有时在 0.002～0.005m³/(s·km²) 以下，远比冲洗改良区的排渍模数小。

将确定的排渍模数乘以排水沟控制面积，即可得排水沟的排渍流量。

表 1.1.9　　　　　　　　　　　　　　冲洗盐碱情况下实测排渍模数

末级排水沟规格/m		排水沟密度/(m/亩)	排渍模数/[m³/(s·km²)]
间距	沟深		
110	0.7	29.00	0.103
150	1.0	8.43	0.052
150	1.0	4.23	0.021

1.3.2.2　排水沟道设计水位的推算

设计排水沟，一方面要使沟道能通过排涝设计流量将涝水顺利排入外河；另一方面还要满足控制地下水位等要求。排水沟的设计水位可以分为排渍水位和排涝水位两种，确定设计水位是设计排水沟的重要内容和依据，需要在确定沟道断面尺寸（沟深与底宽）之前加以分析拟定。

1. 排渍水位（又称日常水位）

这是排水沟经常需要维持的水位，在平原地区主要由控制地下水位的要求（防渍或防止土壤盐碱化）所决定。

为了满足最远处低洼农田降低地下水位的要求，其沟口排渍水位可由最远处农田平均田面高程（A_0），考虑降低地下水位的深度和斗、支、干各级沟道的比降及其局部水头损失等因素逐级推算而得，即

$$Z_{排渍}=A_0-D_农-\sum Li-\sum \Delta z \qquad (1.1.30)$$

式中：$Z_{排渍}$ 为排水干沟沟口的排渍水位，m；A_0 为最远处低洼地面高程，m；$D_农$ 为农沟排渍水位离地面距离，m；L 为斗、支、干各级沟道长度，m；i 为斗、支、干各级沟道的水面比降，如为均匀流，则为沟底比降；Δz 为各级沟道沿程局部水头损失，如过闸水头损失取 0.05～0.1m，上下级沟道在排地下水时的水位衔接落差通常取 0.1～0.2m。

对于排渍期间容泄区（又称外河）水位较低的平原地区，如干沟有可能自流排除排渍流量时，按式（1.1.30）推得的干沟沟口处的排渍水位 $Z_{排渍}$，应不低于容泄区的排渍水位或与之相平。否则，应适当减小各级沟道的比降，争取自排。而对于经常受外水位顶托的平原水网圩区，则应利用抽水站在地面涝水排完以后，再将沟道或河网中蓄积的涝水排至容泄区，使各级沟道经常维持排渍水位，以便控制农田地下水位和预留沟网容积，准备下次暴雨后滞蓄涝水。

2. 排涝水位（又称最高水位）

排涝水位是排水沟宣泄排涝设计流量（或满足滞涝要求）时的水位。由于各地容泄区水位条件不同，确定排涝水位的方法也不同，但基本上分为下述两种情况。

（1）当容泄区水位通常较低，如汛期干沟出口处排涝设计水位始终高于容泄区水位，此时干沟排涝水位可按排涝设计流量确定，其余支、斗沟的排涝水位亦可由干沟排涝水位按比降逐级推得；但有时干沟出口处排涝水位比容泄区水位稍低，此时如果仍须争取自排，势必产生壅水现象，于是干沟（甚至包括支沟）的最高水位就应按壅水水位线设计，其两岸常需筑堤束水，形成半填半挖断面，如图 1.1.10 所示。

（2）当容泄区水位很高、长期顶托无法自流外排时，沟道最高水位分两种情况考虑，

一种情况是没有内排站的情况，这时最高水位通常不超出地面，以离地面 0.2～0.3m 为宜，最高可与地面齐平，以利排涝和防止漫溢，最高水位以下的沟道断面应能承泄除涝设计流量和满足蓄涝要求；另一种情况是有内排站的情况，则沟道最高水位可以超出地面一定高度（如内排站采用污工泵时，超出地面的高度就不应大于 2～3m），相应沟道两岸亦需筑堤。

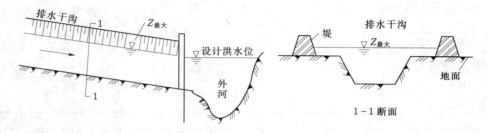

图 1.1.10 排水出口壅水时干沟的半填半挖断面示意图

1.3.3 排水沟纵横断面设计

当排水沟的设计流量和设计水位确定后，便可确定沟道的断面尺寸，包括水深与底宽等。设计时，通常根据排涝设计流量计算沟道的断面尺寸，如有通航、养殖、蓄涝和灌溉等要求，则应采用各种要求都能满足的断面。

1. 根据排涝设计流量确定沟道的过水断面

排水沟通常是按恒定均匀流公式设计断面，但在容泄区水位顶托发生壅水现象的情况下，往往需要按恒定非均匀流公式推算沟道水面线，从而确定沟道的断面以及两岸堤顶高程等。对于排水沟道的断面因素如底坡 i、糙率 n 及边坡系数 m 等应结合排水沟特点进行分析拟定。

（1）排水沟的比降（i）。主要决定于排水沟沿线的实际地形和土质情况，沟道比降通常要求与沟道沿线所经的地面坡降相近，以免开挖太深。同时，沟道比降不能选得过大或过小，以满足沟道不冲不淤的要求，即沟道的设计流速应当小于允许不冲流速（可参考表1.1.10 中数值）和大于允许不淤流速（0.3～0.4m/s）。通常说来，对照上述要求，平原地区沟道比降可在下列范围内选择：干沟为 1/6000～1/20000，支沟为 1/4000～1/10000，斗沟为 1/2000～1/5000。

而在排灌两用沟道内有反向输水出现的情况下，沟道比降宜较平缓，其方向则以排水方向为准。对于有些结合灌溉、蓄涝和通航的沟道，其比降也有采用平底的情况。为了便于施工，同一沟道最好采用均一的底坡，在地面比降变化较大时，也要求尽可能使同一沟道的比降变化较少。

表 1.1.10   排水沟允许不冲流速

土壤类别	淤土	重黏壤土	中黏壤土	轻黏壤土	粗砂土	中砂土	细砂土
$u/(m/s)$	0.20	0.75～1.25	0.65～1.00	0.60～0.90	0.60～0.75	0.40～0.60	0.25

（2）沟道的边坡系数（m）。这主要与沟道土质和沟深有关，土质越松，沟道越深，

采用的边坡系数应越大。由于地下水汇入的渗透压力、坡面径流冲刷和沟内滞涝蓄水时波浪冲蚀等原因，沟坡容易坍塌，所以排水沟边坡通常比灌溉边坡缓，设计时可参考表 1.1.11。

表 1.1.11   土质排水沟边坡系数表

土质	边坡系数			
	挖深<1.5m	挖深 1.5~3m	挖深 3~4m	挖深 4~5m
砂土	2.5	3.0~3.5	4.0~5.0	≥5.0
轻壤土、砂壤土	2	2.5~3.0	3.0~4.0	≥4.0
中壤土	1.5	2.0~2.5	2.5~3.0	≥3.0
黏土、重壤土	1	1.2~1.5	1.5~2.0	≥2.0

（3）排水沟的糙率（n）。对于新挖沟道，其糙率与灌溉渠道相同，约为 0.02~0.025；对于容易长草的沟道，通常采用较大的数值，一般取 0.025~0.03。

2. 根据通航、养殖要求校核排水沟的水深与底宽

按除涝设计流量确定的排水沟水深 h（相应的排渍水深为 h_0）及底宽 b，往往还不一定是最后采用的数值。考虑到干、支沟在有些地区需要同时满足通航、养殖要求（表1.1.12），所以还必须根据这些要求对沟道排渍水深 h_0 及底宽 b 进行校核。

表 1.1.12   通航、养殖对排水沟的要求

沟名	通航要求		养殖水深
	水深 h_0	底宽 b	
干沟	1.2~2.0	5~15	1.0~1.5
支沟	0.8~1.0	2~4	1.0~1.5

通过校核，如果按排涝设计流量算出的沟道水深与底宽不能满足在排渍水位下通航、养殖和控制地下水位的要求，则沟道应按要求拓宽加深。在排涝流量和排渍流量相差悬殊且要求的沟深也显著不同的情况下，可以采用复式断面。

3. 根据滞涝要求校核排水沟的底宽

平原水网圩区的一个特点就是汛期（5—10 月）外江（河）水位高涨，关闸期间圩内降雨径流无法自流外排，只能依靠抽水机及时提水抢排一部分，大部分涝水需要暂时蓄在田间以及圩内部的湖泊洼地和排水沟内，以便由水泵逐渐提排出去。除田间和湖泊蓄水外需要由排水沟容蓄的水量（因蒸发和渗漏量很小，故不计）为

$$h_{沟蓄}＝P－h_{田蓄}－h_{湖蓄}－h_{抽排}$$

式中：$h_{沟蓄}$ 为沟道蓄水量，mm；P 为设计暴雨量（1d 暴雨或 3d 暴雨，mm），按除涝标准选定；$h_{田蓄}$ 为田间蓄水量，水田地区按水稻耐淹深度确定，通常取 30~50mm，旱田则视土壤蓄水能力而定；$h_{抽排}$ 为水泵抢排水量，mm；$h_{湖蓄}$ 为湖泊洼地蓄水量，根据各地圩垸内部现有的或规划的湖泊蓄水面积及蓄水深度确定，mm。

$h_{沟蓄}$、$h_{湖蓄}$、$h_{抽排}$ 均为折算到全部排水面积上的平均水层。

4. 根据灌溉引水要求校核排水沟道底宽

当利用排水沟引水灌溉时，水位往往形成倒坡或平坡，这时就需要按非均匀流公式推算排水沟引水灌溉时的水面曲线，借以校核排水沟在输水距离和流速等方面能否符合灌溉引水的要求，如不符合，则应调整排水沟的水力要素。

在通常工程设计中，对斗、农沟常常采用规定的标准断面（根据典型沟道计算而得），不必逐一计算，而只是对较大的主要排水沟道才需要进行具体设计。设计时，通常选择以下断面进行水力计算：①沟道汇流处的上、下断面（即汇流以前和汇流以后的断面）；②沟道汇入外河处的断面；③河底比降改变处的断面等。对于较短的沟道，若其底坡和土质都基本一致，则在沟道的出口处选择一个断面进行设计即可。

1.4　灌 排 泵 站 设 计

1.4.1　灌溉泵站工程规划的内容和原则

1. 泵站工程规划的内容

泵站工程规划的内容在很大程度上取决于兴建泵站的目的、规划内容和任务，其因建站目的不同而有所差异，所需要的基础性资料也各有侧重。总体而言，泵站工程规划的主要任务包括以下几方面：

（1）收集当地水文、气象、地质和交通、能源、社会经济状况等资料，勘察地形、行政区划、水源和已有水利工程设施等情况。

（2）收集当地水文、气象、地质和交通、能源、社会经济状况等资料，勘察地形、行政区，确定工程规模、控制范围及工程等级，确定灌溉或排水设计标准。

（3）确定工程总体布置方案。

（4）选择泵站站址，确定泵的设计扬程和设计流量。

（5）进行机组选型及配套，即选择适宜的泵型或提出研制新泵型的任务，选配动力机械和辅助设备，确定总装机容量。

（6）拟定工程运行管理方案。

（7）进行技术经济论证并评价工程的经济效益，为决策部门和泵站工程技术设计提供可靠的依据。

2. 泵站工程规划的原则

（1）泵站工程规划必须以流域或区域水利规划为依据，按照全面规划、综合治理、合理布局的原则，正确处理灌溉与排水、自流与提水、灌溉排水与其他部门用水的关系，充分考虑泵站工程的综合利用。

（2）泵站工程的规模、控制范围和总体布置方案的确定，在很大程度上取决于兴建工程的目的，当地的经济、地形、能源、气象、作物组成，以及现有水利工程设施的情况等因素。规划中必须根据灌溉（或排水）区的地形、地貌特征，尽可能地照顾行政区划，充分利用现有水利工程设施，确定工程的控制范围和面积。

（3）工程总体布置应结合现有村镇或规划的居民点、道路、电网、通信线路、水利设施、林带等统筹考虑，合理布局。为了节约能源并便于运行管理，泵站和沟渠的布置必须遵循低田低灌、高水高排、内外分开、水旱作物分开的原则。在梯级提水灌溉工程中，应尽量减少两级泵站之间没有灌溉面积的空流段渠道长度和泵站级数，尽量使用同型号的水泵机组。

（4）灌溉或排水标准是确定泵站规模的重要依据，应根据灌溉区或排水区的水土资源、水文气象、作物组成，以及对灌排成本、工程效益的要求，按照国家最新颁布的《泵站设计规范》（GB 50265—2010）和《灌溉与排水工程设计规范》（GB 50288—99）等有关规定确定。

（5）泵站工程的技术经济论证和经济效果评价是确定泵站工程合理性与可行性，以及对不同方案进行比较与优化的依据。经济分析应按《水利建设项目经济评价规范》（SL 72—94）的规定进行。

1.4.2　设计标准

泵站规划中首先要解决的问题是设计标准问题，如排水泵站能够把多大暴雨产生的涝水在多长时间内排除，在选择水泵时按什么标准确定扬程、流量，在设计建筑物时以多高的水位作为防洪水位等，这些都与设计标准有关。如果设计标准太低，虽然工程投资较少，但工程效益也小；反之，工程效益增加，工程投资也增加。因此，设计标准问题是一个技术经济问题，应根据国家统一编制的规范来确定。

1. 泵站工程等级划分

泵站工程的规模是根据流域或地区规划所确定的任务，以近期为目标，兼顾远景发展的要求，综合分析所确定的。根据泵站的规划流量或装机容量，灌溉排水泵站分为 5 个等级，见表 1.1.13。对于工业、城镇供水泵站的等级划分，应根据供水对象、供水规模重要性确定。

表 1.1.13　　　　　　　　　　　　　灌溉排水泵站等级指标

泵站等别	泵站规模	灌溉排水泵站		工业、城镇供水泵站
		设计流量/(m³/s)	装机功率/MV	
Ⅰ	大（1）型	≥200	≥30	特别重要
Ⅱ	大（2）型	200～50	30～10	重要
Ⅲ	中型	50～10	10～1	中等
Ⅳ	小（1）型	10～2	1～0.1	一般
Ⅴ	小（2）型	<2	<1	—

2. 泵站建筑物级别划分

泵站建筑物的级别是根据泵站所属等级及其在泵站中的作用和重要性进行分级的，见表 1.1.14。建筑物是指泵站运行期间使用的建筑物，根据其重要性分为主要建筑物和次要建筑物。主要建筑物是指失事后造成灾害或严重影响泵站使用的建筑物，如泵房、引渠、进水池、变电设施等；次要建筑物是指失事后不造成灾害或对泵站使用影响不大并易于修复的建筑物，如挡土墙、导水墙和护岸等。临时建筑物是指泵站施工期间使用的建筑物，如导流建筑物、施工围堰等。

表 1.1.14　　　　　　　　　　　**泵站建筑物级别划分**

泵站等别	永久性建筑物级别		临时性建筑物级别
	主要建筑物	次要建筑物	
Ⅰ	1	3	4
Ⅱ	2	3	4
Ⅲ	3	4	5
Ⅳ	4	5	5
Ⅴ	5	5	—

3. 泵站建筑物的防洪标准

泵站建筑物的防洪标准直接影响泵站建筑物的防洪水位，从而影响到工程造价的高低，其防洪标准见表1.1.15。

表 1.1.15　　　　　　　　　　**泵站建筑物防洪标准**

泵站建筑物级别	防洪标准（重现期/a）	
	设计	校核
1	100	300
2	50	200
3	30	100
4	20	50
5	10	30

1.4.3 站址选择

1. 灌溉泵站站址选择

站址选择是根据建站处的具体情况合理地确定泵站的位置，包括取水口、泵房和出水池的位置。站址选择是否合理，关系到泵站建成后的安全取水、工程造价和运行管理等问题。灌溉泵站站址的确定，应根据泵站工程的规模、特点和运行要求，与灌区的划分同时进行，选择具体站址还应考虑以下因素。

（1）水源。为了便于控制整个灌区的面积，减小提水高度，泵站建设地点应尽量选在灌区的上游、提水流量有保证、水位稳定、水质良好的地方。

1）从渠道引水时，应选在等高线比较集中的地方。

2）从河流直接取水时，应尽量选在河段顺直、主流靠近岸边、河床稳定、水深和流速较大的地方。一般选在河床狭窄处，若遇弯曲河段，则选在水深岸陡、泥沙不易淤积的凹岸顶冲的上下游，应力求避免选在有沙滩、支流汇入和分岔的河段。

3）当从水库取水时，应首先考虑在坝下游取水；当在坝上游取水时，应选在淤积范围之外，并且站址选在岸坡稳定、靠近灌区、取水方便的地点。

4）当从湖泊中取水时，应选在靠近湖泊出口的地方或远离支流的汇入口。

5）当从感潮河段上取水时，应选在淡水充沛、含盐量低、可以长期取到灌溉用水的地方。

　　应该指出，在选择站址和取水口位置时，还应注意已有建筑物的影响，如在河段上建有丁坝、码头和桥梁时，由于桥梁的上游、丁坝与码头所在同岸的下游水位被淤高和水流紊乱，易形成淤积，因此站址和取水口位置宜选在桥梁的下游、丁坝和码头的上游，或对岸的偏下游。

　　（2）地形。站址处地形需开阔，岸坡适宜，这样有利于泵站建筑物的布置，要求开挖土方量较小，且有利于通风采光，便于对外交通和今后扩建等。

　　（3）地质。站址应选在岩土坚实、抗渗性能好的天然地基上。泵房及进水建筑物常需建在较深的开挖基面上，不仅要求地表附近地质良好，而且也要求开挖基面以下的地质良好。应尽量避开淤泥、泥沙所在地段，减少地基处理费用。若遇淤泥、流沙、膨胀土等不良地基，必须进行加固处理，否则不能作为建站的地址。

　　（4）电源。为了缩短输电线路的长度，减少工程投资，应尽可能地靠近电源。

　　（5）其他。

　　2. 排水泵站站址选择

　　（1）站址应选在排水区的较低处，与自然汇流相适应；或利用原有的排水系统，以便减少挖渠的土方工程量，减少占地面积。但应注意将来渠系调整对泵站的影响，要靠近河岸，以便缩短排水渠的长度。

　　（2）站址应选在外河水位较低的地段（即设在外河下游处），以便降低排水扬程，减小装机容量和能耗。

　　（3）要充分考虑自排的条件，尽可能使自排与抽排相结合。

　　（4）注意综合利用，注意远景和近期相结合。若有灌溉的要求，则应考虑灌溉引水口与灌溉渠首的高程和布置，尽可能做到排灌结合，提高设备利用率，扩大工程效益。

　　（5）站址和排水渠应选在河流顺直（或凹岸）、河床稳定、冲刷淤积较少的河段，应有一定的外滩宽度，以利于施工围堰和工料场的布置，但也不宜太宽，以免排水渠太长。尽可能满足正面进水和正面泄水的要求。

　　（6）站址应选在地质条件较好的地方，尽可能避开淤泥软土和粉细砂地层，避开废河道、水潭、深沟等易淤积的地方。

　　（7）要尽量靠近居民点，并充分考虑交通、用电等方面的条件。

1.4.4　泵站建筑物布置

　　泵站主要建筑物通常包括取水口、引渠、前池、进水池、泵房、出水管道和出水池等。与主要建筑物配套的辅助建筑物一般有变电所、节制闸、进场公路与回车场、修配厂和库房、办公及生活用房等。

　　泵站建筑物的总体布置应依据站址处地形、地质、水源的水流条件和泵站的性质、泵房结构类型及综合利用的要求等因素全面考虑、合理布局。设计中，首先应把主要建筑物布置在适当的位置上，然后按辅助建筑物的用途及其与主要建筑物的关系分别布置。泵站建筑物总体布置应尽量做到布局紧凑，便于施工及安装、运行安全、管理方便、经济合理、美观协调、少占耕地等。

此外，泵站各建筑物之间应有足够的防火和卫生隔离间距；满足交通道路的布置要求；一般应在引渠末端或前池、进水池的适当位置设 1～2 道拦污栅及其配套的清污设施；当从多泥沙水源取水时，应在水源岸边布置防沙建筑物或在引渠的适当位置布置沉沙池等。

泵站引渠式输水干渠与铁路或公路干道相交时，站、桥或站、道宜分建且间距不应小于 50m，以避免车辆噪声对值班人员工作产生干扰和尘土飞扬污染泵房区域，保证泵站的安全运行。有通航任务的泵站枢纽，泵房、船闸应分建，必须合建时，要采取保证安全通航的有效措施。

1.4.4.1 泵站枢纽配套工程建筑物

（1）公路桥。根据已建泵站工程的运用经验，认为公路桥与站身合建可以利用靠近泵房进出水的墩墙做桥墩，以节省建桥投资，但车辆的频繁过往，容易污染站区环境，直接影响值班人员工作。为了节省建桥投资，又能避免过往车辆对站区的影响，可以考虑公路桥与防洪闸、节制闸或引水渠上的拦污栅桥合建。但在一般情况下还是以单独建公路桥为宜。

（2）船闸。船闸和泵站合建的形式虽然可以节省投资，但因为泵站运行时，进出口的流速较大，有时还可能出现横向流速，从而影响通航安全。有时，为了考虑船闸的布置要求而影响泵站进出水建筑物的布置，致使泵站的进水条件受到影响。在河网地区，由于航运是重要的运输方式，兴建泵站一般应该考虑航运要求，因而很多采用小型轴流泵的内排站都考虑了泵站与船闸合建的方式。这样节省了工程投资，但水泵进水条件较差，应该引起注意。

（3）自流排水闸。在平原湖区，在兴建泵站之前，一般都有排水闸。因此，在兴建泵站时，应该考虑自排和提排相结合的问题。结合的形式应力求简单，可在原排水闸一侧建站，新开排水渠道与原排水渠道相衔接。如果建站前无自流排水闸，则在枢纽规划布置时要慎重考虑自排条件，是建自排闸还是结合泵站的附属建筑物自排，应根据具体情况进行分析比较。一般来说，在扬程较低、内外水位变幅不大时，中、小型轴流泵站可考虑闸站结合的布置形式，以利于自排和提排相结合。

（4）节制闸。对于排灌结合、自流与提水排灌结合的泵站或有综合利用要求的泵站，需要设置各种控制闸。在满足排灌或综合利用的条件下，尽量减少闸的座数，以便于管理，并有利于自动化。

（5）水电站。为了充分利用水利资源，可利用汛后内湖水位高而有余水的情况进行发电。对于这种兼有发电任务的泵站枢纽，有分建和合建两种形式。分建式投资较大，但泵站运行单一，操作简单；合建式可在不影响排灌任务的前提下发电，提高设备利用率，但水泵机组应满足提水和发电的可逆机组的要求，技术上要求较高。

根据泵站担负的任务不同，泵站枢纽布置一般有以下几种形式。

1.4.4.2 灌溉泵站建筑物布置

1. 从江河、湖泊或灌溉渠道上取水的泵站

（1）有引水渠的布置形式。此形式适用于岸边坡度较缓、水源水位变幅不大、水源距

出水池较远的情况。为了减小出水管长度和工程投资，常将泵房靠近出水池，用引水渠将水引至泵房。但在季节性冻土区应尽量缩短引水渠长度。对于水位变幅较大的河流，渠首可设进水闸控制渠中水位，以免洪水淹没泵房。

（2）无引水渠的布置形式。当河岸坡度较陡、水位变幅不大或灌区距水源较近时，常将泵房与取水建筑物合并，直接建在水源岸边或水中。这种布置形式省去了引水渠，习惯上称为无引水渠泵站枢纽。

2. 从水库中取水的泵站

（1）从水库上游取水的泵站。从水库上游取水的泵站的布置形式与有引水渠、无引水渠的布置形式相同。当水库水位变幅较大，设置固定式泵站有困难时，可采用浮船式或缆车式移动泵站。

（2）从水库下游取水的泵站。从水库下游取水的泵站一般有明渠引水和有压引水两种方式。明渠引水是将水库中的水通过泄水洞放入下游明渠中，水泵从明渠中引水。有压引水是将水泵的吸水管直接与水库的压力放水管相接，利用水库的压能，以减小泵站动力机的功率。每个吸水管路上均设闸阀，这样可提高水泵安装高程，或省去抽真空设备。

3. 从井中取水的泵站

从井中取水的泵站通常将泵房布置在井旁的地面上。如果井水位离地面较深，超过水泵允许吸上真空高度，可将泵房建在地下。

1.4.4.3 排水泵站建筑物布置

汛期排水区的涝（渍）水如不能及时顺利的排出，必须利用泵站提排，但在承泄区的枯水期或洪峰过后却可以自流排水。因此，常建成自流排水和泵站提排两套排水系统的泵站枢纽工程。按照自流排水建筑物和泵房的相对关系，排水泵站建筑物分为分建式和合建式。在分建式中，自流排水闸与泵房是分开建造的，而合建式则是将二者建在一起。

分建式与合建式布置相比，便于利用原有排水闸，且泵站有单独的前池和进水池，具有进水平顺、出水池易于布置等优点，因此实际工程中应用较多。

排水泵站的出水方式可以是出水池接明渠，也可以是出水池接暗管。按照泵房与围堤的相对位置，泵站建筑物布置可分为堤身式和堤后式。堤身式因泵房直接抵挡承泄区的洪水，一般应用于扬程不大于5m的场合。堤后式则一般扬程为10m左右。两种方式的布置和设计均应注意堤防安全并符合堤防的有关规定。

1.4.4.4 排灌结合泵站建筑物布置

一般排水区遇暴雨需排水，若承泄区水位低于排水干渠水位，可以自流排水；反之，则需泵站提排。由于受地形的影响低处排水时，高处需要灌溉；另外，由于季节间的气候差异，雨季需排水而旱季又需灌溉。这样，使同一泵站兼有排涝和灌溉任务则称为排灌结合泵站。

排灌结合泵站建筑物布置的形式很多，但就其主要特征可分为闸与泵房建在一起的合建式和分开建造的分建式。排灌结合，并考虑自流排水、自流灌溉要求的泵站，因其承担的任务较多，所以布置形式也多，一般以泵房为主体，需充分发挥其附属建筑物的协调作用，以达到多目标的排灌结合效果。当冬、春季节需要从水源引水或提水灌溉时，各附属建筑物的控制高程、尺寸和水泵安装高程等均应根据引水时期水源的低水位研究确定。

1.4.5　泵站设计流量和设计扬程的确定

在规划阶段，合理确定泵站的设计流量和设计扬程是选泵和建站的重要依据。泵站设计流量和设计扬程也是衡量泵站规模的重要指标，由该指标可确定泵站等级、泵站建筑物级别及防洪标准。

1.4.5.1　泵站设计流量的确定

泵站类型不同，其设计流量的确定方法也不同。下面就灌溉泵站和排水泵站分别介绍如何确定设计流量。

1. 灌溉泵站设计流量

灌溉泵站设计流量就是在某一设计保证率下的提水灌区内，农作物的灌溉用水量或灌水定额。通常是根据灌区内气象、土壤、作物种类和耕作技术等因素估算作物需水量，再计算灌溉制度及灌溉用水过程线，然后采用灌溉用水过程中持续时间较长的最大一次灌溉用水量作为泵站设计流量。这种方法精确可靠，但较为复杂，一般用于大、中型灌区。对于小型灌区，可针对主要作物，粗略地拟定最大一次灌水定额或灌水率，然后计算泵站设计流量。

在设计灌水率确定的情况下，泵站的设计流量可由式（1.1.30）计算：

$$Q = \frac{24Aq}{t\eta} \tag{1.1.31}$$

式中：Q 为泵站设计流量，m^3/s；q 为设计灌水率，$m^3/(s \cdot hm^2)$；A 为泵站控制灌溉面积，hm^2；t 为泵站日开机小时数；η 为灌溉水利用系数。

在有调蓄容积的提水灌区，向调蓄容积供水的泵站设计流量应根据灌溉用水量过程线和调蓄容积的大小，适当延长泵站开机天数，削减设计流量。

在确定设计流量时，应同时确定加大流量和最小流量。加大流量是泵站备用机组流量与设计流量之和。一般情况下，不应大于设计流量的 1.2 倍。对于多泥沙水源和装机台数少于 5 台的泵站，经过论证，加大流量可以适当提高。最小流量可用 0.4 倍设计流量确定。

2. 农田排水泵站设计流量

农田排水包括排涝和排渍两部分。所谓排涝，即排除因降雨而引起的农田积水，以缩短淹水时间和深度；所谓排渍，即排除因地下水位过高而引起的农作物产量下降的那部分地下水量。考虑到工程的普遍性问题，这里只讨论排涝泵站。

确定排涝泵站设计流量前，需要首先明确排涝设计标准。排涝设计标准是指在设计暴雨情况下，为避免涝灾所允许的最长排水历时，一般包括设计暴雨频率、降雨历时、排水天数、设计外江水位频率等。目前，我国各地区都制定了自己的排涝设计标准，大多为 5～10a 一遇的设计暴雨 3d 排完。

在产流历时小于排水历时的小面积排水区，可用排水模数法计算泵站的设计流量。排水模数是指排水区内平均每平方千米排水面积的最大排水流量，其计算公式为

$$Q = qA \tag{1.1.32}$$

式中：Q 为排水设计流量，m^3/s；q 为设计排水模数，$m^3/(s \cdot km^2)$，可以根据各地区经验公式确定；A 为控制排水面积，km^2。

1.4.5.2　泵站设计扬程的确定

一般而言，一个泵站有多个扬程，这是由于在运行期间，泵站上下游水位差经常发生变化。泵站扬程的变化会引起水泵工作参数的变化，为了保证水泵能够安全经济地运行，需要对泵站可能出现的各种扬程进行计算和分析。通常选取一些对水泵运行有特殊意义的扬程进行计算，并以此作为泵站设计和水泵选型的依据。这些具有特殊意义的扬程称为特征扬程，特征扬程所对应的水位称为特征水位。

（1）设计扬程。设计扬程是指泵站进、出水池设计水位的差值再加上进水池至出水池间的管道水力损失。泵站设计扬程是水泵选型的主要依据，在该工况下，泵站（水泵）必须满足设计流量的要求。

（2）平均扬程。平均扬程是在加权平均净扬程的基础上，计入进水池至出水池间的管道水力损失后的结果；或者按泵站进、出水池平均水位差，并计入水力损失来计算。

平均扬程对水泵选型也有重要的指导意义，在选择水泵时，应使水泵在该扬程下处于高效区运行，从而使能量消耗最少。

（3）最高扬程。最高扬程是指泵站出水池最高运行水位与进水池最低运行水位之差，并计入进水池至出水池间的管道水力损失。在不计入水力损失时，这一扬程称为最高净扬程，也是泵站运行的上限扬程。

水泵在该扬程下运行时，其流量虽然小于设计流量，但必须保证其运行稳定性，即必须满足水泵机组的振动和噪声不超过允许的范围、机组稳定运行等要求。

（4）最低扬程。最低扬程是指泵站出水池最低运行水位与进水池最高运行水位之差，并计入进水池至出水池间的管道水力损失。在不计入水力损失时，这一扬程称为最低净扬程。在该工况下运行时，水泵流量最大，因此必须保证机组不发生汽蚀，机组不产生有害振动和噪声等，对于离心泵站，还要保证电动机不过载。

在水泵的扬程和流量确定后，依据泵站的特征扬程、设计流量及其变化规律确定水泵的类型、型号及台数，并根据水泵的型号，合理选择与之配套的动力机型号。

1.4.6　泵房

1. 泵房设计的内容

泵房也称为机房、厂房，它是安装水泵、动力机及其附属设备的建筑物，是泵站的主体工程。泵房的主要作用是为水泵机组及运行人员提供良好的工作环境。因此，合理的泵房设计对节省工程投资，发挥工程效益，以及延长设备使用寿命等方面都有很大的影响。

泵房设计内容包括：①泵房结构类型的选定；②泵房内部布置方式和各部分尺寸的拟定；③泵房整体稳定分析；④泵房结构设计。

2. 泵房设计原则

（1）在保证设备安装、运行、检修等工作方便而且可靠的原则下，使泵房尺寸最小、布局紧凑、结构合理。

（2）在泵房可能遇到的各种外力作用及其最不利的组合下，满足整体稳定要求，构件满足强度和刚度要求，保证结构有足够的强度和寿命。

（3）泵房尽可能坐落在稳定的地基基础上，避开可能发生滑坡和坍塌的影响范围。

（4）保证泵房水下部分不渗水，泵房水下结构部分应进行抗裂或限裂校核及防渗处理。

（5）符合防火、照明、通风、散热、采光和防潮等要求。

（6）节约钢材、木材、水泥等建筑材料用量，减少工程投资。

（7）满足内外交通运输的要求。

（8）便于利用现代的建筑和施工方法，以利于今后的发展等。

3．泵房设计所需基本资料

（1）泵站的性质和规模等。

（2）水泵机组的型号、台数、外形尺寸、安装尺寸等。

（3）泵站枢纽的 1∶100 000～1∶10 000 地形图和地质资料。

（4）主要建筑物处的 1/2000～1/200 地形图和地质剖面图。

（5）当地的国民经济状况、能源及材料供应情况、施工技术力量。

（6）重要材料、设备、器具价格，原材料及人工单价。

4．泵房设计步骤

（1）根据选择的水泵类型、水源水位变幅及地基条件确定泵房的结构类型。

（2）根据泵房内部设备布置及通风、照明、防噪的要求和泵房整体稳定条件，确定泵房的各项尺寸及材料。

（3）进行细部结构及特种构件的计算。

1.5　机　井　设　计

1.5.1　机井规划原则

（1）机井规划应在流域和区域水资源综合规划及地下水开发利用与保护规划的基础上进行，并应与规划区内社会经济近期和远景发展及生态环境保护的需要相适应。

（2）开采地下水应按现行国家标准《供水水文地质勘察规范》（GB 50027—2001）的有关规定取得的水文地质资料为依据，宜开采浅层地下水，并应严格控制开采深层地下水。在长期超采引起地下水位持续下降的地区，应限量开采；对已造成严重不良后果的地区，应禁止开采；滨海地区，应严防海水入侵。

（3）取用地下水时应节约用水，并应采用节水技术和设备；在规划区内应严禁污染地下水，并应保护生态环境。

1.5.2　机井布局

机井布局应根据规划区或水源地的水文地质条件和需水量，经济合理地选择井型。管井宜布局在平原、高原、山丘、沙漠、阶地等地区，可用于开采各种埋藏深度的地下水。管井井群应根据规划区或水源地的含水层厚度和层数、地下水水流方向、蓄水构造、地貌等地质和水文地质条件，以及地下水拟开采量进行合理布置。布置形式可采用方格网形、梅花形、圆弧形、线形等。井位与建（构）筑物应保持足够的安全距离。采用管井井群时，应留有备用井，备用井的数量宜按设计水量的 10％～20％ 设置，且不得少于一眼。

灌溉用机井井距与井数的确定应符合下列规定：

（1）初选井距时的计算公式。

方格网形布井时：

$$L_0 = 100 \sqrt{F_0} \qquad\qquad (1.1.33)$$

梅花形布井时：

$$L_0 = 107.5 \sqrt{F_0} \qquad\qquad (1.1.34)$$

式中：L_0 为井距，m；F_0 为单井控制灌溉面积，hm^2。

$$F_0 = \frac{Q t_3 T_2 \eta (1 - \eta_1)}{m_2} \qquad\qquad (1.1.35)$$

式中：F_0 为单井控制灌溉面积，亩；Q 为单井平均出水量，$80 m^3/h$；t_3 为灌溉期机井每天开机时间，取 22h/d；T_2 为每次轮灌期天数，8d；η 为灌溉水利用系数，取 0.80；η_1 为干扰抽水的水量削减系数，取 15%；m_2 为净灌水定额，$40 m^3/$亩。

（2）井数的计算方法。

1）采用单井控制灌溉面积法时，按式（1.1.36）计算：

$$N = \frac{T_4}{F_0} \qquad\qquad (1.1.36)$$

式中：N 为规划区需要的打井数，眼；F_4 为规划区内灌溉面积，hm^2。

2）采用可开采模数法时，按式（1.1.37）计算：

$$N = \frac{M F_5}{Q t_3 T_0} \qquad\qquad (1.1.37)$$

式中：M 为可开采模数，$m^3/(km^2 \cdot a)$；F_5 为规划区内灌溉面积，km^2；T_0 为灌溉天数，d/a。

1.5.3　机井设计出水量

机井设计出水量应根据当地的水文地质条件、含水层的性质及厚度等因素，采用理论计算或抽水试验的流量—降深曲线求得的经验公式计算确定。井群设计出水量的确定除应依据当地的水文地质条件、含水层的性质及厚度等因素外，还应确定机井布局和相互间干扰，应分别进行单井抽水试验和干扰抽水试验，计算不同井间距的水量消减系数，进而确定井群的设计出水量。井群设计的总出水量，应小于规划区地下水允许开采量。资料不足时，可采用勘探开采井的实测资料或根据附近同类条件的机井资料确定。成井后均应进行抽水试验，并应复核设计出水量。

设计出水量应符合下列要求：

（1）管井设计出水量应小于过滤管的进水能力。过滤管的进水能力，应按式（1.1.38）计算：

$$Q_g = \pi \beta v_g D_g L_g \qquad\qquad (1.1.38)$$

式中：Q_g 为过滤管的进水能力，m^3/s；β 为过滤管进水面层有效孔隙率，宜按过滤管面层孔隙率的 50% 计算；v_g 为允许过滤管进水流速，不得大于 0.03m/s；D_g 为过滤管外径，m；L_g 为过滤管有效进水长度，m，宜按过滤管长度的 85% 计算。

（2）允许井壁进水流速可根据式（1.1.39）计算：

$$v_j = \frac{\sqrt{K}}{15}$$

（1.1.39）

式中：K 为含水层的渗透系数，m/s。

1.5.4　管井设计

管井设计宜包括下列内容：井管配置及管材选用、过滤器类型、填砾位置及滤料规格、封闭位置及材料、井的附属设施。

井身结构设计应根据地层情况、地下水位埋深及钻进工艺确定，并宜按下列步骤进行：

（1）宜按成井要求确定开采段和安泵段井径。

（2）宜按地层、钻进方法确定井段的变径和相应长度。

（3）宜按井段变径需要确定井的开口井径。

开采段井径应根据管井设计出水量、允许井壁进水流速、含水层埋深、开采段长度、过滤器类型及钻进工艺等因素综合确定。安泵段井径应根据设计出水量及测量动水位仪器的需要确定，宜大于选用的抽水设备标定的最小井管内径 50mm。松散层地区非填砾过滤器管井的开采段井径，应大于设计过滤器外径 50mm。管井深度设计应根据拟开采含水层（组、段）的埋深、厚度、地下水类型、水质、富水性及其出水能力等因素综合确定。沉淀管长度应根据含水层岩性和井深确定，宜为 2～10m。管井设计中，宜设置水位测量的观测管，水位观测管的进水位置可埋设在机井的开采井段。管井的管材应根据水的用途、地下水水质、井深、管材强度、经济合理等因素综合确定。管井过滤器类型应根据含水层的性质选用。设计过滤管直径时，应根据设计出水量、过滤管长度、过滤管面层孔隙率和允许过滤管进水流速确定。填砾过滤器应包括缠丝过滤器、穿孔包网过滤器、无砂混凝土管过滤器和桥式过滤器等。

第2章 节水灌溉技术

2.1 渠道防渗技术

2.1.1 渠道防渗作用

根据所使用的材料，渠道防渗可分为：①土料防渗；②水泥土防渗；③砌石防渗；④塑料薄膜防渗（内衬薄膜后再用土料、混凝土或石料护面）；⑤沥青混凝土防渗；⑥混凝土防渗等。其中混凝土衬砌是当今渠道衬砌的主要形式。渠道防渗工程措施除了减少渠道渗漏损失、节省灌溉用水量、更有效地利用水资源外，还有以下作用：

（1）提高渠床的抗冲能力，防止渠坡坍塌，增强渠床的稳定性。

（2）减小渠床糙率系数，加大渠道内水流流速，提高渠道输水能力。

（3）减少渠道渗漏对地下水的补给，有利于控制地下水位和防治土壤盐碱化及沼泽化。

（4）防止渠道长草，减少泥沙淤积，节省工程维修费用。

（5）低灌溉成本，提高灌溉效益。

2.1.2 渠道防渗材料及结构形式

1. 渠道防渗工程应符合的要求

（1）防渗渠道断面应通过水力计算确定，地下水位较高和有防冻要求时，可采用宽浅断面。

（2）地下水位高于渠底时，应设置排水设施。

（3）防渗材料及配合比应通过试验选定。

（4）采用刚性材料防渗时，应设置伸缩缝。

（5）标准冻深大于10cm的地区，应考虑采用防治冻胀的技术措施。

（6）渠道防渗率，大型灌区不应低于40%；中型灌区不应低于50%；小型灌区不应低于70%；井灌区如采用固定渠道输水，应全部防渗。

（7）大、中型灌区宜优先对骨干渠道进行防渗。

2. 渠道防渗层的结构及厚度

（1）土料防渗。土料防渗层的厚度应根据防渗要求通过试验确定，不同土料种类防渗层厚度可参考表1.2.1。为增加防渗层的表面强度，根据渠道流量大小，表层采用水泥砂浆抹面和涂刷硫酸亚铁溶液的办法。

（2）水泥土防渗。水泥土防渗层的配合比应通过试验确定。防渗层的厚度宜采用8～10cm，小型渠道不应小于5cm。水泥土预制板的尺寸应根据制板机、压实功能、运输条件和渠道断面尺寸等确定，每块预制板的重量不宜超过50kg。板间用砂浆挤压、填平，并及时勾缝与养护。

因水泥土的抗冻性较差，故对耐久性要求高的明渠水泥土防渗层，宜用塑性水泥土铺筑，表面再用水泥砂浆、混凝土预制板、石板等材料做保护层。此种防渗层结构，水泥土的水泥掺量可以适当减少，但水泥土 28d 的抗压强度不应低于 1.5MPa。

表 1.2.1　　　　　　　　　　土 料 防 渗 层 厚 度 表

土料种类	防渗层厚度表/cm		
	渠底	渠坡	侧墙
高液限黏质土	20～40	20～40	
中液限黏质土	30～40	30～60	
灰土	10～20	10～20	
三合土	10～20	10～20	20～30
四合土	15～20	15～25	20～40

（3）砌石防渗。护面式砌石防渗层的厚度（图 1.2.1），浆砌料石采用 15～25cm；浆砌块石采用 20～30cm；浆砌石板厚度不宜小于 3cm。浆砌卵石、干砌卵石挂淤护面式防渗层的厚度一般采用 15～30cm。

为了防止渠基淘刷，提高防渗效果，干砌卵石挂淤渠道可在砌体下面设置砂砾石垫层或低标号砂浆垫层。浆砌石板防渗层下，可铺厚度 2～3cm 的砂料或低标号砂浆垫层。对防渗要求高的大中型渠道，可在砌石层下加铺黏土、三合土、塑性水泥土或塑膜层。

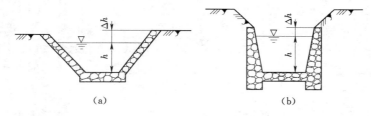

图 1.2.1　浆砌石渠道护面结构
（a）护面式结构；（b）挡土墙式结构

护面式浆砌石防渗层一般为挡土墙式，浆砌石防渗层宜设 10～15m。

（4）膜料防渗。按防渗材料可分为塑料类、沥青和环氧树脂类。按加强不加强土工膜可分为直喷式土工膜、加强土工膜（玻璃纤维布、聚酯纤维布作加强材料）、复合型土工膜（土工织物作基材）。

目前我国渠道防渗工程普遍采用聚乙烯和聚氯乙烯塑料薄膜，其次是沥青、玻璃纤维布、油毡。此外，复合土工膜近几年也陆续采用。

膜料防渗多用埋铺式，其结构一般包括膜料防渗层、过渡层、保护层等。

用作过渡层的材料很多，应因地制宜地选用。过渡层的厚度见表 1.2.2。

表 1.2.2　　　　　　　　　　过 渡 层 厚 度

过渡层厚度	厚度/cm
灰土、塑性水泥土、砂浆素土、砂	2～3
	3～5

素土保护层厚度，当 $m_1＝m_2$ 时，全铺式的梯形、台阶形、锯齿形断面，半铺式的梯形和底铺式断面保护层的厚度，边坡与渠底相同。见表1.2.3；当 $m_1 \neq m_2$ 时，梯形和五边形渠底土保护层的厚度见表1.2.3，渠坡膜层顶部土保护层最小厚度，温暖地区为30cm，寒冷地区为35cm。

表1.2.3　　　　　　　　　　　　　素土保护层的厚度　　　　　　　　　　　单位：cm

保护层土质	渠道设计流量/(m³/s)			
	<2	2~5	5~20	>20
砂壤土、轻壤土	45~50	50~60	60~70	70~75
中壤土	40~45	45~55	55~60	60~65
重壤土、黏土	35~40	40~50	50~55	55~60

刚性材料保护层厚度见表1.2.4。也可在渠底、渠坡和不同渠段，采用具有不同抗冲能力、不同材料的组合式保护层。

表1.2.4　　　　　　　　　　　不同材料保护层的厚度　　　　　　　　　单位：cm

保护层材料	水泥土	块石、卵石	砂砾石	素土	混凝土	
					现浇	预制
保护层厚度	4~6	20~30	25~40	≥30	4~10	4~8

（5）沥青混凝土。沥青混凝土防渗层厚度一般为5~6cm（图1.2.3），大型渠道可采用8~10cm。有抗冻要求的地区，渠坡防渗层可采用上薄下厚的断面，一般坡顶厚度5~6cm，坡底厚度8~10cm。整平胶结层采用等厚断面。沥青混凝土边长不宜大于1.0m，厚度采用5~8cm。预制板一般用沥青砂浆砌筑；在地基有较大变形时，也可采用焦油、塑料、胶泥填筑。

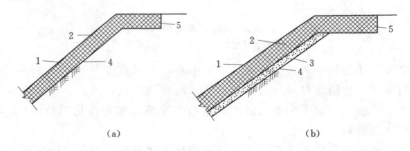

（a）　　　　　　　　　　　　　　　　　　（b）

图1.2.2　沥青混凝土防渗体的结构形式
（a）无整平胶结层的防渗体；（b）有整平胶结层的防渗体
1—封闭层；2—防渗层；3—整平胶结层；4—土（石）渠基；5—封顶板

（6）混凝土防渗。混凝土防渗层采用等厚板，当渠基有较大膨胀、沉陷等变形时，除采取必要的地基处理措施外，对大型渠道宜采用楔形板、肋梁板、中部加厚板或"Ⅱ"形板。

2.1.3　选择防渗技术措施应考虑的因素

参考我国《渠道防渗工程技术规范》（GB/T 50600—2010）规定的各种渠道防渗材料

的技术特点、防渗效果、运用条件等，根据拟建渠道的基本资料，在设计总则指导下，具体地进行设计。设计时应综合考虑下列影响因素。

1. 气候条件

气候条件是渠道防渗工程设计和施工应考虑的基本因素。它对防渗材料的耐久性和施工方法具有决定性作用，也是工程防冻胀设计的决定性因素。

2. 地形条件

地形条件往往是决定渠道防渗工程造价的重要因素，在渠道防渗措施中，压力管道受地形影响最小，但太贵；低压管道、输水槽以及混凝土等防渗渠道，较能适应地形的变化；而土料及埋铺式膜料（土保护层）防渗渠道，因允许流速小（为混凝土的 1/6 左右），只能用于较平坦地区。因此，选择防渗方案时，应考虑地形条件。

3. 基土性质

基土的渗透性是决定有无防渗必要和采用哪种防渗措施的关键，土的冻胀敏感性和抗压强度等都是工程设计应考虑的主要性能。对黄土类、壤土类等基础好、渠床稳定的地区，一般采用混凝土、砌石等防渗措施。但在含膨胀性黏土或石膏以及孔状灰岩的渠基上，一般不宜采用刚性材料，应采用厚压实土料，或埋铺式膜料类的柔性防渗措施。对于湿陷性黄土渠基，防渗前做完浸水处理后，最好采用埋铺式膜料防渗。也可以改变渠线，使渠道绕过不良土质地带。无法改线时，可用砂、砾石或其他土料换基，以代替不良土壤。但此法造价高，除有抗冻害要求和附近有合适的代换材料外，一般不宜采用。

在选择防渗方案时，应尽量考虑土渠开挖土方的应用问题。如有适宜的土料，可采用压实土料防渗；如开挖的土料不能压实，但可以用作膜料防渗的保护层时，则应采用埋铺式膜料防渗。

4. 地下水位

地下水位高于渠底时，防渗层存在承受扬压力的问题。必须在防渗层下设排水设施。在寒冷地区，地下水位的高低是防渗工程进行防冻胀设计时需要考虑的。

5. 土地利用及灌溉系统的形式

为减少占地，在城郊及人口密集地区，应采用暗渠（管）、输水槽或边坡较陡的如 U 形、矩形断面等刚性材料防渗渠道。

为了改善旧有灌溉系统和用水方式，如合并地块，改连续输水为轮流输水，改变种植作物等，都应考虑采用刚性材料防渗，使配水渠系占地最小。同时也使轮流输水的渠系能更好地满足配水要求。

6. 防渗标准

在水费很高的地区，或渗漏水有可能引起渠基失稳，影响正常运行的渠道，防渗标准应提高。建议采用下铺膜料，上部用混凝土板作保护层的措施。据国外有关经验，厚 10cm 的混凝土防渗渠道，平均渗漏量为 $21L/(m \cdot d)$，如在混凝土层下加铺聚氯乙烯薄膜，可减少渗漏量 95%。只要持续 12 年，节约的水量就足以抵偿塑膜增加的投资。

7. 耐久性

据资料介绍，埋设混凝土管道使用年限按 50 年计算，年养护费占造价的 0.1%。防渗用的沥青黏土混合料，使用年限按 5 年计，年养护费为造价的 10％。厚 2.5cm 的泥浆衬砌，使用年限估计不超过 2 年，年养护费为造价的 25％。使用年限对计算工程的经济效益影响很大，设计时应慎重确定。

8. 材料来源

应本着因地制宜、就地取材的原则选用防渗措施。料源应充足。如当地无砂、石料而又必须采用混凝土防渗的重要工程，可以采用在他处预制，运到当地施工，或采用人工制砂、石的办法。当水中含有较多泥沙，且渠基为砂砾石时，如旧渠由于运用时间已久，有天然淤填的作用，也可能不再需要采用其他防渗措施等。

9. 劳力、能源及机械设备供应情况

在劳力较多、工资较低的地区，应采用能充分利用劳动力的措施。如采用预制陶瓷板及混凝土板安砌和压实土料防渗等。如压实厚度超过 0.5m 或用现浇混凝土防渗，则可采用推土机、铲运机、羊足碾及浇筑机等设备，以保证施工质量，加快施工进度，使防渗工程早日受益。

10. 管理养护

如渠道需要频繁地放水和停水，渠道水位有较大的升降变化时，最好采用刚性材料防渗。土料防渗，不能控制杂草及淤积，同时在劳动力昂贵的地方，并不比刚性材料防渗便宜。明铺式膜料、薄黏土层或薄压实土料防渗，易受牲畜践踏等外力破坏，故在使用上受到限制。在已成土渠上建防渗工程，因施工时间短，渠基不能很快干燥，很难采用现浇的刚性材料护面，故最好能采用机械或人工预制安装混凝土板的措施，以加快进度，保证输水。

11. 工程费用

渠道防渗措施是否经济，应以效益的大小来衡量。在资金允许情况下，应尽量选取标准较高的防渗方案。新建渠道的防渗工程应与修渠同时进行，设计和施工一次完成。

2.1.4　防渗渠道的设计

1. 防渗渠道断面型式

防渗道断面型式如图 1.2.3 所示。明渠可选用矩形、梯形（包括弧形底梯形、弧形坡脚梯形）、复合形；无压暗渠可选用城门洞形、箱形、正反拱形和圆形。不同防渗材料可参照图 1.2.3 选用适宜的断面型式。

梯形横断面施工简便、边坡稳定，在地形、地质无特殊问题的地区，可普遍采用。弧形底梯形、弧形坡脚梯形、U 形渠道等，由于适应冻胀变形的能力强，能在一定程度上减轻冻胀变形的不均匀性，在北方地区得到了推广应用。U 形渠道自 20 世纪 70 年代在我国开始应用，在渠道上目前已得到了广泛的应用。其主要优点是：①水力条件好，近似最佳水力断面，可减少衬砌工程量，输沙能力强，有利于高含沙引水；②在冻胀性和湿陷性地基上有一定的适应地基不均匀变形的能力；③渠口窄，节省土地，减少挖填方量；④整体性强，防渗效果优于梯形渠道；⑤便于机械化施工，可加快施工进度。

暗渠具有占地少、在城镇区安全性能好、水流不易污染等优点。在冻土地区，暗渠可避免冻胀破坏。因此，在土地资源紧缺地区应用较多。

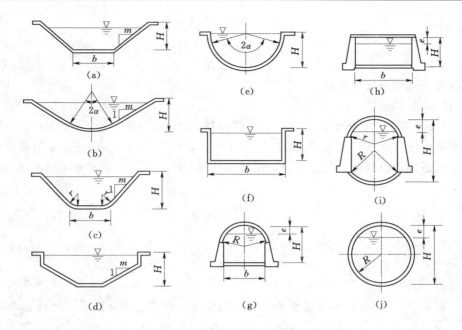

图 1.2.3　防渗渠道的横断面型式

（a）梯形断面；（b）弧形底梯形断面；（c）弧形坡脚梯形断面；（d）复合形断面；（e）U 形断面；
（f）矩形断面；（g）城门洞形暗渠；（h）箱形暗渠；（i）正反拱形暗渠；（j）圆形暗渠

2. 安全超高

衬砌护面应有一定的超高，以防风浪对渠床的冲刷。衬砌超高指加大水位到衬砌层顶端的垂直距离。小型渠道可采用 20～30cm，大型渠道可采用 30～60cm。衬砌层顶端到渠道的堤顶或岸边也应有一定的垂直距离，以防衬砌层外露于地面，易受交通车辆等机械损坏；也可防止地面径流直接进入衬砌层下面，威胁渠床和衬砌层的稳定。这个安全高度一般为 20～30cm。

3. 防渗渠道的设计参数

防渗渠道的设计参数除渠道的设计流量外，还有边坡系数、糙率、超高、不冲不淤流速、伸缩缝间距及填缝材料、砌筑缝及其填筑缝材料、渠底比降、稳定渠床的宽深比、堤顶宽度和封顶板等。设计参数选择的是否正确，关系到渠道的工程量大小、输水能力、防渗效果、渠床是否稳固和安全运用，以及工程效益的发挥等，因此设计参数必须谨慎设计，认真选择。本节对参数如何设计与选择不作介绍，请参阅有关书籍。

4. 防渗渠道的水力断面计算

（1）梯形、矩形渠道的水力计算。梯形、矩形渠道的水力计算主要是试算确定过水断面的水深 h 和底宽 b 的数值。试算步骤如下：

1）假设 b、h 值。为施工方便，底宽 b 应取整数。因此，一般先假设一个整数的 b 值，再选择适当的宽深比 α，用式 $h=b/\alpha$ 计算相应的水深值。

2）计算渠道过水断面的水力要素。根据假设的 b、h 值计算相应的过水断面面积 A、湿周 x、水力半径和谢才系数 C。计算公式如下：

$$A=(b+mh)h=(\alpha+m)h^2 \tag{1.2.1}$$

$$x=(b+2h)\sqrt{1+m^2}=(\alpha+2\sqrt{1+m^2})h \tag{1.2.2}$$

$$R=A/X \tag{1.2.3}$$

用曼宁公式计算谢才系数 C。

3）计算渠道流量。

4）校核渠道流量。上面计算出来的渠道流量（Q）是与假设的 b、h 值相应的输水能力，一般不等于渠道的设计流量（Q_d），通过试算，反复修改 b、h 值，直至渠道计算流量等于或接近渠道设计流量为止。要求误差不超过 5%，即设计渠道断面应满足的校核条件是

$$\left|\frac{Q_d-Q}{Q_d}\right|\leqslant0.05 \tag{1.2.4}$$

在试算过程中，如果计算流量和设计流量相差不大，只需修改 h 值，再进行计算；如二者相差很大，就要修改 b、h 值，再进行计算。

5）校核渠道流速。设计断面尺寸不仅满足设计流量的要求，还要满足稳定渠道的流速要求。用式（1.2.5）计算经流量校核选择的渠道断面通过设计流量时所具有的流速：

$$v_d=\frac{Q_d}{A} \tag{1.2.5}$$

然后按不冲流速（v_{cs}）和不淤流速（v_{cd}）校核，计算出来的流速应满足以下条件：

$$v_{cs}>v_d>v_{cd} \tag{1.2.6}$$

如不满足流速校核条件，就要改变最初假设的底宽 b 值，重新按以上步骤进行计算，直到既满足流量校核条件又满足流速校核条件为止。

（2）采用水力最佳断面时，其水力计算可按以下步骤直接求解：

1）计算渠道的设计水深。水力最佳断面的渠道设计水深 h_d 为

$$h_d=1.189\left[\frac{nQ_d}{(2\sqrt{1+m^2}-m)\sqrt{i}}\right]^{3/8} \tag{1.2.7}$$

2）计算渠道的设计底宽 b_d。

$$b_d=\alpha_0h_d$$

3）校核渠道流速。流速计算和校核方法与采用一般断面时相同。如果设计流速不满足校核条件，说明不宜采用最优断面形式，就要按采用一般断面时的试算步骤设计渠道断面尺寸。

2.2 低压管道输水技术

管道输水灌溉是以管道代替明渠输水灌溉的一种工程形式，水由分水设施输送到田间。直接由管道分水口分水进入田间沟、畦。管道输水有多种使用范围，大中型灌区可以采用明渠输水与管道有压输水相结合，有专门为喷灌供水的压力输水管道，还有为田间沟畦灌供水的低压管道输水。本章主要介绍工作压力低于 0.2MPa，自成独立灌溉系统的低压输水。管道输水灌溉的特点是出水口流量大，不会发生堵塞。

2.2.1 管道输水系统的组成

管道输水灌溉系统由水源与取水工程部分、输水配水管网系统和田间灌水系统 3 部分组成，如图 1.2.4 所示。

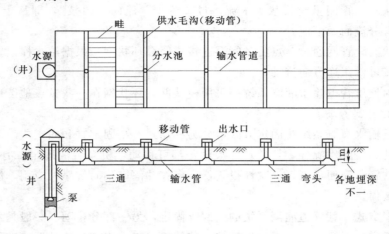

图 1.2.4 管道灌溉系统组成图

1. 水源与取水工程

管道输水灌溉系统的水源有井、泉、沟、渠道、塘坝、河湖和水库等。水质应符合《农田灌溉水质标准》（GB 5084—2005），且不含有大量杂草、泥沙等杂物。井灌区的取水工程应根据用水量和扬程大小，选择适宜的水泵和配套动力机、压力表及水表，并建有管理房。自压灌区或大中型提水灌区的取水工程还应设置水闸、分水闸、拦污栅及泵房等配套建筑物。

2. 输水配水管网系统

输配水管网系统是指管道输水灌溉系统中的各级管道、分水设施、保护装置和其他附属设施。在面积较大的灌区，管网可由干管、分干管、支管和分支管等多级管道组成。

3. 田间灌水系统

田间灌水系统指出水口以下的田间部分，它仍属地面灌水，因而应采取地面节水灌溉技术，以达到灌水均匀并减小灌水定额的目的。

2.2.2 管道输水系统的分类

管道输水系统按其压力获取方式、管网形式、管网可移动程度的不同等可分为以下类型。

1. 按压力获取方式分类

按压力获取方式不同可分为机压输水系统和自压输水系统。

（1）机压（水泵提水）输水系统。它又分为水泵直送式和蓄水池式。当水源水位不能满足自压输水要求时，要利用水泵加压将水输送到所需的高度或蓄水池中，通过分水口或管道输水至田间。目前，井灌区大部分采用直送式。

（2）自压输水系统。当水源较高时，可利用地形自然落差所提供的水头作为管道输水所需要的工作压力。在丘陵地区的自流灌区多采用这种形式。

2. 按管网形式分类

按管网形式不同可分为树状网和环状网两种类型。

（1）树状网。管网呈树枝状，水流通过"树干"流向"树枝"，即从干管流向支管、分支管，只有分流而无汇流。

（2）环状网。管网通过节点将各管道连接成闭合环状网。根据给水栓位置和控制阀启闭情况，水流可作正逆方向流动。

目前国内低压管道输水灌溉系统多采用树状网，环状网在一些试点地区也有应用。

3. 按固定方式分类

低压管道输水灌溉系统按固定方式可分为移动式、半固定式和固定式。

（1）移动式。除水源外，管道及分水设备都可移动，机泵有的固定，有的也可移动，管道多采用软管，简便易行，一次性投资低，多在井灌区临时抗旱时应用。但是劳动强度大，管道易破损。

（2）半固定式。其管道灌溉系统的一部分固定，另一部分移动。一般是水源固定，干管或支管为固定地埋管，由分水口连接移动软管输水进入田间。这种形式工程投资介于移动式和固定式之间，比移动式劳动强度低，但比固定式管理难度大，经济条件一般的地区，宜采用半固定式系统。

（3）固定式。管道灌溉系统中的水源和各级管道及分水设施均埋入地下，固定不动。给水栓或分水口直接分水进入田间沟、畦，没有软管连接。田间毛渠较短，固定管道密度大，标准高。这类系统一次性投资大，但运行管理方便，灌水均匀。有条件的地方应逐渐推行这种形式。

2.2.3　管网布置系统

管网系统布置是管道输水工程设计的关键内容之一。一般管网工程投资占管道系统总投资的70%以上。管网系统布置的合理与否，对工程投资、运行和管理维护都有直接的影响。因此，应从技术、经济和运行管理等方面，对管网系统的布置方案应进行充分、科学地论证比较，选择最佳的方案。

2.2.3.1　管网系统布置的原则

（1）井灌区的管网一般以单个井为单元进行布置。在井群统一管理调度情况下，也可采用多井汇流管网系统，但应进行充分的技术经济论证。渠灌区应根据地形条件、地块形状及水源位置和作物布局、灌溉要求等分区布置管网。

（2）应根据水源位置（机井位置或管网入口位置）、地块形状、种植方向及原有工程配套等因素，通过比较，确定采用树状管网或环状管网。

（3）管网布置应满足地面灌水技术指标的要求，在平原区，各级管道尽可能采用双向供水。

（4）管网布置应力求控制面积大，且管线平顺，减少折点和起伏。若管线布置有起伏时，应避免管道内产生负压。

（5）管网布置应紧密结合水源位置、道路、林带、灌溉明渠和排水沟以及供电线路等，统筹安排，以适应机耕和农业技术措施的要求，避免干扰输油、输气管道及电信线路等。

（6）管网布置时应尽量利用现有的水利工程，如穿路倒虹吸和涵管等。

（7）管道级数，应根据系统灌溉面积（或流量）和经济条件等因素确定。井灌区旱作物区，当系统流量小于 $30\text{m}^3/\text{h}$ 时，可采用一级固定管道；系统流量在 $30\sim60\text{m}^3/\text{h}$ 时，可采用干管（输水）、支管（配水）两级固定管道；系统流量大于 $60\text{m}^3/\text{h}$，可采用两级或多级固定管道。渠灌区，目前主要在支渠以下采用低压管道输水灌溉技术，其管网级数一般为斗管、分管、引管 3 级。

对于渗透性强的砂质土灌区，末级还应增设地面移动管道。在梯田上，地面移动管道应布置在同一级梯田上，以便移动和摆放。

（8）管线布置应与地形坡度相适应。如在平坦地形，为充分利用地面坡降，干（支）管应尽量垂直等高线布置；若在山丘区，地面坡度较陡时，干（支）管布置应平行等高线，以防水头压力过大而需增加减压措施。田间最末一级管道，其布置走向应与作物种植方向和耕作方向一致，移动软管或田间垄沟垂直于作物种植行。

（9）给水栓和出水口的间距应根据生产管理体制、灌溉方法及灌溉计划确定，间距宜为 $50\sim100\text{m}$，单口灌溉面积宜为 $0.25\sim0.6\text{hm}^2$。单向浇地取较小值，双向浇地取较大值。在山丘区梯田中，应考虑在每个台地中设置给水栓，以便于灌溉管理。

（10）在已确定给水栓位置的前提下，力求管道总长度最短，管径最小。

（11）充分考虑管路中量水、控制和安全保护装置的适宜位置。渠灌区、丘陵自压灌区、河网提水灌区的取水工程根据需要可设置进水闸、分水闸、拦污栅、沉沙池。

2.2.3.2 管网规划布置的步骤

根据管网布置原则，按以下步骤进行管网规划布置：

（1）根据地形条件分析确定管网形式。

（2）确定给水栓的适宜位置。

（3）按管道总长度最短布置原则，确定管网中各级管道的走向与长度。

（4）在纵断面图上标注各级管道桩号、高程、给水装置、保护设施、连接管件及附属建筑物的位置。

（5）对各级管道、管件、给水装置等，列表分类统计。

2.2.3.3 管网布置形式

1. 井灌区管网典型布置形式

（1）机井位于地块一侧，控制面积较大且地块近似成方形，该布置形式适合于井出水量 $60\sim100\text{m}^3/\text{h}$、控制面积 $10\sim20\text{hm}^2$。地块长宽比约等于 1 的情况。

（2）机井位于地块一侧，地块呈长条形，可布置成"一"字形、L 形、T 形。这些布置形式适合于井出水量 $20\sim40\text{m}^3/\text{h}$，控制面积 $3\sim7\text{hm}^2$，地块长宽比不大于 3 的情况。

（3）机井位于地块中心时，常采用 H 形布置形式。这些布置形式适合于井出水量 $40\sim60\text{m}^3/\text{h}$、控制面积 $7\sim10\text{hm}^2$。地块长宽比不大于 2 的情况。当地块长宽比大于 2 时，宜采用长"一"字形布置形式。

2. 渠灌区管网典型布置形式

渠灌区管灌系统主要采用树枝状管网，影响其具体布置的因素有：水源位置及其与管灌区的相对位置，控制范围和面积大小及其形状，作物种植方式、耕作方向和作物种类。

3. 丘陵区管网的布置

（1）对于谷深坡平、耕地相对集中、相对高差在 50m 以内水低田高的山丘，可利用管道逆坡远距离输水灌溉。该灌溉系统由水源、机泵、管路系统、田间工程 4 部分组成，工作压力一般在 0.2~0.4MPa 之间，灌溉面积的确定要遵循"以供水能力确定面积"的原则。管网布置形式有树枝形、马鞍形、鱼骨形等。干管较长，一般在 1000m 左右，垂直于等高线布置；支管沿等高线布置。

（2）丘陵区自流管道输水灌溉系统。自渠道取水时，干管（一级管）尽量沿山脊或中间高顺坡布置，支管（二级管）尽量沿等高线布置；直接自水库、引水坝取水的，干管尽量沿等高线布置，支管尽量沿山脊或中间高布置。支管间距一般为 100~200m。

4. 河网提水灌区管网的布置

河网提水灌区管灌系统的泵站大多位于河、沟、渠的一边，这就决定了河网提水灌区管灌系统主要有以下两种布置形式。

（1）梳齿式。

（2）鱼骨式。

2.2.4 工程设计

2.2.4.1 灌溉制度与工作制度

1. 设计灌水定额

灌水定额是指单位面积一次灌水的灌水量或水层深度。管网设计中，采用作物生育期内各次灌水量中最大的一次作为设计灌水定额，对于种植不同作物的灌区，通常采用设计时段内主要作物的最大灌水定额作为设计灌水定额。小麦、棉花和玉米不同生育期灌水湿润层深度和适宜含水率见表 1.2.5。

表 1.2.5　　　　　　　　土壤计划湿润层深度和适宜含水率表

冬小麦			棉花			玉米		
生育阶段	h/cm	土壤适宜含水率/%	生育阶段	h/cm	土壤适宜含水率/%	生育阶段	h/cm	土壤适宜含水率/%
出苗	30~40	45~60	幼苗	30~40	55~70	幼苗	40	55
三叶	30~40	45~60	现蕾	40~60	60~70	拔节	40	65~70
分蘖	40~50	45~60	开花	60~80	70~80	孕穗	50~60	70~80
拔节	50~60	45~60	吐絮	60~80	50~70	抽穗	50~80	70
抽穗	50~80	60~75				开花	60~80	
扬花	60~100	60~75				灌浆		
成熟	60~100	60~75				成熟		

注　土壤适宜含水率以田间持水率的百分数计。

$$m = 1000\gamma_s h(\beta_1 - \beta_2)\qquad(1.2.8)$$

式中：m 为设计净灌水定额，m^3/hm^2；h 为计划湿润层深度，m，一般大田作物取 $0.4 \sim 0.6m$，蔬菜取 $0.2 \sim 0.3m$，果树取 $0.8 \sim 1.0m$；γ_s 为计划湿润层土壤的干容重，kN/m^3；β_1 为土壤适宜含水率（重量百分比）上限，取田间持水率的 $85\% \sim 95\%$；β_2 为土壤适宜含水率（重量百分比）下限，取田间持水率的 $60\% \sim 65\%$。

2. 设计灌水周期

根据灌水临界期内作物最大日需水量值按式（1.2.9）计算理论灌水周期，因为实际灌水中可能出现停水，故设计灌水周期应小于理论灌水周期，即

$$T_{理} = \frac{m}{10E_d} \quad T_c < T_{理} \tag{1.2.9}$$

式中：$T_{理}$ 为理论灌水周期，d；T_c 为设计灌水周期；E_d 为控制区内作物最大日需水量，mm/d。

2.2.4.2 灌溉设计流量

根据设计灌水定额、灌溉面积、灌水周期和每天的工作时间可计算灌溉设计流量。在井灌区，灌溉设计流量应小于单井的稳定出水量。当管灌系统内种植单一作物时，按式（1.2.10）计算灌溉设计流量：

$$Q_0 = \frac{amA}{\eta T t} \tag{1.2.10}$$

式中：Q_0 为管灌系统的灌溉设计流量，m^3/h；η 为灌溉水利用系数，取 $0.80 \sim 0.90$；a 为控制性的作物种植比例；t 为每天灌水时间，取 $18 \sim 22h$（尽可能按实际灌水时间确定）。

当 Q_0 大于水泵流量时，应取 Q_0 等于水泵流量，并相应减小灌溉面积或种植比例。

2.2.4.3 灌溉工作制度

1. 概念

灌溉工作制度是指管网输配水及田间灌水的运行方式和时间，是根据系统的引水流量、灌溉制度、畦田形状及地块平整程度等因素制定的。有续灌、轮灌和随机灌溉 3 种方式。

（1）续灌方式。灌水期间，整个管网系统的出水口同时出流的灌水方式称为续灌。在地形平坦且引水流量和系统容量足够大时，可采用续灌方式。

（2）轮灌方式。在灌水期间，灌溉系统内不是所有管道同时通水，而是将输配水组，以轮灌组为单元轮流灌溉。系统同时只有一个出水口出流时称为集中轮灌；有两或两个以上的出水口同时出流时称为分组轮灌。井灌区管网系统通常采用这种灌水方式。

系统轮灌组数目是根据管网系统灌溉设计流量、每个出水口的设计出水量及整个的出水口个数按式（1.2.11）计算的，当整个系统各出水口流量接近时，采用式（1.2.12）计算：

$$N = \text{int}\left(\sum_{i=1}^{n} \frac{q_i}{Q_0} \right) \tag{1.2.11}$$

$$N = \text{int}\left(\frac{nq}{Q_0} \right) \tag{1.2.12}$$

式中：N 为轮灌组数；q_i 为第 i 个出水口设计流量，m^3/h；int 为取正符号；n 为系统出

水口总数。

轮灌组数划分的原则：①每个轮灌组内工作的管道应尽量集中，以便于控制和管理；②各个轮灌组的总流量尽量接近，离水源较远的轮灌组总流量可小些，但变动幅度不能太大；③地形地貌变化较大时，可将高程相近地块的管道分在同一轮灌组，同组内压力应大致相同，偏差不宜超过20%；④各个轮灌组灌水时间总和不能大于灌水周期；⑤同一轮灌组内作物种类和种植方式应力求相同，以方便灌溉和田间管理；⑥轮灌组的编组运行方式要有一定规律，以利于提高管道利用率并减少运行费用。

（3）随机方式。随机方式用水是指管网系统各个出水口在启闭时间和顺序上不受出水口工作状态的约束，管网系统随时都可供水，用水单位可随时取水灌溉。

2. 流量计算

（1）树状管网各级管道流量计算。对于单井出水量小于 $60 \text{m}^3/\text{h}$ 的井灌区，通常开启一个出水口的集中轮灌方式运行，此时各条管道的流量均等于系统设计流量。同时开启出水口个数超过两个时，按式（1.2.13）计算各级管道流量：

$$Q = \frac{n_栓}{N_栓} Q_0 \tag{1.2.13}$$

式中：Q 为管道设计流量，m^3/h；$n_栓$ 为管道控制范围内同时开启的给水栓个数；$N_栓$ 为全系统同时开启的给水栓个数。

（2）环状管网流量计算。

3. 水头损失计算

（1）沿程水头损失。在管道输水灌溉管网设计计算中，根据不同材料管材使用状态，通常采用通式（1.2.14）计算有压管道的沿程水头损失：

$$h_f = f \frac{Q^m}{d^b} L \tag{1.2.14}$$

式中：f 为沿程水头损失摩阻系数；m 为流量指数；b 为管径指数。

各种管材的 f、m、b 值见表 1.2.6。

表 1.2.6　　　　　　　　　　不同管材的 f、m、b 值

管道种类		f [$Q/(\text{m}^3/\text{s})$；d/m]	f [$Q/(\text{m}^3/\text{h})$；d/m]	m	b
混凝土及当地材料管	糙率=0.013	0.00174	1.312×10^6	2.00	5.33
	糙率=0.014	0.00201	1.516×10^6	2.00	5.33
	糙率=0.015	0.00232	1.749×10^6	2.00	5.33
旧钢管、旧铸铁管		0.00179	6.250×10^5	1.9	5.10
石棉水泥管		0.00118	1.455×10^5	1.85	4.89
硬塑料管		0.000915	0.948×10^5	1.77	4.77
铝质管及铝合金管		0.000800	0.861×10^5	1.74	4.74

对于地面移动软管，由于软管壁薄、质软并具有一定的弹性，输水性能与一般硬管不同。过水断面随充水压力而变化，其沿程阻力系数和沿程水头损失不仅取决于雷诺数、流量及管径，而且明显受工作压力影响，此外还与软管铺设地面的平整程度及软管的顺直状

况等有关。在工程设计中，地面软管沿程水头损失通常采用塑料硬管计算公式计算后乘以 1.1～1.5 的加大系数，该加大系数根据软管布置的顺直程度及铺设地面的平整程度取值。

（2）局部水头损失。局部水头损失一般以流速水头乘以局部水头损失系数来表示。管道的总局部水头损失等于管道上各局部水头损失之和。在实际工程设计中，为简化计算，总局部水头损失通常按沿程水头损失的 10%～15% 考虑。

$$h_f = \sum \frac{\xi v^2}{2g} \tag{1.2.15}$$

式中：ξ 为局部水头损失系数，可由相关设计手册中查出；v 为断面平均流速，m/s；g 为重力加速度，$g = 9.81 \text{m/s}^2$。

2.2.4.4 管径确定

管道系统各管段的直径，应通过技术经济计算确定，在初估算时，可按表 1.2.7 选择管内流速，按式（1.2.16）计算：

$$D = \sqrt{\frac{4Q}{\pi v}} \tag{1.2.16}$$

式中：D 为管道直径，mm；v 为管内流速，m/s；Q 为计算管段的设计流量，m^3/s。

表 1.2.7   管 道 流 速 表

管材	混凝土管	石棉水泥网	水泥砂土管	硬塑料管	移动软管
流速/(m/s)	0.5～1.0	0.7～1.3	0.4～0.8	1.0～1.5	0.5～1.2

2.2.4.5 水泵扬程计算与水泵选择

（1）管道系统设计工作水头，管道系统设计工作水头按式（1.2.17）计算：

$$H = \frac{H_{max} + H_{min}}{2} \tag{1.2.17}$$

其中

$$H_{max} = Z_2 - Z_0 + \Delta Z_2 + \sum h_{f2} + \sum h_{j2} \tag{1.2.18}$$

$$H_{min} = Z_1 - Z_0 + \Delta Z_1 + \sum h_{f1} + \sum h_{j1} \tag{1.2.19}$$

式中：H_0 为管道系统设计工作水头，m；H_{max} 为管道系统最大工作水头，m；H_{min} 为管道系统最小工作水头，m；Z_0 为管道系统进口高程，m；Z_1 为参考点 1 地面高程；在平原井区，参考点 1 一般为距水源最近的出水，m；Z_2 为参考点 2 地面高程；在平原井区，参考点 2 一般为距水源最远的出水，m；ΔZ_1、ΔZ_2 为参考点 1 与参考点 2 处出水口中心线与地面的高差，m，出水口中心线高程，应为所控制的田间最高地面高程加 0.15m；$\sum h_{f1}$、$\sum h_{j1}$ 为管道系统进口至参考点 1 的管路沿程水头损失与局部水头损失，m；$\sum h_{f2}$、$\sum h_{j2}$ 为管道系统进口至参考点 2 的管路沿程水头损失与局部水头损失，m。

（2）水泵扬程计算。灌溉系统设计扬程按式（1.2.20）计算：

$$H_P = H_0 + Z_0 - Z_d + \sum h_{f0} + \sum h_{j0} \tag{1.2.20}$$

式中：H_P 为管道系统设计扬程，m；Z_d 为机井动水位，m；$\sum h_{f0}$、$\sum h_{j0}$ 为水泵吸水管进口至管道进口之间的管道沿程水头损失与局部水头损失，m。

根据以上计算的水泵扬程和系统设计流量选取水泵，然后根据水泵的流量-扬程曲线和管道系统的流量水头损失曲线校核水泵工作点。

　　为保证所选水泵在高效区运行，对于按轮灌组运行的管网系统，可根据不同轮灌组的流量和扬程进行比较，选择水泵。若控制面积大且各轮灌组流量与扬程差别很大时，可选择两台或多台水泵分别对应各轮灌组提水灌溉。

2.2.4.6　水锤压力计算与水锤防护

　　有压管道中，由于管内流速突然变化而引起管道中水流压力急剧上升或下降的现象称为水锤。在水锤发生时，管道可能因内水压力超过管材公称压力或管内出现负压而损坏管道。

　　在低压管道系统中，由于压力较小，管内流速不大，一般情况下水锤压力不会过高。因此，在低压管道输水灌溉工程计算中，可不进行水锤压力计算。但对于在水锤情况下管道出现负压或超过管道公称压力，应进行水锤防护措施。

2.3　喷　灌　技　术

2.3.1　喷灌系统的组成

　　喷灌系统通常由水源工程、首部装置、输配水管道系统和喷头等部分组成（图1.2.5）。

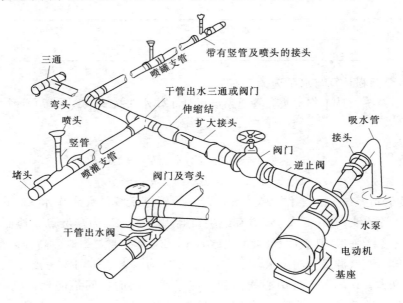

图1.2.5　喷灌系统组成示意

　　（1）水源工程。包括河流、湖泊、池塘和井泉等都可作为喷灌的水源，但都必须修建相应的水源工程，如泵站及附属设施、水量调蓄池和沉淀池等。

　　（2）水泵及配套动力机。水泵将灌溉水从水源点吸提、增压、输送到管道系统。喷灌系统常用的水泵有离心泵、自吸式离心泵、长轴井泵、深井潜水泵等。在有电力供应的地方常用电动机作为水泵的动力机；在用电困难的地方可用柴油机、手扶拖拉机或拖拉机等作为动力机与水泵配套。动力机功率的大小根据水泵的配套要求而定。

（3）管道系统。管道系统的作用是将压力水流输送并分配到田间。通常管道系统有干管和支管两级，在支管上装有用于安装喷头的竖管。在管道系统上装有各种连接和控制的附属配件，包括弯头、三通、接头、闸阀等。为了在灌水的同时施肥，在干管或支管上端还装有肥料注入装置。

（4）喷头。喷头是喷灌系统的专用部件，安装在竖管上，或直接安装于支管上。喷头的作用是将压力水流通过喷嘴，喷射到空中，在空气阻力作用下，形成水滴状，洒落在土壤表面。

（5）田间工程。移动喷灌机组在田间作业，需要在田间修建引水渠和调节池及相应的建筑物，将灌溉水从水源引到田间，以满足喷灌的需要。

2.3.2　喷灌工程规划设计的原则和内容

2.3.2.1　喷灌工程规划设计的原则

1. 管道工程分级

喷灌系统较小时，管道分成两级，干管和支管；有三级管道时分为干管，分干管和支管；有四级管道时，分总干管、干管、分干管和支管。最末一级，带有喷头的工作管道，称为支管。连接喷头与支管的管道称竖管。

2. 管道布置原则

（1）管道布置应使管道总长度尽量短，管径小，造价省，有利于防止水击。

（2）山丘区布置喷灌系统时，一般应使干管沿主坡向布置，支管平行等高线布置。

（3）管道布置应考虑各用水单位的需求，便于用水管理，有利于进行轮灌分组。

（4）平原地区，支管尽量与作物耕作方向一致。

（5）充分考虑地块的地形变化，力求使支管长度一致，规格统一。管线纵剖面应力求平顺，减少折点，尽量避免管线出现驼峰。

（6）管线的布置应结合排水系统，道路林带，供电系统及行政村的规划统一规划。

2.3.2.2　喷灌工程规划设计的基本资料

1. 地形资料

喷灌系统的规划布置应有实测的地形图，其比例视灌区大小、地形的复杂程度以及设计阶段要求的不同而定。在规划阶段，5000 亩以上灌区要求 1/5000～1/10000 的地形图，5000 亩以下灌区，要求 1/2000～1/5000 地形图。对于小地块要求 1/500～1/1000 的地形图，对于地势平坦的小块灌区，至少应有平面位置图，包括田块高程，水源位置（水位、高程）等资料。

2. 土壤资料

（1）土壤质地。土壤质地是指土壤颗粒的机械组成，即按不同粒径的矿物质颗粒在土壤中所占比例对土壤进行分类。土壤一般分为：砂土、砂壤土、轻壤土、中壤土、重壤土、黏土、分类方法有颗粒分析法和野外手测法。

（2）土壤容量。单位体积自然状态下的干土的重量。

（3）田间持水量。土壤田间持水量是指在有良好排水条件下的土壤中，排水后不受重力影响而保持在土壤中的水分含量，常用占干土重的百分数表示。在有条件的地方可对灌区土壤田间持水量进行野外测定。

（4）土壤入渗能力。土壤入渗能力一般用土壤入渗速度来表示，主要是选定允许喷灌强度。

（5）土壤化学性。包括 pH 值，含盐量，有机质含量以及氮、磷、钾等含量。

（6）土壤最大冻土层深度。

3. 气象资料

喷灌工程规划设计应收集的气象资料有：降雨量（年降雨量、典型年日降雨量），蒸发量（水面、陆面），气温（最高、最低、极端），湿度，日照，无霜期（被霜期、冬霜期）。喷灌的缺点之一就是受风影响大，所以做喷灌工程设计应特别注意此问题。风速风向是确定喷头布置形式和管道布置方式的重要依据。设计风向是指灌区主要农作物灌水时期内灌水日的主风向。如此季节没有时显的主风向，应按多风向设计。

风力等级与风速关系为：0 级（0～0.2m/s）；1 级（0.3～1.5m/s）；2 级（1.6～3.2m/s）；3 级（3.3～5.5m/s）；4 级（5.5～7.9m/s）。当风力等级大于 3 级风时应停止喷灌。

4. 水源条件

喷灌所用水源有：河流、水库、池塘、山泉、湖泊、井水等。对水源的调查内容包括：①来水量；②水位；③水质；④含沙量等。其资料应有一定的代表性（长系列水文资料，典型年日来水量资料），特别要注意灌溉季节的水位流量变化。应用地下水作喷灌工程水源时，应查明灌区地下水的情况，包括可供开采的单井出水量、水质等，要了解地下水多年平均降深的变化，做到在多年的运行中保证地下水采补平衡，保护地下水资源。在多泥沙河流上取水，要特别注意河流的含沙量，重要工程要做沉沙工程，以保证喷灌工程的正常运行。应用城市污水灌溉时，应对污水进行水质处理。喷灌水源的水质应满足《农田灌溉水质标准》（GB 5084—2005）。

5. 农作物资料

灌区作物种类、种植面积、种植方式、作物布局和结构、复种指数。其中作物耗水资料，作物根系活动层有条件时应做试验，无条件时可查阅相关农田试验站的实验资料或有关书籍如《农田水利学》《作物耗水量》等。

6. 其他相关资料

（1）灌区农业发展规划，水利工程现状，农业机械化程度。

（2）灌区农业收入情况，粮食单产，价格、生产费用等。

（3）交通条件。

（4）行政区划。

（5）动力设备情况。

2.3.3　喷灌工程类型选择

喷灌工程的类型应根据作物种类、经济条件、动力设备条件、地形条件等因素确定。经济价值高的作物可采用固定管道式喷灌工程；大田作物宜采用半固定式或机组式喷灌系统；有自然水头的地方尽量采用自压喷灌工程。

2.3.4 喷灌制度的制定

喷灌制度包括：①灌溉定额；②灌水定额；③灌水次数；④灌水周期等。灌溉定额指各次灌水定额之和；灌水定额指一次灌水时，单位面积上的灌水量。

2.3.4.1 设计灌水定额

设计灌水定额按式（1.2.21）计算：

$$m=0.1\gamma H(\theta_{\max}-\theta_{\min})/\eta \tag{1.2.21}$$

式中：m 设计灌水定额，mm；H 为喷灌土壤计划湿润层深度，cm，对于大田作物可取 $40\sim60$cm；γ 为土壤干容重，g/cm³；$\theta_{\max}$ 土壤含水率上限（取田间持水率）；$\theta_{\min}$ 为土壤含水率下限（取田间持水率的 60%）；η 为喷洒水利用系数。一般取 $0.85\sim0.95$。

2.3.4.2 设计灌水周期

设计灌水周期指两次灌水的时间间隔，以天数表示。设计灌水周期可按式（1.2.22）确定：

$$T=\frac{m}{E_a}\eta \tag{1.2.22}$$

式中：T 为设计灌水周期，d；m 为设计灌水定额，mm；η 喷洒水利用系数；E_a 为作物临界耗水期日平均耗水量，mm/d。

2.3.4.3 喷灌制度确定方法

1. 水量平衡法

（1）播前灌水定额。

$$M_0=0.1rH(\theta_{\max}-\theta_{\min})/\eta \tag{1.2.23}$$

式中：M_0 为播前灌水定额，mm。

（2）生育期内。以农田水利学中水量平衡法来制定生育内的灌水定额和灌水次数：

$$W_t-W_0=W_\gamma+P_0+K+M-ET \tag{1.2.24}$$

式中：W_t、W_0 为时段初和时段 t 时的土壤计算湿润层的储水量，mm；W_γ 为由于计划湿润层增加而增加的水量，mm；P_0 为保存在土壤计划湿润层内的有效雨量，mm；K 为时段 t 内的地下水补给量；M 为时段 t 内的灌溉水量，mm；ET 为时段 t 内的作物田间需水量，mm。

（3）全生育期。

$$M=M_0+M_1 \tag{1.2.25}$$

2. 彭曼公式法

（1）参照作物需水量计算。参照作物是指土壤水分充分、地面完全覆盖、生长正常、高矮整齐的开阔（地块长宽大于 200m）的矮草地（草高 $8\sim15$cm），以苜蓿草为代表作物，计算 ET_0。

（2）实际需水量的计算。

$$ET=K_c \cdot ET_0 \tag{1.2.26}$$

式中：K_c 为作物系数。

2.3.5 喷灌工作制度

喷灌工作制度是指喷灌工程运行中，喷头在固定位置的喷灌时间，同时工作的喷头数以及喷头轮灌组的划分等内容。

1. 喷头在一个位置（工作点）的喷灌时间

按式（1.2.27）确定：

$$t = \frac{abm}{1000q} \tag{1.2.27}$$

2. 同时工作的喷头数和支管数

同时工作的喷头数可按式（1.2.28）计算：

$$N_t = \frac{Am}{TCq} \tag{1.2.28}$$

式中：N_t 为同时工作的喷头数；A 为喷灌工程控制面积，m^2；C 为一天中喷灌工程有效工作的时间（20~24h）；T 为设计灌水周期。

同时工作的支管数：

$$N_z = \frac{N_t}{N} \tag{1.2.29}$$

式中：N_z 为同时工作的支管数；N 为一根支管安装的喷头数，以上计算结果均应取整数。

3. 轮灌方案

（1）轮灌组划分要点：

1）轮灌的编组应有一定的顺序，以便管理。

2）相同类型的轮灌组的工作喷头总数应尽量接近，从而使喷灌工程的流量变幅较小。

3）轮灌编组时，应使地形较高或路程较远的组别的喷头式支管数略少，以利于保持喷灌泵均在高效区工作。

4）编制轮灌组轮灌顺序，应将流量分散到各配水管中，避免集中在某一条干管配水。

（2）支管轮灌方式：

1）两根支管从地块一头齐头并进，干管从头到尾的流量等于两根支管流量之和。

2）两根支管由地块两端向中间交叉前进。

3）两根支管由中间向两端交叉前进。

2），3）两种方案只有前半段干管通过流量等于两根支管流量之和，而后段干管通过的流量只等于一根支管的流量。这样，水头损失小或可以减少后半段干管的管径。

2.3.6 喷灌系统组合距的确定

2.3.6.1 喷头的选择及喷洒方式

（1）喷灌方式。喷头的喷灌方式有圆形喷灌（也叫全圆喷灌）和扇形喷灌两种。一般在管道喷灌工程中，除了位于地块边缘的喷头作扇形喷灌外，其余喷头均采用全圆喷灌。在机组式喷灌系统中，为避免喷湿机道，一般采用扇形喷灌方式。

（2）喷头参数的选择。①工作压力；②喷头型号；③喷嘴直径；④射程；⑤喷头量。

（3）计算和校核雾化指标 H/D 值是否满足要求。

2.3.6.2 喷头的组合形式

喷头的组合形式包括支管布置方向、喷头组合方式及喷头沿支管的间距，支管和支管的间距等。

1. 支管布置方向

支管布置的方向，除考虑地形因素及作物种植方向外，还应考虑风向和地形坡度的方向。

（1）受风影响。无风条件下，喷头喷灌为一个圆形面积。有风时，顺风向一侧，喷头射程增加；逆风向一侧，喷头射程减小；而平行风向的两侧，射程也相应变小。所以，在一般情况下，支管布置在垂直主风向的位置，干管则布置在平行主风向的位置。

（2）地面坡度影响。地面有坡度时，下坡方向，喷头射程加大，上坡方向，喷头射程变小。一般情况，支管平行等高线布置，干管垂直等高线布置。

2. 喷头的组合形式

喷头组合形式也称布置形式，指喷灌工程中每个喷头所处的相对位置的排列方式。一般用相邻 4 个喷头平面位置组成的图形表示。喷头组合形式有长方形、正方形、三角（正三角和等腰三角形）3 种形式。

在灌水季节主风向明显时，采用支管垂直主风的长方形布置，加大支管间距，可以减少管道的投资。当灌水季节主风向多变时，要采用正方形布置，以减小风的影响。三角形布置复杂且不实用，一般较少采用。

2.3.7　喷灌管道水力计算

1. 管道布置形式

（1）分级。固定式、半固定式喷灌工程，视系统控制的面积大小对管道进行分级，面积大时，可布置成总干、干、分干、支 4 级；干管、分干管、支管 3 级，面积较小时一般布置成干管和支管两级。支管是田间末级管道，支管上安装喷头。

（2）管网布置形式。管网布置形式有：树状网、环状网、混合网。树状管网是喷灌工程管道布置应用最多的一种形式，这种管道布置简单，适应于各种地形，水力计算也较简单。环状管网是一种闭合网，由很多闭路环组成，又称闭路网。这种管网在供水工程中应用较多，在喷灌工程中应用较少。优点是某一水流方向的管道出事故，可由另一方向的管道继续供水。环状管网的布置和水力计算可参阅供水工程有关书籍。

2. 喷灌支管设计

支管是喷灌工程中最末一级管道，支管上装有竖管，竖管上安装喷头。竖管高度可依据喷灌作物高度确定。

$$H_竖 = H_作 + \Delta h \tag{1.2.30}$$

喷灌支管设计时，支管的工作压力差的选取应符合设计要求，即同一支管上任意两个喷头之间的水头差应在喷头设计工作压力的 20% 以内。

$$hw + \Delta Z \leqslant 0.2hp \tag{1.2.31}$$

3. 管道水力计算

（1）沿程水头损失计算。

$$h_f = f \frac{LQ^m}{d^b} \tag{1.2.32}$$

式中：h_f 为沿程水头损失，m；f 为沿程阻力系数；L 为管道长度，m；Q 为管道设计流量，m^3/h；d 为管道内径，mm；m 为流量指数；b 为管径指数。

各种管材的 f、m、b 值可查相关表格。

有沿程出水时，管道的水头损失为

$$F = \frac{N\left(\frac{1}{m+1}\right) + \frac{1}{2N} + \frac{\sqrt{m-1}}{6N^2} - 1 + X}{N - 1 + X} \qquad (1.2.33)$$

式中：F 为多口系数；N 为喷头数目或出流孔口数；m 为流量指数；X 为支管入口至第一个喷头（或孔口）的距离与喷头（或孔口）间距之比值。

（2）局部水头损失。

$$h_j = \varepsilon \frac{v^2}{2g} \qquad (1.2.34)$$

式中：h_j 为各管件局部水头失，m；ε 为各管件局部阻力系数；v 为管道中流速，m/s。

2.3.8 水泵与动力选型

1. 设计扬程

$$H_P = H + \sum_{i=1}^{n} h_{fi} + \sum_{i=1}^{n} h_{ji} + \Delta \qquad (1.2.35)$$

式中：Δ 为典型喷头高程与水源水位高差，m。

2. 设计流量

$$Q_p = N_t q \qquad (1.2.36)$$

式中：N_t 为同时工作喷头数。

根据 H_p 和 Q_p，可直接由水泵样本中选定水泵。

2.4 微灌技术

微灌是利用安装在末级管道上的灌水器，将有压水以微小的流量湿润作物根部附近土壤的一种灌水技术。

2.4.1 微灌系统的组成及分类

2.4.1.1 微灌系统的组成

微灌系统由水源、首部枢纽、输配水管网和灌水器以及流量、压力控制部件和量测仪表等组成，如图 1.2.6 所示。

1. 水源

河流、渠道、湖泊、水库、井、泉等均可作为微灌水源，但其水质需符合微灌要求。

2. 首部枢纽

首部枢纽包括水泵、动力机、肥料和化学药品注入设备、过滤设备、控制阀、进排气阀、压力流量量测仪表等。其作用是从水源取水增压并将其处理成符合微灌要求的水流送到微灌系统中去。

微灌常用的水泵有潜水泵、深井泵、离心泵等，动力机可以是柴油机、电动机等。

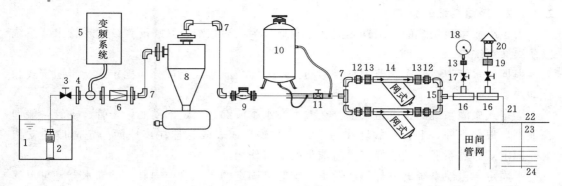

图 1.2.6 微灌系统示意图

1—水源；2—水泵；3—闸阀；4—法兰盘；5—变频系统；6—止回阀；7—弯头；8—离心过滤器；

9—螺翼水表；10—压差式施肥罐；11—施肥阀；12—活接头；13—内丝接头；14—筛网过滤器；

15—正三通；16—异径三通；17—球阀；18—压力表；19—外丝接头；20—进排气阀；

21—干管；22—干支管；23—支管；24—毛管及灌水器

在供水量需要调蓄或含沙量很大的水源，常要修建蓄水池和沉淀池。沉淀池用于去除灌溉水源中的大固体颗粒，为了避免在沉淀池中产生藻类植物，应尽可能将沉淀池或蓄水池加盖。

过滤设备的作用是将灌溉水中的固体颗料滤去，避免污物进入系统，造成系统堵塞。过滤设备应安装在输配水管道之前。

肥料和化学药品注入设备用于将肥料、除草剂、杀虫剂等直接施入微灌系统，注入设备应设在过滤设备之前。

流量压力量测仪表用于测量管线中的流量或压力，包括水表、压力表等。水表用于测量管线中流过的总水量，根据需要可以安装于首部，也可以安装于任何一条干、支管上，如安装在首部，须设于施肥装置之前，以防肥料腐蚀。压力表用于测量管线中的内水压力，在过滤器和密封式施肥装置的前后各安设一个压力表，可观测其压力差，通过压力差的大小能够判定施肥量的大小和过滤器是否需要清洗。

控制器用于对系统进行自动控制，一般控制器具有定时或编程功能，根据用户给定的指令操作电磁阀或水动阀，进而对系统进行控制。

阀门是直接用来控制和调节微灌系统压力流量的操纵部件，布置在需要控制的部位上，其型式有闸阀、逆止阀、空气阀、水动阀、电磁阀等。

3. 输配水管网

输配水管网的作用是将首部枢纽处理过的水按照要求输送分配到每个灌水单元和灌水器，输配水管网包括干、支管和毛管 3 级管道。毛管是微灌系统的最末一级管道，其上安装或连接灌水器。

4. 灌水器

灌水器是微灌设备中最关键的部件，是直接向作物施水的设备，其作用是消减压力，将水流变为水滴或细流或喷洒状施入土壤，包括滴头、滴灌带、滴灌管、微喷头、微喷带、渗灌管等，灌水器多数是用塑料制成的。

2.4.1.2　微灌系统的分类

由于组成微灌系统的灌水器不同，相应地分为滴灌系统、微喷灌系统、小管出流系统以及渗灌系统等。

根据配水管道在灌水季节中是否移动，每一类微灌系统又可分为固定式、半固定式和移动式。

固定式微灌系统的各个组成部分在整个灌水季节都是固定不动的，干管、支管一般埋在地下，根据条件，毛管有的埋在地下，有的放在地表或悬挂在离地面一定高度的支架上。固定式微灌系通常用于经济价值较高的经济作物。

半固定式微灌系统的首部枢纽及干、支管是固定的，毛管连同其上的灌水器是可以移动的。根据设计要求，一条毛管可以在多个位置工作。

移动式微灌系统各组成部分都可移动，在灌溉周期内按计划移动安装在灌区内不同的位置进行灌溉。移动式微灌系统提高了微灌设备的利用率，降低了单位面积微灌的投资，但操作管理比较麻烦，适合在经济条件较差的地区使用。

2.4.2　灌水器

灌水器的作用是把末级管道（毛管）的压力水流均匀而又稳定地灌到作物根区附近的土壤中，灌水器质量的好坏直接影响到微灌系统的寿命及灌水质量的高低。灌水器的种类繁多，各有特点，适用条件也各有差异。

1. 滴头

通过流道或孔口将毛管中的压力水流变成滴状或细流状的装置称为滴头。其流量一般不大于 12L/h。按滴头的压力补偿与否可把它分为如下两种。

（1）非压力补偿滴头。非压力补偿滴头是利用滴头内的固定水流流道消能，其流量随压力的提高而增大。

（2）压力补偿型滴头。压力补偿型滴头的流量不随压力而变化。在水流压力的作用下，滴头内的弹性体（片）使流道（或孔口）形状改变或过水断面面积发生变化，当压力减小时，增大过水断面积，压力增大时，减小过水断面积，从而使滴头出流量保持稳定，压力补偿滴头同时还具有自清洗功能。

2. 滴灌带（管）

滴头与毛管制造成一个整体，兼具配水和滴水功能的带（管）称为滴灌带（管）。按滴灌带（管）的结构可分为两种。

（1）内镶式滴灌带（管）。内镶式滴灌带（管）是在毛管制造过程中，将预先制造好的滴头镶嵌在毛管内的滴灌带（管）。内镶滴头有两种，一种是片式，另一种是管式。

（2）薄壁滴灌带。薄壁滴灌带为在制造薄壁管的同时，在管的一侧热合出各种形状的流道，灌溉水通过流道以滴流的形式湿润土壤。滴灌带也有压力补偿式与非压力补偿式两种。

2.4.3　首部枢纽

首部枢纽一般由取水阀、止回阀、进排气阀、计量装置、施肥器、过滤器等部分组成。

1. 取水阀

一般起打开取水和闭和断水的作用，常用的取水阀类型有闸阀、蝶阀、球阀等，材质有铸铁、钢质、塑料等。这些阀门参数都有标准可循。

2. 止回阀

也叫逆止阀或单向阀，水流只能沿一个方向流动。当切断水流时，用于防止含有肥料的水倒流进水源，还可防止水流倒流引起水泵叶轮倒转，进而保护水泵。

3. 进排气阀

也叫空气阀，一般安装在微灌系统的最高处，用于放出管网中积累的空气，防止管道发生震动破坏，或在系统需要泄水时，起到进气作用。

4. 量测装置

（1）水表。微灌工程中常用水表来计量管道输水流量大小和计算灌溉用水量的多少。水表一般安装在首部枢纽中过滤器之后的干管上。设计时，根据微灌系统的设计流量大小，选择大于或接近额定流量的水表为宜，绝不能单纯以输水管径大小来选定水表口径，否则，容易造成水表的水头损失过大。

（2）压力表。微灌系统中经常使用弹簧管压力表测量管路中的水压力。压力表内有一根椭圆形截面的弹簧管，管的一端固定在插座上并与外部接头相通，另一端封闭并与连杆和扇形齿轮连接，可以自由移动。当被测液体进入弹簧内时，在压力作用下弹簧管的自由端产生位移，这位移使指针偏移，指针在度盘上的指示读数就是被测液体的压力值。测正压力的表称为压力表，测负压力的表称为真空表。

5. 施肥器

微灌系统中常用的施肥装置有压差式施肥罐、文丘里施肥器、比例自动施肥泵等。

6. 过滤器

微灌技术要求灌溉水中不含造成灌水器堵塞的污物和杂质，而实际上任何水源，如湖泊、库塘、河流和沟溪水中，都不同程度含有污物和杂质，即使是水质良好的井水，也会含有一定数量的沙粒和可能产生化学沉淀的物质。因此对灌溉水进行严格的过滤是微灌工程中的首要步骤，是保证微灌系统正常运行、延长灌水器使用寿命和保证灌水质量的关键措施。

微灌系统中常用的过滤设备有：砂石过滤器、离心过滤器、筛网过滤器、叠片式过滤器等。在选配过滤设备时，主要根据灌溉水源的类型、水中污物种类、杂质含量等，同时考虑所采用的灌水器的种类、型号及流道断面大小等来综合确定。

2.4.4 微灌工程的规划设计

2.4.4.1 作物需水量计算

作物需水量包括作物蒸腾量和棵间土壤蒸发量。估算作物需水量的方法很多，可参见《农田水利学》等资料。

1. 设计耗水强度

设计耗水强度是指在设计条件下微灌作物的耗水强度。它是确定微灌系统最大输水能力的依据，设计耗水强度越大，系统的输水能力越高，但系统的投资也就越高，反之亦然。因此，在确定设计耗水强度时既要考虑作物对水分的需要，又要考虑经济上合理可行。

2. 设计灌水均匀度

为保证微灌的灌水质量，灌水均匀度应达到一定的要求。在田间，影响灌水均匀度的因素很多，如灌水器工作压力的变化，灌水器的制造偏差，堵塞情况，水温变化，地形变化等。目前在设计微灌工程时能考虑的只有水力（水压变化）和制造偏差两种因素对均匀度的影响。

建议采用的设计均匀度为：当只考虑水压力因素时，取 $C_u = 0.95 \sim 0.98$，或 $q_v = 10\% \sim 20\%$；当考虑水力和灌水器制造偏差两个因素时，取 $C_u = 0.9 \sim 0.95$。

3. 灌溉水利用系数的确定

只要设计合理、设备可靠、精心管理，微灌工程不会产生输水损失、地面径流和深层渗漏。微灌的主要水量损失是由灌水不均匀和某些不可避免的损失所造成的。微灌水利用系数一般采用 $0.9 \sim 0.95$。SL 103—95《微灌工程技术规范》规定：对于滴灌，灌溉水利用系数应不低于 0.9；微喷灌应不低于 0.85。

2.4.4.2　设计灌溉制度

不同的灌溉方法有不同的设计灌溉制度，但对喷灌、微喷灌、滴灌等来说，其原则和计算方法是一样的。由于在整个生育期内的灌溉是一个实时调整的问题，设计中常常只计算一个理想的灌溉过程。设计灌溉制度是指作物全生育期（对于果树等多年生作物则为全年）中设计条件下的每一次灌水量（灌水定额）、灌水时间间隔（或灌水周期）、一次灌水延续时间、灌水次数和灌水总量（灌溉定额），它是确定灌溉工程规模的依据，也可以作为灌溉管理的参考数据，但在具体灌溉管理时应根据作物生育期内土壤的水分状况而定。

1. 设计灌水定额的计算

微灌系统的设计灌水定额可由式（1.2.37）计算求得

$$m_净 = \beta(F_d - W_0)ZP_w/1000 \tag{1.2.37}$$

式中：$m_净$ 为设计灌水定额，mm；β 为土壤中允许消耗的水量占土壤有效水量的比例（β 取决于土壤、作物和经济等因素，一般为 $30\% \sim 60\%$，对土壤水分敏感的如蔬菜等，采用下限值，对土壤水分不敏感的如成龄果树，可采用上限值），%；F_d、W_0 为土壤田间持水率和作物凋萎系数（占土体积的%），$(F_d - W_0)$ 表示土壤中保持的有效水分数量；Z 为土壤计划湿润层深度（根据各地的经验，各种作物的适宜土壤湿润层深度：蔬菜为 0.2 ~ 0.3m，大田作物为 $0.3 \sim 0.6$m，果树为 $1 \sim 1.5$m），m；P_w 为土壤湿润比（P_w 取决于作物种类、生育阶段及土壤类型等因素），%。

$$P_w = N_P S_e w / (S_P S_R) \times 100\% \tag{1.2.38}$$

式中：N_P 为每棵作物滴头数，个；S_e 为滴头沿毛管上的间距，m；w 为湿润带宽度（也等于单个滴头的湿润直径），m；S_P 为作物株距，m；S_R 为作物行距，m。

设计灌水定额也可用式（1.2.39）计算：

$$m_净 = 0.1(\beta'_{max} - \beta'_0)ZP_w(\gamma/\gamma_水) \tag{1.2.39}$$

式中：β'_{max} 为田间持水率，以占干土重的百分数为计，%；β'_0 为灌前土壤含水率，为作物允许土壤含水率下限，以占干土重的百分数计，%；γ、$\gamma_水$ 为土壤的干容重和水的密度，t/

m^3；其余符号意义同前。

2. 设计灌水周期的确定

设计灌水周期是指在设计灌水定额和设计日耗水量的条件下，能满足作物需要，两次灌水之间的最长时间间隔。这只是表明系统的能力，而不能完全限定灌溉管理时所采用的灌水周期，有时为了简化设计，可采用 1d。设计灌水周期可按式（1.2.40）计算：

$$T = m_{净}/E_a \tag{1.2.40}$$

式中：T 为设计灌水周期，d；$m_{净}$ 为设计净灌水定额，mm；E_a 为设计时选用的作物耗水强度，mm/d。

3. 一次灌水延续时间的确定

单行毛管直线布置，灌水器间距均匀的情况下，一次灌水延续时间由式（1.2.41）确定。对于灌水器间距非均匀安装的情况下，可取 S_e 为灌水器的间距的平均值。

$$t = m_{净} \, S_e S_l/(\eta q) \tag{1.2.41}$$

式中：t 为一次灌水延续时间，h；S_e 为灌水器的间距，m；S_l 为毛管间距，m；$m_{净}$ 为设计净灌水定额，mm；η 为田间水利用系数，$\eta = 0.9 \sim 0.95$；q 为灌水器流量，L/h。

对于果树，每棵树装有 n 个灌水器时，则

$$t = m_{净} \, S_r S_t/(n\eta q) \tag{1.2.42}$$

式中：S_r、S_t 为果树的株距和行距，m；其余符号意义同前。

4. 灌水次数与灌溉定额

使用微灌技术，作物全生育期（或全年）的灌水次数比传统的地面灌溉要多。根据我国使用的经验，北方果树通常一年灌水 15～30 次；在水源不足的山区也可能一年只灌 3～5 次。灌水总量为生育期或一年内（对于多年生作物）各次灌水量的总和。

2.4.4.3　微灌系统工作制度的确定

微灌系统的工作制度通常分为全系统续灌和分组轮灌两种情况。不同的工作制度要求的流量不同，因而工程费用也不同。在确定工作制度时，应根据作物种类，水源条件和经济条件等因素综合作出合理的选择。

1. 全系统续灌

全系统续灌是对系统内全部管道同时供水，对设计灌溉面积内所有作物同时灌水的一种工作制度。它的优点是灌溉供水时间短，有利于其他农事活动的安排。缺点是干管流量大，管径粗，增加工程的投资和运行费用；设备的利用率低；在水源流量小的地区，可能缩小灌溉面积。

2. 分组轮灌

较大的微灌系统为了减小工程投资，提高设备利用率，增加灌溉面积，通常采用轮灌的工作制度。一般是将支管分成若干组由干管轮流向各组支管供水，而支管内部同时向毛管供水。

（1）划分轮灌组的原则。

1）轮灌组控制的面积应尽可能相等或接近，以使水泵工作稳定，效率提高。

2）轮灌组的划分应照顾农业生产责任制和田间管理的要求。例如，一个轮灌组包括

若干片责任地，尽可能减少农户之间的用水矛盾，并使灌水与其他农业措施如施肥、修剪等得到较好的配合。

3）为了便于运行操作和管理，通常一个轮灌组管辖的范围宜集中连片，轮灌顺序可通过协商自上而下进行。有时，为了减少输水干管的流量，也采用插花操作的方法划分轮灌组。

（2）确定轮灌组数。按作物需水要求，全系统划分的轮灌组数目如下：

$$N \leqslant CT/t \tag{1.2.43}$$

式中：N 为允许的轮灌组最大数目，取整数；C 为一天运行的小时数，一般为 $12\sim20\text{h}$，对于固定式系统不低于 16h；T 为灌水时间间隔（周期），d；t 为一次灌水持续时间，h。

实践表明，轮灌组过多，会造成各农户间的用水矛盾，按式（1.2.43）计算的 N 值为允许的最多轮灌组数，设计时应根据具体情况灵活确定合理的轮灌组数目。

（3）轮灌组的划分方法。通常在支管的进口安装闸阀和流量调节装置，使支管所管辖的面积成为一个灌水单元，称为灌水小区。一个轮灌组可包括一条或若干条支管，即包括一个或若干个灌水小区。

2.4.4.4　微灌系统的流量计算

1. 毛管流量的计算

一条毛管的进口流量为灌水器或出水口流量之和，即

$$Q_毛 = \sum_{i=1}^{N} q_i \tag{1.2.44}$$

式中：$Q_毛$ 为毛管进口流量，L/h；N 为毛管上灌水器或出水口的数量；q_i 为第 i 个灌水器或出水口的流量，L/h。

设毛管上灌水器或出水口的平均流量为 q_a，则

$$Q_毛 = N q_a$$

为了方便，设计时可用灌水器的设计流量 q_d 代替平均流量 q_a，即

$$Q_毛 = N q_d \tag{1.2.45}$$

2. 支管流量计算

通常支管双向给毛管配水，如图 1.2.7 所示，支管上有 N 排毛管，由上而下编号为 1、2、$\cdots$、$N-1$、N，每段编号相应于下端毛管的编号，任一支管段 n 的流量为

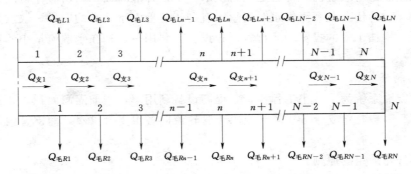

图 1.2.7　支管配水示意图

$$Q_{支n} = \sum_{i=n}^{N}(Q_{毛Li} + Q_{毛Ri}) \tag{1.2.46}$$

式中：$Q_{支n}$ 为支管第 n 段的流量，L/h；$Q_{毛Li}$、$Q_{毛Ri}$ 为第 i 排左侧毛管和右侧毛管进口流量，L/h；n 支管分段号。

支管进口流量（$n=1$）：

$$Q_{支} = Q_{支1} = \sum_{i=n}^{n}(Q_{毛Li} + Q_{毛Ri}) \tag{1.2.47}$$

当毛管流量相等时，即

$$Q_{毛Li} = Q_{毛Ri} = Q_{毛}$$

$$Q_{支n} = 2(N-n+1)Q_{毛}$$

$$Q_{支} = 2NQ_{毛}$$

3. 干管流量推算

（1）续灌情况。任一干管段的流量等于该段干管以下支管流量之和。

（2）轮灌情况。任一干管段的流量等于通过该管段的各轮灌组中最大的流量。

2.4.4.5 管道水力计算

管道水力计算是压力管网设计非常重要的内容，在系统布置完成之后，需要确定干、支管和毛管管径，均衡各控制点压力以及计算首部加压系统的扬程。管道水力计算的主要内容：①计算各级管道的沿程水头损失；②确定各级管道的直径；③计算各毛管入口工作压力；④计算各灌溉小区入口工作压力；⑤计算首部水泵所需扬程。

1. 微灌管道水力计算常用公式

有压管道沿程摩阻损失基本表达式是达西-韦斯巴赫公式：

$$H_f = \lambda \frac{L}{D} \frac{v^2}{2g} \tag{1.2.48}$$

式中：H_f 为沿程水头损失，m；λ 为沿程阻力系数；v 为管道过水断面平均流速，m/s；L 为管道长度，m；D 为管道内径，m。

达西-韦斯巴赫公式是有压管道水力计算的通用公式。由于沿程阻力系数与管内壁的粗糙度和管道内的流态有关，因而计算较为复杂。

微灌系统常用的塑料管，其流态除滴头内部和毛管末端可能处于层流外，毛管大部、支管及干管均属于光滑管紊流，因而可采用式（1.2.49）计算沿程损失：

$$H_f = f \frac{Q^m}{d^b} L \tag{1.2.49}$$

式中：f 为系数；Q 为流量，L/h；d 为管内径，mm；L 为管长，m；其余符号意义同前。

2. 多口出流管道的沿程水头损失计算

多口出流管道在微灌系统中一般是指毛管和支管。在滴灌系统中，由于毛管一般由厂家提供了不同管径、不同滴头和不同间距条件下铺设长度与水头损失关系曲线，故一般不需要计算。如厂家提供的数据中滴头间距不能满足设计要求，此时需进行计算，但滴头和微喷头与毛管连接处的局部水头损失应充分考虑，可初选一个值，利用厂家提供的数据反推，得出适宜的局部水头损失值。在微喷灌系统中，也可使用厂家提供的水头损失与管径、微喷头流量和间距的关系曲线。因而多孔出流管沿程水头计算一般指支管的计算。

（1）管道沿程压力分布。管道沿程任一断面的压力等于进口压力水头、进口至该断面处的水头损失及地形高差的代数和，即

$$h_i = H - \Delta H_i + \Delta H_i' \tag{1.2.50}$$

式中：h_i 为断面 i 处的压力水头，m；H 为进口处的压力水头，m；ΔH_i 为进口至 i 断面的水头损失，m；$\Delta H_i'$ 为进口处与 i 断面处的地形高差，顺坡为正，逆坡为负，m。

（2）多口出流管道的沿程损失计算。可以分别计算各分流口之间管段的沿程水头损失，然后再累加起来，得到多口出流管全长的沿程水头损失。将管段从上游往下游顺序编号，第 n 管段水头损失计算式为

$$h_n = f \frac{Q_n^m}{d^b} L_n \tag{1.2.51}$$

$$Q_n = \sum_{i=n}^{N} q_i \tag{1.2.52}$$

式中：L_n 为第 n 段管的长度，亦即第 $n-1$ 号与第 n 号出流口间距，m；q_i 为第 i 出流口的流量，L/h。

当出水口较多时，分段计算将很繁琐。对于等距、等量的多口出流管的沿程水头损失可按下述的简易方法计算。

先以多口管进口流量按式 $H_f = f \dfrac{Q^m}{d^b} L$ 计算出无分流管道的沿程水头损失，再乘以多口系数 F，即

$$H_t = H_f F \tag{1.2.53}$$

式中：H_t 为多口管沿程水头损失，m；F 为多口系数；H_f 为无多口出流时的沿程水头损失，m。

微灌中支毛管均为塑料管，为了便于计算，通常取 $m=1.77$，并将多孔系数制成表格备查，此处不再详述。

（3）多口管局部水头损失计算。多口管分流口多，局部损失一般不宜忽略，应按供应商的资料选用。无资料时，局部水头损失可按沿程损失的一定比例估算，这一比例支管为 0.05～0.1，毛管为 0.1～0.2。

2.4.4.6　支、毛管设计

1. 设计原则

毛管设计的内容是在满足灌水均匀度要求下，确定毛管长度、毛管进口的压力和流量。在平整的地块上，一般最经济的布置是在支管的两侧双向布置毛管。毛管入口处的压力相同，毛管长度也相等。

在沿毛管方向有坡度的地块上，支管布置应向上坡移动，使逆坡毛管的长度适当减少，而顺坡毛管长度适当加大。这样地形变化加上水头损失使得整条毛管出流均匀。

支管的间距是由地形条件、毛管和滴头的水力特性决定的。

2. 支管设计

微灌系统支管是指连接干管与毛管的管道，是从干管取水分配到毛管中。支管同毛管一样也是多孔出流管道，与毛管不同的是其流量要大得多，因而支管一般是逐段变细的，这主要是为了在一定压力差范围内使投资更小。

支管设计包括确定管径以及支管入口压力。当沿支管地形坡度小于 3% 时，通常情况下最经济的方式是支管沿干管双向布置。当沿支管地形坡度大于 3% 时，干管应向上坡方向移动，使逆坡支管长度减少，而顺坡的支管长度增加。

为了降低投资，支管一般设计成由 2~4 种管径组成，为了保证支管的冲洗，最小管径不应小于最大管径的一半。通常支管内流速应限制在 2m/s 以内。

3. 毛管设计

微灌系统毛管是指安装有灌水器的管道，毛管从支管取水，然后通过灌水器均匀地分配到作物根部。一般采用耐老化、低密度聚乙烯制造，毛管直径一般为 10~25mm，有时也用到 32mm。由于滴灌工程毛管数量相对较大，因此一般选用较小直径的毛管，最常用的毛管直径为 10~20mm。毛管一般选用同一直径，中间不变径。

毛管设计是在确定了灌水器类型、流量和布置间距后进行的，通常只有选用单个滴头时，必须进行毛管设计，对于一体化滴灌管，可依靠厂家提供有关毛管的参数。毛管设计的任务是确定毛管直径和在该地形条件下允许铺设最大长度。对于这个问题，由于选用不同类型的灌水器，其设计方法也是不同的。

（1）毛管允许水头偏差和灌水器最大、最小工作水头及流量的确定。根据设计标准和灌水器的设计流量，在较小的坡度下，灌水小区内灌水器最大、最小出流量可按式（1.2.54）和式（1.2.55）估算：

$$q_{max} = q_d(1 + 0.65 q_v) \tag{1.2.54}$$

$$q_{min} = q_d(1 - 0.35 q_v) \tag{1.2.55}$$

相应灌水器水头为

$$h_{max} = (1 + 0.659 q_v)^{\frac{1}{x}} h_d \tag{1.2.56}$$

$$h_{min} = (1 - 0.359 q_v)^{\frac{1}{x}} h_d \tag{1.2.57}$$

为了计算方便，以设计灌水器工作水头 h_d 计算允许的水头偏差率为

$$H_v = \frac{h_{max} - h_{min}}{h_d} = \frac{1}{x} q_v \left(1 + 0.15 \frac{1-x}{x} q_v\right) \tag{1.2.58}$$

此时灌水器的流量偏差率为

$$q_v = \begin{cases} H_v & (x=1) \\ \dfrac{\sqrt{1 + 0.6(1-x)} H_v \dfrac{x}{1-x}}{0.3} & (x<1) \end{cases} \tag{1.2.59}$$

式中：q_{max}、q_{min} 为灌水器最大和最小流量，L/h；q_d 为灌水器的设计流量，L/h；h_d 为灌水器的设计水头，m；h_{max}、h_{min} 为与 q_{max}、q_{min} 相对应的灌水器最大和最小工作水头，m；x 为灌水器流态指数；q_v 为设计流量偏差率；H_v 为设计水头偏差率。

当在毛管进口安装调压装置后，允许水头偏差将全部分配到每条毛管上。h_{max}、h_{min}就是每条毛管上灌水器的最大、最小水头。

（2）按供应商提供的资料选择毛管。若毛管入口处安装有调压阀，也就是说一条毛管上各滴头流量偏差率不超过 10%，即压力偏差率不超过 20%。如沿毛管方向坡度小于 3%，可按供应商所提供的最大毛管铺设长度表选择。

2.4.4.7　干管及首部枢纽设计

1. 干管设计

干管是指从水源向田间支毛管输送灌溉水的管道。干管的管径一般较大，灌溉地块较大时，还可分为总干管和各级分干管。干管设计的主要任务是根据轮灌组确定的系统流量选择适当的管材和管道直径。

微灌系统干管一般选用塑料管道，可选用的管材有聚氯乙烯（PVC）管、聚乙烯管（PE）和聚丙烯（PP）管。

干管的管径选择与投资造价及运行费用、压力分区等密切相关。管径选择较大，其水头损失较小，所需水泵扬程降低，运行费用减少，但管网投资相应提高。管径选择较小，其水头损失较大，所需水泵扬程较大，运行费用增加，但管网的投资可减少。由于微灌系统年运行时数较少，运行费用相对较低，一般情况下，应根据系统的压力分区以及可选择水泵的情况综合考虑，通过技术经济比较来选择干管直径。

2. 水泵选型计算

（1）系统设计扬程的确定。由最不利轮灌组推求的总水头就是系统的设计扬程。设计扬程的计算式为

$$H = H_0 + \Delta H_j + (Z_1 - Z_2) \tag{1.2.60}$$

式中：H 为系统设计扬程，m；H_0 为最不利轮灌组所要求的干管进口工作水头，m；ΔH_j 为干管进口至水源的水头损失（包括首部各组成部分的水头损失），m；Z_1 为干管进口处的地面高程，m；Z_2 为水源动水位，m。

干管进口所要求的工作水头 H_0。干管进口所要求的工作水头应按式（1.2.61）计算：

$$H_0 = H_支 + \Delta H_干 + Z_3 - Z_1 \tag{1.2.61}$$

式中：$H_支$ 为最不利灌水小区的进口水头，m；$\Delta H_干$ 为从最不利灌水小区的进口处至干管进口各级管短的水头损失，m；Z_3 为最不利灌水小区的进口处高程，m。

水泵进水管入口至干管入口处的损失 ΔH_j。这部分损失包括水泵的吸水管、水泵出口至干管进口段、阀门、接头、肥料注入装置、过滤器及水表等水头损失。需特别指出的是，过滤器的水头损失是这部分水头损失最大的一部分，应根据系统流量和所选过滤器的级数、规格和型号，参照有关过滤器的性能曲线选择。

（2）系统设计流量的确定。流量可用式（1.2.62）计算：

$$Q_p = \frac{10mS}{Tt_p} \tag{1.2.62}$$

式中：Q_p 为系统设计流量，m^3/h；m 为毛灌水定额，mm；S 为灌溉面积，hm^2；T 为轮灌周期，d；t_p 为水泵的日工作时间，h/d。

当只用一台水泵工作时，式（1.2.62）即为水泵流量。当用多台水泵工作时，则可按

水泵进行流量分配。

（3）水泵选型。根据系统设计扬程和流量可以选择相应的水泵型号，一般所选择的水泵参数应略大于系统的设计扬程和流量，然后再由该水泵的性能曲线校核其他轮灌组要求的流量和压力是否满足。

第3章 农田水利工程施工

3.1 渠 道 施 工

3.1.1 渠道开挖

渠道开挖的方法有人工开挖、机械开挖和爆破等。具体采用什么方法主要取决于现有施工场地条件、土壤特性、渠道断面尺寸、地下水位等因素。

1. 人工开挖

(1) 施工排水。在渠道开挖过程中，首先要解决地表水或地下水对施工的干扰问题。排水方法一般是在渠道中设置排水沟。

(2) 开挖方法。人工开挖，应自渠道中心向外分层下挖，先深后宽。为方便施工，加快工程进度，边坡处可按设计坡度先挖成台阶状，待挖至设计深度时再进行削坡。开挖后的弃土，应先行规划，尽量做到挖填平衡。

1) 一次到底开挖法。这种方法适用于土质较好、挖深2~3m的渠道。开挖时先将排水沟挖到低于渠底设计高程0.5m处，然后按阶梯状向下逐层开挖至渠底。

2) 分层开挖法。这种方法适用于土质较软、含水量较高、渠道挖深较大的情况。可将排水沟布置在渠道中部，逐层下挖排水沟，直至渠底。当渠道较宽时，可采用翻滚排水沟法。用此法施工，排水沟断面小、施工安全、施工布置灵活。

2. 机械开挖

(1) 推土机开挖。这种方法适用于渠道深度不宜超过1.5~2m、填筑渠堤高度不宜超过2~3m、边坡不宜陡于1∶2的渠道。推土机还可用于平整渠底、消除腐殖土层、压实渠堤等。

(2) 铲运机开挖。这种方法最适宜开挖全挖方渠道或半挖半填渠道。对需要在纵向调配土方的渠道，如运距不远时，也可用铲运机开挖。铲运机开挖线路可布置成"8"字形或环形。

3.1.2 渠堤填筑

渠堤填筑前要进行清基，清除基础范围内的块石、树根、草皮、淤泥等杂质，并将基面略加平整，然后进行刨毛。如基础过于干燥，还应洒水湿润，然后再填筑。

渠堤填筑以土块小、湿润、散状土为宜，如砂质壤土或砂质黏土。要求将透水性小的土料填筑在迎水面，透水性大的土料填筑在背水面。土料中不得掺有杂质，并应保持一定的含水量，以利压实。冻土、淤泥、净砂、砂疆土等严禁使用。半挖半填渠道应尽量利用挖方筑堤，只有在土料不足或土质不能满足填筑要求时，才在取土坑取土。取土料的坑塘应距堤脚一定距离，表层15~20cm浮土或种植土应清除。取土开挖应分层进行，每层挖土厚度不宜超过 1m，不得使用地下水位以下的土料。取土时应先远后近，应合理布置运输线路，避免陡坡、急弯，上下坡线路要分开。

渠堤填筑应分层进行，每层铺土厚度以 20～30cm 为宜。铺土要均匀，每层铺土应保证渠堤断面略大于设计宽度，以免削坡后断面不足。堤顶应做成 2%～4% 的坡面，以利排除降水。筑堤时要考虑土堤在施工和运行过程中的沉陷，一般按 5% 考虑。

3.1.3　渠道防渗工程施工

1. 土料防渗工程施工

土料防渗工程施工程序包括配料（严格控制配合比）、拌和（可采用人工拌和或机械拌和，并闷料 1～3d)、铺筑（铺筑前，要求处理渠道基面，清除淤泥，削坡平整；铺筑时，灰土、三合土、四合土宜按先渠坡后渠底的顺序施工，素土、黏砂混合土则宜按先渠底后渠坡的顺序施工；各种土料防渗层都应从上游向下游铺筑，当防渗层厚度大于 15cm 时，应分层铺筑，并进行人工或机械夯实；夯压时，应边铺料边夯实，不得漏夯，夯压后土料的干容重应达到设计值：一般素土、灰土应达到 1.45～1.55g/cm³，三合土和黏砂混合土应达到 1.55～1.70g/cm³；土料防渗层夯实后，厚度应略大于设计厚度，以便修整成设计的过水断面）、养护（一般养护 21～28d 即可通水）。

为保证防渗层施工质量，施工前应做好以下准备工作：①施工前应根据设计所选定的材料和施工工艺，合理安排运输路线，做好取土场、堆料场、拌和场的规划和劳力的组织安排，并准备好模具、模板和施工工具；②根据工程量和进度计划作好材料的进场和储备，并及时进行抽样检测。土料的原材料必须进行粉碎过筛，素土的粒径不应大于 2cm，石灰不应大于 0.55cm，做好渠道基础的填、挖及断面修整工作，达到设计要求的标准。

2. 砌石防渗施工

砌石防渗护面分为干砌石和浆砌石两类。干砌石又分为干砌卵石和干砌块石两种。干砌卵石一般用于梯形渠道衬砌。砌筑时，应在衬砌层下铺设垫层。在土质渠床上必须铺设厚度不小于 5cm 的砂砾石垫层；在砂砾石渠床上，当流速小于 3.5m/s 时，可不设垫层；当流速超过 3.5m/s 时，需设厚 15cm 的砂砾石垫层。干砌卵石的砌筑要点是卵石的长径垂直于边坡或渠底，大面朝下，并砌紧、砌平、错缝，使干砌卵石渠道的断面整齐、稳固。卵石中间的空隙内，要填满砾石、砂子和黏土。施工顺序应先砌渠底后砌渠坡。干砌卵石工作完毕，经验收合格后，即可进行灌缝和卡缝，使砌体更密实和牢固。灌缝可采用 10mm 左右的钢钎，把根据孔隙大小选用的粒径 1～5cm 的小砾石灌入砌体的缝内，灌至半满，但要灌实，防止小石卡在卵石之间。卡缝宜选用长条形和薄片形的卵石，在灌缝后，用木榔头轻轻打入砌缝，要求卡缝石下部与灌缝石接触，三面紧靠卵石，同时较砌体卵石面低约 1～2cm。干砌块石与干砌卵石施工方法相似，但技术要求更高。砌筑时要根据石块形状，相互咬紧、套铆、靠实，不得有通缝。块石之间的缝隙要用合适的小石块填塞。干砌块石衬砌厚度小于 20cm 时（小型渠道），只能用一层块石砌筑，不能用两层薄块石堆垒。如衬砌厚度很大时，砌体的石面应选用平整、较大的石块砌筑，腹石填筑要做到相互交错、衔接紧密，把缝隙填塞密实。砌渠底时，宜采用横砌法，将块石的长边垂直于水流方向安砌，坡脚处应用大块石砌筑。渠底块石也可以平行水流方向铺砌，但为了增强抗冲能力，必须在平砌3～5m后，扁直竖砌1～2排，同时错缝填塞密实。在渠坡砌石的顶部，可平砌一层较大的压顶石。干砌块石同样也要进行灌缝和卡缝。

浆砌石可分为浆砌块石、浆砌料石和浆砌卵石几种。施工方法有灌浆法和座浆法两种。灌浆法，是先将石料干砌好，再向缝中灌注细石混凝土或砂浆，用钢钎逐缝捣实，最后原浆勾缝。座浆法，是先铺砂浆3～5cm厚，再安砌石块，然后灌缝（缝宽1～2cm），最后原浆勾缝。如果用混合砂浆砌筑，则随手剔缝，另外用高标号水泥砂浆勾缝。无论采用何种施工方法，砌石前，为了控制好衬砌断面及渠道坡降，都要隔一段距离（直段10～20m，弯段可以更短一些）先砌筑一个标准断面，然后拉线开始砌筑。砌筑完毕，砂浆初凝前，应及时勾缝。缝形有平缝、凸缝、凹缝3种。为减小糙率，多用平缝。勾缝应在剔好缝（剔缝深度不小于3cm）并清刷干净、保持湿润的情况下进行。勾缝结束后，应立即作好养护工作，防止干裂。一般应覆盖草帘或草席，经常洒水保湿，时间不少于14d，冬季还应注意保温防冻。

施工时，对梯形明渠，宜先砌渠底后砌渠坡。砌渠坡时，应从坡脚开始，由下而上分层砌筑；U形和弧形明渠、拱形暗渠，应从渠底中线开始，向两边对称砌筑。对矩形明渠，可先砌两边侧墙，后砌渠底；拱形和箱形暗渠，可先砌侧墙和渠底；后砌顶拱或加盖板。

3. 混凝土衬砌防渗施工

混凝土衬砌方法有现场浇筑或预制装配两种。现场浇筑的优点是衬砌接缝少，与渠床结合好，造价较低；预制安装的优点是受气候条件的影响小，混凝土质量容易保证，并能减少施工与行水的矛盾。一般预制板构件装配的造价比现场浇筑约高10%。

混凝土衬砌层的厚度与施工方法与气候、混凝土强度等级等因素有关。混凝土强度等级一般采用C8～C13。现场浇筑的衬砌层比预制安装的厚度稍大，有冻胀破坏地区的衬砌层厚度比无冻胀破坏地区的衬砌层要厚一些。预制混凝土板的厚度一般为5～10cm。无冻胀破坏地区可采用4～8cm。预制混凝土板的大小以容易搬动、施工方便为宜，最小为50cm×50cm，最大为100cm×100cm。

混凝土衬砌层在施工时要预留伸缩缝，以适应温度变化、冻胀、基础不均匀沉陷等原因所引起的变形。纵向缝一般设在边坡与渠底连接处，当渠底宽度超过6～8m时，可在渠底中部另加纵缝。横向伸缩缝的间距一般为3～5m，宽度为1～4cm，缝中填料可采用沥青混合物、聚氯乙烯胶泥和沥青油毡板等。

4. 膜料防渗工程施工

膜料防渗工程施工过程大致可分为基槽开挖、膜料加工及铺设、保护层施工等3个阶段。岩石、砂砾石基槽或用砂砾料、刚性材料作保护层的膜料防渗工程，在铺膜前后还要进行过渡层施工。

3.2　灌排泵站施工

3.2.1　地基与基础

地基与基础工程施工应按以下程序进行：修筑道路，平整场地；设置施工平面与高程控制网点，进行测量放样；布设排水和降低地下水位的设施；开挖基坑，并按设计要求堆放（或利用）挖出的土石料；对需要处理的松软土、膨胀土、湿陷性黄土等地基，应按设计认真处理。对需要处理的地基，宜选择有代表性场地，进行施工前现场试验或试验性施工。凡已处理的地基，应经检验合格后再进行下道工序施工。有度汛要求的泵站工程，应按施工措施设计构筑度汛工程。施工中发现文物古迹、化石以及测绘、地质、地震、通信等部门设置的永久性标志和地下设施时，均应妥善保护，并及时报请有关部门处理。

泵站施工区排水系统，应根据站区地形、气象、水文、地质条件、排水量大小进行施工规划布置，并与场外排水系统相适应。基坑外围应设置截水沟。基坑排水包括初期排水与经常性排水。基坑初期排水量由基坑（或围堰）范围内的积水量、抽水过程中围堰及地下渗水量、可能的降水量等组成，应通过计算确定。基坑经常性排水应分别计算渗流量、排水时降水量及施工弃水量，但施工弃水量与降水量不应叠加，应以二者中的数值大者与渗流量之和来确定最大抽水强度，配备相应设备。

基坑的开挖断面应满足设计、施工和基坑边坡稳定性的要求。具体开挖方法可参考《泵站施工规范》（SL 234—1999）。

3.2.2　泵房施工

对于泵房钢筋混凝土的施工，应做好施工措施设计。施工单位必须按照施工措施设计中拟定的混凝土浇筑强度要求，备足施工机械和劳力，做好混凝土配合比试验和有关的技术准备工作。泵房水下混凝土宜整体浇筑。对于安装大、中型立式机组的泵房工程，可按泵房结构并兼顾进、出水流道的整体性设计分层，由下至上分层施工。层面应平整。如出现高低不同的层面时，应设斜面过渡段。泵房浇筑，在平面上一般不再分块。如泵房较长，需分期分段浇筑时，应以永久伸缩缝为界面，划分数个浇筑单元施工。泵房挡水墙围护结构不宜设置垂直施工缝。泵房内部的机墩、隔墙、楼板、柱、墙外启闭台、导水墙等可分期浇筑。

泵房混凝土施工中所使用的模板，可根据结构物的特点，分别采用钢模、木模或其他模板，所有模板及支架必须保证结构和构件的形状、尺寸和相对位置正确；具有足够的强度和稳定性；模板表面平整、接缝严密、不漏浆；制作简单，装拆方便，经济耐用。钢模所使用的材料宜为 3 号钢。木模所使用的木材宜为 Ⅱ、Ⅲ 等材，木材湿度宜为 18％～23％。模板、支架及脚手架应按照工程结构特点、浇筑方法和施工条件进行设计，并应明确材料、制作、安装、检验、使用及拆除工艺的具体要求。设计模板、支架及脚手架时，应选择实际可能发生的最不利荷载组合为计算荷载。迎风面的模板及支架，应验算在风荷载作用下的抗倾稳定性，抗倾倒系数不应小于 1.15。各种材料的模板及支架、脚手架的设计应符合相应材料标准的规定。固定在模板上的预埋件和预留孔洞不得遗漏，模板安装必须牢固，位置准确，其允许偏差应符合设计要求。

3.2.3　前池及进水池

前池、进水池施工应以泵房进水轮廓为基准，按照先近后远、先深后浅、先边墙后护坦的原则，在基础验收合格后进行。两岸连接结构及护坦的施工，必须分别满足稳定、强度、抗冻、抗侵蚀的要求，其临水面应与泵房边墩平顺连接。

进水池填筑反滤层应在地基检验合格后进行，反滤层厚度以及滤料的粒径、级配和含泥量等，均应符合设计要求。铺筑时，滤料宜处于湿润状态，应避免颗粒分离，防止杂物或不同规格的料物混入。滤料不得从坡上向下倾倒。各层面均应拍打平整，保证层次清楚，互不混杂。每层厚度不得小于设计厚度的85%。分段铺筑时，应将接头处各层铺成阶梯状，防止层间错位、间断和混杂。滤层与混凝土或浆砌石的交界面应隔离，并应防止砂浆流入。充水前，排水孔应清理，并灌水检查。孔道畅通后，可用小石子填满。

　　前池边墙和进水池两侧翼墙为混凝土或钢筋混凝土时，其施工应从材料选择、配合比设计、温度控制、施工安排和质量控制等方面，采取综合措施。土方回填应根据结构物的类型、填料性能和现场条件，按照设计质量要求进行。

3.2.4　出水池

　　出水池的地基为填方时，填土应每300～500mm厚为一层。碾压应密实，压实系数以0.93～0.96为宜。当填土为黏性土或沙土时，其最大干容重应符合设计要求，当设计未提出要求时，宜采用击实试验确定。当填土为碎石或卵石时，其最大干密度可取19.6～21.6kN/m。不得使用淤泥、耕土、冻土、膨胀土以及有机物含量大于8%的土作为填料。当填料内含有碎石时，其粒径一般不应大于200mm。应按设计要求做好防渗、防漏的工程措施。

　　出水池施工宜以泵房流道出口轮廓为基准，按照先近后远、先深后浅、先边墙后护坦的原则进行。出口翼墙为混凝土或钢筋混凝土的施工，必须分别满足稳定、强度、抗渗、抗冻、抗侵蚀、抗冲刷、抗磨损等性能的要求，其临水面与泵房流道出口边墩应平顺连接。出水池的防渗和止水缝、伸缩缝、抗震缝等永久缝所用的材料、制品的品种和规格等均应符合设计要求。

　　水下混凝土防渗墙工程应严格按照施工技术要求施工，混凝土抗压强度、抗渗标准、弹性模量，必须符合设计标准，强度保证率应在80%以上。对工程质量应如实准确记录，文字简洁、数据清晰可靠。资料应及时整理，并绘制混凝土浇筑指示图等图表。

　　采用钢筋混凝土板桩或木板桩作防渗板桩时，其施工应参照SL 27—91《水闸施工规范》的有关规定执行。出水池护坦混凝土或钢筋混凝土施工，参照本规范4的有关规定执行。护坦宜分块、间隔浇筑。在荷载相差过大的邻近部位，应等浇筑块沉降基本稳定后，再浇筑交接处的另一块体。在混凝土或钢筋混凝土护坦上行驶重型机械、堆放重物，必须经过设计单位同意。出水池黏土铺盖的填筑应减少施工接缝，防止止水破坏。必须分段填筑时，其接缝的坡度不应陡于1∶3。

3.2.5　永久缝

　　永久缝沥青砂板块的制作和安设，沥青砂板块尺寸以500mm×50mm×20mm为宜，板块宜贴砌在先浇筑部位的缝面上。沥青砂板块的沥青与砂的体积配合比，宜取1∶2～1∶3。

　　永久缝为紫铜止水片时，表面的油渍、浮皮和污垢应予清除。宜用压模压制成型。转角及交叉处接头应在内场预拼，以铆或双面焊牢固连接。直线段亦宜在内场预拼，只留少数水平段在现场接头，用铆加双面焊牢固连接。焊接应使用铜焊条或紫铜焊条，不得使用锡焊条。接缝必须焊接牢固。如有砂眼、钉孔,应予以补焊,焊后应检查是否漏水。搭接长度不得小于 20mm。永久缝的垂直止水与水平止水交接处应焊、铆加固。

　　浇筑止水缝部位的混凝土时,水平止水片应嵌在浇筑层中间,在止水片的高程处,不得设置施工缝。浇筑混凝土不得冲撞止水片。当混凝土将淹埋止水片时,应再次清除其表面污垢。振捣器不得触及止水片。嵌固止水片的模板应适当推迟拆除时间,拆模时应注意保护好止水片。

3.2.6　砌石

　　砌石工程应在基础验收及结合面处理检验合格后方可施工。砌筑前应放样立标,拉线砌筑。砌石应平整、稳定、密实和错缝。

　　砌石工程所用石料应质地坚实,无风化剥落和裂纹。混凝土灌砌块石所用的石子粒径不宜大于 20mm。水泥标号不宜低于 325 号。使用混合材和外加剂,应通过试验确定。混合材宜优先选用粉煤灰,其品质指标参照有关规定确定。配制砌筑用的水泥砂浆和小石子混凝土,应按设计强度等级提高 15%。配合比应通过试验确定,同时应具有适宜的和易性。水泥砂浆的稠度可用标准圆锥沉入度表示,以 40～70mm 为宜,小石子混凝土的坍落度以 70～90mm 为宜。砂浆和混凝土应随拌随用。常温拌成后应在 3～4h 内使用完毕。如气温超过 30℃,则应在 2h 内使用完毕。使用中如发现泌水现象,应在砌筑前再次拌和。

　　浆砌石施工,砌筑前应将石料刷洗干净,并保持湿润。砌体石块间应用胶结材料粘结、填实。砌体宜用铺浆法砌筑,灰浆应饱满。护坡、护底和翼墙内部石块间较大的空隙,应先灌填砂浆或细石混凝土并认真捣实,再用碎石块嵌实。不得采用先填碎石块,后塞砂浆的方法。

　　翼墙及隔墩砌筑,基础混凝土面层应进行凿毛或冲毛,并冲洗干净后方可砌筑。砌筑应自下而上逐层进行,每层应依次先砌角石、面石、后填腹石,均匀座浆,并随铺随砌。砌筑块石时,上、下层石块应错缝,内、外石块应搭接,面石宜选用较平整的大块石。砌筑料石时,应按一顺一丁或两顺一丁排列放置平稳,砌缝应横平竖直,上、下层竖缝错开距离不应大于 100mm,丁石上、下方不得有竖缝。灰缝宽度:块石砌体宜为 20～30mm,料石砌体宜为 15～20mm,混凝土预制块砌体宜为 10～15mm。砌体层间缝面应刷洗干净,并保持湿润。砌体应均衡上升,日砌筑高度和相邻段的高差,均不宜超过 1.2m。砌体隐蔽面的砌缝可随砌随刮平,砌体外露面的砌缝应在砌筑时预留 20mm 深便于勾缝的缝槽。沉降缝、伸缩缝的缝面,应平整垂直。砌筑过程中应逐日清扫砌体表面粉附的灰浆,并及时洒水养护。养护时间以 14d 为宜。养护期内不宜回填、挡土。

3.3　水　闸　施　工

　　水闸一般由闸室、上游连接段和下游连接段三大部分组成。闸室设闸门和启闭设备以控制水位和引水、排水流量,上下游连接段的作用是使水流顺畅地进入闸室,结构上和闸室组成整体,避免上下游水位差造成冲刷。

3.3.1　地基处理

水闸施工前先进行清基和地基处理，完成后应重新校正中心轴线，核实高程，重放基础样桩。对于在岩石地基上建闸，需根据设计对地基承载、稳定和防渗提出的要求完成后，经分项验收合格，再进行基础施工。在容易受扰动的土基上的基础施工，可先铺厚5～10cm 的素混凝土或碎石垫层（不计入基础厚度），再进行上部作业，以保证基础质量。在岩石地基上浇筑基础，要先将岩面冲洗干净，吹干低洼处积水，然后按设计要求分块立模，扎结钢筋和安放预埋构件，预留二期混凝土应保留的部位。基础浇筑前要再次清除仓内杂物，排干污水，然后按程序进行浇筑。

1. 基础混凝土浇筑

浇筑基础混凝土前应再次检查模板钢筋和预制件是否固定可靠，结扎的钢筋、安放的预埋件尺寸规格是否准确，保护层厚度是否符合设计要求。在墩墙部位，应保持粗糙的外表或插花埋设略高于基面的块石，以利上下结合。在透水地基上浇筑基础混凝土的过程中以及混凝土终凝前应继续排水，以保持基坑水位低于地基面。但必须注意水泥浆不能随水排出，如必须在水中浇筑基础时，需按水下混凝土要求施工。

2. 分缝及止水

水闸设计时由于地基或上部荷载相差悬殊，或基础面积较大，为了防止不均匀沉陷或温度变化等，一般要设沉陷缝或工作缝，以防出现非结构允许的裂缝，破坏工程的整体性。

（1）工作缝、伸缩缝和沉陷缝的设置。工作缝是因施工需要可设置的临时分块接缝，分块缝不宜选择在地基薄弱或上部结构对基础整体性要求较高的部位。当继续施工时，应采取凿毛和清洗等处理措施，以保持新老混凝土结合良好。禁止施工过程中任意缝或浇筑中途随意停工，造成不应有的冷缝。沉陷缝多兼作伸缩缝使用，为了保证基础的整体性，因此对分缝的止水有严格的要求。一般缝宽 2～3cm，从基础到闸顶，缝间均应填允止水材料，重要部位设橡皮、塑料止水或镀锌铁片、紫铜片止水，其空隙部分用沥青油毛毡、沥青砂或聚氯乙烯胶泥等材料填充，止水用的紫铜片或镀锌铁片厚为 1～2mm，如使用桥型止水橡皮或塑料，应防止老化后影响止水效果。水平止水一般预制后再到现场安放或现场施工，如设计时仅供沉陷或伸缩用而没有止水要求的，可不加止水片，只用预制好的填料。在现场安放工作缝的结合面除要凿毛等处理外，重要部位还要布筋加强。

（2）基础和墩墙止水。基础或墩墙止水，施工时要注意止水片接头处的连接，一般金属止水片在现场电焊或氧气焊接，橡胶止水片多用胶结，塑料止水片用熔接或焊接（熔点 180℃左右），使之连接成整体。浇筑混凝土时要注意止水片下翼橡皮的铺垫料，并加强振捣，防止形成孔洞，垂直止水应随墙身的升高而分段进行，止水片可以分为左右两半，交接处埋在沥青井内，以适应沉陷不均的需要。

3.3.2　闸墩闸墙的施工

闸墩闸墙常用砌石或混凝土浇筑或混凝土预制构件砌筑。

1. 放样立模

施工前先在烧筑完成的基础上准确地放出墩墙的实样，并预留门槽、胸墙及预埋件的孔位，再浇筑二期混凝土。墩墙的立模是一项关键性的工作。小型水闸立模多是从底到顶一次完成，然后再对照图纸进行全面检查核对，如定位尺寸是否标准，上下是否垂直，支撑是否稳定和牢固，顶埋件和门槽中心是否一致等，同时清除仓内杂物。

2. 浇筑混凝土

如墩墙高度较大，应分层浇筑混凝土，浇筑时用溜管从拌和台直接把混凝土送到仓面，不能从高处任意倾倒混凝土或采用一旁进料斜面浇筑的办法。各墩墙的混凝土应保持平衡上升，防止模板在浇筑振捣时变形，要求配料、拌和、运输、浇捣、平仓之间密切配合。

3. 二期混凝土

作为二期混凝土浇筑的门槽和底槛，在一期混凝土拆模后，处理好新老混凝土的结合面，然后再立模。小型水闸可以把预制件如导轨、螺栓先固定在模板内侧，立模时细致地校正中心线和垂直度，然后浇筑混凝土。二期混凝土空间较小，振捣工作更要做得细致认真，以防止砂浆石子分离或漏浆漏振。

3.3.3　其他部件施工

1. 胸墙

小型水闸胸墙多属预制的钢筋混凝土薄壁简支构件，为了保持在外力作用下的简支承条件，安装前在闸墩上要预留胸墙的接合缝（加沥青填料）。如属固端梁设计，就要进行整体施工。立模时先立好外侧模板，然后结扎或安放钢筋，用垫块固定钢筋位置，控制保护层厚度，再立内侧模板。如胸墙高度较大，可以在模板上每隔 2m 左右留一处进料孔，混凝土自孔入仓，分层浇筑水平升高，依次封孔，直到完成。

2. 公路桥、工作桥及排架

闸上公路桥、工作桥及排架等结构，一般多采用预制构件运到现场吊装。相关内容可参阅有关书籍。

3. 回填土

要选择合格土料作为墙后回填土，回填时需保持两侧平衡升高并分层夯实，填土和砌体的结合处，更要注意夯实，保证回填土质量。

4. 闸门安装

如采用钢筋混凝土预制构件或钢闸门，其吊装施工可参阅有关书籍。

5. 上下翼墙扭坡的施工

一般进水或排水闸，为了进水或排水顺畅，上下游护岸多是斜坡和垂直闸墙连接的扭坡，扭坡形似曲面，但同一高程均为直线，施工时按起点垂直面和终端的斜面，从底到顶的同一高程采用拉直线的方法来掌握立模或砌石标准。

3.4　桥　涵　施　工

3.4.1　涵管施工工艺流程

涵管的施工流程为施工准备→测量放样土方开挖→验槽→砖砌竖井安装穿墙管→涵管

安装→灌水试验→回填土方→交工验收。

3.4.2 涵管施工方法及技术措施

1. 测量放样

用全站仪准确对涵管的中桩及纵横轴线，以及内外边桩进行准确放样，并用白灰在地上做出标志。利用已有的测量控制点对原地面高程进行放样，确定开挖深度。线位设好以后请监理工程师检测，符合要求后方可进入下一道工序。

2. 基坑开挖

(1) 基坑开挖前，首先要对涵管基础所在位置进行清表或清淤。地基处理的范围至少应宽出基础之外 0.5m。为便于施工中的检验校核，基坑开挖前应在纵横轴线上、基坑边桩以外设控制桩，每侧两个。

(2) 基坑开挖采用机械开挖，人工辅助的方式，应避免超挖。机械开挖至距槽底设计标高 10~20cm 时，改用人工挖掘、修整至设计尺寸，不能扰动槽底及坡面原土层。基坑槽底采用平板振动夯夯实，确保基底标高误差满足设计规范要求。

(3) 基坑开挖中，在坑底基础范围之外设置集水坑并沿坑底周围开挖排水沟，使水流入集水坑内，排出坑外。集水坑宜设在上游，尺寸视渗水的情况而定。

(4) 基坑坑壁以 1:2.5 放坡，当基坑深度大于 5m 时，基坑坑壁坡度可适当放缓或加设平台。

(5) 当基坑有地下水时，地下水位以上部分可以放坡开挖；地下水位以下部分，若土质坍塌或水位在基坑底以上较深时，应加固开挖。

开挖清理完毕后，请监理工程师检验，满足设计和规范要求方可进入下一道工序。

3. 下部管基、混凝土施工

(1) 基础放样。基坑开挖好后应重新放设涵管的纵横轴线，同时用全站仪，钢尺对基础平面尺寸进行准确的细部放样，并用水准仪按涵管分节抄平，逐节钉设水平桩，控制基底和基顶标高。

(2) 垫层施工。基坑开挖好后，先进行砂碎石垫层施工，回填砂碎石并夯实。砂碎石垫层为压实的连续材料层，不得有离析现象。

(3) 下部混凝土管座、截水环一期混凝土施工。混凝土管座、截水环分两次浇筑，先浇筑管底以下部分（管节外壁最低点以下部分），待安放管节以后再浇筑管底以上部分（管节外壁最低点以上部分）。

3.4.3 沟槽土方回填

管道工程的主体结构检验合格后，应及时回填土，要选好合格的土源。

1. 沟槽土方回填前的施工

(1) 槽底至管顶以上 50cm 范围内不得含有机物、冻土及大于 10cm 的砖石等硬块。

(2) 如现场土料含水量过高，不能达到要求密实度时，应考虑在管道两侧及沟槽位于路基范围内的管顶以上部位，回填石灰土、砂及砂砾材料。在采用这些材料时，回填前应提请设计单位进行洽商，并将材料配合好后，按施工要求进行使用。

2. 沟槽土方回填

（1）在土方回填中严禁回填淤泥、腐殖土、弃土及含水量过高的土。

（2）在沟槽两侧应同时回填土，其两侧高差不得超过 30cm。

3. 沟槽回填厚度及压实施工要求

（1）管道两侧（胸腔）覆土必须分层整平，每层铺筑厚度不得超过 30cm（松铺厚度），进行分层夯实，管顶以上 50cm 范围内，必须分层整平和夯实，在管顶以上 25cm 范围内，宜用小型夯具，如木夯，其压实度不小于 87%。

（2）在管顶以上 50cm 范围内不得使用压路机压实，以防管裂及下沉，当采用重型机具压实，或有较重车辆在回填土上行驶时，在管道顶部以上必须有一定厚度的压实回填土，其最小厚度应按压实机械的规格和管道的设计承载力通过计算确定。

3.5　工 程 概 预 算

3.5.1　工程概预算的定义及组成

工程概预算是指在工程建设过程中，根据不同设计阶段的设计文件的具体内容和有关定额、指标及取费标准，预先计算和确定建设项目全部工程费用的技术经济文件。主要包括总估算表、建筑工程估算表、机电设备及安装工程估算表、分年度投资估算表和单价汇总表等。

工程概预算泛指在工程建设实施以前对所需资金作出的预计。在可行性研究和设计任务书阶段应编制投资估算；在初步设计和技术设计阶段应编制工程总概算和修正工程概算；在施工图设计阶段应编制施工图预算；在工程实施阶段，施工单位尚需编制施工预算。

3.5.2　工程概预算的编制流程

1. 熟悉施工图纸及施工组织设计

在编制施工图预算之前，必须熟悉施工图纸，详尽地掌握施工图纸和有关设计资料，熟悉施工组织设计和现场情况，了解施工方法、工序、操作及施工组织、进度。要掌握单位工程各部位建筑概况，诸如层数、层高、室内外标高、墙体、楼板、顶棚材质、地面厚度、墙面装饰等工程的作法，对工程的全貌和设计意图有了全面、详细的了解以后，才能正确使用定额结合各分部分项工程项目计算相应工程量。

2. 熟悉定额并掌握有关规则

建设工程预算定额有关工程量计算的规则、规定等，是正确使用定额计算定额"三量"的重要依据。因此，在编制施工图预算计取工作量之前，必须弄清楚定额所列项目包括的内容、适用范围、计量单位及工程量的计算规则等。以便为工程项目的准确列项、计算、套用定额子目做好准备。

3. 列项、计算工程量

施工图预算的工程量具有特定的含义，不同于施工现场的实物量。工程量往往要综合、包含多种工序的实物量。工程量的计算应以施工图及设计文件参照预算定额计算工程量的有关规定列项、计算。

工程量是确定工程造价的基础数据，计算要符合有关规定。工程量的计算要认真、仔细，既不重复计算，又不漏项。计算底稿要清晰、整齐，便于复查。

4. 套用定额子目，编制工程预算书

将工程量计算底稿中的预算项目、数量填入工程预算表中，套用相应定额子目，计算工程直接费，按有关规定计取其他直接费、现场管理费等，汇总求出工程直接费。

直接费汇总后，即可按预算费用程序表及有关费用定额计取间接费、计划利润和税金，将工程直接费、间接费、计划利润、税金汇总后，即可求出工程造价。

5. 编制工料分析表

将各项目工料用量求出汇总后，即可求出用工或主要材料用量。

审核，编写说明，签字，装订成册。

工程施工图预算书计算完毕后，为确保其准确性，应经有关人员审核后，结合工程及编制情况填写编写说明，填写预算书封面，签字，装订成册。

3.5.3　水利工程定额

定额是指在一定的外部条件下，预先规定完成某项合格产品所需要素（人力、物力、财力、时间等）的标准额度。根据一定时期的生产力水平和对产品的质量要求，规定在产品生产中人力、物力或资金消耗的数量标准，这种标准就是定额。定额水平是一定时期社会生产力水平的反映，它与操作人员的技术水平、机械化程度及新材料、新工艺、新技术的发展和应用有关，同时，也与企业的管理组织水平和全体技术人员的劳动积极性有关。

预算定额是确定一定计量单位的分项工程或构件的人工、材料和机械台班消耗量的数量标准。预算定额是编制施工图预算的依据。

3.5.3.1　预算定额编制的原则和依据

1. 预算定额的编制原则

（1）按社会必要劳动时间确定预算定额水平。

（2）简明适用、严谨准确。

2. 预算定额的编制依据

（1）现行施工定额。

（2）现行的设计规范、施工及验收规范、质量评定标准和安全操作规程。

（3）有关科学实验、测定、统计和经验分析资料，新技术、新结构、新材料、新工艺和先进经验等资料。

（4）现行的预算定额、过去颁发的预算定额和有关单位颁发的预算定额及其编制的基础材料。

（5）常用的施工方法和施工机具性能资料、现行的工资标准、材料市场价格与预算价格。

3.5.3.2　预算定额的编制步骤和方法

1. 编制预算定额的步骤

（1）组织编制小组，拟定编制大纲，就定额的水平、项目划分、表示形式等进行统一研究，并对参加人员、完成时间和编制进度作出安排。

（2）调查熟悉基础资料，按确定的项目和图纸逐项计算工程量，并在此基础上，对有关规范、资料进行深入分析和测算，编制初稿。

（3）全面审查，组织有关基本建设部门讨论，听取基层单位和职工的意见，并通过新旧预算定额的对比，测算定额水平，对定额进行必要的修正，报送领导机关审批。

2．编制预算定额的方法

（1）划分定额项目，确定工作内容及施工方法。预算定额项目应在施工定额的基础上进一步综合。

（2）选择计量单位。为了准确计算每个定额项目中的消耗指标，并有利于简化工程量计算，必须根据结构构件或分项工程的特征及变化规律来确定定额项目的计量单位。

（3）计算工程量。选择有代表性的图纸和已确定的定额项目计量单位，计算分项工程的工程量。

（4）确定人工、材料、机械台班的消耗指标。预算定额中的人工、材料、机械台班消耗指标是以施工定额中的人工、材料、机械台班消耗指标为基础，并考虑预算定额中所包括的其他因素，采用理论计算与现场测试相结合、编制定额人员与现场工作人员相结合的方法确定的。

3.5.4　水利工程基础单价的编制

人工预算单价是确定工程造价时计算各种生产工人人工费时所采用的人工费单价，是计算建筑安装工程单价和施工机械台时费中人工费的基础单价。根据现行《水利工程设计概（估）算编制规定》和水利部水利企业工资制度改革办法，水利工程企业的工人按技术等级不同分为工长、高级工、中级工和初级工 4 级。各级工的人工预算单价均由基本工资、辅助工资、工资附加费 3 部分组成。

（1）基本工资指生产工人的岗位工资、年功工资及年应工作天数内非作业天数的工资。

1）岗位工资，指按照职工所在岗位各项劳动要素测评结果确定的工资。

2）年功工资，指按照职工工作年限确定的工资，随工作年限增加而逐年累加。

3）生产工人年应工作天数以内非作业天数的工资，包括职工开会学习、培训期间的工资，调动工作、探亲、休假期间的工资，因气候影响的停工工资，女工哺乳期间的工资，病假在 6 个月以内的工资及产、婚、丧假期的工资。

（2）辅助工资指在基本工资之外，以其他形式支付给职工的工资性收入，包括：根据国家有关规定属于工资性质的各种津贴，主要包括地区津贴、施工津贴、夜餐津贴、节日加班津贴等。

（3）工资附加费指按照国家规定提取的职工福利基金、工会经费、养老保险费、医疗保险费、工伤保险费、职工失业保险基金和住房公积金。

3.5.5　工程概预算编制

建筑工程单价，简称工程单价，系指完成建筑工程单位工程量（如 $1m^3$、$100m^3$、$1t$ 等）所耗用的直接工程费、间接费、企业利润和税金 4 部分的总和。在初步设计阶段使用概算定额查定人工、材料、机械台时消耗量，最终算得工程概算单价；在施工图设计阶段使用预算定额查定人工、材料、机械台时消耗量，最终算得工程预算单价。工程概算单价和工程预算单价统称为工程单价。

设备费包括设备原价、运杂费、运输保险费和采购及保管费。

设备原价以出厂价或设计单位分析论证的询价为设备原价。运杂费是指设备由厂家运至工地安装现场所发生的一切运杂费用，包括运输费、调输费、装卸费、包装绑扎费、变压器充氮费及可能发生的其他杂费。运输保险费等于设备原价乘以运输保险费率。国产设备运输保险费率可按工程所在省、自治区、直辖市的规定计算，进口设备的运输保险费率可按有关规定执行。采购及保管费指建设单位和施工企业在负责设备的采购、保管过程中发生的各项费用。

1. 安装工程定额

（1）定额的内容。包括措施费定额和间接费定额。

（2）定额的表现形式。定额采用实物量和安装费率两种定额表现形式。

2. 安装工程单价编制

安装工程单价由直接工程费（包括直接费、其他直接费、现场经费）、间接费、企业利润和税金组成。其中直接费由人工费、材料费（含装置性材料费）、机械使用费组成。其单价的编制方法也有实物量法和安装费率法。

实物量形式的安装工程单价计算方法如下：

（1）直接工程费。

1）直接费。

人工费＝定额劳动量(工时)×人工预算单价(元/工时)

材料费＝定额材料用量×材料预算单价

机械使用费＝定额机械使用量(台时)×施工机械台时费(元/台时)

2）其他直接费＝直接费×其他直接费率之和

3）现场经费＝人工费×现场经费费率之和

（2）间接费。

间接费＝人工费×间接费率

（3）企业利润。

企业利润＝(直接工程费＋间接费)×企业利润率

（4）未计价装置性材料费。

未计价装置性材料费＝未计价装置性材料用量×材料预算单价

（5）税金。

税金＝(直接工程费＋间接费＋企业利润＋未计价装置性材料费)×税率

（6）安装单价。

安装单价＝直接工程费＋间接费＋企业利润＋未计价装置性材料费＋税金

安装费率法：以安装费率形式表示的定额子目，在计算安装工程单价时即以设备原价为计算基础计算直接费，然后另计其他直接费、现场经费、间接费、企业利润和税金。

计算式为

安装工程直接费＝设备原价×费率（％）

人工费安装费率调整就是将定额人工费安装费率乘以本工程人工费安装费率调整系数。

人工费安装费率调整系数计算如下：

$$人工费安装费率调整系数＝\frac{工程所在地人工预算单价}{北京地区人工预算单价}$$

式中，工程所在地人工预算单价是指该工程设计概算采用的人工预算单价；北京地区人工预算单价应根据定额主管部门当年发布的北京地区人工预算单价确定。

对进口设备的安装费率也需要调整，调整方法是将定额的费率乘以相应国产设备原价水平对进口设备原价的比例系数，换算为进口设备的安装费率。

费率形式的安装单价计算方法：

（1）直接工程费。

1）直接费。

人工费＝定额人工费（％）×设备原价

材料费＝定额材料费（％）×设备原价

装置性材料费＝定额装置性材料费（％）×设备原价

机械使用费＝定额机械使用费（％）×设备原价

2）其他直接费＝直接费×其他直接费率之和

3）现场经费＝人工费×现场经费费率之和

（2）间接费。

间接费＝人工费×间接费率

（3）企业利润。

企业利润＝（直接工程费＋间接费）×企业利润率

（4）税金。

税金＝（直接工程费＋间接费＋企业利润）×税率

（5）安装单价。

单价＝直接工程费＋间接费＋企业利润＋税金

3.5.6　工程量计算与工料统计

工程量计算的基本要求：

（1）合理设置工程项目：工程项目的设置必须与概算定额子目划分相适应。

（2）计量单位的一致性：工程量的计量单位要与定额子目的单位相一致。

（3）计量状态的符合性：工程量的计量状态要与定额子目的状态相一致。

可行性研究、初步设计阶段的设计工程量就是按照建筑物和工程的几何轮廓尺寸计算的数量（图纸工程量）乘以不同设计阶段系数而得出的数量；而施工图设计阶段系数均为1.00，即施工图设计工程量就是图纸工程量。

在水利工程施工中一般不允许欠挖，为保证建筑物的设计尺寸，施工中允许一定的超挖量；而施工附加量是指为完成本项工程而必须增加的工程量，施工超填量是指由于施工超挖及施工附加相应增加的回填工程量。

施工损耗量包括运输及操作损耗、体积变化损耗及其他损耗。运输及操作损耗量指土石方、混凝土在运输及操作过程中的损耗。体积变化损耗量指土石方填筑工程中的施工期沉陷而增加的数量，混凝土体积收缩而增加的工程数量等。其他损耗量包括土石方填筑工程施工中的削坡，雨后清理损失数量。

工料分析是对工程建设项目所需的人工及主要材料数量进行分析计算，进而统计出单位工程及分部分项工程所需的人工数量及主要材料用量。工料分析的目的主要是为施工企业调配劳动力、做好备料及组织材料供应、合理安排施工及核算工程成本提供依据。

工料分析计算是按照概算项目内容中所列的工程数量乘以相应单价中所需的定额人工数量及定额材料用量，计算出每一工程项目所需的工时、材料用量然后按照概算编制的步骤逐级向上合并汇总。

统计主要工程量的目的是让审核及编制人员能概略了解工程规模、工程主要工作的类型和数量，从而了解工程的特点，以便审核人员将该工程的相关参数与类似工程进行比较，初步判断该工程的技术经济指标是否合理。

第4章　农田水利工程管理

4.1　农业用水管理组织

4.1.1　农田水利管理组织

灌区管理组织，实行按渠系统一管理、分级负责的原则，采取专业管理机构和群众性管理组织相结合的办法进行管理。国家管理的灌区，属哪一级行政单位领导，即由那一级人民政府负责建立专管机构，根据灌区规模，分别设管理局、处或所。集体管理的灌区，由乡村设专管机构或专人管理。

灌区专管机构设置。大中型灌区目前多采用"专业管理与群众管理相结合"的管理体制。灌区建成后，由当地政府或水行政主管部门组建专业管理机构，负责对灌区取水枢纽、干渠、支渠等骨干工程运行维护和灌溉供水进行经营管理，在业务上接受当地水行政主管部门领导。部分灌区设有由地方政府、水行政主管有关部门、受益乡村、用水户代表等组成的灌区代表大会或灌区管理委员会，它是灌区实行民主管理的组织形式，有关灌区发展的重大问题，如水量分配、灌溉秩序、水费计收与支出等，由灌区代表大会或灌区管理委员会讨论决定。支渠或斗渠以下的工程和田间灌溉服务通常由受益农户推选代表组成支（斗）渠委员会或用水户协会负责管理。有一些灌区习惯采用以乡村行政区为单元的农村集体管理。

对于量大面广的小型灌溉工程和大中型灌区的斗渠以下田间工程设施，目前各地多由村民委员会统一负责管理，或采用承包、"租赁"、"竞价承包"经营管理权等方式，将灌溉服务和工程运行维护责任落实到有能力、有经验的农民个人或小组，提高了水费实收率，改进了灌溉服务，减少了用水纠纷，工程管理维护状况得到改善。

近年来用水户参与灌溉管理更加引起重视，正逐步推广，国家鼓励多种形式的农民用水合作组织。到 2009 年，全国已建立用水户协会约 5 万多个，它们对于改进支、斗渠以下工程设施维护和灌溉服务、水费征收等方面，取得了初步的效果。

4.1.2　农田水利管理职责

县及县以上管理的水利设施，由国家设立管理组织，实行统一领导，按渠系分级管理，建立岗位责任制；乡、村队管理的水利设施，由乡村设立水利管理组织或确定专人管理；灌区跨村的水利设施，由乡从受益村指定人员进行管理；灌区中村级的水利设施，由本村派人管理。对管理组织或个人，应建立岗位责任制。乡、村的农田水利设施应建立灌区代表会，实行民主管理。

目前，大多数灌区实行灌区管理局（处）负责管理支、斗渠以上骨干工程，配水到支、斗渠进水口，农民用水户协会负责管理支、斗渠以下工程。协会最高权利机构为协会代表大会，协会常设管理机构为执行委员会（成员包括各用水组组长，灌区管理处技术员及各村管水员），执委会常务委员会负责协会的日常工作。

1. 民主管理组织

灌区民主管理组织的形式很多，因各地具体情况不同而不尽相同，但差异不大，一般采用的有灌区代表会及各级管理委员会。灌区实行民主管理，定期召开灌区代表会，成立灌区管理委员会。管理委员会由灌区管理单位和受益地区有关负责同志组成，由上级行政领导任主任委员。灌区专管机构是它的常设办事机关。

（1）灌区管理委员会的职责。审查灌区管理单位的工作计划和总结，制定和修改灌区管理的规章制度，研究管理工作中的重大问题。

（2）灌区代表会的职责。反映受益乡村的意见和要求，审查灌区管理委员会的工作报告，讨论管理委员会提交代表会研究的重大问题，并做出决议。管理委员会和灌区代表会的决议，报上级行政领导机关批准后执行。

（3）灌区专管机构的职责。

1）贯彻执行有关方针、政策，上级有关部门的指示，灌区代表会和管理委员会的决定。

2）建立健全灌区群众性管理组织。

3）进行工程设施的维修养护，确保工程安全和正常运用，组织受益单位做好田间工程和平整土地。

4）组织受益单位进行渠道的清淤、堵口、抢险等工作。

5）实行计划用水，改进灌溉技术，提高灌溉质量，搞好排水，改良灌区土壤。

6）开展灌溉试验工作，推广科研成果，总结群众经验，指导科学用水。

7）保护水源水质，防止污染。

8）组织进行灌区绿化工作。

9）组织水费收缴，开展多种经营，健全财务制度，加强经营管理。

10）健全原始记录和管理台账制度，加强统计工作，建立技术档案。

11）做好职工培训工作，提高政治、业务、技术水平、关心职工生活，解决实际困难。

2. 行政管护组织及职责

县（区）相应成立县（区）小型农田水利设施管护领导小组，其办事机构主要是县（区）水务（农水）局、财政局、国土局、农委、发改委、农业综合开发等有关单位。

（1）县（区）小型农田水利设施管护领导小组及其办事机构主要职责。

1）筹集县（区）小型农田水利设施管护专项经费。

2）督促、指导镇、乡、街道办和村成立小型农田水利设施管护业主，整理汇总村级小型农田水利设施管护业主有关资料。

3）统计每个村小型农田水利设施管护业主管护的小型农田水利工程数量、农田面积，以镇、乡、街道办和村为单位汇总并上报市小型农田水利设施管护领导小组办公室。

4）测算、编报并分配每个村小型农田水利设施管护业主单位管护经费。

5）定期不定期对镇、乡、街道办和村小型农田水利设施管护工作进行检查、指导。

6）编制县（区）小型农田水利设施管护、维修方案。

7）与村级小型农田水利设施管护业主单位签订管护协议。

（2）镇、乡、街道办应有专门的小型农田水利设施管护办事机构（水利站）的主要职责。

1）负责《水法》、《水土保持法》等国家法律和省、市有关地方性法规的贯彻落实和监督检查。

2）统一管理当地水资源，搞好水土保持、小流域治理等工作，负责水利年度的统计工作。

3）负责农村小型水利工程的规划、勘测与设计，搞好农村水利工程建设与管理。

4）负责农村水利新技术示范推广和农村水利技术人员培训工作。

5）负责农村水利项目的评估、技术咨询及项目管理工作。

6）负责防汛抗旱管理及防汛抗旱资金管理，搞好抗旱、抗洪抢险组织工作。

7）承办本级政府及上级业务主管部门交办的其他任务。

（3）村级水管组织主要职责。

1）负责本村范围内大、中、小沟及田头沟的管护工作。

2）负责本村范围内大、中、小沟农用生产桥及田头沟桥涵的管护工作。

3）负责本村范围内塘坝的管护工作。

4）负责本村范围内小型灌溉泵站的管护工作。

5）负责本村范围内中、小沟节制闸的管护工作。

6）负责本村范围内机井的管护工作。

7）负责本村范围内农村饮水安全工程的管护工作。

8）负责本村范围内灌溉渠道（管道）等设施的管护工作。

9）负责上级管护小型农田水利设施的地方关系协调和水事矛盾协调处理工作。

3.农民管水组织及职责

灌区专管机构与农民用水协会都是为灌区广大用水户服务的性质相同的经济实体，都为农民服务，两者形成合同关系。农民用水协会不但接受政府主管部门的监督，而且按照灌区专管机构的统一规划和安排部署经营运作，接受专管机构的技术指导和业务监督。灌区管理单位在监督协会规范运行的同时，尽力为协会创造有利条件，帮助其完善基础设施，加强业务指导，搞好技术培训，用水户参与灌溉管理，对灌区专管机构能进行有效监督，促使其深化内部改革，提高服务水平，更好地为农民服务。

（1）协会的组建。农民用水协会一般由以受益的小型农田水利设施所在地农户为会员组建，也可以行政村或若干个自然村（组）的农户为会员组建。协会应依法依规组建，做到农户自愿、民主通过章程制度和选举产生协会理事成员、民政部门登记发证、技术监督部门代码发证、金融部门开户、有固定办公场所等。当地政府鼓励以承包、租赁等形式进行土地流转，流转后的新业主为其承包、租赁等范围内小型农田水利设施的管护业主，协会必须通过民主听证等方式等确定农户会员每年会费（水费）标准并足额按时计收。当小型农田水利设施维修需要大额投资时，除县（区）级及其以上部门补助经费外，维修必须通过"一事一议"的方式按农户会员收益大小计收单项会费（水费）。

（2）专管人员的选聘。协会对所管护的小型农田水利设施要通过公开竞聘的方式确定小型农田水利设施专管人员，并与小型农田水利设施专管人员签订管护合同，明确双方的责任权力和小型农田水利设施专管人员的工资待遇等。

（3）协会的职责。协会对所管护的小型农田水利设施安全运行负责；协会组织农户会员对所管护的小型农田水利设施不定期进行维修；协会做好水法规的宣传工作，切实增强群众保护小型农田水利设施的法律意识；协会公示重大事项和财务收支情况，定期召开会员大会或会员代表大会。

（4）农水设施的移交。各有关部门组织实施的小型农田水利设施竣工验收后，由各有关部门直接向工程所在地镇、乡、街道办和村或协会办理工程及管护工作移交手续。

4.2　灌溉用水计划

灌溉用水管理是整个灌溉管理工作的中心环节。用水管理工作的好坏，直接影响灌溉工程的效益和农业的增产。用水管理的核心任务是实行计划用水。

计划用水就是有计划地进行蓄水、取水（包括水库供水、引水和提水等）和配水。无论是大、小灌区，都要实行计划用水，做好用水管理工作。实行计划用水，需要在用水之前根据作物对水分的要求，并考虑水源情况，工程条件以及农业生产的安排等，编制好用水计划。在用水时，视当时的具体情况，特别是当时的气象条件，修改和执行用水计划，进行具体的蓄水、取水和配水工作。在用水结束后进行总结，为今后更好地推行计划用水积累经验。计划用水是一项科学的管水工作，要进行认真的调查研究与分析预测，要充分地吸取当地先进经验，做到因地制宜和简便可行。只有这样计划用水才能得到贯彻和推广。

4.2.1　用水计划的编制

用水计划是灌区（干渠）从水源取水并向各用水单位（县、乡、村或农场）或各渠道配水的计划。它包括灌区水源取水计划和渠系配水计划两部分，现将这两部分的编制方法分述如下。

4.2.1.1　取水计划的编制

取水计划由全灌区的管理机构编制，它是在预测计划年份各时期（月、旬）水源来水量和灌区用水量的基础上，进行可供水量与需要水量的平衡分析计算。通过协调、修改，确定计划年内的灌溉面积、取水时间、各时期内的取水水量、取水天数和取水流量等。对于水库灌区，其取水计划就是水库的年度供水计划。以下仅扼要叙述引水（或提水）灌区取水计划的编制方法。

1. 河流水源情况的分析和预测

渠首可能引取的水量取决于河流水源情况及工程条件。因此，应首先分析灌溉水源。在无坝引水和抽水灌区，需分析和预测水源水位和流量；在低坝引水灌区，一般只分析和预测水源流量；对于含沙量较大的水源，还要进行含沙量分析和预测。

（1）水源供水流量的分析与预测，主要是确定计划年内的径流总量及其季、月、旬

（或五日）的分配，即水源供水水量或流量的过程。目前采用的方法主要有成因分析法、平均流量法和经验频率法等几种。

成因分析法是利用实测资料，从径流成因上分析一些气象、水文因素与水源径流的关系，建立相关图（例如，建立降水径流相关曲线等），据此再按选定的各阶段气象、水文（如降水）资料来确定河流的径流过程。平均流量法系根据多年实测资料，按日平均流量，将大于渠首引水能力的部分削去，再按旬或五日求其平均值，作为所拟定的水源供水流量，方法较简易，多用于中小型灌区。

经验频率法中较多采用分段假设年法或分段实际年法，一般根据作物生长期、气候变化情况以及水源年内变化规律，将全年划分为 2～3 个阶段，或只分析全年中某一个阶段。如北方划分为春灌、夏灌等，南方的水稻灌溉期，可划分为泡田期、生育阶段灌溉期等。分段假设年法系将该阶段内多年实测流量，按旬或五日平均后依递减顺序排列，取相应于所选频率的旬或五日流量，作为该阶段内各旬（或每五日）的水源供水流量。分段实际年法系将历年该阶段的平均流量依递减顺序排列，取所选频率的年份，以该年内各旬（或每五日）平均流量作为水源供水流量。

（2）河源含沙量的分析与预测，对于从多沙河流引水的灌区，为了防止渠系淤积，在超过允许限度的高含沙量时，往往要停止引水或进行其他安排（如引洪淤灌等），故要分析和预测不同含沙量的出现次数、日期及延续时间。其分析方法，可以采用分段真实年法，也可采用与水源流量相同年份的含沙量资料。

（3）渠首可能引取流量的确定，低坝引水灌区，当水源供水流量大于渠首引水能力时，即以渠首引水能力为可能引入流量；当河源供水流量小于渠首引水能力时，即以水源供水流量为可能引入流量。无坝引水和抽水灌区，还要根据水源水位与引取流量的关系来考虑各阶段可能引取的流量。若有几个相邻的灌区在同一河流上引水，要根据统一安排的河系分水比例来确定各灌区的引水流量。

2. 计划引取水量的确定

通过分析和预测，确定了渠首可能引取的水量和灌区灌溉需要的水量后，将两者进行平衡分析，最后确定计划引取水量的过程。

在平衡分析中，若某阶段可能的引取流量等于或大于灌溉需要的流量，则以灌溉需要的流量作为计划的引取流量；若可能的引取流量小于灌溉需要的流量，就需要调整用水。最后确定计划的引水流量过程，要使任何阶段的计划引取流量不大于可能的引取流量。

4.2.1.2　灌区配水计划的编制

灌区配水计划的内容包括确定每次用水时渠道的配水方式、配水时间和顺序，以及水量的分配等。

1. 配水方式

灌区配水一般有两种方式，续灌和轮灌。

续灌：在水源比较丰富的情况下，供需水量基本平衡时，一般除斗、农渠进行轮灌外，干、支渠道都采用续灌方式。当供水流量减少后，供水量差额在 25％～30％ 以内时干支渠仍可采用续灌，但其配水量应按比例减少。供水量差额超过 25％～30％ 时干支渠就不应该采取续灌方式，而应改为轮灌。

轮灌：当水源供水不足，经采取其他措施（压低灌水定额，调整灌溉面积等）后，供需水量差额仍较大时，干支渠就要考虑轮灌。采取轮灌方式配水，水流比较集中，渗漏损失小，在水源紧张、旱情严重时这种轮灌方式有利。

2. 配水顺序

（1）正确处理上下游之间关系，在抗旱季节，上下游之间用水矛盾最为突出，上游多得水，下游少得水，上下游之间出现矛盾。合理解决这一矛盾，有助于提高灌区经济效益。

（2）先高田后低田。先灌高田，这样水量集中便于灌溉，后灌低田，因为低田灌水方便，由此解决高田和低田的矛盾。

（3）先灌成片田，后灌零星分散田。

（4）先灌急用，后灌缓用。

（5）先看后放。专业管理人员和村干部深入现场，了解旱情，落实灌溉面积，进行四定，即"定专人管理，定灌溉面积，定放水流量，定放水时间"，然后开闸放水，这样才能做到配水合理，供水及时，不致出现不急需用水的地方放了水，急用水的地方反而没有水的不合理现象。

3. 水量调配的计算

（1）配水量计算，当水库每次灌水的供水量确定以后，在灌区内部怎样分配，一般有以下两种方法。一种方法是按灌溉面积比例分配，按灌溉面积比例分配计算方法简便，缺点是没有考虑灌区内不同作物种类，土壤差异等条件，水量计算比较粗略；一种是按要求的灌溉用水量比例分配，如果灌区内部种植多种作物，灌水量各不相同，在这种情况下，就不能单凭灌溉面积分配水量，而应考虑不同作物，不同的灌水量，进行配水计算。

（2）配水时间计算，在续灌条件下，水库的放水时间就是给各条渠道配水的时间。但在轮灌条件下，各条渠道的配水时间就不同，轮灌时间是指在一个轮灌期内各条轮灌渠（集中轮灌时）或各个轮灌组（分组轮灌时）所需要的灌水时间，一般也是按灌溉面积比例或毛灌溉用水比例进行计算。各轮灌渠（或组）轮灌时间的总和等于一个轮灌期。

4. 配水计划表

根据渠系的配水方式，计算出配水量、配水流量和配水时间后，就可以编制成干渠配水计划表。表1.4.1给出了某灌区第一次和第二次灌水的一级配水计划。根据一级配水计划表，各管理站可编制其所属范围内的支、斗渠配水计划，称为二级配水计划，其编制方法与上述相同。编制灌区配水计划，只是实行计划用水的第一步，要切实做好计划用水工作，更重要的是有健全的用水管理组织做保证。每个灌区都必须发动群众，依靠群众，建立健全群众性的用水管理组织，与专业管理机构相结合，共同讨论并制定供水、配水计划，并加以贯彻执行。

表 1.4.1 　　　　　　　　　 某灌区第一次和第二次灌水的灌溉计划表

灌水次数、日期、历时	第一次（5月1—9日） （8d16h）	第一次（6月10—23日） （13d21h）
配水方式	续灌	轮灌
渠道引水流量/（m³/s）	5.6	5.0

灌水次数、日期、历时	第一次（5月1—9日） （8d16h）		第一次（6月10—23日） （13d21h）	
引水量/万 m³	420		600	
配水渠道名称	东干	西干	东干	西干
配水比例/%	52%	48%	52%	48%
配水量/万 m³	218.4	201.6	312	288
配水流量/（m³/s）	2.91	2.69	5.0	5.0
配水时间	8d16h	8d16h	7d5h	6d16h

4.2.1.3　灌区配水计划的执行

1. 用水计划的应变措施

干旱、半干旱地区，河源供水量及灌区气象条件变化较大，旱涝交错、供需不协调的现象时而发生。编制用水计划时，应事先考虑灌区自然特点，分析总结实践经验，制定出应变措施，以适应可能遇到的各种情况。比如，当河源流量减少到一定程度，实行干支渠轮灌，可提高灌溉效率和渠系水的利用系数，保证下游用水，促进均衡受益；引用高含沙水灌溉；制定机动供水的调配渠道，进行流量调节等。更有效的方法是制定动态用水计划。

2. 动态用水计划

动态用水计划是指应用计算机技术，对灌区水源、气象及田间需水信息进行及时地采集、贮存、处理，并采用系统工程优化技术及现代化的预测预报方法，及时作出河源来水预报、未来降雨预报及灌溉预报，进而编制出更加适合灌区各作物实际需水状况的短期（周或旬）的灌溉用水实施计划。而且一旦来水、用水信息发生变化，即可迅速作出相应的修正用水计划。这对科学指导灌区灌溉用水，提高灌溉增产效益及用水管理水平，使灌区用水逐步实行现代化的管理有重要的意义。

（1）灌区河源来水与灌溉用水的预测预报。以上所述的计划用水，都是在假设河源来水量和灌溉用水量等为已知的情况下编制用水计划的，称为确定型的用水计划。但在实际生产中，特别是在半干旱地区，由于河源来水和农业气象多变，且往往是随机变化的，因而在动态用水计划中需建立河源来水的随机预报模型及未来降雨的概率预报模型，或者采用时间系列分析，灰色理论或模糊数学等方法，及时对未来短期内的河源来水和降雨作出较为精确的预测预报，并结合采集的土壤、作物需水等信息，及时进行全灌区作物的需水预报、未来灌溉制度的模拟以及进行灌溉用水的预报。

（2）灌溉水量的优化调配。在河源来水和灌溉用水预报的基础上，根据作物水分生产函数，采用优化技术，对灌溉水量的时、空分配作出最优抉择，以寻求全灌区最大的灌溉增产效益。也可对灌区地面水、地下水及库水等多种水源进行联合调配，以寻求农田灌溉、城镇用水，工业或乡镇企业用水等多目标的最优调控，最大限度地发挥各种水源的经济效益，同时使全灌区的灌溉环境得以改善。对于供需矛盾突出的半干旱灌区做好有限水量的调配，充分发挥单位水量的经济效益显得更为迫切，更具有实用价值。

4.3 工程管理及养护

工程管理是农田水利管理运行的基础，其任务是对灌区的工程设施进行监测、维修养护、扩建、改建等，是工程处于最佳工作状态，确保工程正常运行，最大限度地发挥工程效益。工程管理的内容主要包括：工程的合理运用，建筑物的检查、观测、维修和养护，工程的加固和改造等。

4.3.1 水源工程的管理养护

灌区水源主要有地表水和地下水两种形式。地表水包括河川径流、湖泊以及在汇流过程中由水库、塘坝等拦蓄起来的当地地面径流。河川径流是指河流、湖泊的来水，而水源的集水面积主要在灌区以外，它的来水量大，不仅可作灌溉水源，而且也可满足发电、航运、供水等部门的用水要求。地下水可大致分为浅层地下水和深层地下水两类。浅层地下水包括潜水和承压水，主要补给来源是降水，还有河渠、坑塘等地表水渗漏补给和开采区以外的地下水侧向补给等。由于补给容易，埋藏较浅，便于开采，是灌区较好的水源。深层地下水是亿万年前地质构造作用下形成的，补给量很少，开采后不易恢复和补偿，应作为后备水源并需严格控制、限量开采。

此外，灌溉回归水（指引入灌区后未能利用又经地表或地下流回沟渠或河道的水量）和城市污水也可用于灌溉，这部分水必须符合灌溉水质标准，尤其是城市污水，需经过处理后才能用于灌溉。

渠首工程的管理养护是指保持工程完整状态和正常运用的日常维护工作，也包括一般的小修小补，它是经常、定期、有计划、有次序地进行的。维修则是指工程受到损坏或较大程度破坏时的修复工作，涉及面广、工作量较大。维修一般又分岁修、大修及抢修。养护与维修之间没有严格界限，工程的某些缺陷及轻微损害，如不及时维修，就会导致工程的严重破坏；反之，加强经常性的养护工作，能及时发现问题、及时处理，可以防止或减轻工程的破坏现象。水源工程的养护同土坝、混凝土坝、水闸等养护维修工作的一般要求和维修方法。

4.3.2 灌排渠道的管理养护

1. 灌溉渠系的组成及运行管理要求

（1）灌溉渠系的组成及渠道分级。灌溉渠系一般由取水枢纽（渠首工程）、灌溉渠道、渠系建筑物和田间工程4部分组成。渠道一般分为干、支、斗、农4级，干、支渠主要起输水作用，斗、农渠起配水作用。渠道级数的多少主要根据灌区面积大小和地形条件而定。灌区面积大，地形复杂时可增设总干渠、分干渠；灌区面积小，地形平坦或呈狭长形时，可只采用干、斗、农3级渠道，甚至干、农2级到田。农渠以下的毛渠、输水沟、灌水沟、畦等属田间工程，主要起灌水作用。渠系上的各种配套建筑物主要起分水、输水、量水、泄水等作用。

（2）灌溉渠系的检查。

1）经常性检查：经常性检查包括平时检查和汛期检查。

2) 临时性检查：临时性的检查主要包括在大雨中、台风后和地震后的检查，检查有无沉陷、裂缝、崩塌及渗漏。

3) 定期检查：定期检查包括汛前、汛后、封冻前、解冻后进行全面细致的检查，如发现弱点和问题，应及时采取措施，加以修复解决。

4) 对北方地区有冬灌任务的渠道，应注意冰凌冻害对渠道的损坏情况。

5) 渠道过水期间检查：渠道过水期间应检查观测各渠段流态，有无阻水、冲刷淤积和渗漏损害等现象，有无较大漂浮物冲击渠坡及风浪影响，渠顶超高是否足够等。

2. 灌溉渠道管理

渠道的管理是灌区工程管理的主要内容之一，是灌区的日常管理任务。渠道管理养护的主要内容包括防滑、防洪、防冲、防决和防冻等，渠道管理必须满足以下要求：①输水能力符合设计要求，渠道尺寸、内外边坡和底坡符合规格；②渠道渗漏损失较小；③渠道没有冲刷和坍塌变形现象；④渠道没有淤积和杂草丛生现象；⑤渠道有控制流量和调节水位的设施，能按需分配水量；⑥沿渠堤种植树木且生长良好。

渠道管理运用的一般要求如下：

(1) 经常清理渠道内的垃圾堆积物，清除杂草等，保证渠道正常行水。

(2) 禁止在渠道上垦殖、铲草及滥伐护渠林；禁止在保护范围内去土挖沙埋坟。

(3) 渠道两旁山坡上的截流沟或泄水沟要经常清理，防止淤塞，尽量减少山洪或客水进渠造成的渠堤漫溢决口、冲刷式淤积。

(4) 不得在排水沟内设障碍堵截影响排水。

(5) 禁止向渠道倾倒垃圾，废渣及其他腐烂物，以保持渠水清洁，防止污染环境，并应定期进行水质检验，如发现污染应及时报告有关部门并采取措施处理。

(6) 禁止在渠道毒鱼、炸鱼。

(7) 对有通航任务的渠道，机动船的行驶速度不应过大，不准使用尖头撑篙，渠道上不准抛锚。

(8) 对渠道局部冲刷破坏之处，要及时修复，必要时可采取砌石、土工编织袋等防冲措施。

(9) 未经管理部门批准，不得在渠道上修建建筑物和退泄污水、废水；不准私自抬高水位。

(10) 每年春、秋两季，应组织灌区受益群众定期对渠道进行清淤整修，渠底、边坡等应达到原设计断面高程。

(11) 不得在渠堤内外坡随意种植庄稼。

(12) 填方渠道外坡附近，不得任意打井、修塘、建筑。

(13) 渠道放水、停水，应逐渐增减，尽量避免猛增猛减。

3. 排水工程管理

排水工程管理是保证排水工程安全运行、促进农业增产、发挥排水工程效益的重要措施，也是改变地区自然面貌、维持生态平衡的重要措施。排水工程的管理工作是在灌区管理机构的统一领导下进行的，一般不另设专门的管理组织。

排水工程管理的任务一般包括：经常对工程进行检查维修，及时养护，保持工程设施完好无损，挖掘潜力，扩大工程效益；对工程进行合理运用，不断提高工程标准，延长工程使用年限；对主要建筑物的重要部位进行定期观测研究，掌握工程动态，确保工程安全。

排水工程管理养护的内容一般为：制定工程管理运用操作规程，执行工程控制运用计划，定期观测记录重要建筑物和险工险段的动态，及时进行研究分析，采取适当的对策。进行工程的管理养护，经常性养护是指经常进行的维修养护工作，发现问题及时解决；定期维修养护一般是在汛前和汛后集中必要的人力和物力进行的维修养护，检查工程运行情况，确保安全度汛。对于天灾人祸等工程重大险情，应及时紧急抢修。

4.3.3 涵闸的管理养护

1. 涵闸工程养护维修的基本要求

养护维修应本着"经常养护，随时维修，养重于修，修重于抢"的原则进行，经常养护需注意以下方面：

（1）涵闸出口如有冲刷或汽蚀损坏现象，应及时处理。

（2）尽量避免在明流、满流过度状态下运行，每次充水或放空过程中应缓慢进行，流量不可猛减，以免洞内产生超压、负压、水链等现象而引起损坏。

（3）洞内不使用的工作支洞和灌浆管道等应清理并堵塞严实，如有漏水现象，应立即停水处理。

（4）洞身如有坍塌、渗漏、应查明原因，进行处理。

（5）洞顶部或洞顶岩石厚度小于 3 倍洞径的隧洞顶部，禁止堆放重物或修建其他建筑物。

（6）渠道下的涵管应特别注意涵洞顶渠道的渗漏，防止涵管周围填料被淘刷流失，造成基础沉陷，建筑物悬空，或涵管崩裂。

（7）涵洞放水时，如发现涵洞振动，流水浑浊或其他异常现象时，应立即停止放水，查明原因后即作处理。

维修包括：

（1）经常性的养护维修。根据经常检查发现的缺陷和问题，进行日常的保护维修和局部修补，保持工程设施完整清洁。每年汛前或用水期前必须进行一次全面的养护维修。

（2）岁修。根据每年汛后或用水期后检查所发现的工程缺陷或问题，编制岁修计划，报上级主管部门批准后进行整修。岁修工程必须在汛前完成，以保证涵闸安全度汛。

（3）大修。当工程发生较大损坏，修复工作量大，技术复杂的，管理单位应报请上级主管部门，组织有关单位研究，制订专门的修复计划，经批准后进行。影响安全渡汛的工程必须在汛前完成。

（4）抢修。当工程发生事故，危及工程安全和正常运行时，应及时组织力量进行抢修。

2. 涵闸的维修方法

（1）土工建筑物的养护维修。如雨淋沟、浪窝、陷窝、渗漏、管涌、裂缝、滑坡、水流冲刷等，其维修方法可参照堤防维修的要求进行。

（2）砌石（砖）建筑物的养护维修。干砌块石护坡、护底应嵌结牢固、表面平整，有塌陷、隆起、错动等，应及时整修，如石块重量不足应更换；浆砌块石护坡表面应平整，如有塌陷、隆起，需重新翻修；勾缝脱落或开裂，应洗净后重新勾缝。浆砌块石岸墙、挡土墙发现倾覆或滑动时可采取降低墙后填土高度或加拉撑等办法处理。

（3）混凝土或钢筋混凝土建筑物的养护维修。混凝土或钢筋混凝土表面应保持清洁完好，苔藓、蛤贝等附着生物应定期清除。如果表面有脱壳、剥落、露筋和机械损坏时，可根据缺陷情况采用水泥砂浆、环氧砂浆、混凝土、喷浆等修补措施处理。如果露筋较多或钢筋锈蚀严重，则应进行强度核算，采取加固措施处理。对混凝土裂缝，如不影响结构强度的，可采用灌水泥浆、表面涂环氧砂浆等方法处理；对影响结构强度的应力裂缝和贯通缝，应采用凿开锚筋回填混凝土、钻孔锚筋灌浆等补强措施。对于表面的发丝裂缝，不影响结构强度，经过长期观测没有变化的，一般可不予处理。涵闸上、下游特别是底板、闸门槽和消力池内的砂石，应定期清理打捞，防止表面磨损。伸缩缝填料如有流失，应及时填充。止水片损坏时，应凿槽补设或采取其他措施修复。

4.3.4　渠系建筑物的管理养护

4.3.4.1　渠系建筑物的管理运用

1. 渠系建筑物完好和正常运用的基本标志

（1）过水能力符合设计要求，能准确地、迅速地控制运用。

（2）建筑物各部分经常保持完整，无损坏。

（3）挡土墙、护坡和护底均填实无空虚部位，且挡土墙后及护底板下无危险性渗流。

（4）闸门和启闭机械工作正常，闸门和闸槽无漏水现象。

（5）建筑物上游无冲刷淤积现象。

（6）建筑物上游壅高水位时不能超过设计水位。

2. 渠系建筑物管理中注意的几个问题

（1）各主要建筑物要备有一定的照明设备，行水期和防汛期均有专人管理，不分昼夜地轮流看守。

（2）对主要建筑物应建立检查制度及操作规程，随时进行观察，并认真加以记录，如发现问题，认真分析原因，及时研究处理并报主管机关。

（3）在配水枢纽的边墙、闸门上及大渡槽、大倒虹吸的入口处，必须标出最高水位，放水时不能超过最高水位。

（4）不能在建筑附近进行爆炸，200m 以内不准用炸药炸岩石，500m 以内不准在水内炸鱼。

（5）建筑物上不可堆放超过设计荷重的重物，各种车道距护坡边墙至少保持 2m 以上距离。

（6）为了保证行人和操作人员的安全，建筑物必要部分应加栏杆，重要桥梁设置允许荷重的标志。

（7）主要建筑物应有管理房，启闭机应有房（罩）等保护设施。

（8）不能在渠道增加和改建建筑物。

（9）建筑物附近根据管理需要划定管理范围，由当地县人民政府发给土地使用证书。

（10）不可在建筑物、专用通信、电力线路上架线或接线。

（11）渠道中放木行船，要加强管理，不能损害建筑物。

（12）与河、沟的交叉工程，应注意作好导流、护岸等工程，防止洪水淘刷基础。

3. 渠系建筑物的养护

渠系上主要建筑物有渡槽、倒虹吸、隧洞、涵洞、跌水（陡坡）、桥梁、各种闸及量水设备等。

（1）渡槽。渡槽为渠道跨越河、沟的交叉建筑物，在管理养护中应注意：

1）渡槽入口处设置最高水位标志，放水时绝不允许超过最高水位。

2）水流应均匀平稳，过水时不冲刷进口及出口部分，为此，出入口均需加强护砌，与渠道衔接处要经常检查，如发现沉陷、裂缝、漏水、弯曲等变形，应立即停水修理。

3）渡槽槽身漏水严重的应及时修补，钢筋混凝土渡槽放水后应立即排干，禁止在下游壅水或停水后在槽内积水，特别在冬季更要注意。

4）渡槽旁边无人行道设备时，应禁止在渡槽内穿行，必要时在上、下两端设置栏杆、盖板及照明设备等。

5）洪水期间，要防止柴草、树木、冰块等漂浮物壅塞，产生上淤下冲的现象或决口满溢事故。

6）渡槽的伸缩缝必须保持良好状态，缝内不能有杂物充填堵塞，如有损坏，要立即按设计修复。

7）跨越河沟时，要经常清理阻挡在支墩上的漂浮物，减轻支墩的外加荷重，同时要注意做好河岸及沟底护砌工程，防止洪水淘刷槽墩基础。

8）渡槽的中部，特别应注意支墩、梁和墙的工作状况，以及槽底和侧墙的渗水和漏水，如发现漏水严重时，应停水及时处理。

9）渡槽时湿时干最易干裂漏水，即使在非灌溉时期，除冬季停水外最好使槽内经常蓄水，防止漏水，秋季停水后，最好用煤焦油等防腐剂涂刷维修。

（2）倒虹吸管。

1）倒虹吸管上的保护设施，如有损坏或失效，应及时修复。

2）进出口应设立水尺，标出最大、最小的极限水位，经常观测水位流量变化，保证通过的流量、流速符合设计规定。

3）水流状态保持平稳，不冲刷淤塞，倒虹吸管两端必须设拦污栅，并要及时清理。

4）常检查与渠道衔接处有无不均匀沉陷、裂缝、漏水，管道是否变形，进出口护坡是否完整，如有异常现象，应立即停水修复。

5）倒虹吸管停水后，应关闭进出口闸门，防止杂物进入洞内或发生人身事故。

6）渠道及沉沙、排沙设施，应经常清理。暴雨季节防止山洪淤积洞身，倒虹吸管如有底孔排水设备，冬季放水后或管内淤积时，应立即开启闸阀，排水冲淤，保持管道畅通。

7）直径较大的裸露式倒虹吸管，在高温或低温季节要妥善保护，以防发生冻裂、冻胀破坏。

8) 倒虹吸管顶冒水，停水后在内部构缝填塞处理，严重者挖开填土彻底处理。

（3）跌水和陡坡。

1) 防止水流对建筑物本身及下游护坦的冲刷，防止跌坎的崩坍与陡坡的滑塌、鼓起及开裂等现象。

2) 冬季停水期和用水前对下游消力设施应详细检查，及时补修。

3) 冬季停水后应清除池内积水，防止冻裂。

4) 下游护坡与渠道连接处，如有沉陷、裂缝、应及时填土夯实，防止冲刷。

5) 利用跌水、陡坡进行水能利用时，应另修引水口，不可在跌水口上游任意设闸壅水。

6) 为了防止跌水、陡坡下游冲刷范围的扩大，可采用护坦后加长砌石办法，其砌护长度一般为原消力池护坦长度的 3～6 倍，以保证下游渠道的安全。

（4）桥梁。

1) 桥梁旁边应设置标志，标明其载重能力和行车速度，禁止超负荷的车辆通行。

2) 通车桥梁栏杆两端应埋设大块石料或埋混凝土桩，防止车辆撞坏栏杆。

3) 钢筋混凝土桥或砌石桥梁，应定期进行桥面养护或填土修路工作，要防止桥面裸露而被磨损坏。

4) 结构桥梁，应定期涂刷防腐剂，定期检查各部位构件损坏及维修更换等工作。

5) 桥梁前及桥孔的柴草、碎渣、冰块等应及时清除打捞，防止阻塞壅水。

6) 桥孔上下游护坡底应经常检查，如有淘空、掉块、砌石松动或构缝脱落等现象，应及时整修，使桥身完整，水流畅通。

（5）特设量水设备。

1) 经常检查水标尺的位置与高程，如有错位、变动，应及时修复。水标尺刻画不清晰的，要描画清楚，以便于准确的观测。

2) 经常注意检查量水设备上下游冲刷或淤积情况，如有淤积或冲刷，要及时处理，尽量恢复原来水流状态，以保持其精确度。

3) 定期检查边墙、翼墙、底板等部位有无淘空、冲刷、沉陷、错位等状况，发现后及时修复。

4) 有钢、木构件的量水设备，应注意各构件连接部位有无松动、扭曲、错位等情况，发现问题及时修理，并要定期涂料防腐防锈，以延长使用年限。

5) 配有观测井的量水设备，要定期清理观测井内杂物，并经常疏通观测井与渠道水的连通管道，使量水设备经常处于完好状态。

4.3.4.2 渠系建筑物维修

渠系建筑物常见的损坏现象主要有沉陷、裂缝、倾斜、渗漏、滑坡鼓胀、冲刷，磨损、基土流失沉陷及木结构腐蚀等。各种损坏现象发生原因及处理方法分述如下。

1. 沉陷

渠系建筑物运行过程中，如发生基础沉陷，轻则影响正常运行，重则破坏甚至倒塌，其沉陷的原因及处理方法一般是：

（1）地基承载能力较差，一般可采取加固地基的方法，如水泥灌浆，加固桩基等，以提高地基的承载能力。

（2）水流淘刷基础，土壤流失，先采取防冲刷、截渗、增加反滤层等措施，制止继续淘刷，再将淘刷部分夯实加固。

（3）地基如有隐患，应查明原因及情况，分别情况加以处理。

（4）黄土地基易于湿陷，应采取防渗措施，也可以在建筑物上游增设防渗墙以截断渗流，防止继续沉陷。已经沉陷的部位，应按原设计材料加高至原设计高程。

2. 裂缝

产生裂缝的原因归纳起来主要有以下几种。

（1）温度裂缝。如渡槽立柱、多孔闸的闸墩、大坝坝体、管道、桥梁的混凝土栏杆等裂缝。应根据当地具体情况，按照温差的大小，用覆盖物调整温差，或增加伸缩缝等办法处理。

（2）沉陷裂缝。如果地基发生不均匀沉陷，引起建筑物整体或局部裂缝，首先对地基沉陷进行处理，然后用沥青或环氧树脂等材料对裂缝进行封闭处理。发现沉陷裂缝后，必须严加观测，研究掌握变化情况，如地基沉陷已稳定，不影响建筑物安全时，可对裂缝只作封闭处理。

（3）超负荷裂缝。常出现在桥梁板和挡土墙面等处，应采取加固措施，并严禁超负荷。

（4）冻胀裂缝。冻胀引起建筑物裂缝，大部分是混凝土板衬砌工程，板下土壤冻胀向上顶起，致使板面裂缝，处理方法详见本章。

3. 倾斜

倾斜主要是由于地基受到冲刷出现了不均匀沉陷，侧压力过大或受力不平衡等原因引起的，不论局部或整体倾斜，均会妨碍建筑物正常运行和安全。因此，必须加强观测，掌握发展动态，采取地基灌浆、增打桩基、加梁支撑、加固及整修断面以及开挖周围土基、重新回填等方法处理。

4. 渗漏

（1）裂缝渗水。对于气温变化而引起胀缩或因地基下沉而尚未稳定的渗水裂缝，一般用塑性材料处理，以适应继续变化的要求。一般常用的塑性材料有沥青、橡胶等材料。其修补方法是将裂缝凿开，清洗，而后用橡胶或沥青麻布填塞，对已经稳定下来不再受温度变化影响的渗水裂缝，可将修补部位凿毛、湿润处理，然后将拌和好的砂浆抹到裂缝部位，压实养护，或用喷浆防渗。水玻璃是一种较好的防水剂和速凝剂，如与水泥拌和使用，可以很快地堵塞漏水。

（2）建筑物止水漏水。如闸门止水橡胶、伸缩缝内填料、止水橡皮及止水铜片的损坏等，要及时修理更换。

（3）建筑物施工质量差而漏水。如砖石砌体灰浆未填实，构缝不密实，混凝土制品未捣固，管道接头封闭不严等发生漏水。一般处理办法是用水泥砂浆抹面、喷浆、涂抹沥青和用沥青油麻、石棉水泥等填塞，建筑物破坏严重的，则应大修或改建。

（4）建筑物基础渗漏。其主要原因是上游水头过大，防渗设备破坏或没有防渗设施或基础地质松散、破碎、透水性较强等。处理办法是：降低上游水位；修复或增加防渗设施，如在上游铺黏土覆盖，修建截水墙，防渗板桩，进行帷幕灌浆等，以减少或截堵渗漏量。较大建筑物在基础上游加强反滤设施以降低渗透压力，防止基础土粒的流失。

5. 冲刷与磨损

建筑物投入运行后，常在上下游发生不同程度的冲刷，特别是渠系建筑物下游底及护坡，护岸工程坝头和坝脚等。在高速水流部分多发生冲刷磨损。

（1）建筑物出口与土渠相接的地方冲刷，其主要原因是水流断面、流态变化、流速加大，消能不够等。冲刷严重的可采取边坡、渠底加糙，加深齿墙延长护砌段，加大或增设效能设施等办法处理。对流速不大，塌岸严重地段，可采取打桩编柳等生物措施，也可用土工编织袋装土或块石护砌防冲。

（2）跌水、陡坡下游冲击，主要原因是跌口单宽流量过大，消力池长度、深度不够或型式不良，渐变段太短，连接不顺直等。解决办法是：对下游冲刷段进行砌石护砌；加长、加深消力池，对消力设施进行改善；结合渠道防渗，对下游渠道护砌。

（3）高速水流对建筑磨损。陡坡、跌水的陡坡段，拦河坝的坝面、泄水闸、冲砂闸的闸底等部位，由于长期受高速水流冲刷，常发生严重的磨损。可用高强度水泥砂浆填实磨平，或喷浆修平。抗磨能力较高的部位，可用环氧树脂等耐磨材料涂抹。

4.4　灌排泵站运行管理

4.4.1　水泵的运行

水泵运行的要求是安全可靠、高效、低耗。为实现这一目标，水泵站的运行管理人员应做到如下要求：严格遵守安全操作规程和各项管理制度；熟悉机电设备的构造与性能特点；熟悉掌握水泵的运行操作方法和维护技术，能正确操作，及时排除水泵的一般故障。

1. 水泵运行前的检查

水泵启动前应进行必要的检查，确保水泵能安全、高效运行。检查的主要内容是：

（1）机组是否固定牢固，底板螺丝、联轴器螺丝等是否有松动，如有松动、脱落，应将其拧紧。

（2）机组的转动部分转动是否灵活，有无碰撞、摩擦的声音，旋转方向是否正确。

（3）填料函压紧程度是否合适，水封管是否畅通。

（4）轴承中的油量、油质是否符合要求。

（5）离心泵的进水管和泵壳内是否已充满水，底阀能否顺利打开，吸水管是否有堵塞。

（6）轴流泵、深井泵开机前是否已加水预润橡胶轴承。

（7）机组周围是否存有影响机组运行的物件，是否做好安全防护工作。

2. 水泵的运行

（1）水泵开机。离心泵充水后应将抽气孔或灌水装置的阀门关闭，立即启动动力机。待达到额定转速后，旋开真空表和压力表，观察其读数有无异常。如无异常现象，可慢慢打开出水管上的闸阀，水泵机组投入运行。

轴流泵的启动比较简单,直接启动电动机,水泵即投入运行。

(2)水泵的运行。水泵投入运行后应做好监视维护工作,通常经常性的检查可以发现水泵机组可能产生的故障,并及时加以排除,避免发展为更严重的故障,甚至造成事故。水泵运行应重点注意的问题有以下几项:

1)注意监视水泵运行是否平稳,声音是否正常,如有不正常的声音和振动,应查明产生的原因,并及时处理。

2)检查水泵填料函滴水情况是否符合规定,如不符合要求应调整压盖松紧。

3)注意轴承的温度不能过高,一般要求滑动轴承不超过70℃,滚动轴承不得超过95℃。温度过高,会使润滑油分解,润滑失败,造成轴承温升更高,严重情况会造成泵轴咬死,甚至发生断轴事故。

4)监视真空表与压力表的读数,注意读数有无异常。如仪表读数异常,指针突然剧烈摆动,应检查原因,尽快设法处理。

5)监视进水池水位、水流情况,注意吸水管口的淹没深度,进水池中有无漩涡,有无泥沙淤积,有无杂物等。

6)寒冷地区冬季运行时,应注意防冻,避免水泵、管道及管件冻坏。

7)运行管理人员应按时记录设备运行情况,把出水量、压力表、真空表、电流表、电压表等技术参数准确记录下来。对机组的异常情况,应增加记录内容,以便于分析原因,及时排除。

(3)水泵的停机。水泵停机应按照正确的方法,采取正确的停机步骤,否则,也会出现问题。水泵类型不同,停机的方法与步骤也不同。

1)离心泵在停机时,应先将真空表、压力表关闭,再慢慢关闭出水闸阀。等闸阀关闭到接近死点位置,切断电源,使电动机轻载停机。

2)轴流泵停机时,可直接切断电源,使电动机停机,然后关闭轴承润滑与冷却水阀门。

3)深井泵停机后不能马上再次启动,以防产生水流冲击,应稍等5~8min以后再启动。长时间停止运行的深井泵,最好每隔几天运行一次,以防零部件锈死。

4)水泵停机后,管理人员应对水泵等设备进行保养,冬季停机后应及时放空水泵和管道中的积水,对运行中存在的问题安排维修处理。长时间不运行的机组最好用机罩将其保护起来,避免大量灰尘落满机体并进入机组的油孔、轴承等处。

4.4.2 水泵的故障与检修

水泵运行中难免出现这样或那样的故障,如果不及时排除,必然影响水泵的运行,甚至导致运行事故。故障是水泵机组运行中出现的影响正常抽水的异常现象,事故是造成设备的严重损坏或人员伤亡的严重后果,故障不及时排除有可能成为事故。

1. 排除水泵故障应注意的事项

(1)详细了解故障发生时的情况,并进行系统地检查,以便分析、判断故障的成因。

(2)水泵发生一般故障时,尽可能不要马上停机,以便在运行中观察故障情况,正确分析故障成因。

（3）先不要急于拆卸水泵，应先用听声音、听振动、看仪表等外部检查方法来判断，弄清故障的成因、位置，然后决定是否需要拆卸水泵进行检修或修理。

（4）由于水泵产生故障的原因较多，情况比较复杂，涉及的范围较广，所以应针对具体情况做具体分析，先检查经常发生与容易判断的故障，再检查比较复杂的故障。

（5）进行不停机检查时，一定要注意安全，只准进行外部检查，且不能触及旋转部件。

（6）出现突发严重故障时，应立即关机，防止事态扩大，并应采取相应的措施，保证人身安全与设备安全，避免事故发生。

2. 水泵的检修

做好水泵的保养与检修，可以排除水泵的隐患事故，恢复其正确工作性能，保证水泵正常运行，延长设备的使用寿命。

水泵的维护保养就是要求运行人员严格按照运行操作规定工作，经常对设备进行检查，及时发现故障隐患，并进行排除。水泵的检修一般指定期检修，是在水泵运行一段时间后，根据经常性维护保养情况，对水泵各部分进行详细的检查。

（1）水泵的小修项目。水泵运行一定的小时（累计运行 1000h 左右）后，如仍能正常运转，不需将水泵全部解体，只要求进行以下小修项目：

1）检查并紧固各部分的连接螺丝。

2）清洗、检修油槽、油杯与轴承，更换润滑油。

3）更换填料函中已磨损、硬化的填料。

4）检查、调整联轴器的同心度。

5）检修、调整水泵部件的间隙。

6）检修、修理运行中发生的各种缺陷，更换有问题的零件。

7）检查橡胶轴承的磨损情况，如有必要应换用新的。

（2）水泵的大修项目。水泵的大修一般在累计运行 2000h 以上后进行。水泵的大修是在水泵全部解体之后，对水泵进行全面的检查与缺陷处理工作。水泵大修的内容如下：

1）水泵维修保养、小修项目的内容。

2）拆卸所有的零件，并进行全面的清洗工作。

3）仔细检查水泵的所有零件。

4）更换所有的缺陷和损坏的零件。

5）测量并调整水泵部件的间隙和机组的同心度。

（3）检修工作应注意的问题。

1）水泵的检修应按规定进行。

2）水泵的拆卸与装配应按拆装顺序进行，容易混淆的要有标志，以防装错。

3）拆卸下的较大零件应放在垫板上，以防损坏；小零件应放在准备好的容器中，以免丢失。

4）拆卸过程中，要合理使用工具，禁止用锤头直接敲击部件，应垫上木块。

5）拆卸轴承、叶轮、联轴器等时，要用专用工具，不要随意敲打。

6）螺栓锈死时，应先浇上煤油，待渗入螺栓后再拧松。不应用其他工具随意敲打，损坏螺丝帽，只有无法拆卸时方可损坏螺丝帽。

7）拆下来的螺丝帽应与螺栓串在一起保存，以防弄混或丢失。螺丝帽与螺栓应用煤油清洗干净，等待安装时使用。

8）轴、轴承、叶轮等零件的检修工作，难度较大、工艺要求较高，最好交送专业修理工厂检修。

9）检修工作一定要注意安全，特别是起吊、转运时，要检查仔细，确保不发生事故。

4.4.3　水泵站的管理

水泵站管理的目的是既要确保人员、设备的安全，又要保证机组安全运行，还要降低运行成本。水泵站的管理内容包括许多，诸如组织管理、机电管理、用水管理、财务管理、工程管理等，所以要搞好水泵站的管理工作必须建立健全科学合理的规章制度。

1. 岗位职责

由于水泵站的性质、规模不同，所以管理人员的组成也不同。一般的水泵站应设站长、技术员、运行班长与值班员 4 个职位，他们的职责有所区别。管理人员应各负其责，并相互协调工作。

2. 泵站的管理制度

建立和健全泵站管理制度是充分发挥泵站作用，提高生产效率的重要环节，制定科学合理的泵站管理制度，要做好调查研究，要从实际出发，它必须结合泵站设备的具体情况和运行规律，制定必要的安全操作规程、交接班制度等。

（1）运行维修制度。包括开停机制度、值班巡视制度和检查修理制度等。开停机制度主要包括机组的开机程序，停机程序与临时停机程序，以及有关的要求和规定等；值班巡视制度主要包括机组运行后，值班人员应尽的职责与必须遵守的规章制度等；检查修理制度主要包括对机组进行维修及全面检查时应遵循的原则和规定。

（2）交接班制度。此制度主要为了加强工作人员的纪律性、组织性，增强他们的工作责任心。交接班制度主要内容包括交接班时间、交接班时工作转接、对接班人员的要求、对交接人员的要求以及责任划分等。

（3）安全生产制度。安全生产制度是保证安全生产的前提条件，泵站所有工作人员都应自觉严格遵守。安全生产制度的内容主要有以下几方面：带电、转动部分的防护；非管理人员不允许进入泵房；高压电气设备的安全操作与劳动保护；开关设备的正确操作顺序；值班人员的健康状况与精神状态。

4.4.4　进出水建筑物运行维护

建筑物在长期使用过程中经常受到自然和人为因素的影响，遭受不同程度的损坏。如不及时养护维修，就会直接影响供排水的可靠性，缩短建筑物的使用寿命；工程设施控制运用的合理与否对发挥工程的效益也有很大的影响。

泵站管理人员要熟悉土建施工详图，了解土建施工、机电设备安装、泵房及其他建筑物结构、各种预埋件等，以利于今后的管理工作。泵站工程竣工时，要严格执行验收交接手续，把所有勘测设计和施工资料接收下来，归档保管。然后根据这些原始资料，水工建筑物的具体情况和现行有关规程、规范，制定工程管理制度和方法。

泵站枢纽一般由进水建筑物、出水建筑物和泵房 3 部分组成。

1. 进水建筑物

进水建筑物与引渠相连接，它把来水均匀地扩散，使水流平顺而均匀地进入水泵或水泵的吸水管路。前池的池底一般在最低水位以下 1～2m，由反滤段和护底段组成，两侧与护坡相连接。池内常布置拦污栅，以防止水草杂物进入泵内。池旁装有水尺，供观测水位用。对进水建筑物的管理要注意以下几点：

（1）检查护坡工程有无冲刷损坏现象。发现问题应及时修复，以免发生蹋坡。

（2）检查护底工程的反滤排水是否畅通，有无流土、管涌现象。如有，要及时降低上游水位，查明原因，进行修复，以免淘空泵房底板下基础，引起重大事故。

（3）在供排水期间。严禁在池内游泳，以免发生危险。

（4）不准在池内捕鱼炸鱼，不准扒石或抛投杂物。

（5）泵站运行时要及时清除拦污栅前的水草杂物，否则，一方面会增加水流过拦污栅的水头损失，降低进水池的效率；另一方面又会使进水池内的流速分布不均匀，影响水泵的性能，降低水泵运行的效率。

（6）每年供排水结束后，应清除池底淤泥、杂物，保持进水池处于清洁完好状态。

2. 出水建筑物

出水建筑物与泵房或管道相连接。它由墙身、护底几部分组成。池壁装有水尺，用以观测水位。

（1）对墙身和底板分开砌筑的出水池，往往由于不均匀沉陷出现裂缝，造成漏水，如漏水严重，可能引起地下水位过高，危及泵房的稳定。因此，要经常注意观察有无裂缝，一经发现要及时修补。

（2）当出水池与泵房合建时，靠近泵房一侧往往因回填土过厚，引起不均匀沉陷，致使出水池底板产生裂缝，两侧墙身断裂。因此，要经常在意观察，如有裂缝，要将其凿开，用水泥砂浆填塞，必要时进行灌浆处理。

（3）当用拍门断流时，要加强拍门的检查与维护，对转轴处要经常加润滑油。否则会造成拍门不能全部打开或不能顺利关闭，给泵站运行造成事故。

（4）出水池墙身禁止堆放重物；池底禁止撞击。

（5）出水池内禁止洗衣、游泳和抛投杂物。

3. 泵房

泵房由电机层、水泵层、进水层及四周壁墙等组成。对泵房的管理要求是：

（1）及时修理漏雨屋顶。

（2）泵房内应保持清洁，防止灰尘进入机器。室外排水要畅通，以免雨水进入泵房，影响机组的安全运行。

（3）要经常检查泵房的墙身、中墩、板、梁、柱以及相互之间的连接处，如有裂缝应查明原因，及时处理。

（4）做好地基沉陷观测工作。若沉陷不均匀，会破坏机组的同心，危及机组的安全运行，一旦发现，应及早处理。

第2篇
农村饮水安全工程建设与管理

第1章　农村饮水安全规划设计

1.1　农村饮水安全规划设计程序

农村供水工程规划是在相关水利规划和乡镇总体规划的基础上，按照确定的对象和供水范围，根据当地的水源、资金、技术等条件和经济社会发展的需要，对农村居住区生活用水和工业用水等作出一定时期内建设与管理的计划安排。农村供水规划分为宏观的区域规划和具体的供水工程规划两个层次。

区域规划包括省级（省、自治区、直辖市和计划单列市）和县级（县级区、市）规划。省级规划以全国规划为指导，由省级水行政主管部门在汇总县级规划的基础上制订。县级水行政部门负责农村供水工程规划、建设和管理工作，因此，县级农村供水规划是我国农村供水工程建设与管理的基础，其质量直接影响工程建设的成效。区域规划的主要内容包括：阐述农村供水的现状，解决农村供水问题的必要性、规划的指导思想、基本原则和目标任务、总体布局与分区规划、工程管理与水源保护、投资估算与资金筹措、经济和环境影响评价、实施规划的保障措施等。

工程规划是针对具体工程的农村供水规划，主要内容包括需水量预测，确定供水规模，水源选择，确定供水工艺流程和水厂平面布置以及输配水管网系统规划等，要根据水资源的综合利用，地方经济的发展水平、资金状况、工程效益等对工程建设分批作出安排。在可行性研究中，对现状的调查要深入、系统、全面，对当地的经济发展水平、人口增长、用水标准的预测，要求准确，并做好水质分析，合理确定工程规模、建设标准、取水方式、结构型式等。要进行技术经济比较，从而作出合理的规划方案。

1.1.1　规划设计基础资料

建设农村供水工程时，首要任务是确定供水范围和选择水源。为做好这项工作，满足设计上的要求，必须收集地形、气象、水文、水文地质、工程地质等方面的基础资料，并进行综合分析。所需要的资料包括以下方面。

（1）1∶5000～1∶25000地形图。根据地形、地貌、地面标高，考虑取水点、水厂及输配水管的铺设等绘制规划用图。

（2）气象资料。根据年降水量和年最大降雨量判断地表水源的补给来源是否可靠和充足，洪水时取水口、泵站等有无必要采取防洪措施；根据年平均气温、月平均气温、全年最低气温、最大冻土深度等考虑处理构筑物的防冻措施和输配水管道的埋设深度。

（3）水文资料。了解水源的分布、补给、流量及其变化情况，确定取水口的位置和取水构筑物的型式，包括地下水水文资料和地表水水文资料。

（4）水源、水质分析资料。包括感官性状、化学、毒理学、细菌等指标的分析结果，以确定净化工艺和估算制水成本。

（5）水资料的综合利用情况。包括渔业、航运、灌溉等，以便考虑这些因素对水厂的供水量、取水口位置及取水构筑物的影响。

（6）经济社会资料。包括规划区县（市）的地理位置、面积、所辖乡（镇）、村（街道委员会）的数量、总人口、农村人口，以及农村饮水不安全人口数量、成因、分布，项目所在地区农村劳动力、农业生产、基础设施建设，财政收入、农民收入、经济社会发展状况等。

（7）国家、行业和地方的有关法律法规和各类技术规范、规程与标准。

1.1.2　规划设计依据与相关标准

农村供水工程规划设计的主要依据与相关标准如下：

（1）《镇规划标准》（GB 50188）。

（2）《城市给水工程规划规范》（GB 50282）。

（3）《生活饮用水卫生标准》（CJ 5749）。

（4）《农村生活饮用水量卫生标准》（GB 11730）。

（5）《地下水质量标准》（GB/T 14848）。

（6）《生活饮用水水源水质标准》（GB 3020）。

（7）《村镇供水工程技术规范》（SL 310）。

（8）《地表水环境质量规范》（GB 3838）。

（9）《给排水工程结构设计规范》（GB 50069）。

（10）《室外给水设计规范》（GB 50013）。

（11）《镇（乡）村给水工程技术规程》（CJJ 123）。

（12）《国民经济和社会发展"十一五规划"》《关于开展全国水利发展"十一五"规划编制工作的通知》、水利部《全国水利发展"十一五"规划编制工作指导意见》等。

（13）《规划设计委托书》和《合同书》。

1.1.3　规划设计指导思想与原则

1.1.3.1　指导思想

坚持以人为本，全面、协调、可持续的科学发展观，充分认识到解决农村饮水安全问题的艰巨性、复杂性和紧迫性，适应全面建设小康社会和建设社会主义新农村的总体要求，把解决农村饮水安全问题摆到优先位置，加快农村饮水安全工程建设步伐，深化农村供水管理体制改革，强化水源保护、水质监测和社会化服务，建立健全的农村饮水安全保障体系，统筹城乡规划，集中规模发展，完善建管机制，锐意科技创新，加快解决农村饮水安全步伐，使农村社会可持续发展。

1.1.3.2　规划设计一般原则

为了满足农村居民生活与生产活动过程中对水量、水质、取水方便程度和供水保证率4个方面的需求，农村供水工程规划应符合国家的建设方针和政策，在村镇总体规划的基础上，提出技术先进、经济合理、安全可靠的方案，合理利用当地水资源，保证水源水量可靠、水质达标，确保饮水工程长期稳定地发挥效益。

1.1.4　规划步骤和方法

农村饮水工程规划同其他工程项目规划一样，必须按照一定的工作流程进行，包括规划编制流程和规划审批流程两个阶段。

1.1.4.1　农村供水工程规划基本程序

（1）根据当地农村供水现状、水源、自然地理条件、居住状况、管理水平、发展规划需求、工程建设资金等情况，确定供水工程建设的类型和供水方案。

（2）收集、整理、分析当地多年的水文、地形、地质、气象、水源水质等资料，为初步选择和确定供水工程的可利用水源提供依据，并经现场调查进一步证实水源的水量、水质情况和确定取水方案。

（3）根据当地的发展规划，合理确定供水工程的设计年限。

（4）确定供水人口、用水量组成和各类用水量的取值标准。

（5）计算供水工程的供水规模和合理确定供水工程的制水规模。

（6）合理选择水源，并确定供水工程取水位置和取水方式。

（7）选择适宜的水质处理方法和净水构筑物或净水设备及消毒方式。

（8）根据地形资料和实地测量成果，布置输水管道和配水管网，并通过水力计算确定管径、水泵扬程、调节构筑物的设置。

（9）进行工程总平面布置、水厂的平面布置和高程布置。

（10）对有两个以上供水方案和净水工艺方案可供选择时，应论证各个方案的优缺点，估算工程造价及年经营费，通过技术经济比较，选定规划方案。

农村供水工程规划原则上以市（县）为单元，由具有相应资质的规划设计单位编制，并将项目任务落实到项目县并规划到村。

工程规划编制单位的考核与资质管理直接关系到工程规划编制的水平和质量，关系到工程规划、建设、管理工作的互相促进和良性循环，它也是工程规划编制管理工作的一个重要组成部分。农村供水工程所在地供水主管部门应根据不同性质和内容，采取委托或者招标等方式，由具有相应编制资质单位或者经水行政主管部门认可的单位承担农村供水工程规划编制工作。

1.1.4.2　规划的审批管理

农村供水工程规划审批管理包括：明确负责规划审批的机构；规定规划审批的程序和内容。具体为：①根据规划人口，以县为单位编制本县（市、区）农村供水工程实施规划，由市级主管部门审查、核定，由县（市、区）人民政府批准后，报省级备案；②依据经批准的规划，各县（市、区）委托有资质单位编制年度可行性研究报告，市发改委、水利局审核后联文上报。各县上级主管部门或具有相应资质的中介机构审查，形成审查意见后，由省发改委水利厅批复项目立项。

各级水行政主管部门组织编制的规划，应当报本级人民政府或者其授权的部门批准，并报上级水行政主管部门核备。涉及流域、区域规划及市际、县际水利关系的，需要事先征得有管辖权的水行政主管部门同意，必要时由上级水行政主管部门提出技术审查意见。

1.1.4.3　规划的实施及监督

农村饮水安全项目实施应参照基本建设程序进行建设和管理。农村供水工程规划一经批准立项，工程建设管理部门应及时做好建设资金和工程建设进度的安排；组织开展好农村供水工程的施工图设计、工程施工和物资设备采购的招（投）标工作、施工监理工作；对批准的规划任务及对策措施进行分解落实，推动规划实施；安排好工程建设的督导检查与监控、竣工工程的验收和运行管理工作。

各级水行政主管部门应当对批准的规划任务进行分解落实，推动规划实施，并适时对规划实施情况及适应性等进行评估，供规划修订时参考，并加强规划实施过程的跟踪、管理和监督检查。对于违反农村供水工程规划的项目建设和工程规划实施的行为，各级项目主管部门或者委托的管理机构应当依据有关法律、法规予以制止和处置。

1.1.5　建设和设计程序

1.1.5.1　建设程序

建设程序包括项目建议书、可行性研究、编制设计文件、施工准备、组织施工、竣工验收、投产使用等内容。

1.1.5.2　设计阶段

设计所需的文件包括立项批准文件、水资源论证报告、水源水质卫生评价报告、取水许可证、工程地质勘察报告、土地使用许可证、供电协议、环境影响评价报告（表）、配套资金承诺书、村民意见书。

设计工作一般可分为项目建议书、可行性研究、初步设计和施工图设计等 4 个阶段。

1. 项目建议书

项目建议书是由国家发改委、水利部等主管部门或本地区有关部门提出的对投资项目需要进行可行性研究的建议性文件，是对投资建设项目的轮廓性设想。

2. 可行性研究

可行性研究是在项目投资决策之前，调查、研究与拟建项目有关的自然、社会、经济、技术资料，分析比较可能的投资决策建设方案，预测评价项目建成后的社会经济效益，并在此基础上综合论证项目投资建设的必要性、财务上的盈利性、经济上的合理性、技术上的先进性以及建设条件上的可能性和可行性，为投资决策提供科学依据。

3. 初步设计

初步设计文件应根据批准的可行性研究报告和可靠的设计基础资料进行编制。初步设计文件包括设计说明书、工程概算书、主要材料设备表和设计图纸。

4. 施工图设计

施工图设计文件应根据批准的初步设计和主要设备订货情况进行编制。施工图设计的深度应能满足施工安装要求和设备材料采购、非标准设备制作等需要。施工图设计文件应包括设计说明书、施工图纸和施工图预算。

1.2 供水水源及取水建筑物

1.2.1 水源的分类及其特点

地球上的水可以简单分为陆地水和海洋水,本书所指的水源特指陆地水,而这些作为饮用水水源的陆地水亦可分为两大类:地表水源和地下水源。

1.2.1.1 地表水源

地表水是指存在于地壳表面,暴露于大气中的水,是河流、冰川、湖泊、沼泽 4 种水体的总称。地表水源一般具有径流量大,矿化度、硬度和铁、锰含量较低的优点。地表水易受污染,水质水量季节性变化显著,给卫生防护及其他技术措施的实施采用带来一定的复杂性。

1.2.1.2 地下水源

地下水是贮存于包气带以下地层空隙,包括岩石孔隙、裂隙和溶洞之中的水。地下水源具有水质澄清、水量稳定、分布面广等优点。矿化度、硬度及其他一些物质浓度较高。地下水按矿化度分类见表 2.1.1。

表 2.1.1　　　　　　　　　　　　　地下水按矿化度分类表

地下水类型	总矿化度/(g/L)	地下水类型	总矿化度/(g/L)
淡水	<1	盐水	10~50
微咸水	1~3	卤水	>50
咸水	3~10		

1.2.2 地表水取水构筑物

所谓取水构筑物,是农村自来水厂为了获得符合国家水源水质标准的原水而设置的各种构筑物的总称。一般有地下水取水构筑物和地表水取水构筑物两类。地表水取水构筑物有山区浅水河流式、湖泊水库水取水构筑物及雨水收集器;地下水取水构筑物有管井、大口井、渗渠、辐射井及引泉设施等。

1.2.2.1 江河水、湖库水取水构筑物

按水源分,有河流、湖泊、水库等取水构筑物;按取水头部在河流中的位置,可分为岸边式与河床式;按取水头部与河床的相对关系,则又可分为固定式与移动式。

1. 固定式取水构筑物

位置固定不变,安全可靠,应用较为广泛。由于水源的水位变化幅度、岸边的地形地质和冰冻、航运等因素,可有多种布置方式。

(1)河床式取水构筑物。利用伸入江河中心的进水管和固定在河床上的取水头部进行取水的构筑物,称为河床式取水构筑物。由取水头部、进水管、集水间和泵房等部分组成。

在河床较稳定、河岸平坦、主流远离取水岸、岸边水深不能满足取水要求或岸边水质

较差的情况下，往往采用河床式取水构筑物。

（2）岸边式取水构筑物。直接从江河岸边取水的构筑物称为岸边式取水构筑物，由进水间和水泵房两部分组成。一般适用于岸坡较陡、河岸地质条件良好、主流靠近岸边、有足够水深的河段。

（3）斗槽式取水构筑物。对河水含沙量大或冬季冰凌严重的河流，而取水量又较大时，为了克服泥沙和潜冰可采用斗槽式取水构筑物。它由岸边取水构筑物和斗槽组成，其前部以围堤筑成一个斗槽，粗砂将在斗槽内沉淀，冰凌则在槽内上浮。中国西北地区有多处斗槽式取水构筑物。

2. 移动式取水构筑物

移动式取水构筑物在我国西南、中南地区以及大、小河流的中、上游采用较多。适用于水位流量变化大的河流。构筑物可随水位升降，具有投资较省、施工简单等优点，其缺点有：①操作管理较固定式烦琐，需要经常更换接头和移动位置；②取水安全性也较差，易受洪水、风浪的威胁和航运及漂浮物的影响。其特点和适用范围见表2.1.2。

表 2.1.2　　　　　　　　移动式取水构筑物的特点和适用条件

类型	特　点	适　用　条　件
浮船式	（1）在河流水文和河床易变化时有较强的适应性。 （2）工程用料少，投资小、无复杂的水下工程，施工简便。 （3）船体结构简单，便于移动。 （4）船体随水位涨落，上层水含沙量小。 （5）船体维修养护频繁，供水安全性差	（1）水位变幅在 8～35m，涨落速度不大于2m/h，枯水期水深大于 1.5m，水流平稳、风浪较小，停泊条件良好的河段。 （2）冬季冰水封层的河段。 （3）河床稳定，岸坡坡度在 20°～30°的河段。 （4）河水中杂草等漂浮物较少的河段
缆车式	（1）施工简单，水下工程量小。 （2）比浮船稳定，能适应较大风浪。 （3）泵车可随河水位变化做上、下移动。 （4）泵车内面积和空间小，操作条件差。 （5）泵车移动困难，水位涨落后需要更换接头，供水安全性较差	（1）水位变幅在 10～35m，涨落速度不大于 2m/h 的河段。 （2）河水丰富，冬季无流冰，夏季漂浮物较少的河段。 （3）河床稳定，河道顺直，主流靠岸的河段。 （4）岸边稳定，岸坡坡度在 10°～30°，河岸河床工程地质条件好的河段

1.2.2.2　山溪水、泉水取水构筑物

在我国南方广东省等地区，山溪水、山泉水凭借其水质优良无污染、可以利用重力自流引水的优点，成为广泛采用的一种水源形式。

山溪水：主要采用挡水陂进行取水。用挡水陂拦在山溪中，雍高水位，减缓流速使水中泥沙等杂质下沉，距地面一定高度处设置输水管，将陂前水引至陂后的过滤池。

山泉水：山泉水的取水构筑物一般采用泉水箱的形式，即在泉水渗出处设置透水系数较大的砂砾层，水流经砂砾层后，经过块石墙体进入泉水箱，再由出水管引出。

1.2.2.3　雨水集蓄利用

1. 集雨灌溉系统的概念及其组成

集雨灌溉系统是对降雨进行收集、汇流、存储和灌溉利用设施的总称。一般由集雨设施、输水设施、蓄水设施和灌溉设施组成。

（1）集雨设施。集雨设施主要是指收集雨水的集雨场。集雨场分为天然集雨场和人工集雨场，在规划设计时应优先考虑将具有一定产流面积的地方作为天然集雨场，没有天然条件的地方，则考虑人工修建集雨场。

（2）输水设施。输水设施是指输水沟（渠）和截流沟。其作用是将集雨场上的来水汇集起来，引入沉沙池，而后流入蓄水系统。

（3）蓄水设施。蓄水设施包括储水体及其附属设施，其作用是存储雨水。

储水体：我国西北、华北黄土高原一带，主要是修建水窖（水窑）和蓄水池。

主要附属设施包括：

1）沉沙池：其作用是沉降进窖（窑）水流中的泥沙含量。

2）拦污栅与进水暗管（渠）：拦污栅的作用是拦截水流中的杂物，如树叶、杂草等飘浮物和砖石块等，设在沉沙池的进口。进水暗管（渠）的作用是将沉沙池与窖体（或蓄水池）连通，使沉淀后的水流顺利流入窖（池）中，其过水断面应根据最大进流量来确定。

3）消力设施：为了减轻进窖（窑）水流对窖底的冲刷，要在进水暗管（渠）的下方窖（窑）底上设置消力设施。

4）窖口井台：其作用是保证取水口不致坍塌损坏，同时防止污物进窖。

（4）灌溉设施。灌溉设施包括首部提水设备、输水管道和田间的灌水器等节水灌溉设备，是实现雨水高效利用的最终措施。

2. 储水设施的类型

水窖是一种建在地下的埋藏式蓄水工程，与一般开敞式蓄水池相比具有以下优点：①容易保持良好的水质；②防止蒸发，减少水量损失；③一般比修建蓄水池要经济；④冬季窖内存水时不会结冰。

水窖按其基本形状的不同可分为瓶式窖、坛式窖、井式窖、盖碗窖、球形窖和窑窖等；按采用的防渗材料不同又可分为胶泥窖、砖拱窖、水泥砂浆抹面窖、混凝土和钢筋混凝土窖、土工膜布防渗窖等。

（1）土窖。传统式土窖分成两大类，即瓶式窖和坛式窖。其区别在于：瓶式窖脖子细而长，窖深而蓄水量小；坛式窖脖子相对短而肚子大，蓄水量多。其结构型式如图 2.1.1 所示。土窖适宜于土质密实的红、黄土地区。

（2）水泥砂浆薄壁坛式窖。窖体结构包括水窖（储水体）、旱窖、窖口和窖盖。整体形状近似于"坛式酒瓶"，结构形状如图 2.1.2 所示。

该种型体的水窖部分位于窖体下部，形似水缸；旱窖位于窖体上部；窖口和窖盖起稳定上部结构的作用，并防止来水冲刷，同时连接提水灌溉设施。此窖型适宜于土质比较密实的红、黄土地区，对于土质疏松的砂壤土地区和土壤含水量过大的地区则不宜采用。

（3）混凝土盖碗窖。混凝土盖碗窖形状类似盖碗茶具，故取名盖碗窖（图 2.1.3）。此窖型避免了因传统窖型窖脖子过深而带来的打窖取土、提水灌溉及清淤等困难。适宜于土质比较松散的黄土和砂壤土地区。

（4）混凝土球形薄壳窖。主要由现浇混凝土上半球壳、水泥砂浆抹面（也可用先浇混凝土）下半球壳、两半球接合圈梁、窖颈、窖盖、进水管及沉沙池 7 部分组成，其形状如图 2.1.4 所示。

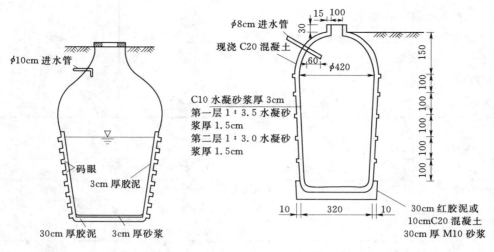

图 2.1.1　土窑剖面示意图　　　图 2.1.2　水泥砂浆薄壁坛式窑示意图（单位：cm）

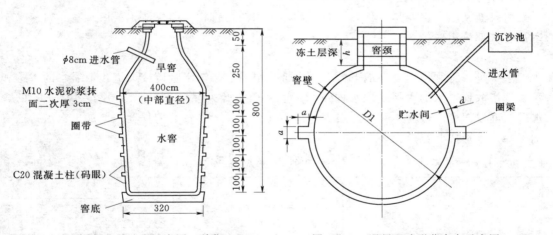

图 2.1.3　混凝土盖碗窑示意图（单位：cm）　　　图 2.1.4　混凝土球形薄壳窑示意图

凡是在土层厚度能够达到开挖要求的地方（尤其是黄土层厚的地方）都可以建造。

3. 水窑的设计

水窑设计按照水利部《雨水集蓄利用工程技术规范》（SL 267—2001）和国家技术监督局发布的《水土保持综合治理技术规范》（GB/T 164153—1996）要求及已建工程经验进行。

（1）窑址选择。窑址要根据生活、生产的需要和是否具有较好的汇水面积等条件来确定，其基本原则是"集流容易、用水方便、安全耐久、便于管理"。

（2）结构设计。存蓄雨水的小窑，集水面积应该满足在当地常年降水年份能蓄满水，一般 1m³ 水需要 10～20m² 的集雨面积。补水条件较好，根据地方群众用水量进行设计。为便于取水和尽量少占耕地，将水窑建在地下，窑口高出地面 20cm，窑口加盖封闭。

（3）材料选择。水窑材料选择包括窑体材料和防渗材料的选择，窑体材料有砖石、混凝土、固化土、橡胶等；防渗材料主要有水泥砂浆、黏土、现浇混凝土等。

1.2.3 地下水取水构筑物

地下水取水构筑物即从地下含水层取集浅层水、潜水、承压水和泉水等地下水的构筑物，主要包括引泉池、大口井、管井、渗渠和辐射井等不同类型的取水构筑物。其适用范围见表2.1.3。

表2.1.3　　　　　　　　　常用地下水取水构筑物适用范围

类　型	适　用　范　围
引泉池	有泉水露头，覆盖层厚度小于5m
渗渠	仅适用于含水层厚度小于5m，渠底埋藏深度小于6m的底层
大口井	含水层厚度在5～10m，底板埋深小于20m
管井	含水层厚度大于5m，底板埋深大于15m
辐射井	同大口井，低渗透性含水层同样适用

1. 引泉池

引泉池又叫泉室，是一种集取并可贮存泉水的构筑物。引泉池主要由泉室、检修操作室及进水部分组成。

2. 渗渠

渗渠是一种利用埋设在地下含水层中带孔眼的水平渗水管道或渠道，依靠水的渗透和重力来集取地下水的水平式取水构筑物。通常用于开采埋深小于2m、厚度小于6m的含水层，埋设深度一般为4～7m，很少超过10m，主要依靠较大的长度来增加出水量，这有别于井。其形式和特点见表2.1.4。

表2.1.4　　　　　　　　　渗渠的形式及特点

分类方法	分类	埋设方法	特点
按补给来源分	集取地表渗透水为主	把渗渠设在河床下，集取河流垂直渗透水	水量充沛，但水质水量受河水变化影响明显
	集取地下水为主	把渗渠埋设在河岸边滩地下，集取部分河床潜流水与河岸地下水	水量比较稳定，水质较好
按埋设位置和深度分	完整式	在薄含水层条件下，将渗渠埋设在基岩上	产水量大，施工困难
	非完整式	埋设在含水层中	产水量小，施工较方便

3. 大口井

所谓大口井是与管井相比较，口径较大、深度较浅的垂直取水构筑物，主要用来集取浅层地下水或岸边渗渠水。大口井构造简单、取材容易、施工方便、使用年限长、容积大、能起到水调节作用，适用于地下水埋藏较浅，含水层较薄且渗透性较强的地层取水，但深度较浅，对水位变化适应性差。

大口井由井口、井筒、井底等部分组成。

4. 管井

管井又称为机井，地下水取水设施中用得最多的是管井，管井可以开采深层地下水，且不受地层岩性的限制。管井由井室、井壁管、滤水管、回填砾石、沉淀管等组成。农村供水工程中常用的管井的直径为 5～20cm，井深在 100m 以内。

1.3　输 配 水 工 程

供水管网系统包括输水管、配水管网和增压储水设施。

输水管是指从水源地到水厂或当水厂距供水区较远时，从水厂到配水管网的管道系统。配水管网是指向用户配水的管道系统。增压储水设施是指设在输水管与配水管网之间、输水管系统内，或设在配水管网内的加压泵站和调储构筑物（水池、水塔等）及设施。

1.3.1　供水管网系统方案和布置形式

供水管网系统方案的确定应根据农村的地形条件、水源位置、农村规划、供水规模、水质及水压要求，以及原有供水工程设施等条件，从供水的全局出发，通过技术经济比较后确定。

1.3.1.1　配水管网系统方案

（1）农村地形高差较大、供水区域狭长，配水管网可考虑采用分区供水方案。

（2）对于远离城镇的供水区域，可考虑单独供水。

（3）当水源地或水厂与供水区域有地形高差可利用时，可考虑重力输配水。应对重力输配水与加压输配水管网系统进行技术经济比较，择优选用。

（4）当供水区域有适合建造储水池的地形条件时，应考虑在配水管网系统中设置高地储水池。这样既可增大供水的安全性，又可调节高峰用水时二级泵站供水规模，减少输配水管道的管径，降低工程造价。

（5）多水源供水的村镇，在进行配水管网系统方案布置时，可考虑按水源规模划分供水区域，同时也要考虑发生事故后，各水源间的相互补充问题。

1.3.1.2　输水管系统的布置形式

输水干管不宜少于两条，当有安全储水池或其他安全供水措施时，也可修建一条。输水干管和连通管的管径及连通管的根数，应按输水干管任何一段发生故障时仍能通过的事故用水量计算确定。

输水管的基本型式如下：

（1）单管加储水池的型式：只有一条输水管线，在适当位置设置安全储水池。该布置形式适用于输水距离远、布置两条输水管线不经济、供水有一定保障能力的情况。

（2）一条输水管的型式：在水厂与配水管网之间只有一条输水管线。该布置形式一般适用于多水源供水的农村。

（3）两条输水管的型式：在水厂与配水管网之间设有两条输水管线，输水管线之间设连通管。

1.3.1.3　配水管网布置形式

配水管网是向用户配水的管道系统，凡是有用水的地方，均应布置配水管网。根据配水管网之间连接形状的不同，配水管网有树状管网、环状管网和混合管网之分。

1.3.2 输配水管网设计

农村饮水安全工程输配水管网的设计内容包括：管网布置、管网设计供水量与流量的确定、管材及管径的选择、管网水力计算、调节构筑物的型式与规模和输配水管网各控制点的压力计算等。

1.3.2.1 管网布置

1. 管网布置要求

（1）农村饮水安全工程供水管网一般采用树状布置型式，布置时选择最短线路，力求少占农田，减少交叉建筑物，尽量避开有毒、有害或腐蚀性地域以及岩石、沼泽和高地下水位、河流淹没与冲刷等不利地段，无法避开时应采取防护措施。

（2）供水管网主、分支管道水流方向尽量一致，既要照顾村、队现状，又要考虑村、队远景发展规划，近远期结合，尽可能沿道路布置，暂时缓建的支管道，要预留接口，留有充分的发展余地。

（3）供水主管道一般每 1~2km 设置 1 个检修阀。长距离输水，在隆起点与低凹处设排气阀，在管道的最低处设置泄水阀。配水管沿公路边布置，防止压在路面之下。

（4）在管道拐弯处和纵断面起伏处设置镇墩。一般情况下，管道的转弯角度应大于或等于 90°。

2. 管网布置型式的选择

供水管网的布置型式基本上分为两种：树状网和环状网，如图 2.1.5 所示。

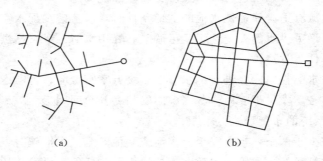

（a）　　　　　　　　　　　　（b）

图 2.1.5　管网布置型式
（a）树状管网；（b）环状管网

一般情况下，农村及规模较小的镇可布置成树状管网，规模较大且有一定条件的镇可选择环状或环、树结合的管网。由于树状管网构造简单、投资成本低，目前农村配水管网中采用较多，随着农村经济社会发展与农民生活水平的提高，农村可将原有的树状管网部分连接成环状，而新延伸的部分仍采用树状型式，待将来再连接成环状，以提高供水保证率。

1.3.2.2 管网设计供水量与流量

1. 设计供水量

总的要求是设计供水量应等于消耗的水量。供水量的确定有多种计算方法，在供水规划时，要根据具体情况，选择合理可行的方法，也可同时采用多种计算方法，然后通过比较确定。

（1）分类计算法。分类计算法先按照用水的性质对用水进行分类，然后分析各类用水的特点，确定它们的用水量标准，并按用水量标准计算各类用水量，最后累计出总用水量。采用此方法时应按最高日用水量进行计算。各类用水包括最高日生活用水量、饲养禽畜用水量、公共建筑用水量、工业企业用水量、浇洒道路和绿地用水量、管网漏损水量、未预见用水量、消防用水量。

（2）人均综合指标法。农村用水量与其人口具有密切的关系，农村除农业灌溉用水外，所有用水量之和除以农业人口数的商，称为农村人均综合用水量。在村镇供水工程规划时，以人均综合用水量乘以设计人口，即为需水量。

2．设计流量计算

设计流量是针对某一管段而言的，它涉及管段直径的确定。

农村饮水安全工程管网的设计流量是按照《农村饮水安全卫生评价指标体系》规定的用水量标准确定村民最高日、最大时的流量为管道的设计流量。

根据管道连接形式的不同，在计算时可将管道抽象为管段和节点。管段和节点流量的计算方法如下：

（1）节点流量计算。比流量法。比流量是将分散流量按单位管道长度或单位供水面积分摊的流量。比流量有两种计算方法：①长度比流量；②面积比流量。

（2）管段流量计算。任一管段的流量均包括两部分：①转输到后续管段中的转输流量；②沿线流量折算到该管段末端节点处的节点流量。

1.3.2.3　供水管网的管材

供水管网系统是输配水工程中投资最大的部分，也是事故多发部分，许多停水、漏水事故往往是由于管材原因造成的。为了保证供水管网系统安全和稳定运行，设计时必须合理选择管网材料。

1．管材的选择

供水管材及其规格，应根据设计内径、设计内水压力、敷设方式、外部荷载、地形地质、施工和材料供应等条件，通过结构计算和技术经济比较确定，并应符合以下的要求。

（1）应符合卫生学要求，不污染水质，应有卫生检验合格证。

（2）地埋管道，应优先考虑选用给水塑料管，通过技术经济比较确定。

（3）明设管道，应选用金属管或混凝土管，不应选用塑料管。

（4）选用 PE 或 PVC 给水塑料管时，PE 管应符合《给水用聚乙烯（PE）管材》（GB/T 13663）的要求，PVC 管应符合《给水用硬聚乙烯（PVC—D）管材》（GB/T 10002.1）的要求。

（5）采用钢管时，应进行内外防腐处理，内防腐不得采用有毒材料，壁厚应根据计算需要的壁厚另加不小于 2mm 的腐蚀厚度。

（6）选择管材时，应从节约资源和加强环境保护出发，尽可能选用技术成熟、抗腐蚀性能强、节能、价格低廉的非金属管材。

2. 管径的确定

管道直径不但涉及技术问题，还涉及输水经济问题。在管网布置中，管材一定时，选用的管径大，工程投资大，但水头损失小，能耗小，运行费用低；反之，选用的管径小，虽可减少工程投资，但因水头损失大，运行费用增大。因此，管网的优化设计，就是优化管网布置和主支管道的管径优化选择。

管径的影响参数有两个，一是管段设计流量，二是设计流速。在管段设计流量已知的条件下，如果设计流速未定，还是无法确定管径。因此，在确定管径之前应首先确定设计流速。

管道的设计流速应该在一个适中的范围。为防止管道被冲刷，管网的设计流速不应超过 2.5～3.0m/s；为防止水中的杂质在管道内沉淀，最低设计流速通常不小于 0.6m/s。

3. 管网水力计算

水力计算的任务是在管网节点流量算出后，按节点流量平衡条件，计算出各管道流量，然后根据经济流速选定管径。根据控制点要求的自由水压和地面标高，推求各节点水压，进而求出水塔高度或水泵扬程等。

（1）树状网水力计算。

1）绘制管网平面布置图，在图上标明节点和节点处地面标高及每段管道的长度（m）。

2）计算设计供水量。

3）求比流量、节点流量及管段流量。

4）以节点用水量和"节点水量流进等于流出"的原则逐段确定管材、管径和沿程水头损失，并标注在图上。

5）计算各段的水头损失及总水头损失。

6）确定高位水池与水塔高程、泵站扬程，并统计管材用量。

（2）环状网水力计算。农村供水管网如布置成环状管网，一般环数都较少，无论采用手工计算还是采用计算机辅助计算均十分方便。环状管网手工计算时，一般多采用解环方程组法。

环方程组是求解管网的恒定流方程组，在计算时需满足以下几个方程：节点流量平衡方程、管段方程、节点方程、环能量方程。

解环能量方程的思路是：在拟定各管段水流方向的基础上，满足节点流量方程的情况下，假设各管段的流量初值；根据各管段的流量初值确定管径；将各管段流量初值带入每个环的能量方程中得到水头损失闭合差 Δh。若 $\Delta h = 0$，说明满足能量方程，原假设的各管段流量初值满足要求，即为管段设计流量。若 $\Delta h \neq 0$，则要进行平方计算，将原假设的各管段流量初值进行校正，校正流量为 Δq。对各个管段施加 Δq，得到新的管段流量，将新的管段流量代入环能量方程，再判断环能量方程是否满足，通过不断地调整管段流量，直到满足环能量方程为止。最终满足要求的管段流量即为管段设计流量。

满足工程精度要求的闭合差可参考下列值：当采用手工计算时，闭合差一般应为 0.1～0.5m；当采用计算机程序计算时，闭合差一般应为 0.01～0.1m。

（3）水头损失计算。水头损失包括沿程水头损失和局部水头损失两部分。

1）沿程水头损失。输配水管网沿程水头损失可根据《村镇供水工程技术规范》（SL 310—2004）的规定，不同管材选用不同的水力计算公式；或者选用目前国内外用得比较多的海曾-威廉公式计算；或者根据设计手册中的各种管材的水力计算表查得。

2）局部水头损失。由于配水管网局部水头损失比较小，一般可不作详细计算，可按沿程水头损失的 5%～10%进行估算。

（4）供水管网设计图纸的绘制。供水管网设计图纸是供水管网设计的主要组成部分。

1）平面图的绘制。平面图是管网的平面布置图，应反映出管网的总体布置和流域范围。在初步设计阶段，平面图绘制采用的比例尺通常为 1∶5 000～1∶10 000。平面图上应标出各设计管段的服务面积，可能设置的泵站等，注明主干管和干管的材质与管径、坡度和长度，给出各节点的编号及位置等。

2）纵剖面图是管道的高程布置图，应反映出管线在纵断面方向的变化情况，它和平面图是相互对应的。在纵断面上应标明各点的埋深、沟槽深度，与其他管道交叉点的位置及高程，管道基础、管道敷设的坡度、长度等内容，纵断面的比例设置，横向一般取 1∶500或 1∶1000，纵向一般取 1∶100 或 1∶200。初步设计一般不绘制剖面图。

第 2 章　供水工程水处理

2.1　净水厂设计

2.1.1　设计步骤和要求

　　水厂设计和其他工程设计一样，一般分两阶段进行：扩大初步设计（简称扩初设计）和施工图设计。对于大型的或复杂的工程，在扩初设计之前，往往还需要进行工程可行性研究或所需特定的试验研究。

2.1.2　设计原则

　　(1) 水处理构筑物的生产能力，应以最高日供水量加水厂自用水量进行设计，并以原水水量最不利情况进行校核。

　　(2) 水厂近期设计应考虑远期发展。

　　(3) 水厂应考虑各构筑物或设备进行检修、清洗及部分停止工作时，仍能满足用水要求。

　　(4) 水厂自动化程度应本着提高供水水质和供水可靠性，降低能耗、药耗，提高科学管理水平和增加经济效益的原则，根据实际生产要求、技术经济合理性和设备供应情况妥善确定。

　　(5) 设计中必须遵守设计规范的规定。

2.1.3　水厂厂址选择

　　水厂厂址选择是农村饮水安全工程建设中的重要内容。一般考虑以下几个方面：

　　(1) 水厂应设置在河流上游，不易受洪水威胁的地方。水厂的设计洪水重现期不低于100 年。

　　(2) 水厂应尽量设置在交通方便，靠近电源的地方。因供水安全要求，水厂常需两路电源与独立的变配电系统。

　　(3) 考虑水质安全要求，水厂周围应有良好的卫生环境，并便于设立防护地带。净水厂不应设置在垃圾堆放场、垃圾处理厂以及污水处理厂附近，应远离化工厂，或有烟尘排放的地方。

　　(4) 厂址应选择在工程地质条件较好的地方。

　　(5) 当取水地点距离用水区较近时，水厂一般设置在取水构筑物附近，通常与取水构筑物建在一起；当取水地点距离用水区较远时，厂址选择有两种方案，一是将水厂设置在取水构筑物附近；另一是将水厂设置在离用水区较近的地方。前一种方案主要优点是：水厂和取水构筑物可集中管理，节省水厂自用水（如滤池冲洗和沉淀池排泥）的输水费用并便于沉淀池排泥和滤池冲洗水排除，特别是对浊度较高的水源而言。但从水厂至主要用水区输水管道口径要增大，管道承压较高，从而增加了输水管道的造价，特别是当城市用水逐时变化系数较大及输水管道较长时；或者需在主要用水区增设配水厂（消毒、调节和加压），净化后的水由水厂送至配水厂，再由配水厂送入管网，这样也增加了给水系统的设施和管理工作。后一种方案优缺点与前者正相反。对于高浊度水源，也可将预沉构筑物与取水构筑物建在一起，水厂其余部分设置在主要用水区附近。以上不同方案应综合考虑各种因素并结合其他具体情况，通过技术经济比较确定。

2.1.4　水厂平面布置

设计一座净水厂，无论规模大小，都包含有取水构筑物、处理构筑物、清水池、二级泵房、药剂调配、投加及存放间。同时还要设置化验室、机修间、材料仓库、车库、配电间以及办公室、食堂、宿舍。这些构筑物、建筑物必须根据生产工艺流程分别设置在合适位置。

2.1.4.1　水厂平面布置原则

净水厂基本组成分为生产设施构（建）筑物，附属生产建筑物和辅助建筑物 3 部分。生产构（建）筑物指的是混凝、沉淀、过滤构筑物和清水池，以及生物氧化，化学氧化构筑物和排泥水调节、浓缩、污泥调配构筑物，供配电建筑物。其平面尺寸按照相应的设计参数确定。附属生产建筑物主要是一、二级泵房、加药间、消毒间。建筑面积根据水厂规模，选用设备情况确定。生产辅助建筑物是指化验室、修理车间、仓库、车库、值班室；生活辅助建筑物包括办公室、食堂、浴室、职工宿舍。其建筑面积根据水厂规模，管理体制和功能确定。

水厂平面布置的主要内容包括：各构筑物、建筑物的平面定位；相互连接管渠布置；雨水、生活污水排水布置；道路、围墙、绿化、喷水池景观布置等。一座净水厂构筑物很多，各种管线交错，通常按照以下原则进行布置。

（1）建筑物布置应注意朝向和风向。如加氯间和氯库应尽量设置在水厂主导风向的下风向；泵房及其他建筑物尽量布置成南北向。

（2）统一规划分期实施。一般净水厂近期设计年限为 5~10 年，远期规划设计年限10~20 年，故应考虑近远期结合，以近期为主的原则。净水厂水处理构筑物远期大多采用逐步分组扩建，而加药间、二级泵房、加氯间则不希望分组过多，所以常常按照 5~10 年后的规模建设，其中设备仪表则按近期规模设置。

（3）功能分区。大中型规模的净水厂除设有各种处理构筑物的生产区以外，因所需工作人员较多，还设有办公、中央控制、化验仪表校验、值班宿舍等，常集中在一座办公楼内，同时设有食堂厨房、锅炉房、浴室。这些（生产管理建筑物和生活设施）可组合为生活区，设置在进门附近，与生产区分开、互不干扰。采暖地区锅炉房布置在水厂最小频率风向的上风向。

（4）充分利用地形、土方平衡降低能耗。

（5）布置紧凑，道路顺直。以减少占地面积和连接管（渠）的长度并便于操作管理。

（6）各构筑物之间的连接管（渠）应简单、短捷，尽量避免立体交叉，并考虑施工、检修方便。此外有时也需要设置必要的超越管道，以便某一构筑物停产检修时，为保证必须相应的水量采取应急措施。

（7）对分期建设的工程，既要考虑近期的完整性，又要考虑远期工程建成后整体布局的合理性，还要考虑分期施工的方便性。

上述内容是水厂平面设计时考虑的一般原则，在实际工程设计中，应根据具体地形情况多方案比较后确定。

2.1.4.2　构筑物布置

各水厂大多按照生产构筑物为主线，生产建筑物靠近生产构筑物，辅助建筑物另设分区的布置方式。在充分利用地形的条件下，力求简捷。同时还要注意的是应和朝向、风向适应。需要散发热量的泵房，其朝向应和水厂夏天最大频率风向一致，有利于自然通风散热。

根据净水厂各构筑物功能和相互关系，水厂构筑物布置型式、特点和基本要求如下：

（1）线型布置。这是最为常见的布置形式，从进水到出水，全流程呈直线形。其生产联络管线最短，水流顺畅，有利于分组分期建造，成为各自独立的生产线。与之配合的生产建筑物如加药间，可独立设置，同时向几条生产线投加混凝剂。清水池互相连通，由一座二级泵房向用水区供水。

（2）折角型布置。当水厂地形或占地面积受到限制，生产构筑物不能布置成直线形时，有的采用了折角型布置，其生产线呈"L"状。转折点常放在清水池或吸水井处，也有的从滤池出水开始转折。

（3）回转型布置。因水厂周围道路和地形限制，只好将生产线转折。可根据需要分期先行建造一组两座澄清构筑物，也可先行建造一座，而一期建造的滤池单边布置。

有些水厂把清水池设置在沉淀池之下，无论何种布置形式，都应该考虑近远期结合以及水流顺畅、水头损失较小、利于管理、节约能量、尽量避免二次提升。在地形起伏的地方，将活性炭滤池、清水池布置在最低处较为合理。

2.1.4.3　附属建筑、道路和绿化

净水厂附属建筑物分为生产附属建筑物和生活附属建筑物。生产附属建筑物包括化验室、机修车间、仓库、汽车库。生活附属建筑物包括行政办公、生产管理部门、食堂、浴室、宿舍等。这些附属建筑物大多集中在一个区间内，管理方便，不干扰生产。

水厂道路是各构筑物与建筑物相互联系、运送货物以及进行消防的主要设施，一般根据下列要求设计。

（1）大中型水厂可设置环形主干道路，与之相连接的车行道或人行道应到达每一座构筑物、建筑物。

（2）大型水厂可设置双车道，中小型水厂设置单车道，但必须有回车转弯的地方。

（3）水厂主车道一般设计单车道宽 3.5m，双车道宽 6.0m，支道和车间、构筑物间引道宽 3.0m 以上，人行道宽 1.5～2.0m。

（4）车行道尽头和材料装卸处必须设置回车道或回车场地，车行道转弯半径6.0～10.0m。

净水厂是一座整体水域面积较大的厂区，力求在绿草树荫的衬托下，环境优美，所以绿化是不可少的。水厂绿化通常有清水池顶上绿地、道路两侧行道树、各构筑物与建筑物

间绿地、花坛，一般根据地理气候条件选择树种和花草。

2.1.4.4　水厂高程布置

1. 水厂高程布置原则

净水厂高程设计主要根据水厂地形、地质条件、各构筑物进出水标高确定。各构筑物的水面高程一般遵守以下原则：

（1）从水厂絮凝池到二级泵房吸水井，应充分利用原有地形条件，力求流程顺畅。

（2）各构筑物之间以重力流为宜，对于已有处理系统改造或增加新的处理工艺时，可采用水泵提升，尽量减少能耗。

（3）各构筑物连接管道应尽量减少连接长度，使水流顺直，避免迂回。

（4）除清水池外，其他沉淀、过滤构筑物一般不埋入地下，埋入地下的清水池、吸水井等应考虑放空溢流设施，避免雨水灌入。

（5）设有无阀滤池的水厂，清水池应尽量放置在地面之上，可以充分利用无阀滤池滤后水水头。

（6）在地形平坦地区建造的净水厂，絮凝、沉淀以及过滤构筑物大部分高出地面，清水池部分埋地的高架式布置方法挖土填土最少。在地形起伏的地方建造的净水厂，力求清水池放在最低处，挖出土方填补在絮凝池之下，即需注意土方平衡。

2. 高程布置

在处理工艺流程中，各构筑物之间水流以重力流为宜，两构筑物之间的水面高差即为流程中的水头损失，包括构筑物本身、连接管道、计量设备等水头损失在内。水头损失应通过计算确定，并留有余地。

处理构筑物中的水头损失与构筑物型式和构造有关，估算时可采用表 2.2.1 的数据，一般需通过计算确定。该水头损失应包括构筑物内集水槽（渠）等水头跌落损失在内。

表 2.2.1　　　　　　　　　　处理构筑物中的水头损失

构筑物名称	水头损失/m	构筑物名称	水头损失/m
进水井格网	0.2～0.3	普通快滤池	2.0～2.5
絮凝池	0.4～0.5	无阀滤池、虹吸滤池	1.5～2.0
沉淀池	0.2～0.3	移动罩滤池	1.2～1.8
澄清池	0.6～0.8	直接过滤滤池	2.0～2.5

各构筑物之间的连接管（渠）的断面尺寸由流速决定，其值一般按表 2.2.2 采用。当地形有适当坡度可以利用时，可选用较大流速以减小管道直径及相应配件和阀门尺寸；当地形平坦时，为避免增加填、挖土方量和构筑物造价，宜采用较小流速。在选定管（渠）道流速时，应适当留有水量发展的余地。连接管（渠）的水头损失（包括沿程和局部）应通过水力计算确定，估算时可采用表 2.2.2 数据。

当各项水头损失确定之后，便可进行构筑物高程布置。构筑物高程布置与厂区地形、地质条件及所采用的构筑物型式有关。当地形有自然坡度时，有利于高程布置；当地形平坦时，高程布置中既要避免清水池埋入地下过深，又应避免絮凝池沉淀池或澄清池在地面上抬高而增加造价，尤其当地质条件差、地下水位高时。通常，当采用普通快滤池时，应考虑清水池地下埋深；当采用无阀滤池时，应考虑絮凝池、沉淀池或澄清池是否会抬高。

表 2.2.2　　　　　　　　　　　　连接管中允许流速和水头损失

接连管段	允许流速/(m/s)	水头损失/m	附　　注
一级泵站至絮凝池	1.0～1.2	视管道长度而定	
絮凝池至沉淀池	0.15～0.2	0.1	应防止絮凝体破碎
沉淀池或澄清池至滤池	0.8～1.2	0.3～0.5	
滤池至清水池	1.0～1.5	0.3～0.5	流速宜取下限，留有余地
快滤池冲洗水管	2.0～2.5	视管道长度而定	
快滤池冲洗水排水管	1.0～1.5	视管道长度而定	

2.2　水处理工艺及水质要求

2.2.1　给水处理工艺系统

给水处理是把含有不同杂质的原水处理成符合使用要求的自来水。由于江河湖泊原水中所含杂质有很大差别，应根据不同的原水水质以及设计生产能力等因素，通过调查研究、必要的试验并参考相似条件下处理构筑物的运行经验，经技术经济比较后确定采取不同的处理方法及工艺系统。无论采取哪些处理方法和工艺，经处理后的水质必须符合国家规定的生活饮用水水质要求。由于水源不同、水质各异，饮用水处理系统的组成和工艺流程有多种多样。

2.2.1.1　常规处理工艺

净水厂的常规处理是以去除浊度和杀灭致病微生物为主的工艺，适用于未受污染或污染极其轻微的水源。净水厂在去除由泥沙等构成的悬浮物的同时，也能去除一些附着在上面的有机、无机溶解杂质和菌类，所以降低水的浊度至关重要。

目前，去除水的浊度的方法有很多，但净水厂通常采用的方法是混凝、沉淀（澄清）、过滤。经该工艺去除形成浊度的杂质后，再进行消毒，即可达到饮用水水质要求，其典型的工艺流程如图 2.2.1 所示。

混凝剂　　　　　　　　　　消毒剂

水源水　→　混合絮凝　→　沉淀　→　过滤　→　清水池　→　二级泵房　→　用户

图 2.2.1　常规处理工艺流程

如果水源水浊度较低（一般在 50 度以下），不受工业废水污染且水质变化不大，可省略混凝沉淀（或澄清）构筑物，投加混凝剂后直接采用双层滤料或多层滤料滤池直接过滤，也可在过滤前设置一微絮凝池，称为微絮凝过滤。微絮凝过滤工艺流程如图 2.2.2 所示。

混凝剂　　　　　　　　　　消毒剂

水源水　→　微絮凝池　→　滤池　→　清水池　→　二级泵房　→　用户

图 2.2.2　微絮凝过滤工艺流程

如果水源水常年浊度很高且含沙量很大，为减少混凝剂用量，在混凝、沉淀前增设预沉池或沉沙池，即为高浊度水二级沉淀（或澄清）工艺，如图 2.2.3 所示。

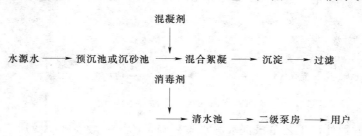

图 2.2.3　高浊度水处理工艺流程

2.2.1.2　受污染水源水处理工艺

我国不少水厂水源都受到污染，很多湖泊水库呈现富营养化。大多数受污染水源水中氨氮、高锰酸盐指数（COD_{Mn}）、铁锰、藻类含量超过水源标准。

对于水中的溶解有机物、氨氮和藻类等，常规处理工艺一般不能有效去除。为此在常规处理的基础上增加预处理或深度处理。预处理通常设在常规处理之前，深度处理设在常规处理之后。

1. 预处理-常规处理工艺

目前，受污染水源水预处理大多采用生物氧化法、化学预氧化法以及粉末活性炭吸附等方法。图 2.2.4 为常规处理工艺之前增加生物预处理工艺流程。

图 2.2.4　设有生物预处理的微污染水源水处理工艺流程

当受污染水源水中含有较多难以生物降解的有机物时，宜采用化学预氧化法。

化学预氧化常用的氧化剂有氯（Cl_2）、臭氧（O_3）、二氧化氯（ClO_2）、高锰酸钾（$KMnO_4$）及其复合药剂。化学氧化剂的种类及投加剂量选择决定于水中污染物种类、性质和浓度等。一般说来，选用氯气作为预氧化剂，其经济、有效、投加设备简单、操作方便，是使用较多的预氧化剂，但氯氧化副产物前质物含量较高时不宜使用。图 2.2.5 为化学预氧化工艺流程。

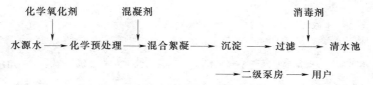

图 2.2.5　设有化学预氧化的微污染水源水处理工艺流程

粉末活性炭是一种应用很广的吸附剂。具有吸附水中微量有机物及其产生的异味、色度的能力。当水源水质突发变化或季节性变化时，在混凝剂投加之前投加粉末活性炭，经沉淀、过滤截留在排泥水中。粉末活性炭投加点应进行试验后确定，有的投加在混凝剂投加点之前，有的投加在絮凝池中间或后段，机动灵活、简易方便，其工艺流程如图2.2.6所示。

图2.2.6　预加粉末活性炭的微污染水源水处理工艺流程

给水处理的预处理工艺是根据水源水质来确定的。一般说来，微污染水源水中氨氮含量常年大于1mg/L，应首先考虑采用生物预处理工艺。对于藻类经常繁殖的水源水，预氧化杀藻后，可配合活性炭吸附，降低藻毒素含量。含有溶解性铁锰或少量藻类的水源水，预加高锰酸钾氧化具有较好效果。水中土腥味和霉烂味多由土臭素和2-甲基异莰醇引起，投加高锰酸钾预氧化和粉末活性炭吸附联用能够很好地去除异臭异味。

2. 常规处理-深度处理工艺

当水源污染比较严重，经混凝、沉淀、过滤处理后某些有机物质含量或色、臭、味等感官指标仍不能满足出水水质要求时，可在常规处理之后或者穿插在常规处理工艺之中增加深度处理单元。目前，生产上常用的深度处理方法有颗粒活性炭吸附法，臭氧-活性炭法，反渗透、纳滤膜分离法，尤以臭氧-活性炭法应用较多。图2.2.7为臭氧-活性炭进行深度处理的工艺流程。

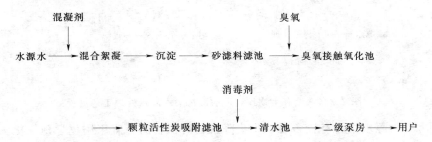

图2.2.7　加设臭氧-活性炭吸附的受污染水源水处理工艺流程

近年来，超滤、反渗透等膜处理工艺开始应用于生活饮用水深度处理。超滤工艺能使出水浊度降至0.5度以下，所以混凝后的水经过沉淀或不经沉淀便可进入超滤过滤，从而简化了工艺流程。该技术已趋成熟，设备运行安全可靠。图2.2.8为采用超滤进行深度处理的工艺流程。

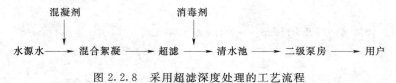

图2.2.8　采用超滤深度处理的工艺流程

3. 预处理-常规处理-深度处理工艺

当微污染水源水中氨氮含量常年大于1mg/L、高锰酸盐指数（COD_{Mn}）大于5mg/L

时，大多在常规处理前后分别增加生物预处理和深度处理工艺，如图 2.2.9 所示。

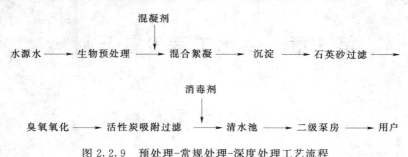

图 2.2.9　预处理-常规处理-深度处理工艺流程

为了减少活性炭吸附滤池出水中的悬浮颗粒，有的水厂把活性炭吸附滤池设计成上向流滤池，放置在石英砂滤料滤池之前。此方法应充分注意悬浮杂质堵塞活性炭孔隙的影响。

2.2.2　给水处理构筑物选择

给水处理构筑物的类型较多，应根据水源水水质、用水水质要求、水厂规模、水厂可用地面积和地形条件等，通过技术经济比较后选用。通常根据设计运转经验确定几种构筑物组合方案进行比较，常规处理构筑物的组合主要是指"混凝沉淀池（澄清池）→过滤池→清水池"3 阶段的配合，因为水厂中这 3 种构筑物在经济上和技术上占主要地位，每一单元处理都应根据上述条件选择合适的处理构筑物型式。例如：隔板絮凝池多用于大中型规模的净水厂；无阀滤池一般适应于规模不大于 5 万 m^3/d 的小型水厂；辐流式沉淀池一般用于高浊度水处理；气浮宜用于藻类含量较高的微污染水源水处理。当水厂使用面积有限时，可不采用平流式沉淀池，而采用澄清池、斜管沉淀池。设计时还应考虑原水水质变化、处理效果、操作管理水平以及材料设备供应等因素。

在选定处理构筑物型式组合以后，各单项构筑物（常规处理主要指：絮凝池、沉淀池、澄清池、滤池）处理效率或设计标准也存在一个优化设计问题。因为设计规范中每种构筑物的设计参数均有一定的可变幅度，某一构筑物处理效率或设计标准往往与后续处理构筑物的处理效率密切相关。例如：设已选定平流沉淀池和普通快滤池相配合，若平流沉淀池设计停留时间较长、造价较高，但出水浊度较低，于是快滤池滤速可选用较高、滤池面积较小、冲洗周期较长，从而滤池造价和冲洗耗水量较少，反之亦然。

以上只是简单介绍一下处理构筑物选型的分析比较方法，而且经验占有相当重要的地位。如何通过数学方法进行水处理系统优化设计，将是今后研究的课题之一。要做到这一点，必须要积累大量而可靠的资料。

第 3 章 供水工程设备及材料

3.1 水泵类型及参数

3.1.1 水泵分类

水泵是借助动力装备和传动装置或应用自然能源将水由低处提升至高处或输送到远处的水力机械。其工作过程是由电能转化为电动机高速旋转的机械能，再转化为被抽升液体的动能和势能进行能量传递和转化的过程。泵主要由电机、联轴器、泵轴（体）及基座（卧式）、连接附件等构成。水泵在各行各业中使用非常广泛，品种很多，依据不同的工作原理可分为以下 3 类：叶片泵、容积水泵和其他常见类型泵，系统分类如图 2.3.1 所示。容积泵中主要有活塞泵、柱塞泵、齿轮泵、隔膜泵、螺杆泵等；叶片泵有离心泵、轴流泵和混流泵等；其他类型的水泵有射流泵、水锤泵、内燃水泵、水轮泵等。

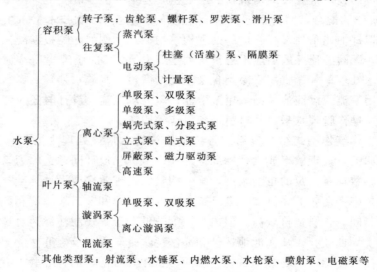

图 2.3.1　水泵系统分类

根据输送的介质不同可分为清水泵、污水（污物）泵、油泵、耐腐蚀泵、衬氟泵、排污泵、油桶泵等。

根据使用安装方式不同可分为：管道泵、液下泵、潜水泵、磁力泵等。

3.1.2 水泵基本参数

表征水泵主要性能的基本参数有以下几个。

1. 流量 Q

流量是泵在单位时间内输送出去的液体数量（体积或质量），用 Q 表示，常用的体积流量单位有：m^3/s，m^3/h，L/s 等，常用的质量流量单位是 t/h。

2. 扬程 H

扬程就是水泵抽水向上扬起的高度，系指水泵对单位质量液体所做之功，也即为单位质量液体通过水泵后其能量的增值，在数值上等于水泵吸水池水面和出水池水面标高差及管路水头损失值之和，用字母 H 表示，其单位为 $kg \cdot m/kg$，通常折算成抽送液体的液柱高度表示（m）。

工程上用压力单位 Pa 表示，1 个工程大气压 $= 1kgf/cm^2 = 98.0665kPa = 10m$ 水柱 $= 0.1Mpa$。

3. 水泵转速 n

水泵转速是水泵叶轮的转动速度，以每分钟转动的转数（r/min）来表示。

4. 汽蚀余量 $NPSH$

气蚀余量 $NPSH$ 又称为需要的净正吸入水头，是指水泵进口处，单位重量液体所超过饱和蒸气压力的富裕能量，单位为 mH_2O。一般常用 $NPSH$ 来反映轴流泵、锅炉泵等的吸水性能。之前水泵样本中气蚀余量以 Δh 表示，已不再使用。

5. 轴功率和水泵效率

泵的功率通常是指输入功率，即原动机传至泵轴上的功率，故又称为轴功率，用 P 表示；泵的有效功率又称输出功率，用 P_e 表示，它是单位时间内从泵中输送出去的液体在泵中获得的有效能量。因为扬程是指泵输出的单位重量液体从泵中所获得的有效能量，所以扬程和质量流量及重力加速度的乘积，就是单位时间内从泵中输出的液体所获得的有效能量，即泵的有效功率为

$$P_e = \rho g Q H = \lambda Q H (\text{W}) \qquad (2.3.1)$$

式中：ρ 为泵输送液体的密度，kg/m^3；λ 为泵输送液体的重度，N/m^3；Q 为泵的流量，m^3/s。

轴功率 P 和有效功率 P_e 之差为泵内的损失功率，其大小用泵的效率来计量。泵的效率为有效功率和轴功率之比，用 η 表示。

6. 允许吸上真空高度 H_s

水泵允许吸上真空高度 H_s 是指水泵在标准状况下（即水温为 20℃，水面压力为标准大气压）运转时，水泵所允许的最大的吸上真空高度，单位为 mH_2O。水泵厂一般用 H_s 来反映离心泵的吸水性能。H_s 越大，说明水泵抗气蚀性能越好。实际装置所需真空吸上高度 $[H_s]$ 必须小于等于水泵允许吸上真空高度 H_s，否则，在实际运行中会发生气蚀。

3.1.3　常用水泵型号

水泵型号代表水泵的构造特点、工作性能和被输送介质的性质等。由于水泵的品种繁多，规格不一，国家也没有出台统一的规范，所以型号编制较紊乱。这里只列出一些常用水泵型号代号：

LG——高层建筑给水泵；DL——多级立式清水泵；

BX——消防固定专用水泵；ISG——单级立式管道泵；

IS——单级卧式清水泵；DA1——多级卧式清水泵；

QJ——潜水电泵；SH——双吸卧式离心泵；

JD——多级深井泵。

泵型号意义举例如下：

如 40LG12－15：40 表示进出口直径（mm），LG 为高层建筑给水泵（高速），12 为流量（m³/h），15 为单级扬程（m）；

如 200QJ20－108/8：200 表示基座号，QJ 为潜水电泵，20 为流量（m³/h），108/8 表示扬程为 108m，级数为 8 级。

如 8JD－80X15：8 为适用的最小半径（8 英寸），JD 为多级深井泵，80 表示流量（m³/h），15 为叶轮级数。

不同型号水泵都有自己的适用范围，表 2.3.1 列举了一些常用水泵的适用范围和特性比较。

表 2.3.1　泵的适用范围和性能比较

指标		叶片泵			容积泵	
		离心泵	轴流泵	旋涡泵	往复泵	转子泵
流量	均匀性	均匀			不均匀	比较均匀
	稳定性	不恒定，随管路情况变化而变化			恒定	
	范围/（m³/h）	1.6～30000	150～245000	0.4～10	0～600	1～600
扬程	特点	对应一定流量，只能对应一定扬程			对应一定流量可以达到不同扬程，由管路系统决定	
	范围	10～2600m	2～20m	8～150m	0.2～100MPa	0.2～50MPa
效率	特点	在设计最高、偏离越远、效率越低			扬程高时效率降低很少	扬程高时效率降低很大
	范围（最高点）	0.5～0.8	0.7～0.9	0.25～0.5	0.7～0.85	0.6～0.8
结构特点		结构简单、造价低、体积小、重量轻、安装检修方便			结构复杂、振动大、体积大、造价高	同叶片泵
实用范围		黏度较低的各种介质（水）	特别适用于大流量、低扬程、黏度较低的介质	特别适用于小流量、较高压力的低黏度清洁介质	适用于高压力、小流量的清洁介质（含悬浮液或要求完全无泄漏可用隔膜泵）	适用于中低压力、中小流量，尤其适用于黏度高的介质

3.1.4　泵站与泵房

3.1.4.1　水泵的选择

所选水泵要满足最高时供水的流量和扬程要求，在正常设计流量时处在高效区范围内运行。尽量选用特性曲线高效区范围平缓的水泵，以适应变化流量时水泵扬程不会骤然升高或降低。在满足流量和扬程的情况下优先选用允许吸上真空高度大或气蚀余量小的水泵。根据远近期结合原则，可选用远期增加水泵台数或小泵换大泵的设计方法，优先选用国家推荐的产品或经过鉴定的产品。取水泵房最好选用同型号水泵，或扬程相近、流量稍有差别的水泵。当供水量变化大且水泵台数少时，应考虑大小规格搭配，型号不宜太多，尽量调度水泵在高效区范围运行。

所选水泵的台数及流量配比一般根据供水系统运行调度要求、泵房性质、远近期供水规模并结合调速装置的应用情况确定。流量变化幅度大的泵房，选用水泵台数增加，流量变化幅度小的泵房，选用水泵台数适当减少。取水泵房一般应选用 2 台以上工作水泵，送水泵房可选用 2～3 台以上工作水泵。工作机组 3 台以下时，应增加 1 台备用泵，备用泵型号和泵房内最大一台泵的型号相同。多于 4 台时设 2 台备用泵。取用含沙量高的源水时，通常按供水量的 30％～50％设置备用泵。水泵并联工作时，并联台数不宜超过 4 台；串联工作时，串联台数不宜超过 2 台。

3.1.4.2　泵房类型

泵房即为设置水泵机组和附属设施用以提升液体而建造的建筑物，泵房及其配套设施又称为泵站，有时把泵房泵站视为同一概念。

按照不同的分类方式，泵房分为不同的类型。例如，按泵房在给水系统中的作用可分为水源井泵房、取水泵房、供水泵房、加压泵房、调节泵房和循环泵房等。按水泵的类型又可分为卧室泵房、立式泵房和深井泵房。按水泵层与地面的相对位置可分为地上式泵房、半地下式泵房和地下式泵房。

3.1.4.3　泵房设置

泵房布置应根据泵站的总体布置要求和站址地质条件、机电设备型号和参数、进出水流道（或管道）、电源进线方向，对外交通以及有利于泵房施工、机组安装与检修和工程管理等经技术经济比较确定。泵房布置应满足机电设备布置、安装、运行和检修的要求；满足泵房结构布置的要求；满足泵房内通风、采暖和采光要求，并符合防潮、防火、防噪声等技术规定；满足内外交通运输的要求；同时要注意建筑造型，做到布置合理、适用美观。

泵房设计需考虑防渗排水、稳定分析、地基计算及处理、主要结构计算等，可以参考《泵站设计规范》（GB/T 50265—97）。

3.2　电　气　设　备

由于净水厂提供人们日常生活所需绝大部分用水，水厂每天处理的水量比较大，因此处理过程中需使用到大量机电与电气设备。

3.2.1　电动机

3.2.1.1　电动机组成

电动机是把电能转换成机械能的设备。电动机主要是由定子（固定部分）和转子（转动部分）两个基本部分组成，它们之间由气隙分开，其他附件包括端盖、轴承和轴承盖、风扇和风扇罩、出线盒盖和出线盒座等。

3.2.1.2　电动机分类

按电动机工作电源的不同，可分为直流电动机和交流电动机。其中交流电动机还分为单相电动机和三相电动机。

按结构及工作原理可分为异步电动机和同步电动机。同步电动机还可分为永磁同步电动机、磁阻同步电动机和磁滞同步电动机。异步电动机还可分为感应电动机和交流换向器电动机。其中感应电动机又可分为三相异步电动机、单相异步电动机和罩极异步电动机。交流换向器电动机又可分为单相串励电动机、交直流两用电动机和推斥电动机。

按起动与运行方式可分为电容起动式单相异步电动机、电容运转式单相异步电动机、电容起动运转式单相异步电动机和分相式单相异步电动机。

按用途分类，电动机可分为驱动用电动机和控制用电动机。

按转子的结构可分为笼型感应电动机（旧标准称为鼠笼型异步电动机）和绕线转子感应电动机（旧标准称为绕线型异步电动机）。

按运转速度可分为高速电动机、低速电动机、恒速电动机、调速电动机。

3.2.1.3　常用电动机型号

电动机是水厂各种水泵以及其他机械负载的电力拖动设备，也是水厂的主要电气设备。表 2.3.2 是农村水厂常用的几种电动机型号、结构和工作特点，其中 Y 系列电动机是全国统一设计、试制的新系列电动机，是国家推行的节能电动机。

表 2.3.2　　　　　几种常用的三项异步电动机型号、结构特点及用途

名　称	型号	字母意义	结构特点	用　途
全封闭式异步电动机	Y	异	全封闭式，铸铁机座，外表面上有散热筋，外风扇吹冷，铸铝转子	适用于拖动一般机械设备，用于灰土、水滴飞溅的场所，如拖动水泵、鼓风和磨粉机、脱粒机
封闭式异步电动机	JO JO2 JO3	异闭	封闭式，铸铁外壳上有散热筋，外风扇吹冷，铸铝转子	适用于灰土、水滴飞溅的工作场所。如拖动水泵、脱粒机、鼓风机等
封闭式铝壳异步电动机	JLO	异铝闭	铝外壳，其他同 JO 型	同 JO 型
防护式绕线转子异步电动机	JR	异绕	防护式，铸铁外壳，绕线转子	用于电源容量不足以起动笼型电动机以及要求起动转矩较高的场所
潜水异步电水泵	JQB	异潜泵	出水泵，电动机及整体封闭盒三大部分组成	用于抽水、排灌及消防等

3.2.2　发电机

3.2.2.1　发电机简介

发电机是将其他形式的能源转换成电能的机械设备，它由水轮机、汽轮机、柴油机或其他动力驱动，将水流、气流、燃料燃烧或原子核裂变产生的能量转化为机械能传给发电机，再由发电机转为电能。它通常由定子、转子、端盖及轴承等部分组成，发电机可分为直流发电机和交流发电机，交流发电机可再分为同步发电机和异步发电机。村镇供水厂中常用的发电机为柴油发电机组，以下就柴油发电机组作一些简要的介绍。

3.2.2.2　柴油发电机简介

柴油发电机由气缸、活塞、汽缸盖、进气门、排气门、活塞销、连杆、曲轴、轴承和飞轮等构件组成。柴油发电机有如下特点：

（1）单机容量等级多，国际机组从几 kW 至几万 kW，国内机组普遍有几千 kW。

（2）配套设备结构紧凑，安装地点灵活。

（3）热效率高，燃油消耗低（热效率 30％～46％）。

（4）起动迅速，只需几秒就能达到全功率，可以频繁起停。

（5）维护操作简单，管理人员数量要求较少，备用期间保养容易。

（6）柴油发电机组的建设与发电的综合成本最低。

3.2.3　变压器

变压器是一种常见的电气设备，可用来把某种数值的交变电压变换为同频率的另一数值的交变电压，也可以改变交流电的数值及变换阻抗或改变相位。变压器的功能主要有电压变换、电流变换、阻抗变换、隔离、稳压等。它是一种利用电磁互感应变换电压、电流和阻抗的器件。变压器由器身、调压装置、油箱及冷却装置、保护装置、绝缘管组成。

3.2.4　变频器

3.2.4.1　变频器简介

变频器是利用电力半导体器件的通断作用将工频电源变换为另一频率的电能控制装置，能实现对交流异步电机的软起动、变频调速、提高运转精度，改变功率因素、过流、过压、过载保护等功能。

变频器可以改变交流电机供电的频率和幅值，因而改变其运动磁场的周期，达到平滑控制电动机转速的目的。

变频器可以为水厂提供恒压供水，且比调节阀门来实现恒压供水节能效果更明显。首先，可以保证起动平衡，起动电流可以限制在额定电流以内，从而避免了起动时对电网的冲击；其次，由于泵的平均转速降低了，从而可以延长泵和阀门的使用寿命；最后，可以消除起动和停机时的水锤效应。

3.2.4.2　变频器组成

变频器通常分为 4 部分：整流单元、高容量电容、逆变器和控制器。

（1）整流单元将工作频率固定的交流电转换为直流电。

（2）高容量电容存储转换后的电能。

（3）逆变器由大功率开关晶体管阵列组成电子开关，将直流电转化成不同频率、宽度、幅度的方波。

（4）控制器按设定的程序工作，控制输出方波的幅度与脉宽，使其叠加为近似正弦波的交流电，驱动交流电动机。

3.2.4.3　变频器分类

按变换环节分为交-直-交变频器、交-交变频器；按直流电源性质分电压型变频器、电流型变频器；按电压等级分高压变频器、中压变频器、低压变频器。

3.2.5　常用低压电器

3.2.5.1　低压电器简介

低压电器是一种能根据外界的信号和要求，手动或自动的接通、断开电路，以实现对电路或非电路对象的切换、控制、保护、检测、变换和调节的元件或设备。控制电器按其工作电压的高低，以交流 1200V、直流 1500V 为界，可划分为高压控制电器和低压控制电器两大类。总的来说，低压电器可以分为配电电器和控制电器两大类，是成套电气设备的基本组成元件。控制系统的优劣和低压电器的性能有直接的关系，因此作有关管理技术人员，应该熟悉低压电器的结构、工作原理和使用方法。

3.2.5.2　常用低压电器种类及用途

低压电器能够依据操作信号或外界现场信号的要求，自动或手动地改变电路的状态、参数，实现对电路或被控对象的控制、保护、测量、指示和调节。

（1）控制作用：如电梯的上下移动，快慢速自动切换与自动停层等。

（2）保护作用：能根据设备的特点，对设备、环境以及人身实行自动保护，如电机的过热保护、电网的短路保护、漏电保护等。

（3）测量作用：利用仪表及与之相适应的电器，对设备、电网或其他非电参数进行测量，如电流、电压、功率、转速、温度、湿度等。

（4）调节作用：低压电器可对一些电量和非电量进行调整，以满足用户的要求，如柴油机油门的调整、房间温湿度的调节、照度的自动调节等。

（5）指示作用：利用低压电器的控制、保护等功能，检测出设备运行状况与电气电路工作情况，如绝缘监测、保护掉牌指示等。

（6）转换作用：在用电设备之间转换或对低压电器、控制电路分时投入运行，以实现功能切换，如励磁装置手动与自动的转换，供电的市电与自备电的切换等。

对低压配电电器的要求是灭弧能力强、分断能力好、热稳定性能好、限流准确等。对低压控制电器，则要求其动作可靠，操作频率高，寿命长并具有一定的负载能力。

当然，低压电器作用远不止这些，随着科学技术的发展，新功能、新设备会不断出现，常用低压电器的主要种类和用途见表 2.3.3。

表 2.3.3　　　　　　　　　　常见的低压电器的种类及用途

序号	类别	主要种类	用　　途
1	断路器	塑料外壳式断路器 框架式断路器 限流式断路器 漏电保护式断路器 直流快速断路器	主要用于电路的过负荷保护、短路、欠电压、漏电流保护，也可用于不频繁接通和断开的电路
2	刀开关	开关板用刀开关 负荷开关 熔断器式刀开关	主要用于电路的隔离，有时也能分断负荷
3	转换开关	组合开关 换向开关	主要用于电源切换，也可用于负荷通断或电路的切换

序号	类别	主要品种	用　途
4	主令电器	按钮 限位开关 微动开关 接近开关 万能转换开关	主要用于发布命令或程序控制
5	接触器	交流接触器 直流接触器	主要用于远距离频繁控制负荷，切断带负荷电路
6	起动器	磁力起动器 星三起动器 自耦减压起动器	主要用于电动机的起动
7	控制器	凸轮控制器 平面控制器	主要用于控制回路的切换
8	继电器	电流继电器 电压继电器 时间继电器 中间继电器 温度继电器 热继电器	主要用于控制电路中，将被控量转换成控制电路所需电量或开关信号
9	熔断器	有填料熔断器 无填料熔断器 半封闭插入式熔断器 快速熔断器 自复熔断器	主要用于电路短路保护，也用于电路的过载保护
10	电磁铁	制动电磁铁 起动电磁铁 牵引电磁铁	主要用于起重、牵引、制动等地方

3.3　管　材　及　管　件

3.3.1　管材

　　水管可分金属管（铸铁管和钢管）和非金属管（预应力钢筋混凝土管、玻璃钢管、塑料管等）。不同材料的水管性能各异，适用条件也不尽相同。

　　水管材料的选择应根据管径、内压、外部荷载和管道敷设区的地形、地质、管材的供应，按照运行安全、耐久、减少漏损、施工和维护方便、经济合理以及清水管道防止二次污染的原则，进行技术、经济、安全等综合分析确定。

　　1. 铸铁管

　　铸铁管按材质可分为灰铸铁管（也称连续铸铁管）和球墨铸铁管。

　　灰铸铁管虽有较强的耐腐蚀性，但由于连续铸管工艺的缺陷，质地较脆、抗冲击和抗震能力差、重量较大，经常发生接口漏水、水管断裂和爆管事故等。但是其可以用在直径较小的管道上，因此采用柔性接口，必要时可选用较大一级的壁厚，以保证安全供水。

与灰铸铁管相比，球墨铸铁管不仅具有灰铸铁管的许多优点，而且机械性能有很大提高，其强度是灰铸铁管的多倍，抗腐蚀性能远高于钢管。除此之外，球墨铸铁管重量较轻，很少发生爆管、渗水和漏水现象。球墨铸铁管采用推入式楔形胶圈柔性接口，也可用法兰接口，施工安装方便，接口的水密性好，有适应地基变形的能力，因此是一种理想的管材。

2. 钢管

钢管有无缝钢管和焊接钢管两种。钢管的特点是能耐高压、耐振动、重量较轻、单管的长度大和接口方便，但承受外荷载的稳定性差、耐腐蚀性差，管壁内外都需有防腐措施，并且造价较高，在给水管网中，通常只在管径大和水压高处，以及因地质、地形条件限制或穿越铁路、河谷和地震地区时使用钢管，用焊接或法兰接口。所用配件如三通、四通、弯管和渐缩管等，由钢板卷焊而成，也可直接用标准铸铁配件连接。

3. 预应力和自应力钢筋混凝土管

在给水工程建设中，有条件时宜以非金属管代替金属管，对于加快工程建设和节约金属材料都有现实意义。

预应力钢筋混凝土管分普通和加钢套筒两种，其特点是造价低、抗震性能强、管壁光滑、水力条件好、耐腐蚀、爆管率低，但重量大，不便于运输和安装。预应力钢筋混凝土管在设置阀门、弯管、排气、放水等装置处，须采用钢管配件。

预应力钢筒混凝土管是在预应力钢筋混凝土管内放入钢筒，其用钢量比钢管省，价格比钢管便宜。接口为承插式，承口环和插口环均用扁钢压制成型，与钢筒焊成一体。

自应力钢筋混凝土管的管径最大为 600mm，只要质量可靠，可用在郊区或农村等水压较低的次要管线上。

4. 玻璃钢管

玻璃钢管是一种新型管材，能长期保持较高的输水能力，还具有耐腐蚀、不结垢、强度高、粗糙系数小、重量轻（是钢管的 1/4 左右，预应力钢筋混凝土管的 1/5～1/10）、运输施工方便等特点，但其价格较高，几乎跟钢管接近，可在强腐蚀性土壤处采用。为降低价格，提高管道强度，国内一些厂家生产出一种加砂玻璃钢管。

5. 塑料管

塑料管具有强度高、表面光滑、不宜结垢、水头损失小、耐腐蚀、重量轻、加工和接口方便等优点，但是管材的强度低、膨胀系数较大，用作长距离管道时需考虑温度补偿措施，例如伸缩节和活络接口。

塑料管有多种，如聚丙烯氰-丁二烯-苯乙烯塑料管（ABS）、聚乙烯管（PE）和聚丙烯塑料管（PP）、硬聚氯乙烯塑料管（UPVC）等，其中以 UPVC 管的力学性能和阻燃性能好且价格较低，因此应用较广。与铸铁管相比，塑料管的水力性能较好，由于管壁光滑，在相同流量和水头损失情况下，塑料管的管径可比铸铁管小。塑料管相对密度在 1.40 左右，比铸铁管轻，又可采用橡胶圈柔性承插接口，抗震和水密性较好，不易漏水，既提高了施工效率，又可降低施工费用。可以预见塑料管将成为城市供水中小口径管道的一种主要管材。

6. 铝塑复合管

铝塑复合管和其他塑料管道的最大差别是它结合了塑料和金属的长处，具有独特的优点。铝塑复合管机械性能优越，耐压性能较高。采用交联工艺处理的交联聚乙烯（PEX）做的铝塑复合管耐温性能较好，可以长期在 95℃ 的温度下使用，可用于建筑内部热水和暖气管道，具有抗气体的渗透性好、热膨胀系数低等特点。

但铝塑复合管和其他管材一样，也有其缺点和局限性。铝塑复合管的连接不能用熔接和黏结，必须使用专用的金属管件（国外要求用高强度黄铜镀镍）把铝塑复合管套入管件后径向加压锁住。铝塑复合管不能回收重做且铝塑复合管的直径限于较小的范围。

7. 钢塑复合管

钢塑复合管产品以无缝钢管、焊接钢管为基管，内壁涂装高附着力、防腐、食品级卫生型的聚乙烯粉末涂料或环氧树脂涂料。采用前处理、预热、内涂装、流平、后处理工艺制成的给水镀锌内涂钢塑复合管，是传统镀锌钢管的升级型产品，管道接口为丝扣连接、法兰连接、卡箍连接等方式。

钢塑复合管的优点有卫生无毒、不积垢、不滋生微生物、保证流体品质、耐化学腐蚀、耐土壤和海洋生物腐蚀、耐阴极剥离、安装工艺成熟、方便快捷、与普通镀锌管连接雷同、耐候性好，适用于沙漠、盐碱等苛刻环境，其管壁光滑，能提高输送效率，使用寿命长。其缺点是生产工艺复杂、安装要求高、造价高等。

8. 玻璃钢夹砂管

玻璃钢夹砂管是以树脂为基体材料，玻璃纤维及其制品为增强材料，石英砂为填充材料而制成的新型复合材料。玻璃钢夹砂管具有以下优点：优良的耐腐蚀性能、耐热耐寒性能好、耐磨性能好、保温性能优、固化后防污抗性好、接口少、安装效率高、比重小、质量轻、机械性能好、绝缘性能优良、水力学性能优异、节省能耗、使用寿命长、安全可靠、设计灵活、产品适应性强、运行维护费用低、工程综合效益好等。其缺点是生产工艺复杂、造价较高等。

上述各种材料的给水管多数埋在道路下。水管管顶以上的覆土深度，在不冻结地区由外部荷载、水管强度以及与其他管线交叉情况等决定，金属管道的管顶需夯实，以免受到动荷载的作用而影响水管强度。冰冻地区的覆土深度应考虑土壤的冰冻线深度。

在土壤耐压力较高和地下水位较低处，水管可直接埋在管沟中未扰动的天然地基上。一般情况下，铸铁管、钢管、承插式钢筋混凝土管可以不设基础。在岩石或半岩石地基处，管底应垫砂铺平夯实，砂垫层厚度对于金属管和塑料管至少为 100mm，非金属管道不小于 150~200mm。在土壤松软的地基处，管底应有强度不小于 α 的混凝土基础。如遇流沙或通过沼泽地带，承载能力达不到设计要求时，需进行基础处理，根据一些地区的施工经验，可采用各种桩基础。

3.3.2　管网附件

给水管网除了水管以外还应设置各种附件，以保证管网的正常工作。管网的附件主要有调节流量用的阀门、供应消防用水的消火栓，其他还有控制水流方向的单向阀、安装在管线高处的排气阀和安全阀等。

1. 阀门

阀门用来调节管线中的流量和水压。阀门的布置要数量少而调度灵活。主要管线和次要管线交接处的阀门常设在次要管线上。承接消火栓的水管上要安装阀门。阀门的口径一般和水管的直径相同，但当管径较大以致阀门价格较高时，为了降低造价，可安装口径为0.8倍水管直径的阀门。

在给水系统中主要使用的阀门有3种：闸阀、蝶阀和球阀。

凡是阀门的闸板启闭方向和闸板的平面方向平行时，这种阀门称为闸阀（闸门），它是管网中使用最广泛的一种阀门。闸阀门内的闸板有楔式和平行式两种，根据阀门使用时阀杆是否上下移动，可分为明杆和暗杆，一般选用法兰连接方式。

蝶阀是其阀瓣利用偏心或同心轴旋转的方式达到启闭的作用。蝶阀的外形尺寸小于闸阀，其结构简单、开启方便，旋转90°就可以完全开启或关闭。蝶阀可用在中、低压管线，例如水处理构筑物和泵站内。

球阀是在球形阀体内，连在阀杆上的是一个开设孔道的球体芯，靠旋转球体芯达到开启或关闭阀门的目的。球阀优点是较闸阀简单、体积小、水阻力小、密封严密，缺点是受密封结构及材料的限制，制造及维修的难度大。在给水系统中，球阀适用于小口径的有毒有害液体、气体输送管道中。

输水管（渠）道的起点、终点、分叉处以及穿越河道、铁路、公路段，应根据工程具体情况和有关部门的规定设置阀（闸）门，同时按照事故检修需要设置阀门。

2. 止回阀

止回阀是限制压力管道中的水流朝一个方向流动的阀门。阀门的闸板可绕轴旋转。水流方向相反时，闸板因自重和水压作用而自动关闭。止回阀一般安装在水压大于196kPa的泵站出水管上，防止因突然断电或其他事故时水流倒流而损坏水泵设备。

在直径较大的管线上，例如工业企业的冷却水系统中，常用多瓣阀门的单向阀，由于几个阀瓣并不同时闭合，所以能有效地减轻水锤所产生的危害。

止回阀的类型除旋启式外，微阻缓闭止回阀和液压式缓冲止回阀还有防止水锤的作用。

3. 排气阀和泄水阀

排气阀安装在管线的隆起部分，管线投产时或检修后通水，管内空气可经此阀排出。平时用以排除从水中释放出的气体，以免空气积在管中，以致减小过水断面面积和增加管线的水头损失。长距离输水管一般随地形起伏敷设，在高处设排气阀。在管道平缓处，根据管段安全运行的要求，一般间隔1000m左右设一处通气措施。排气阀还有在管路出现负压时段向管中进气的功能，从而减轻水锤对管路的危害。

在管线的最低点须安装泄水阀，它和排水管连接，以排除水管中的沉淀物以及检修时放空水管内的存水。泄水阀和排水管的直径由所需放空时间决定。放空时间可按一定工作水头下孔口出流公式计算。为加速排水，可根据需要同时安装进气管或进气阀。

4. 消火栓

消火栓分地上式和地下式，地上式消火栓一般适用于气温较低的地区，每个消火栓的流量为10～15L/s。地上式消火栓一般布置在交叉路口消防车可以驶近的地方，地下式消火栓安装在阀门井内。

3.3.3　管网附属构筑物

1. 阀门井

管网中的附件一般应安装在阀门井内，为了降低造价，配件和附件应布置紧凑。阀门井的平面尺寸取决于水管直径以及附件的种类和数量，但应满足阀门操作和安装拆卸各种附件所需的最小尺寸；井的深度由水管埋设深度确定。阀门井一般用砖砌，也可用石砌或钢筋混凝土建造。

2. 支墩和基础

承插式接口的管线在弯管处、三通处、水管尽端的盖板上以及缩管处，都会产生拉力，接口可能因此松动脱节而使管线漏水，因此在这些部位须设置支墩以承受拉力和防止事故。但当管径小于 300mm 或转弯角度小于 10°，且水压力不超过 980kPa 时，因接口本身足以承受拉力，可不设支墩。

第 4 章 农村饮水安全工程运行管理

4.1 供水管网运行与管理

4.1.1 供水管网的特点

我们把水厂送水泵房到用户水表前部分的供水管道称为供水管网。供水管网是整个供水系统工程中工程量最大、投资最多的部分，其投资额约占供水系统工程的 2/3 以上。管网的设计、规划是否合理，关系到供水管网的安全、可靠运行，从而直接关系到广大人民群众的生活及工业生产所能得到的水量、水压及水质。此外，敷设在地下的管道，增加了其使用及维护的难度，在进行管网建设时，应尽量做到规划、设计、施工既经济又合理，运行既安全又可靠。

4.1.1.1 农村供水管网的特点

1. 规模小，时用水量变化大

在农村，人均综合用水定额、管网系统规模和管径等皆比城市的小。用户用水不均匀，昼夜用水量变化大，几乎集中在某一时段，有些时段（凌晨）根本无人用水，仅靠水塔的储水便可满足用户的需水要求。

2. 建设薄弱，管网材质差

农村管网建设基础薄弱，管材质量较差。有些管网使用年限已久，漏耗锈蚀严重。有资料统计，农村中近 40 万 km 管道中，有 1/3 已超过了使用年限，急需更新改造，且经常发生爆管漏水事故，造成自来水公司的严重亏损。

3. 供水能力不足，可靠性差

农村用水主要包括居民生活用水、灌溉用水等。农村管网多为树枝状，管网各部分之间流量调节能力较差，供水可靠性差，且能量浪费严重。

4. 效率低下，浪费严重

各种给水设备运行效率低下，能量浪费严重。农村管网规划不规范或建设不到位，管网布局不尽合理，造成给水设备效率低下；各种给水设备常年不更换，有些设备无法正常使用，管段阀门无法调节关闭，水泵脱离高效区运行的现象比比皆是。此外，由于水泵配置不合理，夜间送水量减小时没有合适的水泵机组运行，造成出厂压力、管网压力很大，单位水量的供水电耗为白天的 1.3～1.5 倍，浪费大。

5. 管网调度不及时，运行管理困难

当前农村供水技术管理力量不足，对调度工作不重视，技术人员偏少，运行调度人员素质偏低，很少有单位配备专业调度机构，造成发生管网漏水、爆管等事故时检修不及时，以至于渗漏等现象严重。此外，农村供水管网地理位置分散，也大大增加了运行管理的困难程度。

4.1.1.2　农村供水管网的运行方式

目前部分农村采用地下水直接进入管网的一级供水和清水池泵站加压的供水方式，部分农村甚至无独立水厂，其供水主要来源于城镇。

由于农村用水不均匀，昼夜用水量变化大，用一级供水方式不太合适。这是因为供水量满足最大日最大时的要求，就需要最大时的设备能力，否则就会产生供水不足、水压降低等问题，有些用户就用不到水。或者由于调度不及时，也会产生水压过高或过低，造成管网破坏和用户无水现象，因此需要对一级供水方式进行改造。为实现管网安全、经济、可靠地运行，农村供水管网应充分依据自身的特点及用水要求确定运行方式。

1. 设置调节设施运行方式

农村供水管网规模小、时用水量变化大、用水不均匀、供水管网流量调节能力差、输水管网压差变化大、供水可靠性差、加上供水管网自身结构的不完整，因此，农村供水管网应首要考虑设置水量调节构筑物并充分考虑利用地形高差实现重力供水。供水工程主要的调节构筑物有清水池、水塔、高位水池和压力罐。

（1）清水池。一般设在可昼夜连续供水，并可用水泵进行调节的小型水厂里，其次是供水系统要求需要设置清水池的系统。

（2）水塔。一般设在给水系统规模小、供水范围较小的水厂以及间歇运行的水厂，适用于无合适地形设置高位水池的系统。其所需调节容量较小，水塔的容积由二级泵站供水线和用水量曲线确定，若无详细资料，可按照最高日用水量的 10％～15％ 设计，个别村镇给水可以增大到 50％。

（3）高位水池。高位水池主要适用于丘陵地带和山区，调节容量大、安全可靠。在有地势差的地区，可把来水送入地势高的水池，再利用水头对管网供水，这样地势高的水池可以起到调蓄作用，在用水高峰时作为水源供水，用水低谷时蓄水。如此间歇供水，便于维护管理，降低运行费用。

（4）压力罐。压力罐占地少、造价低，可室内安置和进行自动控制，但对电力要求较高，调节容量小，不适于缺电地区。由于农村供水管网管理落后，在使用中一些自动装置经常损坏失修而变成了手动定时控制，失去了自动连续供水的意义。此外，在进行水质消毒时投加的消毒剂氯对压力罐有腐蚀，影响其使用寿命。总的来说，这种调节设备很快便会成为一种临时供水设备，应用范围越来越小。

2. 变频调速供水方式

变频调速供水主要有变频恒压（变流量）和变频变压（变压力）两种供水方式，其基本控制原理都是利用变频调速设备控制水泵转速，从而达到保持水压恒定和不断改变水泵的流量以适应用户用水量要求的目的。通常恒压供水具有节电节水、运行可靠、控制灵活等优点。近年来，由于控制技术的提高，变频设备价格降低，而且采用变频供水方式也可有效解决二次污染的问题，因此，对于新建农村供水系统可考虑采用变频调速供水方式。

3. 二泵站分级供水运行方式

供水系统的调度管理可以考虑采用传统的二泵站分级调度方式，这种分级调度方式主要有两种：一种是时段分级技术，即根据管网用水变化规律将全天分成少数几个时段，以固定方式开启水泵；另外一种是流量分级技术，即根据用水量的变化曲线拟定二级泵站的设计供水线，供、用水之间的流量差主要通过水塔、高位水池调节，这种方式在供水系统中较为普遍，由于该方式不仅能基本满足供水要求，同时也避免了水泵的频繁启闭，有利于设备的维护管理，因此是传统而有效的调节方式。

4. 区域供水运行方式

农村自来水厂规模小、设备简陋、管理水平落后，各水厂之间相互独立、各自为政。这种模式虽然在解决居民的用水需求、保障经济社会发展方面曾发挥过积极作用，然而，根据给水厂的规模经济效应，当水厂的规模增大时，单位水量的建设费用会相对降低。当水厂规模较小，尤其在 2 万 m^3/d 以下时，单位工程造价指标会迅速增长。因此，为了利用规模经济效应，在技术经济优化分析的基础上考虑集中建厂、实施区域供水，即由一个主体单位向周边和邻近的村镇供水，以改善整个地区供水水质、水量和促进地区的乡镇经济发展。同时，由于区域供水一般是由少数水力控制元素组成，具有便于农村供水管网调度管理等优点，已渐渐成为农村供水事业的发展趋势之一。

5. 分区、分压以及中途加压供水方式

农村由于其地形高差悬殊、起伏大，为保证供水安全可靠，避免为满足一部分地势较高地区的服务压力而提高整个管网系统的服务压力，可以考虑采用分压、分区或局部加压供水方式。此外，某些地区供水服务压力不足时考虑设置加压泵站，如输配水管线较长时，在管网中产生较大的沿程损失，为了维持管网末梢的服务压力，势必要提高出厂压力，以致在干管的前段地区形成过高的服务压力，这是极不经济的，也是不安全的。如果在输配水干管中途的适当位置增设加压泵站，以降低加压泵前段的运行压力，从而降低能耗，特别是在前段地区沿程引出流量较大的情况下，节能潜力更大。在分区、分压或局部设置加压泵站时要考虑对其节省的电力费用与增加的管理投资费用进行技术经济优化分析，以确定合理的供水方式。这样可以保证各区管网水量压力平衡，降低系统的供水压力，减少对各区之间用户的影响，同时节省了能耗，使管网系统安全、经济、可靠地运行。

为实现供水管网安全、经济、可靠地运行，应充分根据农村供水管网的特点及用水要求确定合理的运行方式。在分析用水变化规律的基础上采用二泵站分级供水方式；在进行技术经济优化分析的基础上考虑分区、分压或中途加压供水；为实现给水厂的规模效益，应考虑采用区域供水等。

4.2　净水厂运行与管理

4.2.1　水质监测

4.2.1.1　水源水质

（1）净水厂采用地下水作为水源时，原水水质必须符合现行的国家标准《地下水环境质量标准》（GB/T 14848—93）的Ⅲ类水规定。结合本地区的水源水质情况应进行定期、定点、定项目的监测。当水源水质发生异常变化时应根据需要增加监测项目和频次。

（2）净水厂采用地表水作为水源时，原水水质必须符合现行的国家标准《地表水环境质量标准》（GB 3838—2002）的Ⅲ类水规定。结合本地区的水源水质情况应进行定期、定点、定项目的监测。汛期及水源水质发生异常变化时应根据需要增加监测项目和频次。

（3）当原水遭受严重污染，经处理后出厂水达不到现行的国家标准《生活饮用水卫生标准》（GB 5749—2006）的要求，毒理指标严重超标直接危及人的生命时，供水厂应立即停止供水并同时向上级报告。

4.2.1.2 水质监测点的布置

净化工艺中，应在沉淀池（原水箱）出水部位、净化后水部位、送水泵房（罐装车间）等处设置工序质量检测点。

4.2.1.3 水质监测项目和频率

水质检测内容应符合表 2.4.1 的规定。

表 2.4.1　　　　　水　质　检　测

水样	检测项目	监测频率
水源水	《地表水环境质量标准》（GB/T 3838—2002）的 39 项	每季度 1 次
沉淀水	浑浊度、余氯	1～2h 1 次
滤后水	浑浊度、余氯	1～2h 1 次
清水库	浑浊度、余氯、肉眼可见物	1～2h 1 次
出厂水	浑浊度、余氯、肉眼可见物（含地下水）	每小时 1～2 次
	细菌总数、总大肠菌群（含地下水）	每日 1 次
	水温、臭和味、色、pH 值、氯化物、硬度、碱度、亚硝酸盐、耗氧量、铁、锰、氨氮	每日 1 次

注　表中项目可根据本地区原水水质变化和实际需要，自行确定监测项目和监测频率。

4.2.1.4 检验方法

（1）检验方法应符合现行的国家标准《生活饮用水标准检验法》（GB 5750—1985）及有关国家标准检验法的规定。

（2）浑浊度宜用以甲聚合物标准液标定的散射光浊度仪检测。

（3）余氯应用邻联甲苯胺比色法检测。

4.2.2 制水生产工艺标准

4.2.2.1 一般规定

（1）制水生产工艺应保证水质、水压符合国家有关标准的规定。管网干线水压不应低于 0.14MPa。

（2）制水生产工艺中所选用的各种净水药剂与水体接触的设施、设备、材料，均应符合现行的国家标准《生活饮用水卫生标准》（GB 5749—2006）2.3 的规定。

（3）对制水生产工艺中的主要工序必须进行工序参数检测和动态控制。

1）净水各工序的水质检测应符合本细则的规定。对浊度、余氯等主要水质项目应配置连续测定仪，进行连续检测记录，并根据检测结果进行工序质量控制。

2）供水设施、设备的运行水位和压力应配置仪表进行测定。出厂水压力应在出厂总管上进行连续检测记录，并根据检测结果对运行压力进行控制。

3) 进厂原水和出厂清水必须配置计量仪表进行水量检测和记录。新建水厂水量计量仪表的配备率应达到 100%，检测率应达到 95%；已建水厂宜达到以上标准，根据供水量的变化对制水生产系统及各工序的生产水量应进行控制。

4) 净水药剂的投加，应配置计量器具进行检测和记录并合理控制加注率。

5) 供水的电量消耗应按单组机泵配置电能表进行测定和记录，并控制最大用电量。

(4) 制水生产工艺必须保证生产运行可靠，必须设置备用设备，各个工序环节必须符合安全生产的要求。

(5) 制水生产工艺应符合高效、低耗的要求。

4.2.2.2　工序质量标准

(1) 投药工序质量标准和工艺技术要求应符合下列规定：

1) 净水剂质量应符合国家现行的有关标准的规定，经入厂检验合格后方能使用。

2) 没有自动控制运行的供水厂应以搅拌试验确定合理的加注率。

3) 混凝剂应经溶解后配制成标准浓度进行计量加注。

4) 应根据混合条件正确设置投加点，投加方式可采用重力投加或压力投加。

5) 与药液直接接触的设施、设备、装置均应采用耐酸材料或进行衬涂。

6) 当原水浊度低于 3 度时，仍宜投加适量的混凝剂或助凝剂。

7) 使用助凝剂时，应根据助凝剂的特性正确选择投加点。

(2) 混合工序质量标准和工艺技术要求应符合下列规定：

混合应快速、均匀。泵前投药时，可利用水泵叶轮的转动进行混合；泵后投药时，可选用管道混合、静态混合器、机械搅拌等混合方式。

(3) 沉淀、澄清工序质量标准和工艺技术要求应符合下列规定：

1) 应按设计要求和生产情况控制流速、运行水位、停留时间、积泥泥位（泥渣沉降比）等工艺参数。

2) 沉淀池的进水区、沉淀区（包括斜管的布置）、积泥区、出水区应符合设计和运行的要求。

3) 应定期或定时对沉淀（澄清）池进行排泥。

(4) 过滤工序质量标准和工艺技术要求应符合下列规定：

1) 出厂水浊度必须保证管网水浊度符合国家标准的要求，其浊度不宜超过 2 度。

2) 应按设计要求和生产情况控制滤速、过滤损失水头、冲洗周期、冲洗强度、冲洗时间等工艺参数。

(5) 消毒工序质量标准和工艺技术要求应符合下列规定：

1) 经消毒后，水中的细菌总数不应超过 100 个/mL，总大肠菌群不应超过 3 个/L，可采用臭氧消毒或氯消毒，并应保持水中有适量的消毒剂剩余量，余氯量应符合出厂水水质要求。

2) 液氯消毒剂必须经安全可靠的投加装置的计量进行投加，投加装置应能有效地防止倒回水，严禁采用直接干式投加。

3) 应保证氯消毒剂与水体有充分的接触时间，采用游离氯形式消毒时，接触时间应大于 3min；采用氯氨形式消毒时，接触时间不得小于 2h。

4）应正确设置投加点。采用一次投加的，当清水池的停留时间能保证要求的接触时间时，投加点宜设在清水池进水管上或进水口处，当停留时间不能保证要求的接触时间时，投加点应适当前移；采用二次投加的，前次投加点应根据混合条件正确设置，后次投加点宜设在清水池进水管上或进水口处。

4.2.3 供水设施运行调度

厂级调度

（1）统一调度产水系统工艺设施的运行。

1）负责进水泵站或水源井泵组的投入、停止运行和输水管道的使用。

2）指挥净化车间进、出水控制总阀门。

（2）统一调度产水系统各种运行状态下的阀门操作。

1）提出各种运行状态下的停闸操作。

2）现场指挥停闸操作。

（3）对工艺设施进行维修时，负责提出停水、生产运行调度方案。

（4）参与各种设备大修后投入生产时的验收。

（5）参加在产水工艺系统中出现的重大设备、水质和运行事故的分析处理。

4.2.4 供水设备运行

4.2.4.1 水泵

各种泵的运行应符合下列规定：

（1）应调节好工况点，使泵工作在高效区范围内，当恒速与调速联运，也应选择综合曲线的高效区。

（2）运行中，泵进口处有效汽蚀余量应大于水泵规定的必需汽蚀余量，或进水水位不应低于规定的最低水位。

（3）在泵出水阀关闭的情况下，电机功率小于或等于 50kW 时，离心泵和混流泵连续工作时间不应超过 3min；大于 50kW 时，不宜超过 5min。

（4）泵的振动不应超过现行国家标准《泵的振动测量与评价方法》（GB/T 29531—2013）振动烈度 C 级的规定。

（5）轴承温升不应超过 35℃，滚珠或滚柱轴承内极限温度不得超过 75℃。滑动轴承瓦温度不得超过 70℃。

（6）填料室应有水滴出，宜为每分钟 30～60 滴。

（7）水流通过轴承冷却箱的温升不应大于 10℃，进水水温不应超过 28℃。

（8）输送介质含有悬浮物质的泵的轴封水，应有单独的清水源，其压力应比泵的出口压力高 0.05MPa 以上。

4.2.4.2 电动机

（1）电动机的运行电压可在其额定电压的 −10%～+10% 范围内变动，额定功率运行时，三相最大不平衡线电压不得超过 5%，运行中任一相电流不超过额定值时，不平衡电压不应超过 10%。

（2）电动机除启动过程外，运行电流不应超过额定值，不平衡电流不得超过 10%。

（3）在冷却空气最大计算温度为 40℃时，电动机各部运行温度和温升应符合表 2.4.2 的规定。

表 2.4.2　　　　　　　　　　电动机各部允许运行温度和升温　　　　　　　　单位：℃

名　称		允许温度	允许温升	测定方式
定子绕组	A 级绝缘	100	60	电阻法 温度计法
	E 级绝缘	110	70	
	B 级绝缘	120	80	
	F 级绝缘	140	100	
转子绕组	A 级绝缘	105	65	电阻法
	B 级绝缘	130	90	
定子	A 级绝缘	—	60	温度计法
	E 级绝缘	—	75	
铁心	B 级绝缘	—	80	
	F 级绝缘	—	100	
滑环	A 级绝缘	—	60	温度计法
	B 级绝缘	—	80	

（4）电动机轴承运行温度应符合本篇 4.2.4.1 的规定。

（5）电刷与滑环（或整流子）的接触面应不小于 80%，滑环（或整流子）表面应无凹痕、清洁平滑、同步电动机的滑环极性应每年更换 2～3 次，同一极性不应使用不同品质的电刷。

（6）具有无功率因数补偿装置时，同步电动机宜以过励方式运行，励磁电流不应超过转子绕组的额定电流。

（7）水冷却的轴承，其进口水温应符合本篇 4.2.4.1 的规定。

（8）电动机较长时间不运行，在投入运行前，应作绝缘检测。

4.2.5　供水设施维护

4.2.5.1　一般规定

（1）供水设施维护检修应建立日常保养、定期维护和大修理三级维护检修制度。

（2）日常保养应检查运行状况，使设备、环境卫生清洁，传动部件按规定润滑。

（3）定期维护应定期对设施进行检查（包括巡检），对异常情况及时维修或安排计划修理，防止设施的损坏或故障。对有关设施进行全面强制性的检查和整修，宜每年列入年度计划。

（4）大修理（恢复性修理）应在设施较长时间运行后，有计划地对设施进行全面整修及对重要部件进行修复或更换，使设施恢复到良好的技术状态。

4.2.5.2　输水管线

（1）日常保养项目、内容，应符合下列规定：

1）应进行沿线巡视，消除影响输水安全的因素。

2）应检查、处理管线的各项附属设施有无失灵、漏水现象，井盖有无损坏、丢失等。

（2）定期维护项目、内容，应符合下列规定：

1）应每季对管线附属设施、排气阀、自动阀、排空阀、管桥巡视检查和维修一次，保持完好。

2）应每年对管线及附属设施检修一次，并对钢制外露部分进行油漆。

4.2.5.3　过滤设施

（1）日常保养项目、内容，应符合下列规定：每日检查阀门、冲洗设备（水冲、气水冲洗、表层冲洗）、电气仪表等的运行状况，并相应进行加注润滑油和清扫等保养，保持环境卫生和设备清洁。

（2）定期维护项目、内容，应符合下列规定：滤池、土建构筑物、机械，不应超过 5 年进行大修一次。

4.2.5.4　清水池

（1）应定时对水位尺等进行检查，清扫场地。

（2）定期维护项目、内容，应符合下列规定：

1）每 1～3 年清刷一次。

2）清刷降水并水位降至下限运行水位时，水池存水及清刷用水应排至下水道。

3）在清刷水池恢复运行前，应进行消毒处理。

4）对于地下水位较高的地区，地下清水池设计中未考虑排空抗浮的，清刷前必须采取降低清水池四周地下水位的措施，防止清水池清刷过程中的浮起。

5）应每月对阀门检查修理一次，每季对长期开和长期关的阀门操作一次，水位尺检修一次。草地、绿化应定期修剪，保持清洁。

6）电传水位计应根据其规定的检定周期进行检定，机械传动水位计宜每年进行校对和检修一次。

7）1～3 年对水池内壁、池底、池顶、通气孔、水位尺、伸缩缝等检查修理一次，并应解体修理阀门，油漆铁件一次。

4.3　饮水安全工程经营管理

4.3.1　经营管理体制

4.3.1.1　管理体制

农村饮水安全及管网入户工程运行管理以保障农村居民生活和公共建筑用水为目标，以提供优质的供水服务为宗旨，逐步建立适应市场经济要求、符合农村供水工程特点的管理体制和运行机制，实现管理专业化、供水商品化、服务社会化，确保农村饮水安全工程良性运行。

实行政府负责、分级分部门管理的体制。地区政府对农村饮水安全工程负总责，实行行政领导负责制，制定相关政策和措施，依法保护供水经营者、用水户的合法权益；地区水务局是农村饮水安全工程的行政管理部门，负责组织研究、制定工程管理政策和规章制度，对实施情况进行指导和监督；地区财政局负责农村饮水安全及管网入户工程运行管理资金的保障落实；地区卫生局负责卫生监督和水质监管工作，建立和完善农村饮用水水质监测网络；地区环保和建设局负责对饮用水水源地的环境保护、污染防治以及水环境监测；地区物价局、地区发改委负责供水水价的核定和监管；地区供电局负责提供电力保障，落实优惠电价；地区审计局负责对水费收缴和使用情况进行监督。

4.3.1.2　农村饮水安全工程管理体制模式

根据目前的工程建设形式，农村饮水安全工程管理体制模式分为以下几种。

（1）集中供水工程和联村工程。集中供水工程和联村工程，主体工程属国家所有，由县级水行政主管部门行使管理权，组建供水管理站或公司经营管理，经营者组织供水生产，并按核定的水价征收水费，负责工程的运行维护。也可采取公开竞标的形式，将一定时期内的工程经营权拍卖给经营者，拍卖价不低于工程造价的 60%～80%，拍卖所得资金由县级水行政主管部门专户储存管理，专项用于运行期满后工程的维修和设备更新。

（2）国家投资为主的单村供水工程（包括连片水窖工程），所有权归受益村集体所有，由村集体用水户协会管理。也可采取拍卖、租赁承包等形式落实管理主体。租赁、承包价每年不低于工程造价的 5%～10%。

1）集体用水户协会管理，由村委会组织确定或推选专门管理人员，负责工程管理和征收水费，并按国家规定提取折旧和大修等费用。

2）拍卖经营权，应通过公正、公平、公开的竞标方式卖给农户和个人经营管理。拍卖所得资金由村集体专户储存，专项用于拍卖期满后工程的维修和设备更新，由水行政主管部门监督使用。

3）租赁承包，应在资产评估的基础上，确定租赁承包底价，公开竞标。中标者要缴纳押金并与所有权者签订合同，在规定承租期内独立经营，按期交纳租金，存入工程折旧与大修理费专户，保证工程资产的保值和工程设备的大修更新。

（3）城镇自来水管网延伸供水工程。城镇自来水管网向农村延伸的供水工程，原则上由城镇自来水厂负责工程运行和维护管理。工程的产权一般属城建或市政部门所有。

4.3.1.3　农村饮水安全工程管理机构设置和职责

（1）农村饮水安全工程管理机构依据工程类型和规模可设置供水中心、供水管理站或用水户协会，主管单位为区县水行政主管部门。

（2）农村饮水安全工程管理要积极推行管理单位和管理负责人的目标责任制，按管理程序，依法签订责任书，明确责任权利。主管单位要加强对责任书执行情况的监督。

（3）建立以聘用制为基础的用人制度。管理机构人员依照《村镇供水工程管理岗位标准》，按照精简、高效的原则确定。管理单位负责人由通过公开竞聘方式选任、考评，管理人员按照岗位要求，公开择优聘用。

（4）建立合理的分配机制。要按照市场经济规律，采取灵活多样的分配办法，实行基本工资加绩效工资，把职工收入与岗位责任和工作绩效紧密联系起来。

（5）建立有效的约束监督机制。供水工程管理单位、用水户协会组织、业主不仅要接受水利、财政、卫生、建设和环保、物价、审计等部门的监督检查，建立定期和不定期报告制度，还要接受用水户和社会的监督、质询和评议。

（6）供水管理单位要建立健全内部管理制度，规范管理行为，在确保安全生产和正常供水的基础上，对管理人员进行定期和不定期的业务培训和考核，提高管理人员的业务素质，不断提高管理水平和服务质量。

（7）市、县水行政主管部门要成立农村饮水工程管理中心，管理机构设立要经同级人民政府批准。人员编制，市级在编 5～7 人，县级在编 3～5 人，要纳入编制计划，人员可在水行政主管部门内部调整或新增加编制。

（8）农村饮水工程管理中心属事业性质，每年各级财政要专列一定的工作经费，保证建设、管理、维护工作正常进行。

（9）农村饮水工程管理中心负责农村饮水工程改建、新建项目的建设管理和现有工程的管理工作。

1）根据上级有关部门年度投资计划，编制年度农村饮水工程建设和实施方案，认真搞好工程的设计、审查、上报工作，筹集工程建设资金，组织实施工程建设和材料、设备的采供与安装，按时完成工程建设任务，由同级政府和上级主管部门验收后接受管理工作。

2）负责农村饮水工程的档案（工程设施状况、运行情况、财务收支、管理人员）管理；指导和监督农村饮水工程产权改制，落实工程管理人员，工程设施安全运行管理，设备更新和大修，水价核定，供水情况与供水效益，水费收缴，财务管理等方面工作。

3）建立管理人员健康档案，每年进行一次体检，发现有各种传染病的管理人员必须调离，保证饮水工程安全供水。

4）负责收缴工程折旧费、大修费，统一交县级财政专户管理，监督和审批各工程提交的费用使用计划，保证该资金用于本工程的更新改造和大修。

（10）以区县管理中心为依托，组建（或委托）安装、维修服务队，以成本价或微利为全区县农村饮水工程服务。服务队要配备必要的维修工具、交通工具、配件等，开展定期上门服务和随叫随到服务，保证农村饮水工程有良好的运行状况，提高工程的完好率，使农村饮水工程充分发挥效益。并负责组织管理人员进行技术培训，提高管理人员素质和管理水平。

（11）联村供水工程，主体工程的养护和维修资金由管理单位负责多渠道筹措解决，入户工程由用户维修。单村供水工程，主体工程的养护和维修资金由管理人员负责多渠道筹措解决或用水户协会组织召开村民代表大会按"一事一议"原则向用水户分摊解决，入户工程由用户维修。

（12）建立高效的维修机制，供水管理单位要成立专业维修队，向供水区公布监督电话，建立 24 小时服务制度。对不具备自行维修、维护能力的供水工程，可以委托当地供水管理部门或有资质的工程维修服务公司定期维修，逐步实现维修、维护服务的社会化和市场化。

（13）建立规范的档案管理机制，供水工程要建立技术档案管理制度。归档资料包括：供水工程竣工报告、竣工图纸，工程招标合同、设计文件、图表、验收文件、工程决算、财产清单等资料；供水工程运行中的水质监测记录、水源变化记录、设备检修记录、生产运行报表和运行日志等资料应真实完整，并有专人管理。

4.3.2 水价及财务管理

（1）供水工程的水价按照"补偿成本、合理收益、优质优价、公平负担"的原则，合理确定供水价格，保护受益群众的切身利益。

（2）推行基本水费和计量水费相结合的水价制度，按照分级供水、超额加价等办法按月收费；水价标准，可随着供水成本等因素的变化，由供水工程管理单位提出申请，由市发展和改革局、市物价局及市水行政主管部门共同核准后调整。

基本水价按补偿供水成本的直接工资、管理费和50％的折旧、大修理费的原则核定。计量水价按补偿基本水价以外的水资源费、材料费等其他成本、费用以及计入规定利润和税金的原则核定。

（3）水价核定中，计费水量按现有人口和大牲畜数量乘以人、畜平均日用水量核定，企业用水按实际用水量计算。已建改建工程的总投资按现值计算。水价按水的用途分类核算，最低价格不能低于成本水价。水价要以公示栏的形式向社会公开，增加透明度，接受社会和群众监督。

供水成本应包括以下部分：

1）供水工程运行人员、维护人员和管理人员的工资、补助工资以及按规定计提的职工福利费等。

2）支付使用上游水利工程的供水水费或规定交纳的水资源费。

3）提水及加压等机械所耗用的燃料及动力费。

4）日常维修管理及净化处理所用的材料费用。

5）按规定提取的折旧费和大修理费。

6）供水生产运行管理中所发生的办公费、差旅费、邮电费、劳动保护费、管理用房维修费、水质检验费等。

7）按规定应列入供水成本开支的费用。

（4）供水工程实行计量收费。

1）各村应安装总表；供水进户的应户户安装水表，以表计量；设集中供水点供水的，供水点要安装水表并有专人计量。

2）实行预收水费或凭票供水制度。供水站可直接向用户计收，也可由各村管水员向用户计收，不得加价。各地要逐步推广先进的IC卡、射频卡等自动收费管理系统。

3）用户在接到供水收费通知单后，应在规定的期限内及时交清水费，逾期未交的，可加收滞纳金甚至停止供水。任何部门和个人不得以行政手段命令供水站无偿供水。

（5）对超过最高用水量50％以内的，其超过部分应按水价的2倍计费；对超过50％以上的，除按水价的2倍计费外，可限量供水或停止供水。

（6）供水工程管理单位要实行公示制度，定期对水价、水量、水费收支特别是工程折旧费的管理和使用情况进行公示，接受用水户和社会监督。

（7）用水户必须安装水表，按时缴纳水费，逾期不缴纳者，供水工程管理单位每天加收2‰的滞纳金；超过一定期限仍不交纳者，可停止供水；任何部门和个人不得以行政手段命令供水工程管理单位无偿供水。

（8）收入管理。供水管理单位在收费时，要严格按照《收费许可证》的收费标准和收费范围收取各项非税收入（行政事业性收费、罚没收入），规范使用收费票据，做到应收尽收。严格执行财政"收支两条线"的规定。

（9）财产物资管理。

1）建立健全固定资产日常核算、登记、清查、报告等管理制度。

2）严格执行财产清查监督。每年应组织一次对固定资产清查盘点，确保资产的安全、完整。对清查中发现的盈亏、毁损、报废、损失，应及时查明原因，并按规定申报核销处理，确保账实相符、账账相符。

3）调拨、捐赠、变卖、转让等处置资产，应按规定权限办理审批手续。

4）资产处置（处置房地产、机动车辆、贵重文物和大型仪器设备等）必须进行资产评估，经备案或审核后，由县财政（国资）部门会同资产占有单位或经营单位通过公开拍卖、招标、挂牌等形式转让。

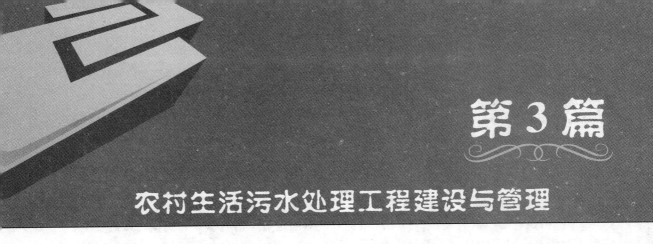

第1章　农村生活污水处理工程

1.1　农村生活污水治理方案

1.1.1　治理技术选择原则

农村地区经济技术薄弱，缺少充足的资金和专业的技术管理人员，因此农村生活污水处理方式不能照搬或套用城镇污水处理模式，须结合农村实情和生活污水特点科学决策。

在具体选择农村生活污水处理方式时，一般应遵循以下原则。

1. 因地制宜

农村生活污水处理不能拘泥于一种或几种模式，关键要根据镇村的功能、人口、地形地貌、地质特点、气候、排放要求和经济水平等，通过技术经济分析和比较，因地制宜地选择简单、经济、有效的处理技术。如在经济发达、用地受限的镇村，可以选择由厌氧、好氧组合而成的一体化处理设备；在用地充裕、气候适宜的镇村，可以选择人工湿地、稳定塘等生态处理技术。

2. 维护管理简便

我国农村地区经济技术相对落后，缺乏专业技术人员，往往发生农村生活污水处理设施建成投产后无法实现科学维护与管理的现象。因此，在农村宜选用维护需求量少、日常管理简单的处理技术。

3. 运行费用低廉

目前，我国农村生活污水处理设施运行费用十分有限，缺少稳定经费来源，城镇污水处理中最常采用的好氧处理技术因运行费用高，在农村地区推广应用受到一定局限。因此在条件允许的地区，应尽可能采用生态或厌氧处理法，做到污水处理能耗的最小化。

·4. 工艺流程简单

农村生活污水处理设施规模小，维护管理不容易到位，因此其工艺流程不能太过复杂，要尽量减少工艺环节，以便于运行管理。

一般来说，农村生活污水处理系统最好不设初沉池和二沉池，可采用较大体积的均化池代替调节池和初沉池，利用生态处理法或生物膜法省去二沉池。

1.1.2　治理技术方法

目前，我国的农村生活污水处理技术种类很多，按其原理可分为 3 类：生物处理技术、生态处理技术和物化处理技术。

1.1.2.1　生物处理技术

1. 好氧生物处理技术

根据污泥的生长状态，好氧生物处理技术可分为活性污泥法和生物膜法两大类。其中，活性污泥法的运行成本较高，还存在污泥膨胀问题，因此不适合在农村地区使用。相比较而言，生物膜法更易于维护管理，且无污泥膨胀问题，可在用地受限时考虑采用。

（1）生物接触氧化法。生物接触氧化法是在生物滤池的基础上，通过接触曝气形式改良而演变出的一种生物膜处理技术。生物接触氧化池操作管理方便，比较适合农村地区使用。

日本针对分散式农村污水开发的净化槽，其好氧单元就采用了生物接触氧化技术。我国在一些用地受限、冬季气温较低、经济条件较好或出水要求较高的镇村，已研究应用了生物接触氧化技术，如广州市萝岗区埔心村、江苏泰州戴南镇董北村和赵家村、宁夏平罗县渠口乡等。

（2）好氧生物滤池。好氧生物滤池一般以碎石或塑料制品为滤料，将污水均匀地喷洒到滤床表面，并在滤料表面形成生物膜。污水流经生物膜后，污染物被吸附吸收。

好氧生物滤池可分为普通生物滤池、高负荷生物滤池和塔式生物滤池 3 类。其中，塔式生物滤池处理效率高、占地面积小，且可通过自然通风供氧节省能耗，因此适用于处理农村生活污水。塔式生物滤池由顶部布水，污水沿塔自上而下流动，在自然供氧情况下，使好氧微生物在滤料表面形成生物膜，去除污水中呈悬浮、胶体和溶解状态的污染物质。

（3）蚯蚓生物滤池。蚯蚓生物滤池根据蚯蚓具有提高土壤通气透水性能和促进有机物质的分解转化等功能而设计，是一种既可高效、低耗去除污水中的污染物质，又可大幅度降低污泥产率的污水处理技术。

蚯蚓生物滤池技术最早由智利大学的 Jose Toha 教授于 1992 年提出，在法国和智利发展较快，并得到了推广应用。

鉴于蚯蚓生物滤池处理农村生活污水具有一定的技术优势，国内在该方面的研究和应用也日益增多，如上海交通大学、同济大学和南京大学等均开展过一系列试验研究，并将成果应用于实际农村生活污水处理。

2. 厌氧生物处理技术

厌氧生物处理技术无需曝气充氧，产泥量少，是一种低成本、易管理的污水处理技术，能够满足农村生活污水处理的技术要求。

（1）污水净化沼气池。污水净化沼气池是由沼气池和厌氧生物滤池串联而成，可几户合建或单户修建，布置灵活，在我国四川、江苏、浙江等省的农村地区均有应用。污水净化沼气池的处理效果显著，出水水质稳定，出水水质大多可达《污水综合排放标准》（GB 8978—1996）二级标准。

（2）厌氧生物滤池。厌氧生物滤池的构造类似好氧生物接触氧化池，不同之处在于池顶密封，其工程投资、运行费用低，对维护人员的要求不高，已在我国农村应用。

如北京胡家垡村采用厌氧生物滤池处理生活污水，出水水质达北京市《水污染物排放标准》（DB 11/307—2005）的二级标准。另外，若将厌氧生物滤池技术与好氧生物技术联合使用，出水水质可达到《城镇污水处理厂污染物排放标准》（GB 18918—2002）的一级 A 标准。

（3）复合厌氧处理技术。复合厌氧处理技术是厌氧活性法和厌氧生物膜法相结合的处理方法。上海市政工程设计研究总院根据多年积累的污水治理经验，结合农村生活污水处理的实际需求，自主开发了复合厌氧反应器，并成功应用于农村生活污水处理。该复合厌氧反应器由轻质滤料层、悬浮厌氧污泥床等组成，经厌氧活性污泥和生物膜的双重协同作用，污染物去除效率极大提高。此外，通过在反应器中设置特殊轻质滤料层，防止了污泥流失，提高了反应器的容积负荷和处理效果。实际工程的跟踪检测结果（表 3.1.1）表明，复合厌氧反应器对 COD 和 SS 表现出良好的去除效果。

表 3.1.1　　　　　　　　　　　　　复合厌氧反应器处理效果

日期	COD/（mg/L）		SS/（mg/L）		水温/℃
	进水	出水	进水	出水	
2009 年 3 月	363.5	65.9	245	39	9
2009 年 4 月	449.2	75.4	142	28	19
2009 年 5 月	250.5	56.4	178	32	21
2009 年 6 月	118.5	44.5	54	22	25

1.1.2.2　生态处理技术

1. 人工湿地

人工湿地处理系统源于对自然湿地的模拟，主要利用自然生态系统中植物、基质和微生物三者的协同作用实现水质的净化。人工湿地主体由土壤和按一定级别充填的填料等组成，并在床表面种植水生植物而构成一个独特的生态系统。人工湿地处理系统净化效果好、工艺设备简单、维护管理方便、运行费用低、生态环境效益显著，但进水负荷要求较低、占地面积较大，因此适用于远离城市污水管网、资金少、技术人才缺乏、有土地资源可利用的中小城镇和农村地区。

2. 土地处理

土地处理技术是在人工调控下利用土壤-植物-微生物复合生态系统，通过一系列物理、化学、生物作用，使污水得到净化并可实现水分和污水中营养物质回收利用的一种处理方法。

根据水流运动的流速和流动轨迹的不同，土地处理系统可分为 4 种类型：慢速渗滤系统、快速渗滤系统、地表漫流系统和地下渗滤系统（即毛细管土地渗滤处理技术）。与前 3 种系统相比，地下渗滤系统的布水设施埋于地下，无损地面景观、受天气影响小，且能够适应于北方寒冷干旱的天气，因此适用于农村生活污水处理。其缺点是：负荷控制不当，则会堵塞；防渗质量不好，则会污染地下水；因进出水系统埋于地下，投资相对较高。目前，土地渗滤技术在国内已投入运用，并取得了较好效果。如上海市宝山区罗店镇张墅村采用地下渗滤系统处理生活污水，出水达到 GB 18918—2002《城镇污水处理厂污染物排放批准》一级 B 标准，且整个处理系统建造成本低，基本免维护。

3. 稳定塘

稳定塘是经过人工适当修整后设围堤和防渗层的污水池塘。其净化原理类似自然水体的自净机理，通过微生物（细菌、真菌、藻类、原生动物等）的代谢活动，以及相伴的物理、化学、物化过程，使污水中污染物进行多级转换、降解和去除。稳定塘建造投资少、运行维护成本低、无需污泥处理，但负荷低、占地大、受气候影响大、处理效果不稳定。为进一步强化处理效果，国内外相继推出了许多新型塘和组合塘。如装有连续搅拌装置的高效藻类塘、利用水生维管束植物提高处理效率的水生植物塘、多个好氧和厌氧稳定塘相连的多级串联塘以及高级综合塘等。其中高效藻类塘应用较多，尤其在太湖流域，其处理效果稳定且优于传统氧化塘。

1.1.2.3　物化处理技术

污水的物化处理方法主要包括：混凝、气浮、吸附、离子交换、电渗析、反渗透和超滤等。在各种物化处理技术中，仅混凝技术相对符合农村要求，其最大优点是能够根据污水中污染物的性质，选取合适的絮凝剂，保证污染物质的高效去除。混凝技术对悬浮物、金属离子、胶体物质和无机磷去除效果好，但对有机物和氮的去除能力相对较弱，且运行过程中需要连续投加药剂，故运行成本较高。在我国农村地区，混凝技术主要用作生态处理系统的前处理措施或化学除磷，如上海市崇明县前卫村在人工湿地之前采用混凝强化处理技术，降低人工湿地处理负荷和保证处理效果。

1.2　生活污水收集系统

随着我国农村经济的发展和农村生活水平的不断提高，农村生活污水引起的环境污染日趋加重。目前，我国农村生活污水排放量每年约为 80 亿～90 亿 t，且不断增加，但处理情况却不容乐观。96％的村庄没有排水渠道和污水处理系统，生活污水随意排放。

农村生活污水的随意排放已成为我国农村地区水环境污染的主要致因。如太湖水体富营养化的主要污染物中，25.1％的氮、60％的磷源于农村生活污水。为控制农村生活污水污染，保障农村生态环境和农民身心健康，我国正在加快农村生活污水治理基础设施建设。

1.2.1　农村生活污水特征

农村生活污水的来源主要有厨房、沐浴、洗涤和冲厕等，其数量、成分、污染物浓度与镇村居民的生活习惯、生活水平和用水量有关。一般而言，农村生活污水具有如下特点：有机物含量较高，可生化性好；重金属等有毒有害物质含量低；水质水量波动大。

1.2.2　农村生活污水收集方法

与城市相比，农村人口密度低、分布分散，生活污水排放面广，因此不宜采用城市污水集中收集模式，必须根据农村实际，采用适合农村特点的收集方式。因此农村生活污水的收集必须结合当地的自然地理条件、经济与社会条件，因地制宜地采用不同的模式收集污水。

1.2.2.1　自然地理条件

1. 村庄地理范围及面积

村庄的面积和人口数决定村庄人口密度。当村庄人口密度较大时，可以利用污水管道将农户产生的污水集中收集起来，然后考虑进行分散处理或者纳入附近城镇污水处理厂污水管道。当两个或两个以上的村庄距离较近，且人口密度比较大时，可以考虑共同建造污水收集处理系统，在最佳地点合建污水处理系统，从经济最优化角度解决农村污水收集处理问题。当村庄人口密度较小，人口居住比较分散，且周围生态环境较敏感，要求必须对生活污水进行处理时，可以每户单独配备小型污水处理设施，如SBR、生物接触氧化等。

2. 气候特点

一个地区的温度和降雨量直接影响污水收集方式。温度偏低的北方地区，在铺设污水收集管道或者暗渠明渠时应该考虑冬季气温对污水的影响，保证寒冷气温下污水在管道中正常流动。大部分污水处理系统基本都能够在寒冷地区正常处理污水，而对于人工湿地处理系统，则需要根据当地的气温特点选择合适的植物种类。

一般农村大部分土地都是裸露在空气中，雨水可以通过土壤的渗透作用深入到地下。在人口较集中的农村，为了交通方便，人们用水泥或沥青等材料对路面进行了固化，在一定程度阻止了雨水渗入到地下。需要根据情况确定雨水与污水收集的方式。在西部降雨量较小的干旱地区，一般采用合流制；在污染不严重、降雨量较大的地区，可以采用分流制，直接将雨水排入附近的受纳水体中；而在污染较为严重、降雨量较大的地区，建议采用合流制将雨水与生活污水一同排入污水处理系统。位于北京市大石窝镇南部的南河村采用不完全分流的排水系统，不完全分流制即无雨水管道系统的分流制，它的特点是管道系统只是污水管道，管道管径小，工程造价低，工期短，提早发挥效益，雨水靠明渠或道路边沟排出。虽有碍环境卫生，但也是一种排雨水的方式。因为南河村地区降雨量比较小，不会发生因为降雨而受淹的情况，而且在北方地区，干旱少雨，雨水作为一种重要的水资源，通过明渠收集起来可以用作农作物的灌溉，这种排放系统适合北方较干旱的农村地区。

3. 地形地势

对于重力流系统，地形地势决定了污水管道的铺设深度和设置提升泵的数量。由于重力流系统的管道需要倾斜以形成一定的坡度，如果在平原地区，会造成管道埋深过大（在经济和技术上允许的最大埋深为7～8m），这就需要提升泵站，导致排水系统的费用高且管理困难。在山区，路面坡度很大，管道铺设一般跟随地面坡度，既能节约管材，又能增加管道水流速度。

在集水区域相对较小的地方，可以采用集中收集替代的方法。一种是采用真空排水系统，该系统中由于中心泵站的作用，所有的管道都处于负压状态，污水被吸入管道并输送到污水处理系统。由于污水流动不是靠重力作用，这种收集系统不需要形成坡度，因而管道可以贴近地面，安装和维修费用都较低，管道渗漏也不会对环境造成污染。但是真空排水系统的主要缺点是耐久性低，管道容易破损，尤其在它们的连接处。如果系统损坏，连接到系统支管的房屋在系统修复之前是无法排放污水的；同时大量的阀门也会造成操作上的严重问题。另一种替代方法是采用压力排水系统，系统中几个房屋的污水被收集并被泵入一个公共压力总管中，该总管接收来自很多泵站的污水。连接泵站的管道可以很细且无需坡度，因此管道埋深可以很浅，降低了施工费用，管道耐久性相对较好，且管道破损后，系统仍然能够排放污水，但是破损的管道会带来大面积的污染。

对于这两种替代重力流的污水收集系统，适用于人口较密集的小范围村落，且经济条件发达的地区。

4. 敏感地域

生态敏感区是指荒漠中的绿洲、严重缺水地区、珍稀动植物栖息地或特殊生态系统、重要湿地和天然渔场等。生态敏感区水资源珍贵，用以维持特殊物种的生存，同时对全球气候起到不可估量的作用。随着人类对环境资源的不断开发掠夺，我国生态敏感区域面临越来越严重的污染问题，造成这些地域越来越多的物种灭绝，环境恶化。为了保证生态敏感区发挥正常的功能，需要加强这些地区环境污染的控制与治理工作，防止污水排放对水资源的污染，重点收集敏感地域产生的全部污水；同时采用处理效率较高、出水水质好的污水处理系统，尽量降低人类生活活动对环境的污染程度。

1.2.2.2　经济与社会条件

1. 经济发展水平

经济发展水平主要是指投入水平、产出水平、人均收入水平、贫富人口差距等，它是反映农村经济区经济实力和发达程度的重要标志。一个村庄的经济发展水平高，农民生活富裕充实，对环境的要求比较高，他们会选择比较完善、环境效益好的污水收集和处理系统。下水管道系统的昂贵建设费用对于农村地区来说很难承担，改善居住环境是广大农村居民的意愿，但是经济条件又制约了规划的实施。上述的北京市大石窝镇南河村能够建成较完善的排水系统，得益于该村是北京市的新农村试点村，下水管道系统的建设费用全部来自北京市和房山区政府。因此农村的污水收集管道建设过程和国家的扶持密切相关。

在经济发展水平较高且水资源不丰富的新建地区，可以考虑采用源分离技术。源分离是采用新型便器，经各自专用管路分别回收粪便，循环利用。即在一定区域内实行给水排水处理系统整合，新鲜水的需求量可以减至最小。生活污水是各种不同来源废水的混合体，而生活污水中90%以上的N、P和60%的有机物在人粪尿中，且病菌主要分布在粪便中。

目前大部分的粪便最终被排入水中，造成水体富营养化。将粪便和尿液离体后分质收集并直接单独处理，可以减少污染物遇水稀释、污染物遇水分离等中间环节。同时将尿液单独处理而不进入污水处理设施的话，污水处理设施基本不需要再投资，实现N、P一级A达标排放，也解决了水体富营养化的难题。每人每日产生的污染物采用分质收集，其处理费用低于常规混合排放污水处理厂处理所需费用，分质收集处理比常规处理节约运行费用约50%，同时采用分质收集可以有效利用粪尿，减少水体污染和消耗。

2. 基础设施建设

基础设施建设一般包括水利建设、教育、医疗基础设施等。一个村庄的基础设施建设完善，从另一个角度说明该村庄的经济发展水平较高。我国东部地区的农村基础设施建设较为完善，通常一个村庄基本配备学校、医疗等设施。需要考虑特殊基础设施建设产生的污水特点，并进行特殊处理，然后再允许其流入生活污水管道。例如医院产生的废水经处理后排入有污水处理厂的市政排水系统时，应符合现行国家标准《污水综合排放标准》（GB 8978）规定的三级标准和现行国家标准《医疗机构污水排放要求》（GB 18466）的规定，保证后续构筑物处理污水的稳定性。部分农村地区根据当地的风土人情特点开发旅游业，通常配套建设饭店、酒店、农家乐等，此时产生的污水中含油量较高，在污水收集和处理过程中需要考虑油脂对污水管道和处理系统的影响。

3. 邻近污水管网距离

靠近镇中心的地区（一般 5km 以内），在近期能接入城镇污水处理收集管网的，可先进行污水收集管网建设。该处理模式具有投资省、施工周期短、见效快、统一管理方便等特点。目前，正在筹备的不少镇（街道）污水处理厂改扩建工程已经将部分城郊村的污水纳入收集范围。对于距离中心城区和污水处理厂较远的村庄，长距离输送管道的建设投资和运营成本十分高昂，靠集中式污水处理设施全部处理所有农村的污水是不现实、不科学和不经济的。因此，必须因地制宜地考虑就地处理的工艺技术，选择适合农村地区污水处理系统。

4. 工业企业数量

随着经济的发展，在中国部分农村，尤其东南部的农村涌现出一批中小工业企业和手工作坊。乡镇企业在扩大农民就业、增加农民收入、繁荣农村经济、发展农村事业等方面功不可没，但乡镇企业多为粗放型生产，污染严重，并且乡镇企业往往规模小且分散，给环境管理带来很多困难。一些产生大量污水的行业，如印染、造纸、食品加工等增加了农村的污水产生量，一方面企业可以内部安装污水处理构筑物，单独处理企业内部产生的污水，达标后排放到附近受纳水体中。另一方面，企业单位可以对污水进行预处理，当达到国家规定的进入城市污水管网的排放标准后纳入污水管网。如果采用后者，村庄污水收集建设过程中需要考虑收集管网主干管的尺寸。

1.2.3　农村生活污水收集系统

综上所述，目前我国农村生活污水的收集系统主要可分为 3 类：单户收集系统、多户收集系统和农村集聚区收集系统。

1.2.3.1　单户收集系统

单户收集系统一般污水量不大于 $0.5\text{m}^3/\text{d}$，服务人口 5 人以下，服务家庭户数 1 户；化粪池上清液、厨房、洗衣洗浴间污水收集进入污水处理设施处理。

此类收集系统适用于单一住户生活污水收集。网管示意如图 3.1.1 所示，若该户为农家乐经营户，则虚线框内隔油池必须设置；若为普通住户，可不设隔油池。

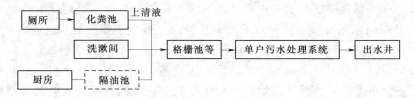

图 3.1.1　单户式污水收集系统示意图

1. 2. 3. 2　多户收集系统

该收集系统一般污水量不大于 $5m^3/d$，服务人口 50 人以下，服务家庭户数 2~10 户，污水处理设施布置在村落中；网管设置在单户收集系统的基础上，将各户的污水用管道或沟渠引入污水处理设施。

此类收集系统适用于宜多户合并处理的农居点生活污水收集。网管示意如图 3.1.2 所示，若涉及农家乐经营户，则虚线框内隔油池必须设置；若为普通住户，可不设隔油池。

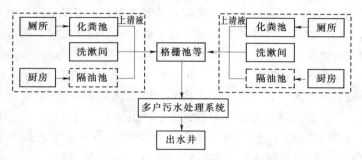

图 3.1.2　多户式污水收集系统示意图

1. 2. 3. 3　农村人口聚居区收集系统

该收集系统一般污水量在 $5m^3/d$ 以上，服务人口 50 人以上，服务家庭户数 10 户以上；网管设置在单户收集系统的基础上，将各户的污水用管道或沟渠引入污水处理设施。

此类收集系统适用于整村、联村或新建农村生活小区生活污水收集。网管示意如图 3.1.3 所示，若涉及农家乐经营户，则虚线框内隔油池必须设置；若为普通住户，可不设隔油池。

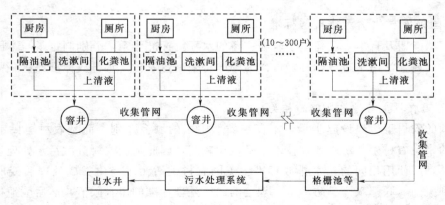

图 3.1.3　农村人口聚居区污水收集系统示意图

加快农村污水处理设施建设，改善农村的生态环境，不单是自然环境整治的需要，也是我国深入实践科学发展观，率先实现城乡建设一体化和公共服务一体化的需要，也是保持农村地区长久稳定、和谐发展、建设社会主义新农村的需要，是推进农村地区可持续发展的必然过程。因此选择农村污水收集方式要充分考虑农村经济基础、地理位置和农民管理水平现状，采取因地制宜、投资低的收集系统，同时尽可能选择运行费用低、维护管理简便的分散式污水处理模式。

1.3　污水处理排放标准

近年来，农村生活污水排放问题越来越被重视，制定一项科学、合理、实用的农村生活污水排放标准，是环境管理需要尽快解决的问题之一。环境标准是强化环境监管的核心，有了标准，才能使农村生活污水的防治步入正轨。

根据我国国情，农村生活污水排放标准的制定要根据各地情况不同，因地制宜，一方面可使农村生活污水的排放得到有效控制；另一方面也有利于我国农村生活污水排放标准的进一步完善。我国农村数量大，在不同地区，由于其自然环境、地理条件、经济水平和生活习惯的差异，导致不同地区农村生活污水污染状况不同。因此，制定农村生活污水排放标准必须根据当地农村经济技术水平、污染物排放状况、环境影响区域及受害对象等因素，科学合理地确定污染物控制指标和排放限值，不能盲目地套用国外分散污水排放标准。

在我国已颁布的 32 个水污染物排放标准中，30 个为行业标准，2 个为综合标准。已颁布的 18 个大气污染物排放标准中，也有综合标准和行业标准之分。但我国目前还没有针对农村生活污水的排放标准，目前执行的《城镇污水处理厂污染物排放标准》（GB 18918—2002）是最新的生活污水处理排放标准，但该标准的制定主要是考虑大、中城市的水环境状况，而对农村的实际情况，特别是经济条件和经济水平估计不足。农村与城市在水质水量和经济技术上都存在着很大的差距，污水处理工艺也存在很大差别，强行要求农村污水执行城镇排放标准，对农村污水处理工艺的本质特性、设计水平和运行水平都有很高的要求，同时也是一项沉重的经济负担。因此，制定农村生活污水排放标准是加强对农村生活污水治理的核心内容，也是时代发展的需要。

1.3.1　国外农村生活污水排放标准

美国、欧盟及日本等已建立了较为完备的水环境标准体系，分别制定了与本国实际情况相符的农村生活污水排放标准，可以为中国将来制定农村污水排放标准提供一些有益的启示。

1. 美国农村生活污水处理的相关标准

美国的农村卫生建设起步早，不存在类似中国的城乡差别，而且农村居民都比较富裕，总的来说农村生活污水处理技术水平也比较高，因此美国农村分散污水处理设施与城市污水处理厂使用相同的污水排放标准。美国农村生活污水经化粪罐处理后变成近乎清水，达到美国《联邦水污染防治法》规定的二级处理标准的出水限值，然后就地排放，渗入土壤。

2. 欧盟农村生活污水处理的相关标准

欧盟各国按照水政策行动框架（WFD）指令的规定，依据各国实际情况制定农村生活污水出水限值，确保水质目标的实现。

3. 日本农村生活污水处理的相关标准

日本建立了一套不同于城市的农村污水治理法律体系：城市（人口＞5 万或人口密度＞40 人/m² 的集中居住地）适用《下水道法》，农村地区主要适用《净化槽法》。《净化槽法》中对分散污水的排放标准限值是按净化槽处理工艺而确定的。目前，日本的高度处理净化槽技术已较成熟，出水水质可达到以下标准：BOD 在 10mg/L 以下，COD 在 15mg/L 以下，TN 在 10mg/L 以下，TP 在 1mg/L 以下。

1.3.2　我国农村生活污水排放标准的制定

我国农村生活污水排放标准的制定主要应考虑以下 3 个原则：①可行性，要充分考虑我国农村的具体情况，结合农村实际的经济、技术和管理水平；②超前性，制定的排放标准不仅要与农村现状相适应，还要能适应今后的发展需求，做到"前五年领先，后五年不落后"；③标准内容要与国家已颁布的法律法规相一致。

1.3.2.1　要与农村的经济承载力相适应，因地制宜、区别对待

我国目前有 60 多万个行政村，250 多万个自然村，农村数量众多，类型也多种多样。不同区域农村的经济承载力差别很大，生活污水排放规律、水环境容量和技术水平等也不同。如东部地区农村人口密度高，公共基础设施建设较早；西部地区农村人口密度低，公共基础设施配套缓慢，污水处理设施和水资源保护设施的发展相对滞后；北方河流和降雨较少，污染物浓度高；南方河流和降雨较多，污染物容易被稀释；东南地区农村居民生活用水量大，西北地区农村居民生活用水量小。因此，农村生活污水排放标准的制定要与当地的经济、技术和管理水平相适应，因地制宜、区别对待。

1.3.2.2　应优先考虑污水的资源化回用

污水最终去向是制定农村生活污水处理标准的一个重要依据。污水资源化应是农村生活污水治理的方向和趋势。《村庄污水处理设施技术规程》（CJJ/T 163—2011）中就要求：村庄生活污水处理应优先考虑资源化回用，并符合相关回用标准。农村生活污水中含有氮、磷、有机物等营养成分，回用于农田灌溉既可解决农田灌溉水资源不足的问题，又可减少污水处理过程中因氮、磷等去除而产生的投资和设备运行费用。因此，建议分资源化利用和直接排放两类来制定农村生活污水排放标准。

1.3.2.3　污染物控制项目的选取不宜太多

资源化回用时，农村生活污水排放标准的污染物控制项目选择建议参考《农田灌溉水质标准》（GB 5084—2005）、《渔业水质标准》（GB 11607—89）等国家相关标准。详见表3.1.2 和表 3.1.3。

表 3.1.2　　　　　　　农田灌溉用水水质基本控制项目标准值

序号	项目类别	作物种类		
		水作	旱作	蔬菜
1	五日生化需氧量/（mg/L）≤	60	100	40①，15②
2	化学需氧量/（mg/L）≤	150	200	100①，60②
3	悬浮物/（mg/L）≤	80	100	60①，15②
4	阴离子表面活性剂/（mg/L）≤	5	8	5
5	水温/℃≤	25		
6	pH 值	5.5～8.5		

序号	项目类别	作物种类		
		水作	旱作	蔬菜
7	全盐量/（mg/L）≤	1000③（非盐碱土地区），2000③（盐碱土地区）		
8	氯化物/（mg/L）≤	350		
9	硫化物/（mg/L）≤	1		
10	总汞/（mg/L）≤	0.001		
11	镉/（mg/L）≤	0.01		
12	总砷/（mg/L）≤	0.05	0.1	0.05
13	铬（六价）/（mg/L）≤	0.1		
14	铅/（mg/L）≤	0.2		
15	粪大肠菌群数/（个/100mL）≤	4000	4000	2000①，1000②
16	蛔虫卵数/（个/L）≤	2		2①，1②

① 加工、烹调及去皮蔬菜；

② 生食类蔬菜、瓜果和草本水果；

③ 具有一定的水利灌排设施，能保证一定的排水和地下水径流条件的地区，或有一定淡水资源能满足冲洗土体中盐分的地区，农田灌溉水质全盐量指标可以适当放宽。

表 3.1.3   渔 业 水 质 标 准

项目序号	项　目	标　准　值
1	色、臭、味	不得使鱼、虾、贝、藻类带有异色、异臭、异味
2	漂浮物质	水面不得出现明显油膜或浮沫
3	悬浮物质/（mg/L）	人为增加的量不得超过10，而且悬浮物质沉积于底部后，不得对鱼、虾、贝类产生有害的影响
4	pH值	淡水6.5～8.5，海水7.0～8.5
5	溶解氧/（mg/L）	连续24h中，16h以上必须大于5，其余任何时候不得低于3，对于鲑科鱼类栖息水域冰封期其余任何时候不得低于4
6	生化需氧量（五日、20℃）/（mg/L）	不超过5，冰封期不超过3
7	总大肠菌群	不超过5000个/L（贝类养殖水质不超过500个/L）
8	汞/（mg/L）	≤0.0005
9	镉/（mg/L）	≤0.005
10	铅/（mg/L）	≤0.05
11	铬/（mg/L）	≤0.1
12	铜/（mg/L）	≤0.01
13	锌/（mg/L）	≤0.1
14	镍/（mg/L）	≤0.05
15	砷/（mg/L）	≤0.05
16	氰化物/（mg/L）	≤0.005
17	硫化物/（mg/L）	≤0.2
18	氟化物（以F⁻计）/（mg/L）	≤1

项目序号	项　　目	标　准　值
19	非离子氨/(mg/L)	≤0.02
20	凯氏氮/(mg/L)	≤0.05
21	挥发性酚/(mg/L)	≤0.005
22	黄磷/(mg/L)	≤0.001
23	石油类/(mg/L)	≤0.05
24	丙烯腈/(mg/L)	≤0.5
25	丙烯醛/(mg/L)	≤0.02
26	六六六（丙体）/(mg/L)	≤0.002
27	滴滴涕/(mg/L)	≤0.001
28	马拉硫磷/(mg/L)	≤0.005
29	五氯酚钠/(mg/L)	≤0.01
30	乐果/(mg/L)	≤0.1
31	甲胺磷/(mg/L)	≤1
32	甲基对硫磷/(mg/L)	≤0.0005
33	呋喃丹/(mg/L)	≤0.01

《国家污染物排放标准说明（暂行）》中指出，污染物控制项目的选择要全面分析本行业可能产生的污染物，主要依据为总量控制、对生态和健康的影响、各污染物项目之间关联性等。农村生活污水处理后直接排放时，污染物控制项目可根据以下 3 个原则进行选择：

（1）产生量较大，具有代表性的污染物。选择的污染物应具有较大的生产量（或排放量），并较广泛地存在于环境中。

（2）对人体、环境毒性强或对生态环境危害大的污染物。对污染物毒性的考虑，不仅要考虑化合物本身的性质，更要考虑其毒性可能导致的环境效应、生物效应以及对人体和环境的危害。

（3）应是农村基础条件可检测、可控制的污染物。优先选择目前监测条件已具备或在短期内可以具备的污染物；目前的处理技术可有效处理的污染物。

由于农村经济、技术力量薄弱，不具备一些污染物的检测能力，比如 BOD_5 的检测在农村基本很难实现。因此，农村生活污水污染物控制项目的选取要切合实际。参考国外发达国家的经验，如日本《净化槽法》针对农村污水只选取了 COD、BOD_5、TN、TP 等少数几项污染物控制指标。

参考日本等的农村生活污水污染物控制项目的选取经验，结合我国农村经济技术的具体情况，建议农村生活污水污染物控制指标的选取包括：①感官性状和一般化学性指标，如 COD、SS、$NH_3 - N$、TP 等基本控制项目；②细菌学指标，如粪大肠菌群等。河流、池塘等水体既是农村生活污水的受纳水体，又是农村居民日常所需的生活水体，如果不能及时处理水体中的粪大肠菌群等病毒性有害物质，将严重危害农村居民的身体健康。可通过检测余氯等指标间接测定水体的粪大肠菌群含量。

1.3.2.4　污染物排放限值的制定要兼顾污染物控制技术和水环境容量

污染物排放限值的确定方法主要有两种，一种是按工业设备条件和工艺水平确定；另一种是从保护水资源出发，根据水环境质量标准、考虑水体稀释能力和允许负荷量确定。

1. 确定方法

水环境质量标准是为保护水环境生态系统的结构和功能制定的。污染物排放到水体后会经过稀释，所以污染物允许的排放浓度高于受纳水体的水环境质量标准限值。排放限值与水环境质量标准限值的比值称为稀释系数。稀释系数的确定要考虑到水体的稀释能力和废水的排放量和排放浓度。确定稀释系数的方法有 3 种：统一系数、定位计算和模型估算。

目前，欧盟一些国家（如丹麦）采用统一系数法由水环境质量标准反演污染物排放限值，只需将标准限值乘以稀释系数即可得到污染物排放限值。

我国《地表水环境质量标准》（GB 3838—2002）中将水质分为 5 类，其中Ⅲ类水质以上才可作为饮用水源。以 GB 3838—2002Ⅲ类水质限值作为制定农村生活污水排放标准的基准值，确定稀释系数为 10，反推农村生活污水的排放标准限值，结果见表 3.1.4。

表 3.1.4　　　　　　　反推得出的我国农村生活污水排放标准限值　　　　　　　单位：mg/L

项目	GB 3838—2002Ⅲ类限值	农村生活污水排放标准限值
COD	20	200
NH_3-N	1.0	10
TP	0.2（湖、库 0.05）	2（湖、库 0.5）

值得注意的是，根据水环境质量标准和水体稀释能力来推导农村生活污水排放标准限值，可能会出现即使采用最先进的处理技术也很难使污染物达标的情况，即推导出的标准的操作性和可行性不强。

因此，根据水环境质量标准来制定农村生活污水排放标准是行不通的，必须考虑适宜的农村水污染处理技术，结合处理效果来确定排放标准。当然，同时还必须考虑水环境容量，如果受纳水体是环境容量较大、稀释能力较强的开放式水体，建议适当放宽排放标准。

2. 排放标准的分类、分级确定

（1）资源化利用排放标准。农村生活污水处理后进行资源化回用时，其排放标准建议参考执行《农田灌溉水质标准》（GB 5084—2005）、《国家渔业水质标准》（GB 11607—89）等国家相关标准。

（2）直接排放标准。农村生活污水处理后直接排放时，其排放标准可分二级执行：

1）一级标准：主要是针对国土开发密度较高、环境承载能力较弱或环境容量小、生态环境脆弱，容易发生污染而需要采取特别保护措施的地区（如太湖、滇池等敏感区域）。对于这些区域，应制定更加严格的农村生活污水排放标准。这类地区需要考虑 TN、TP 的去除，适用的技术包括脱氮除磷生物技术和好氧生物＋生态技术组合技术，相应的排放标准可按水环境容量和处理技术的处理效果来确定。

2）二级标准：执行二级标准区域的农村生活污水处理主要以 COD 或 COD、TN 去除为主要目标，相应的排放标准也可按水环境容量和处理技术的处理效果来确定。目前，我国农村生活污水排放标准按城镇排放标准执行，其对 TN、TP 的限值要求过严，当前农村适用的处理技术的处理效果还很难满足限值要求，故建议在水环境容量较大、稀释能力较强的地区适当放宽对农村生活污水中氮、磷，特别是 TN 的排放限值。

1.4　污水处理设施的选址

1.4.1　厂址选择

污水处理站的作用是对生产、生活污水进行处理，达到规定的排放标准，是保护环境的重要设施。工业发达国家的污水处理站已经很普遍，而我国村镇的污水处理站很少，但今后会逐渐多起来。要使这些污水处理站真正发挥作用，还需要靠严格的排放制度、组织和管理体制来保证。

有条件的村庄，应将联村或单村建设污水处理站。并应符合下列规定：

（1）雨污分流时，将污水输送至污水处理站进行处理。

（2）雨污合流时，将合流污水输送至污水处理站进行处理；在污水处理站前，宜设置截流井，排除雨季的合流污水。

（3）污水处理站可采用人工湿地、生物滤池或稳定塘等生化处理技术，也可根据当地条件，采用其他有工程实例或成熟经验的处理技术。

人工湿地适合处理纯生活污水或雨污合流污水，占地面积较大，宜采用二级串联；生物滤池的平面形状宜采用圆形或矩形，填料应质坚、耐腐蚀、高强度、比表面积大、孔隙率高，宜采用碎石、卵石、炉渣、焦炭等无机滤料；地理环境适合且技术条件允许时，村庄污水可考虑采用荒地、废地以及坑塘、洼地等稳定塘处理系统，用作二级处理的稳定塘系统，处理规模不宜大于 $5000 m^3/d$。

污水处理站的选址，污水厂位置的选择应符合城镇总体规划和排水工程专业规划的要求，并应根据下列因素综合确定：

（1）在村镇水体的下游，地势较低处，便于污水汇流入污水处理站，不污染村镇用水，处理后便于向下游排放。

（2）便于处理后出水回用和安全排放。如果考虑污水用于农田灌溉及污泥肥田，其选址则相应的要和农田灌溉区靠近，便于运输。

（3）便于污泥集中处理和处置。

（4）在村镇夏季主导风向的下风侧。

（5）有良好的工程地质条件。

（6）少拆迁，少占地，根据环境评价要求，有一定的卫生防护距离。它和村镇的居住区会有一段防护距离，以减小对居住区的污染。

（7）有扩建的可能。

（8）厂区地形不应受洪涝灾害影响，防洪标准不应低于城镇防洪标准，有良好的排水条件。

（9）有方便的交通、运输和水电条件。

另外，若有医疗机构的污水必须进行严格的消毒处理，达到规定的排放标准后，才能排入污水管网，并应符合国家现行标准《医院污水处理设计规范》（CECS 07：2004）的有关规定。利用中水时，水质应符合国家现行标准《建筑中水设计规范》（GB 50336—2002）和《污水再生利用工程设计规范》（GB 50335—2002）的有关规定，并应设置开闭装置，在突发公共卫生事件时停止使用。

1.4.2　总平面布置

污水厂的厂区面积应按项目总规模控制，并作出分期建设的安排，合理确定近期规模，近期工程投入运行一年内，水量宜达到近期设计规模的 60%。

平面布置应以污水处理系统为主体，其他各项设施按污水处理流程合理安排，确保相关设备发挥功效，保证设施运行稳定、维修方便、经济合理、安全卫生。

总体布置应根据各建筑物和构筑物的功能和流程要求，结合地形、气候和地质条件，优化运行成本，便于施工、维护和管理等因素，经技术经济比较确定。

污水厂厂区内各建筑物造型应简洁美观、节省材料、选材适当，并应使建筑物和构筑物群体的效果与周围环境协调。

污水和污泥的处理构筑物宜根据情况尽可能分别集中布置。处理构筑物的间距应紧凑、合理，符合国家现行的防火规范的要求，并应满足各构筑物的施工、设备安装和埋设各种管道以及养护、维修和管理的要求。

污水厂的工艺流程、竖向设计宜充分利用地形，符合排水通畅、降低能耗、平衡土方的要求。

厂区消防的设计和消化池、贮气罐、污泥气压缩机房、污泥气发电机房、污泥气燃烧装置、污泥气管道、污泥干化装置、污泥焚烧装置及其他危险品仓库等的位置和设计，应符合国家现行有关防火规范的要求。

污水厂内可根据需要，在适当地点设置堆放材料、备件、燃料和废渣等物料及停车的场地。

污水厂应设置通向各构筑物和附属建筑物的必要通道，通道的设计应符合下列要求：

（1）主要车行道的宽度：单车道为 3.5～4.0m，双车道为 6.0～7.0m，并应有回车道。

（2）车行道的转弯半径宜为 6.0～10.0m。

（3）人行道的宽度宜为 1.5～2.0m。

（4）通向高架构筑物的扶梯倾角一般宜采用 30°，不宜大于 45°。

（5）天桥宽度不宜小于 1.0m。

（6）车道、通道的布置应符合国家现行有关防火规范要求，并应符合当地有关部门的规定。

污水厂周围根据现场条件应设置围墙，其高度不宜小于 2.0m。

污水厂的大门尺寸应能容许运输最大设备或部件的车辆出入，并应另设运输废渣的侧门。

污水厂并联运行的处理构筑物间应设均匀配水装置，各处理构筑物系统间宜设可切换的连通管渠。

污水厂内各种管渠应全面安排，避免相互干扰。管道复杂时宜设置管廊。处理构筑物间输水、输泥和输气管线的布置应使管渠长度短、损失小、流行通畅、不易堵塞和便于清通。各污水处理构筑物间的管渠连通，在条件适宜时，应采用明渠。

管廊内宜敷设仪表电缆、电信电缆、电力电缆、给水管、污水管、污泥管、再生水管、压缩空气管等，并设置色标。

管廊内应设通风、照明、广播、电话、火警及可燃气体报警系统、独立的排水系统、吊物孔、人行通道出入口和维护需要的设施等，并应符合国家现行有关防火规范要求。

另外，污水厂应合理布置处理构筑物的超越管渠。处理构筑物应设排空设施，排出水应回流处理。污水厂宜设置再生水处理系统。厂区的给水系统、再生水系统严禁与处理装置直接连接。污水厂的供电系统，应按二级负荷设计，重要的污水厂宜按一级负荷设计。当不能满足上述要求时，应设置备用动力设施。

污水厂附属建筑物的组成及其面积，应根据污水厂的规模、工艺流程、计算机监控系统的水平和管理体制等，结合当地实际情况，本着节约的原则确定，并应符合现行的有关规定。

位于寒冷地区的污水处理构筑物，应有保温防冻措施。根据维护管理的需要，宜在厂区适当地点设置配电箱、照明、联络电话、冲洗水栓、浴室、厕所等设施。处理构筑物应设置适用的栏杆，防滑梯等安全措施，高架处理构筑物还应设置避雷设施。

1.5　污　泥　处　置

1.5.1　污泥的基本特性

污泥（sludge）通常是指污水处理过程所产生的含水固体沉淀物质。其物质组成包括：①水分：含水量达 95% 左右或更高；②挥发性物质和灰分：前者是有机杂质，后者是无机杂质；③病原体：如细菌、病毒和寄生虫卵等，这些病原体大量存在于生活污水的污泥中；④有毒物质：如氰、汞、铬或其他难分解的有毒有机物。

在污水处理过程中，将污染物与污水分离，在完成污水净化的同时，产生了大量污泥。这些污泥中含有各种污染物质，如果不加以有效的处置，仍然会污染环境，同时，污泥又是一种特殊的废物，若经适当处理，可以成为资源加以利用。因此，污泥的处理与资源化是目前环境工程和给排水专业研究的重点领域之一，是水处理和固废处理领域共同的课题，是给水厂及污水处理厂投资建设的重点方向，也是业内日益关注的热点问题和发展重点。

1.5.2　污泥处理的基本方法

污泥处理是对污泥进行稳定化、减量化处理的过程，一般包括浓缩、脱水、稳定（厌氧消化、好氧消化、堆肥）和干化、焚烧等。污泥浓缩、脱水、干化主要是降低污泥水分，干固体没有发生减量变化；污泥稳定主要是分解降低干固体中有机物数量，水分几乎没有变化；污泥焚烧是完全消除有机物、可燃物质和水分，是最彻底的稳定化、减量化。

1. 污泥浓缩

污泥浓缩主要是去除污泥颗粒间的间隙水，浓缩后的污泥含水率为 95%～98%，污泥仍然可保持流体特性。

我国过去的一些污水处理厂常采用重力浓缩池进行污泥浓缩，兼顾污泥匀质和调节，重力浓缩电耗低、无药耗，运行成本低；但随着脱氮除磷要求的提高，重力浓缩时间长、易释磷，重力浓缩池上清液回流至进水，增加污水处理的磷负荷，因此，新建污水处理厂大部分采用机械浓缩。农村生活污水处理厂可采用更简便的浓缩脱水一体机。

2. 污泥机械脱水

污泥机械脱水主要是去除污泥颗粒间的毛细水，机械脱水后的污泥含水率为 65%～80%，呈泥饼状。

机械脱水设备主要有带式压滤机、板框压滤机和卧螺沉降离心机。

采用污泥填埋时，污泥脱水可大大减少污泥的堆积场地、节约运输过程中发生的费用；在对污泥进行堆肥处理时，污泥脱水能保证堆肥顺利进行（堆肥过程中一般要求污泥有较低的含水率）；如若进行污泥焚烧，污泥脱水率高可大大减少热能消耗。

但是，污泥成分复杂、相对密度较小、颗粒较细，并往往是胶态状况，决定了其不易脱水的特点，所以到目前为止。污泥脱水程度的进一步提高是国内外研究的热门课题。

带式压滤机电耗低，板框压滤机滤饼含水率低，卧螺沉降离心机对污泥流量波动的适应性强、密闭性能好、处理量大、占地小。我国新建污水处理厂大多采用离心机、带式压滤机和板框压滤机，处理农村生活污水的小型污水处理厂一般采用浓缩脱水一体机。

3. 污泥干化

污泥干化主要是去除污泥颗粒间的吸附水和内部水，干化后的污泥呈颗粒状或粉末状。

自然干化由于占用较多土地，而且受气候条件影响大、散发臭味，在污水处理厂污泥处理中已不多采用。

机械干化主要是利用热能进一步去除脱水污泥中的水分，是污泥与热媒之间的传热过程。机械干化分为全干化（含固率大于 90%）和半干化（含固率小于 90%）。

污泥含水率在 40%～50% 范围时，污泥流变学特征发生显著变化，污泥的黏滞性较强，而导致输送性能很差。

在干化过程中，污泥逐步失去水分而形成颗粒状，在低含水率时具有较大的表面积。

当污泥逐步形成颗粒时，表面比内部干燥，内部水的蒸发越加困难，随着含水率的降低，蒸发效率也逐渐降低。

根据污泥与热媒之间的传热方式，污泥干化分为对流干化、传导干化和热辐射干化。在污泥干化行业主要采用对流和传导两种方式，或者两者相结合的方式。另外，对流形式的干化机由于热媒与蒸发出的水汽、副产气一同排出干化机，排出气体量大，增加后续处理负担。

4. 污泥稳定

污泥稳定是指去除污泥中的部分有机物质或将污泥中的不稳定有机物质转化为较稳定物质，使污泥的有机物含量减少 40% 以上，不再散发异味，即使污泥以后经过较长时间的堆置，其主要成分也不再发生明显的变化。

污泥稳定方法包括厌氧消化、好氧消化和堆肥等方法。

厌氧消化是在无氧条件下，污泥中的有机物由厌氧微生物进行降解和稳定的过程。为了减少工程投资，通常将活性污泥浓缩后再进行消化，在密闭消化池内的缺氧条件下，一部分菌体逐渐转化为厌氧菌或兼性菌，降解有机污染物，污泥逐渐被消化掉，同时放出热量和甲烷气。经过厌氧消化，可使污泥中部分有机物质转化为甲烷，同时可消灭恶臭及各种病原菌和寄生虫，使污泥达到安全稳定的程度。

污泥好氧消化的基本原理就是对污泥进行长时间的曝气，污泥中的微生物处于内源呼吸而自身氧化阶段，此时细胞质被氧化成 CO_2、H_2O、NO_3^- 得到稳定。好氧消化的动力消耗较高，适用于小型污水处理厂。

大部分污泥堆肥是在有氧的条件下进行的，利用嗜温菌、嗜热菌的作用，使污泥中有机物分解成为 CO_2、H_2O，达到杀菌、稳定及提高肥分的作用。为了使堆肥有良好的通风环境，通常采用膨胀剂与污泥混合，以增加孔隙度、调节污泥含水率和碳氮摩尔比。堆肥时间大约需一个月。因此，污泥堆肥适用于小型、周边环境不敏感的污水处理厂。

5. 污泥焚烧

污泥焚烧是利用焚烧炉在有氧条件下高温氧化污泥中的有机物，使污泥完全矿化为少量灰烬的处置方式。以焚烧技术为核心的污泥处理方法是最彻底的处理方式，在工业发达国家得到普遍采用。

污泥焚烧主要可分为两大类：一类是将脱水污泥直接送焚烧炉焚烧，另一类是将脱水污泥干化后再焚烧。

污泥焚烧设备主要有回转焚烧炉、立式焚烧炉、立式多段焚烧炉、流化床式焚烧炉等，过去国外常用立式多段炉，现在逐渐演变采用流化床焚烧炉。

焚烧处理污泥的优点是占用场地小，处理快速、量大、减量明显，但灰渣中的重金属不易浸出。污泥灰可送入水泥厂掺和在原料中一并制作建材等。国内已开始意识到焚烧的优点，各地均在积极探索研究因地制宜的应用方案。

1.5.3　污泥处置的基本方法

污泥处置是对处理后污泥进行消纳的过程，一般包括土地利用、填埋、建筑材料利用等。

1. 土地利用

污泥的土地利用是将污泥作为肥料或土壤改良材料，用于园林、绿化、林业或农业等场合的处置方式。

污泥土地利用需要具备的一个重要的条件是：其所含的有害成分不超过环境所能承受的容量范围。

污泥由于来源于各种不同成分和性质的污水，不可避免地含有一些有害成分，如各种病原菌、重金属和有机污染物等，这在一定程度上限制了污泥在土地利用方面的发展。因此，污泥土地利用需要充分考虑污泥的类型及质量、施用地的选择，并且需要经过一定的处理来降低污泥中易腐化发臭的有机物，减少污泥的体积和数量，杀死病原体，降低有害成分的危险性。

污泥土地利用可能会造成土壤、植物系统重金属污染，这是污泥土地利用中最主要的环境问题。污泥中存在相当数量的病原微生物和寄生虫卵，也能在一定程度上加速植物病害的传播。

一般农村生活污水中含有一定的有机污染物，如农药的残留物，这些物质在污水和污泥的处理过程中会得到一定程度的降解，但一般难以完全除去，在污泥的使用时还需考虑其可能产生的危害。

污泥天天排放，而土地利用却是有季节性的，这种矛盾使得污泥必须找地方贮存，这既增加了管理与场地费用，又使污泥得不到及时处置。

显然，污泥用于土地利用必须经过稳定化、减量化、无害化处理，即使如此，污泥的产量也无法与土地所需要的污泥量在时间上匹配，因此，通过土地利用途径能够消耗的污泥量是非常有限的。

2. 污泥填埋

污泥填埋是指运用一定工程措施将污泥埋于天然或人工开挖坑地内的处置方式。填埋处置场投资较省、建设期短，但实现卫生填埋须进行防渗和覆盖。

污泥填埋必须满足相应的填埋操作条件，考虑病原体和其他污染物扩散、渗漏等问题，另外，填埋的技术要求也越来越高。发达国家已规定较低的污泥有机物含量，当填埋场较远时，其运费也很可观，运输途中也会产生污染。另外，污泥填埋场的作业环境较差，容易引起二次污染。所以，污泥填埋是污泥处置的初级阶段。一般应用在土地资源丰富、经济落后、污泥量较少的地区。

填埋污泥在运行管理过程中存在一些问题，主要表现如下：

（1）污泥承压极低，无法承受普通填埋作业机械，无法进行正常摊铺、压实和覆盖等填埋作业；

（2）污泥渗透系数小，雨天无法排水，大量降水渗入填埋场内，导致脱水污泥含水率增加，污泥发生流变，承压进一步下降；

（3）污泥填埋容易产生臭气、蚊蝇、导气井堵塞等一系列环境问题。

3. 污泥建材利用

污泥建材利用是指将污泥作为制作建筑材料的部分原料的处置方式，应用于制砖泥、陶粒、活性炭、熔融轻质材料以及生化纤维板的制作，在日本已经有许多工程实例。

上海石洞口污泥焚烧厂已运行多年，其焚烧灰分根据 GB 5085《危险废物鉴别标准》的 1、2、3 节检测，证明不属于危险废物。

一方面，污泥灰及黏土的主要成分均为 SiO_2，这一特性成为污泥可做制砖材料的基础；另一方面，污泥灰中 Fe_2O_3 和 P_2O_5 含量远高于黏土，此外，灰中铁盐和钙盐的含量会改变砖的压缩张力。由于污泥中含有的无机成分与黏土成分较为接近，这说明使用污泥焚烧灰制砖是基本可行的。

污泥焚烧灰的基本成分为 SiO_2、Al_2O_3、Fe_2O_3 和 CaO，在制造水泥时，污泥焚烧灰加入一定量的石灰或石灰石，经燃烧即可制成灰渣硅酸盐水泥。利用污泥焚烧灰为原料生产的水泥，与普通硅酸盐水泥相比，在颗粒度、相对密度、反应性能等方面基本相似，而在稳固性、膨胀密度、固化时间方面较好。

污泥除了可以用来生产砖块和水泥外，还可用来生产陶瓷和轻质骨料等。

从经济角度看，污泥建材利用不但具有实用价值还具有经济效益。

至于污泥中的重金属等有毒有害物质，研究表明，污泥制成建材后，一部分会随灰渣进入建材而被固化其中，使重金属失去游离性，因此，通常不会随浸出液渗透到环境中，从而不会对环境造成较大的危害。

1.6　农村生活污水资源化回用

随着新农村建设、城镇一体化和农村城镇化的速度不断加快，农村人口趋于集中，居民的生活品质在不断改善，许多村镇的生活污水排放从无到有而且在不断增加，对农村的生活环境及下游水体的污染日渐突出。因此，许多先发展起来的地方对生活污水的处理不得不提到议事日程上来，村镇级污水处理厂应运而生，大有快速发展之势。但是，对污水的处理需要因地制宜，不仅需要注意防止环境污染，而且要考虑资源化回用的问题，而我国大部分农村并未对此做好充分的思想准备，可能会出现盲目跟风的现象，造成资源的浪费，使农村居民或当地政府承受巨大的经济负担，阻碍农村经济的发展。

1.6.1　农村生活污水的特点

生活污水包括洗涤、沐浴、厨房炊事、粪便及其冲洗等排水，其排水量与我国农村居民生活习惯和水资源丰裕程度关系密切，大约在 $40\sim110L/d$ 之间，地区间有较大差异，南方多于北方。由于居民生活规律相近，污水排放量早晨和晚上比白天大，夜间排放量小，甚至可能断流，水量变化明显，使污水排放呈不连续状态。大部分农村由于居住分散，无排水系统或排水系统不健全，生活污水与农产品原料加工及养殖场所产生的污水以及雨水相混合，沿道路边沟甚至路面排至就近水体（在降雨情况下），仅有极小部分经济条件较好的村镇实现了雨污分流。

农村生活污水的性质比较稳定，一般 $BOD_5\leqslant250mg/L$，$COD_{cr}\leqslant500mg/L$，pH 值 $6\sim8$，$SS\leqslant500mg/L$，色度（稀释倍数）$\leqslant100$，水中基本上不含重金属和有毒有害物质，含一定量的氮和磷，可生化性较好。

另外，农村居民的生活有日渐城市化的趋势，特别是经济较发达地区，居住趋于集中，室内卫生设施逐步完善，庭院地面硬化，水冲厕所普及，生活污水的日排放量也在逐步增加。

1.6.2　农村生活污水回用的意义

当前，越来越突出的水资源匮乏问题使人类面临严峻考验。联合国环境规划署发布报告，目前全球有 11 亿人无法获得安全饮用水，这一问题可能因气候变化和人口增长等原因而加剧。如果世界人口持续增加，到 2025 年，全球 1/3 的人口将不得不为获得安全的饮用水而苦恼。到 21 世纪中叶，全球将有 60 个国家、70 亿人口没有可靠的淡水饮用。发展中国家由于基础设施相对落后，饮用水安全问题更令人担忧。联合国教科文组织 2008 年发布消息称，发展中国家约 90% 的污水和 70% 的工业用水未经处理直接排入河道,严重威胁着饮用水安全。全球 88％的疾病应归咎于不安全的用水设施,因饮用水不干净而引发疾病的现象最为普遍。

我国是一个严重缺水的国家。淡水资源总量约为 28000 亿 m^3,占全球水资源的 6％,但人均只有 $2050m^3$,仅为世界平均水平的 1/4,是全球 13 个人均水资源最贫乏的国家之一。特别是扣除难以利用的洪水径流和散布在偏远地区的地下水资源后,我国现实可利用的淡水资源量更少,约为 11000 亿 m^3/a,人均可利用水资源量约为 $900m^3/a$,并且其分布极不均衡。20 世纪末,我国 600 多座城市中,已有 400 多个城市存在供水不足问题,其中比较严重的缺水城市达 110 个,全国城市缺水总量为 60 亿 m^3/a。

另外,水资源的可持续利用是社会经济可持续发展的重要因素和战略性问题,而日趋严重的水污染进一步加剧了水资源短缺的矛盾,不仅降低了水体的使用功能,也会对我国的可持续发展产生重大影响,还严重威胁到城市和农村居民的饮水安全,威胁人民群众的身体健康。为了缓解水资源不足的矛盾,农村生活污水的合理与再生回用已显得极为重要。

1.6.3　农村生活污水回用的途径

1.6.3.1　污水回用于景观环境用水

环境用水包括娱乐性景观环境用水,如娱乐性景观河道、景观湖泊及水景用水;观赏性景观环境用水,如观赏性景观河道、景观湖泊及水景用水;湿地环境用水,如恢复自然湿地、营造人工湿地用水。城市污水回用于景观水体的关键技术在于对有机物和富营养物质的控制。需要注意的是,对于人直接接触的娱乐用水,再生水不应含毒、有刺激性的物质和病原微生物,这时通常要求再生水经过过滤和充分消毒后才能应用。

《城市污水再生利用景观环境用水水质》(GB/T 18921—2002)为污水的景观环境回用提供了技术依据。景观环境用水的再生水水质指标见表 3.1.5。由于氮、磷等植物性营养物质是致使水体富营养化的关键因素,在本标准中对再生水中的氮、磷指标有严格的要求。湖泊水景类的 TP≤0.5mg/L,氨氮不大于 5mg/L,TN≤15mg/L。为保证使用的安全性,在娱乐性景观水体回用中强调了细菌学指标,水景类的娱乐水体中粪大肠菌群不得检出。

表 3.1.5　　　　　　　　　　景观环境用水的再生水水质指标

序号	项　　目	观赏性景观环境用水			娱乐性景观环境用水		
		河道类	湖泊类	水景类	河道类	湖泊类	水景类
1	基本要求	无飘浮物,无令人不愉快的嗅和味					
2	pH 值(无量纲)	6～9					
3	五日生化需氧量 BOD_5/(mg/L) ≤	10	6		6		
4	悬浮物(SS)/(mg/L) ≤	20	10				
5	浊度(NTU)/(mg/L) ≤	—			5.0		
6	溶解氧/(mg/L) ≥	1.5			2.0		

序号	项　　目	观赏性景观环境用水			娱乐性景观环境用水		
		河道类	湖泊类	水景类	河道类	湖泊类	水景类
7	总磷（以 P 计）/(mg/L) ≤	1.0	0.5		1.0		0.5
8	总氮/(mg/L) ≤	15					
9	氨氮（以 N 计）/(mg/L) ≤	5					
10	粪大肠菌群/(个/L) ≤	10000	2000		500		不得检出
11	余氯 b/(mg/L) ≥	0.05					
12	色度/度≤	30					
13	石油类/(mg/L) ≤	1.0					
14	阴离子表面活性剂/(mg/L) ≤	0.5					

注　1　对于需要通过管道输送再生水的非现场回用情况采用加氯消毒方式；而对于现场回用情况不限制消毒方式。
　　　2　若使用未通过除磷脱氮的再生水作为景观环境用水，鼓励使用本标准的各种在回用地点积极探索通过人工培养具有观赏价值水生植物的方法，使景观水体的氮磷满足表中的要求，使再生水中的水生植物有经济合理的出路。
　　　3　表中"—"表示对此项无要求；b 为氯接触时间不低于 30min 的余氯，对于非加氯消毒方式无此项要求。

　　国外开展的城市景观环境水回用，由于对排入景观水体的氮、磷指标进行了严格的限制，且污水处理厂绝大多数采用了深度处理工艺，部分再生水甚至使用活性炭过滤、臭氧消毒、加氯除氨等工艺，较好地控制了水体富营养化现象。

　　从我国目前农村生活污水处理厂排放的水质来看，要回用于景观水体，需要进一步处理，去除的目标主要有氮、磷、BOD、COD、悬浮物等，并需要消毒杀灭细菌。

　　中国市政华北设计研究院提出再生水回用于景观水体的工艺流程为：污水→格栅→沉砂→生物处理→微絮凝过滤→消毒→出水。

　　日本川崎市再生景观用水处理流程为：污水二级处理出水→曝气生物滤池→活性炭吸附（或臭氧氧化）出水。

1.6.3.2　污水回用于农业灌溉

　　农业是用水大户，汪文源等研究认为，2008 年全国农业用水量 3663 亿 m^3，其中农田灌溉用水量 3300 亿 m^3。按实灌面积计算，单位面积灌溉用水量为 6525m^3/hm^2。张正斌等研究认为，到 2030 年我国人口将达到 16 亿，需要粮食 6400 亿 kg，届时缺水 1300亿～2600 亿 m^3。如此之大的灌溉用水缺口足以说明生活污水利用的重要性。生活污水是重要的水肥资源，含有氮、磷、钾、锌、镁等多种植物营养成分，有丰富的有机质悬浮物，如果用于灌溉，不仅可为种植业提供优质肥源，而且还能够为土壤中的有益微生物提供食物，提高微生物活性，使之在改善土壤结构方面发挥作用，为保持和提高土壤肥力做出重要贡献。当然，污水灌溉也有可能对生态环境造成破坏，但这种破坏只有在不加合理控制的情况下才有可能发生，因为人粪尿和生活垃圾都是我国传统农业的最重要的物质基础，利用了上千年都没有出现问题。现在由于农村居民生活方式的改变，使得这一重要资源被水稀释成污水，使其利用率受到影响，不仅不能够归还土壤，而且还成了影响农村当地和周边生态环境的污染源。生活污水中 Pb、Hg 含量较低，未超过《农田灌溉水质标准》（GB 5084—2005），如果采取措施使生活污水得到合理利用，不仅减少了浪费，同时还减少了处理费用。

我国对污水灌溉已经进行了大量研究，已经掌握了一定的控制措施，有很多成功的先例。另外，生活污水的多项污染物指标离国家农田灌溉水质标准相差并不大，只要合理控制和适度处理，即可保证农田灌溉的安全性。

1.6.3.3　适度处理更有利于资源化回用

资源化回用是对生活污水最理想的处理形式，既减少水肥资源的浪费，又避免环境污染，同时还能减少污水处理的费用。

资源化利用无需按照有关污水处理厂的排放标准对生活污水进行处理，而是按照相关用途和避免对环境造成影响的标准将其处理到适宜的程度。根据用途的不同，处理的程度以及对单项污染物的控制指标也可不同。

经适度处理后的生活污水可做灌溉用水、养殖业的卫生用水和环境用水等。其中灌溉所需的水量最大，且对污水处理程度的要求相对较低，其主要污染物含量与农田灌溉用水水质标准的要求比较接近，是比较容易实现的资源化利用途径。

一般的村镇规模都不是很大，周边大都被农田所包围，生活污水用于灌溉不需要长距离输送，设施建设投资相对要小。另外，农田需水量大，有足够的容量可以接纳经过适度处理的生活污水。生活污水的量按每人每天 0.15m³ 计算，人均每年排出的生活污水总量大约在 45m³ 左右，我国中北部地区农田一次灌溉量 60m³ 左右，所以每人每年产生的生活污水总量还不能满足每亩农田的一次灌溉用水需求，而且对大部分农田来说每年都需要6~8 次灌溉。所以大部分农村的农田足以承接来自当地农村经过适度处理的生活污水。特别是平原地区，村镇建设用地一般都处在当地相对较高的位置，污水向农田输送，不需要消耗很多动力用来提升水位，有些还可以自流灌溉，可节省较多的能源。

1.6.4　农村生活污水再利用限制因素

农村生活污水的资源化利用主要是发展灌溉，不可否认，这存在一定的风险，就当前农村生活污水的排放现状，还存在一些需要解决的问题。

1.6.4.1　对生活污水资源化利用认识不足

目前，人们对生活污水资源化利用的意义和可行性认识不足，以至于乱排乱放对当地及下游环境造成不利影响，当认识到应当对生活污水进行处理的时候，又不知道应该如何处理，多模仿城市倾向于建污水处理厂或应用较小规模的常规污水处理设施，经集中或分散式处理后排放，不仅忽视了生活污水资源化利用对保持土壤肥力的作用，而且造成资源的浪费，增加了污水处理的成本，使农村居民为保护环境付出更多代价。

1.6.4.2　农村经济与基础建设薄弱

我国大部分农村经济基础还比较薄弱，新农村建设刚刚起步，过去的村镇建设多数没有进行合理的规划，缺少应有的公共设施，特别是多数村庄都比较分散，尚无完善的污水收集与排放系统，污水和雨水混为一体，沿道路边沟甚至路面流至就近的水体，加大了收集处理的难度。污水的收集与处理又需要大量资金，而多数农村又缺乏必要的资金来源。集体经济是农村公共产品投资的主体，然而，我国农村家庭联产承包责任制实行之后，特别是农村税费改革和取消农业税之后，农村中用于公用事业的费用严重不足，因此，要组织农民自发投资建设生活污水灌溉利用设施有非常大的难度。

1.6.4.3　缺乏污水资源化利用技术和管理人才

污水资源化利用需要一定的技术和专业知识，需要合理规划与设计，需要进行科学管理，然而我国目前广大农村普遍缺少这方面的管理和技术人才。

1.6.4.4　农田用水需求与污水排放的矛盾

农村污水资源化利用的重点在于发展灌溉，但农田灌溉具有明显的季节性和非持续性，也就是只有当农田缺水时才需要灌溉，而且农田对污水的接纳也有一定的限度，不仅每次的灌水量有一个上限，而且全年能够接纳的污水总量也有一定的限制。然而，污水的排放是持续不断的，所以需要有一定的蓄水设施来储存污水，并对每次灌溉量做出合理安排，否则，就有可能超出农田的自净化能力，造成农田、地下水和下游水体的污染。

1.6.4.5　土地的分散经营与污水灌溉集中管理的矛盾

污水的灌溉利用需要划出一定面积的农田来接纳污水，而且需要统一的管理以防止土壤和周边环境被水污染，这与目前广大农村联产承包责任制所形成的土地分散式个体经营相矛盾，所以要发展污水灌溉，还需要协调土地利用与农民利益分配之间的关系。

1.6.5　农村生活污水资源化利用对策

1.6.5.1　提高对农村生活污水资源化利用意义的认识

农村生活污水的资源化利用是解决农村水污染的最有效的途径，有益于缓解我国水资源不足的矛盾，对扩大有效灌溉面积、提高粮食产量有重要作用，同时还能减少污水处理费用，对改善水环境有重要作用。农村生活污水资源化利用是一个长期而艰巨的任务，目前还受经济、人才和技术发展水平的制约，而这些都不是一朝一夕能够解决的问题。但解决水污染问题是我们必须坚持的一项艰巨任务，必须做好充分的思想准备，首先在思想上要认识到污水资源化利用的重要性，只有这样才能持续不断地加强这方面的工作。

1.6.5.2　加强污水再利用方面研究和培养相应人才

尽管目前对生活污水资源化利用特别是污水灌溉方面的研究很多，但这些研究多限于污水资源化利用的技术范畴。而我国农村地域广阔，各地的条件千差万别，推广起来有相当大的难度，所以还需要做更多的研究，以满足不同条件的需求。另外，将生活污水用于灌溉还需要对污水的利用做出合理的规划，不仅需要对灌溉设施进行合理的设计，而且需要进行必要的检测和计算，因此，需要一大批相关技术人员来从事相关工作，如何培养相关的技术推广和管理人才，以及需要培养多少和培养到什么程度都是一个非常现实的问题。这些问题单靠相关技术单位开展短时的技术培训是不能解决的，需要我们的教育系统发挥重要作用，有关农业院校和环境院校可增设此类专业，特别是有相关专业的中等专科学校要发挥更大作用。另外，如何结合农村的实际情况，使污水灌溉和污水处理技术更加适用，能够模式化和规范化，能更符合农村发展现状也值得更深入地研究。

1.6.5.3　对农村生活污水处理和再利用做到因地制宜

农村生活污水资源化利用首先要坚持有利于环境保护的原则，在严格按照国家有关农田灌溉水质标准要求的前提下进行污水灌溉，要根据土壤的自净化能力和作物的需水需肥要求发展灌溉，在污水灌溉的同时要根据污水的肥力特点调整施肥方案，防止某种营养元素过剩而造成养分流失，防止水体某种元素的富营养化。

要在合理利用资源的情况下，以最低的建设和运行成本，结合当地的灌溉制度来选择和建设污水的收集和处理系统。做到适度集中，适度处理。即污水的收集与处理设施与灌溉设施相结合（如利用稳定塘处理生活污水），其处理的程度要与灌溉需求相结合。另外，结合高产纤维类植物（如造纸原料植物）的种植，可利用土地渗滤系统处理污水，既增加植物对污染物的吸收利用，又提高作物的产量，实现污水处理与高产作物的开发相结合。用于养殖业的卫生用水，则须按相关要求处理到能够安全应用的程度。在农村人口相对较少且又不太发达的地方，由于生活污水的排放量小，并有足够的农田接纳生活污水，这时只需要有一定的与灌溉系统相配套的储存设施以能够存储非灌溉时期的生活污水即可，当需要灌溉时可通过对污水的稀释来满足灌溉对水质的要求，这样可以节约大量污水处理设施的建造和运行费用。

在人口较为密集的地区，可采用稳定塘这类最经济的处理方式来降低污水中污染物含量，提高灌溉用水的水质。一些相对发达的农村村镇，人口密度较大，由于大部分农田已被占用，污水的排放量较大，没有足够的农田接纳生活污水，那么就需要对污水进行更为有效的处理，可采用土地渗滤技术加以处理。

1.6.5.4　生活污水的收集系统与其他水源相分离

与某些工业污水和养殖废水相比，生活污水资源化利用要安全得多。所以要保证生活污水灌溉的安全，首先应保证生活污水不与其他未经有效处理的污水相混合，而且要做到雨污分离，避免雨水引入，引起漫流，使污染物到处扩散。

1.6.5.5　注意加强对环境的定期观测

虽然污水灌溉是可行的，但需要强调适度的概念，需要一些技术的系统运用，有时候也许会出现一些偏差，所以还具有一定的风险。为规避风险，做到万无一失，就需要加强监测，需要定时定点对灌溉区域的地下水、土壤的有关污染指标进行测定、评估，并及时对污水灌溉与处理的方案进行必要的修正。

1.6.5.6　强化集体经济和探索适宜的经营管理模式

农村污水处理与资源化利用既是一项重要的环境工程又是一项不可或缺的造福于民的公益事业，同时还需要有一定的投入，而这些投入又很难得到直接的经济回报，所以很少有个人或集体愿意积极主动地从事这一事业。因此，污水的处理与使用不仅需要有关管理部门采取适当的强制措施，同时还需要地方财政的适度扶持，特别需要强有力的集体经济的支持。然而，目前我国大部分农村集体经济相当薄弱，往往干任何需要花钱的事情都需要群众集资，因此，维持污水处理设施的正常运转存在一定困难。要发展集体经济，需要对农村集体经济进行彻底改制，特别是对集体经济产权制度进行改革，要解决经济改革中存在法规滞后、改革不配套、管理体制缺位等一系列问题，并加大扶持力度，促进集体企业发展。另外，在促进集体经济发展的同时，应积极探索广泛集资、多元化投入和企业化运作的管理模式，可采用国家扶持、地方补助、农民支持和企业参与等方式，形成多元化投入、多渠道动员的参与机制。也可以参照美国滚动基金的运营模式，保障农村污水治理设施建设和运行的资金需求。

1.7 污水处理工艺

在农村生活污水处理中，单独好氧生物（生物膜法）、厌氧生物（生物膜法）、生态或物化处理方式往往都有一定局限性。好氧或厌氧生物膜法对 N、P 元素的去除功能单一，无法满足普遍呈现富营养化的农村水环境治理需求；生态处理技术，虽然具有同步脱氮除磷功能，但处理效率低，占地面积大；物化处理技术对氮的处理能力十分有限，且运行成本较高。因此，有必要将不同处理技术进行串联，形成组合工艺。

目前，我国由不同技术组合而成的农村生活污水处理工艺形式很多，主要可分为 4 种类型："厌氧＋生态"工艺、"好氧＋生态"工艺、"厌氧＋好氧＋生态"工艺和"厌氧＋好氧"工艺。在具体选择处理工艺时，各个地区需要充分考虑自身实际情况（包括经济水平、地形特征、气候特点、处理要求等），通过综合技术经济分析，合理选择处理工艺形式。农村生活污水处理的主要运行成本是水泵和曝气设备电耗，如能结合当地地形，利用地势高低落差排水和跌水曝气，即可节省此项成本。此外由于生态技术受天气影响较大，如在寒冷干燥的北方地区，可选择水流在底面流动的潜流式人工湿地或地下渗滤技术，并用稻草、麦秆、PVC 透气薄膜等进行保温。以下总结了几种常用工艺的适用范围和技术特点。

1.7.1 厌氧-跌水充氧接触氧化-人工湿地

适用范围：适用于居住相对集中且有空闲地、可利用河塘的村庄，尤其适合于有地势落差或对氮磷去除要求较高的村庄，处理规模不宜超过 150t/d。

工艺流程如图 3.1.4 所示。

图 3.1.4 厌氧-跌水充氧接触氧化-人工湿地工艺流程图

技术简介：该组合工艺由厌氧池、跌水充氧接触氧化池和人工湿地 3 个处理单元组成。跌水充氧接触氧化利用水泵提升，逐级跌落自然充氧，在降低有机物的同时，去除氮、磷等污染物，跌水池出水部分回流反硝化处理，提高氮的去除率，其余流入人工湿地进行后续处理，去除氮磷。

村庄应尽可能利用自然落差进行跌水充氧，减少或不用水泵提升，跌水充氧接触氧化池可实现自动控制。

1.7.2　厌氧滤池-氧化塘-生态渠技术

适用范围：适用于拥有自然池塘和闲置沟渠且规模适中的村庄，处理规模不宜超过200t/d。

工艺流程如图 3.1.5 所示。

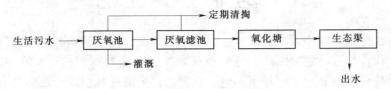

图 3.1.5　厌氧滤池-氧化塘-生态渠工艺流程图

技术简介：生活污水经过厌氧池和厌氧滤池，截流大部分有机物，并在厌氧发酵作用下，被分解成稳定的沉渣；厌氧滤池出水进入氧化塘，通过自然充氧补充溶解氧，氧化分解水中有机物；生态渠利用水生植物的生长，吸收氮磷，进一步降低有机物含量。

该工艺采用生物、生态结合技术，可利用村庄自然地形落差，因地而建，减少或不需动力消耗。厌氧池可利用三格式化粪池改建，厌氧滤池可利用净化沼气池改建，氧化塘、生态渠可利用河塘、沟渠改建。生态渠通过种植经济类的水生植物（如水芹、空心菜等）可产生一定的经济效益。

1.7.3　厌氧池-人工湿地技术

适用范围：适用于经济条件一般和对氮磷去除有一定要求的村庄。

工艺流程如图 3.1.6 所示。

图 3.1.6　厌氧-人工湿地工艺流程图

技术简介：厌氧池-人工湿地技术利用原住户的化粪池作为预处理，然后再通过两个厌氧池对污水中的有机污染物进行消化沉淀后进入人工湿地，污染物在人工湿地内经过滤、吸附、植物吸收及生物降解等作用得以去除。

该技术工艺简单，无动力消耗，维护管理方便。

1.7.4　地埋式微动力氧化沟技术

适用范围：适用于土地资源紧张、集聚程度较高、经济条件相对较好的村庄。

工艺流程如图 3.1.7 所示。

技术简介：该污水处理装置组合利用沉淀、厌氧水解、厌氧消化、接触氧化等处理方法，进入处理设施后的污水，经过厌氧段水解、消化，有机物浓度降低，再利用提升泵提升，同时对好氧滤池进行射流充氧、氧化沟内空气由沿沟道分布的拔风管自然吸风提供。已建有三格式化粪池的村庄可根据化粪池的使用情况适当减小厌氧消化池的容积。该装置全部埋入地下，不影响环境和景观。

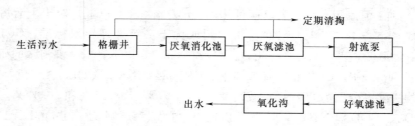

图 3.1.7 地埋式微动力氧化沟工艺流程图

1.7.5 人工快速渗滤污水处理系统

快速渗滤系统（rapid infiltration system，简称 RI 系统）是污水土地处理系统的一种。传统的 RI 系统占地面积大，水力负荷低，最高的日水力负荷也仅为 $0.03m^3/(m^2 \cdot d)$，这是由于传统的 RI 系统主要是利用天然的砂土地进行渗滤，场地土层不均一而使得水力负荷无法提高。为此，中国地质大学（北京）近年来致力于人工快速渗滤污水处理系统（constructed rapid infiltration system，简称 CRI 系统）的研究，到目前已成功地从试验研究转向实际工程应用，该技术 2004 年被国家发改委推荐为中小城镇污水处理的遴选技术之一，2005 年入选国家重点环保。CRI 系统的渗滤池为人工填充的具有一定级配的天然河砂，并掺入一定量的特殊填料，以保证既有较高的水力负荷，又能满足出水的处理要求。CRI 系统是利用快渗池内的人工介质和特殊填料进行的过滤、吸附以及微生物的降解等多种作用的相互结合，使废水中的有机物进行分解去除，从而达到水质净化目的的一种生态学处理方法，它适用于河流污水资源化和生活污水处理。CRI 系统不仅具有操作简单、运行管理方便、低能耗、低投资和低运行管理费用等优点，同时也有水力负荷高和出水水质好等特点。

1.7.5.1 CRI 系统工艺流程

预沉池的功能主要是降低污水中的 SS，以便提高渗池的渗滤速度，防止堵塞。污水通过渗池的过程中产生综合的物理、化学和生物反应，使污染物得以去除，其中主要是生物化学反应，使有机污染物通过生物降解而去除。地下集水系统的功能是收集净化水，净化水进入清水池贮存供回用。快速渗滤法的主体是快速渗滤池，该系统由至少两个装填有一定厚度砂石填料滤池组成，采用干湿交替的运转方式，通过滤池内的好氧、厌氧及兼氧性微生物降解污染物。落干期渗池大部分为好氧环境，淹水期渗池为厌氧环境，所以渗池内经常是好氧和厌氧相互交替，有利于微生物发挥综合处理作用，去除有机物。就氮的去除而言，落干时产生铵化和硝化作用，淹水期产生反硝化作用，氮通过上述转化过程而被去除；悬浮固体经过过滤去除；重金属经吸附和沉淀去除；磷经吸附和与渗池内的特殊填料形成羟基磷酸钙沉淀而去除；病原体经过滤、吸附、干燥、辐射和吞噬而去除；有机物经挥发、生物和化学降解等作用而分别被去除。

1.7.5.2 CRI 系统处理效果

河北涿洲的现场小型试验证明，CRI 系统的日水力负荷可达 $2m^3/(m^2 \cdot d)$ 以上，出水质量达到或优于二级处理出水标准，COD_{Cr} 一般在 50mg/L 以下，最低小于 20mg/L，BOD_5 一般在 20mg/L 以下；深圳三棵竹和东莞华兴电器有限公司的现场试验和实际工程的应用证明，对于河流污水日水力负荷可达 1.5m³/(m²·d) 以上，对于生活污水日水力负荷可达 1m³/(m²·d) 以上，出水质量达到或优于二级处理出水标准，COD_{Cr} 一般在 40mg/L 以下，最低小于 20mg/L，BOD_5 一般在 10mg/L 以下；对茅洲河水的研究结果表明，在 1.5m³/(m²·d) 的水力负荷条件下，CRI 系统对 SS、COD_{Cr}、BOD_5、$NH_3 - N$ 和 TP 的平均去除率分别为 89.51%、77.82%、85.33%、98.28% 和 60.19%，处理出水中 SS、COD_{Cr}、BOD_5、$NH_3 - N$ 和 TP 的平均浓度分别为 2.5mg/L、15.7mg/L、2.89mg/L、0.32mg/L 和 0.86mg/L，处理出水 SS、COD_{Cr}、BOD_5、$NH_3 - N$ 和 TP 均达到了《污水综合排放标准》（GB 8978—1996）、城镇二级污水处理厂一级排放标准、《生活杂用水水质标准》（CJ 25.1—89）和再生水回用于景观水体的水质标准，参考《地表水环境质量标准》（GB 3838—2002）的Ⅲ类水质标准，可以作为饮用水源水。

1.7.5.3　CRI 系统的优势

（1）建设成本低，运行费用更低。CRI 系统中占建设成本最大的投资为填料，主要为河沙。一般地，每吨水处理建设成本约为 900～1000 元人民币；如果能做到污水自流，不需要提升，则运行成本低于 0.2 元人民币/t。

（2）抗冲击负荷强，系统稳定性好。CRI 系统 1m³ 的体积可以处理 2t 以上河流污水，是一般传统人工湿地系统处理效率的 6 倍，COD 负荷范围可以在 100～900mg/L，系统仍能稳定运行。

（3）应急处理和深度处理可以有机结合，出水效果好，不造成投资浪费。CRI 系统中通过调整水力负荷，可以处理不同的水量，水力负荷在一定范围内变化，对出水效果影响较小。水力负荷的大小，与选择滤料的级配有关，因此通过不同级配的滤料选择，可以调整不同的水力负荷，达到不同的处理效果。对于深度处理，降低水力负荷，出水优于二级处理，而且除磷效果佳，也有一定除氮功能，只要部分更换滤料即可达到深度处理，其他设施可以不作任何变动，不造成投资浪费，做到应急与深度处理有机结合。

（4）不造成二次污染，不对污泥作任何处理。CRI 系统不需投加药剂，主要通过生化作用处理污水，不造成二次污染；污泥在填料中由细菌消化，不产生污泥。也不需要对系统进行反冲洗，主要通过特殊滤料进行。

（5）占地面积相对不大。CRI 系统滤层最佳深度为 2m 左右，1m³ 的体积可以处理 2m³ 以上污水，10 万 m³ 污水需占地约 5 万 m²，大大小于传统人工湿地，与一般的二级污水处理工艺的占地要求相当。

1.7.5.4　CRI 系统的应用前景

我国是一个人均水资源占有量匮乏的国家，地表水体的生态环境严重恶化，许多地区和城市严重缺水。我国水污染严重和水资源短缺已经成为制约我国经济发展，危害生态环境，影响人民生活和身体健康的突出问题。因此因地制宜采用分散和集中相结合的污水处理技术，进行污水处理无害化、资源化是很有必要的。近年我国政府将投入巨资进行河流水污染治理，以深圳市为例，投入 70 亿元资金治理深圳辖区内的 7 条河流，近期又增加 25 亿元进行珠江水系专项治理。三峡库区水污染治理、北京水系规划、上海水环境治理、南水北调工程水环境综合整治等计划都在实施中，CRI 系统凭借其经济有效的处理优势，在河流水污染治理领域有广泛的应用前景。此外，我国村镇级生活污水治理问题也成为我国环境保护的重要内容，我国农村人口众多，经济综合实力差，低建设成本、易于管理的污水处理技术，是村镇污水处理的主要模式，CRI 系统正好顺应了我国村镇污水处理的基本国情，必将在该领域发挥重要作用。因此，CRI 技术在河流污水资源化和城镇生活污水处理方面具有重要的经济效益、环境效益和社会效益。

1.8　农村生活污水处理厂的典型设计

农村生活污水处理工艺目前推广的有很多模式，其中天津市蓟县下营镇青山岭村的生活污水处理工艺是典型的模式之一，本节特将此处理方案论述如下。

1.8.1　示范工程概论

1.8.1.1　工程选址

该村坐落在蓟县北部的长城脚下，此村山清水秀、百果累累、香飘数里，是目前保护完好的自然生态古村寨。该村近几年乡村休闲游开展得很好，现有旅游经营户 70 户，床位 2000 余张，农家院配套了水厕、洗浴等设施。该村生态文明村建设较好，全村建设了排水管网，生活污水经管网收集集中排放，村南有一个坑塘可作为稳定塘，周边是农田和果树，开展"农村生活污水处理及回用的示范工程"条件较好。并且该村村委会和村民对该示范工程的建设积极性很高，在该村开展该项目能起到很好的示范效果。

1.8.1.2　建设内容和规模

本示范工程在青山岭村实施，修建一座污水处理站，占地面积 1575m²，日处理生活污水 135m³，采用组合人工湿地处理工艺。其工艺流程如图 3.1.8 所示。

图 3.1.8　工艺流程

建设内容包括：75m³ 调节池兼厌氧池，200m³ 备用调节池，30m³ 曝气池，702m³ 潜流生物滤床，12m³ 消毒池；泵房及管理用房 82.5m²，并配套相关机电设备，坑塘存放提灌设备房 10.56m²。新铺污水管道 D300mm 水泥管 1200m，UPVC 管材 De200mm，长 600m。面积 5 亩的稳定塘工程：现有稳定水深为 0.5m，清淤 1m 深，这样由原有储水量 1700m³ 变为现在的 5000m³，并进行相应的岸边护砌、取水平台、排水沟及岸边绿化。灌溉回用工程包括：移动式提水泵一套，机座平台及与现有低压输水灌溉管道的连接工程，UPVC 管材 De110mm，长 200m。工程建成后预期能使 180 亩约 7000 多棵果树及 120 亩农田得到及时灌溉。

1.8.1.3　投资概算

本示范工程总投资概算 130.83 万元，其中潜流生物滤床投资为 18.55 万元，调节池兼厌氧池和好氧池投资为 11.17 万元，管理用房投资为 8.94 万元，硬化路面投资为 0.39

万元，消毒池投资为 0.87 万元，围墙及绿化投资为 8.2 万元，坑塘投资为 14.13 万元，管道投资为 26.26 万元，泥结石路面投资为 7.46 万元，设备投资为 15.76 万元，灌溉工程投资为 2.10 万元。

1.8.1.4 工程效益

通过落实污水处理项目，改变该村"脏、乱、差"现象，特别是水环境质量大为改观，农村居民的生产、生活环境质量得到改善和提高。同时，推进了城乡一体化进程，农村环境面貌与城市的差距进一步缩小，为统筹城乡发展、全面建设小康社会打下了良好的基础。该工程建成后，通过污水处理站处理的水质已经达到农田灌溉标准，这样不仅使 180 亩 7000 多棵果树及 120 亩农田得到及时灌溉，增加了农户的经济收入，而且有效地改善了农村水环境，促进了人口、资源、环境的和谐发展，使青山岭村旅游产业层次进一步得到提升，逐步创建一个生态文明的、可持续健康发展的社会主义新农村。本项目经济效益、社会效益显著，可实现良性运行。

1.8.2 青山岭村基本情况

蓟县下营镇地处蓟县的北部山区，是天津市的北大门，也是天津市后花园的重要组成部分。此次规划位于该镇的青山岭村，该村坐落在蓟县北部的长城脚下，因松树而得名。这里的松树遒劲高大，形态各异，松树王已有千余年的历史，通高 33 米，树围 4.36 米，古腾盘绕，枝干茂盛苍翠。村内的清水湖，"静水碧又清，影在芙蓉中"，诗情画意，百果园硕果累累、香飘数里，百花园姹紫嫣红、春天常驻，北齐时代的古长城、战备洞、明代的龙泉古井，在夕阳的映衬下述说着历史的沧桑，青山岭是目前保护完好的自然生态古村寨。该村 185 户，共有人口 800 人，现有旅游经营户 70 户，床位 2000 余个，全年接待旅游人数 12 万人次，创旅游综合收入 600 万元。每户经营的农家院都是集餐饮、住宿、休闲娱乐为一体的，可接待不同档次客人食宿，并配套了水厕、洗浴、餐厅、空调等设施。"农家游"已成为本村农民致富的主要途径，使过去的穷山沟捧上了旅游的金饭碗。

下营镇青山岭村供水已实现自来水管网入户，当地村民和农家院采用抽水马桶冲厕。该村已初步建设了污水管网，已为新建污水处理站提供了良好的基础条件。青山岭农家院风景区的建设，该村季旅游高峰期每天产生污水量 150t，全年产生的生活污水达 3 万余吨。该村的污水经管网汇集一处，出村后经明沟排入村外坑塘。旅游旺季排污明沟臭气难闻，村外坑塘污染严重，水质为劣 V 类，每逢雨季，受到大坑中污水的影响，使汇集的地表水也受到严重的污染，所以不仅污染了地下水源，而且对周边环境也造成污染。

生活污水造成的环境恶化已成为制约该村旅游发展的瓶颈，因此当务之急是修建污水处理系统、建污水处理站，使经过处理的污水达到农田灌溉标准，这样不仅可以浇灌果树、农田，使污水再利用，还可以改善村内及周边的水环境。经过与村干部及群众多次座谈，当地群众对此项工程非常支持。

该村采用的是雨污分流的排放方式，同时每家的污水都是通过化粪池再排入污水管道，最后汇到总管道进行排放的。

1.8.3　气象和水文地质条件

1.8.3.1　水文气象

项目区属温带季风型气候，四季分明，春季干旱多风、冷暖多变，夏季气温高，雨水集中，秋季少雨。多年平均霜期216天。多年平均气温为11.3～11.8℃，极端最高气温41.2℃（1961年6月10日），最低温度为—23.3℃（1969年2月24日）。农业气候分区为中温带春暖半干区。最大冻土厚度0.8m。

降水量年季变化大，丰枯悬殊，多年平均降水量为679.2mm，特丰年1978年降水量为1213.4mm，特枯年1981年降水量为351.7mm，年内分布不匀，降水多集中在6—9月份，约占全年降水量的80%。多年平均水面蒸发量为1737.5mm，北部小，南部大。根据项目区的地理特点及多年实测记录未发过洪水及旱涝灾害。

1.8.3.2　地质

项目区主要为表层粉质黏土与岩石体。施工场地南部，即坑塘附近主要为粉质黏土与风化岩石体。工程区地震基本烈度为7度，设计基本地震加速度值0.15g。

1.8.4　污水处理工艺论证

1.8.4.1　工程任务和规模

（1）工程任务。配合目前农村水环境整治、截污，改善地表水水环境的需要。污水处理厂的服务范围主要是青山岭村；处理该村当地居民和游客产生的生活污水；治理村外的排污明沟及坑塘，经处理后的污水作为农业灌溉补充水源。

（2）工程规模。根据《蓟县"十一五"农村饮水安全工程规划》，该村人均综合用水量标准为100L/（人·d）。

设预测用水量为 $Q_用$，预测污水量为 $Q_污$，则

$$Q_用 = Nq \times 10^{-3}$$

式中：N 为居民人口数，人；q 为用水量标准，L/（人·d）。

根据调查得出，常住人口为800人，共有农家院客床2000张，按60%的入住率进行计算，每天流动人口1200人，合计人口2000人。排水率按75%计算，日排水量按式（3.1.1）计算：

$$Q_污 = Q_用 \times 75\% = 100 \times 2000 \times 0.75/1000 = 150(t) \tag{3.1.1}$$

考虑污水管网漏失量，一般按照10%考虑，确定按135t/d规模进行设计。

1.8.4.2　污水处理工艺论证

污水处理工艺的选择应根据设计进水水质、污水排放标准所要达到的处理程度、用地面积和工程规模等多种因素综合考虑，不同的污水处理工艺有其适用范围，应根据具体情况而定。必须充分考虑污水量和污水水质以及经济条件和管理水平，优先选用技术合理先进、安全可靠、低能耗、低投入、少占地和操作管理方便、宜于分期建设的、成熟的工艺。

1. 常规二级处理工艺

我国现行《室外排水设计规范》（GB 50014—2006）的表中给出了污水处理厂 BOD_5 和 SS 的处理效率，见表3.1.6。

表 3. 1. 6　　　　　　　　　　　　污水处理厂的处理效率

处理级别	处理方法	主要工艺	处理效率/%	
			SS	BOD₅
一级处理	沉淀法	沉淀	40～55	20～30
二级处理	生物膜法	初次沉淀、生物膜法、二次沉淀	60～90	65～90
	活性污泥法	初次沉淀、曝气、二次沉淀	70～90	65～95

从表中可以得知，二级活性污泥法的处理效率最高，这也是目前国内外大多数城市污水处理厂都采用的方法。但常规二级处理工艺对氮、磷的去除是有一定限度的，仅靠从剩余污泥中排除约 10%～20% 的氮和约 12%～19% 的磷，达不到本工程对氮和磷去除率的要求，因此，必须采用脱氮除磷的深度处理工艺，所以增设潜流生物滤床工艺，进行脱氮除磷处理。

2. 污水生物处理工艺

对污水的处理，目前已经研究开发出了各种各样的生物处理方法。就生物处理而言，从初期普通活性污泥法发展至今，经过不断改进，出现了多个改进型的方案，如氧化沟、A/O 法、A₂/O 法、AB 法、MBR 工艺及其改进型等多种工艺。尤其近年来，随着城市污水中 N、P 等污染物指标的升高以及受污染水体富营养化问题的日益突出，脱氮、除磷已成为必不可少的工艺环节。因而曝气池也由单纯的好氧反应工艺发展到包括缺氧反应池和厌氧反应池在内的复合工艺，利用多种反应池功能的组合，既可以达到去除有机物，又可以达到生物脱氮除磷的目的。

该示范工程拟对下列 4 个工艺进行技术经济比较，氧化沟法、潜流湿地法、MBR 法、A/O＋潜流生物滤床法等，各处理工艺的机理简述如下：

(1) 氧化沟法。氧化沟最初出现于荷兰，主要由环形曝气池组成，具有出水水质好、处理效率稳定、操作管理方便等优点，同时，也能满足生物脱氮要求。氧化沟布置有多种形式，除了常用的转刷型氧化沟外，还有采用垂直轴表面曝气叶轮的卡罗塞尔氧化沟以及转碟型曝气器的奥贝尔氧化沟。同时，在运行方法上又可分为连续流及分渠式氧化沟。氧化沟中一部分体积兼作沉淀池，故不再设二次沉淀池和污泥回流设备。上述各种形式的氧化沟，目前国内均有工程实例，大部分氧化沟运行良好，去除效率稳定，取得了较好的处理效果。在间歇运行的氧化沟基础上，丹麦又发展了一种新型的氧化沟，即三沟式氧化沟。在运行稳定可靠的前提下，操作更趋灵活方便。

随着氧化沟工艺的不断发展，作为活性污泥法的一种变型的氧化沟现已广泛应用于世界各地，并正向着大中型污水处理厂发展，曝气型式的多样化和不断改进使氧化沟工艺迅速得到推广。

但是结合本工程的情况，由于污水处理厂可用地面积小，而氧化沟由于池深较浅，一般不超过 4m，因此污水处理厂占地面积较大，所以不提倡采用氧化沟方法。

(2) 湿地处理法。根据污水在人工湿地中的流动方式可以把人工湿地划分为自由表面流人工湿地和潜流型人工湿地。自由表面流人工湿地和自然湿地相类似，废水从湿地表面流过。这种类型的人工湿地具有投资少、操作简单、运行费用低等优点。缺点是占地面积大，水力负荷低，去污能力有限，受气候影响较大，夏季会滋生蚊蝇、散发臭味；潜流型湿地系统中，污水在湿地床的表面下流动，利用填料表面生长的生物膜、植物根系及表层土和填料的截留作用净化污水。国外所建成的人工湿地中，潜流型人工湿地占相当大的比例。潜流型人工湿地主要由 3 部分组成：基质、植物和布水系统。目前人工湿地系统可用的基质主要有土壤、碎石、砾石、煤块、细沙、粗砂、煤渣、多孔介质（LECA）、硅灰石和工业废弃物中的一种或几种组合的混合物。基质一方面为植物和微生物生长提供介质，另一方面通过沉积、过滤和吸附等作用直接去除污染物。潜流型人工湿地中使用的植物主要有香蒲、芦苇、灯心草等，这些植物可增加湿地基质的遇水性，此外还能与周围环境的原生动物、微生物等形成各种小环境，将氧气传输至根区，形成特殊的根际微生态环境，这一微生态环境具有很强的净化废水的能力。在美国，大约 40% 的潜流型湿地只种植香蒲一种植物，欧洲国家则多数种植芦苇，也有一些系统种植了多种组合植物。布水系统主要是将进水按一定方式均匀地分布在处理系统中，并且保证不发生短流和堵塞，在潜流型人工湿地处理系统中多采用穿孔管布水系统。

潜流型人工湿地的净化效果如下：

1）有机物的去除。潜流型人工湿地的显著特点之一就是其对有机污染物有较强的降解能力。污水中的不溶有机物通过湿地的沉积、过滤作用，可以很快地被截留而被微生物利用；污水中的可溶性有机物则可通过植物根系生物膜的吸附、吸收及生物代谢过程而分解去除。

2）氮的去除。潜流型人工湿地对氮的去除作用包括吸附、过滤和沉积、氨挥发、植物吸收和微生物硝化和反硝化作用。

3）磷的去除。潜流型人工湿地对磷的去除作用包括吸收、化学沉积、植物和藻类吸收、微生物作用等，其中基质吸附起主要作用。基质的理化性质对磷的去除率有很大影响。Zhu 等研究了镁、钙、铁、铝和磷的吸附关系，发现钙与磷的吸附相关性量强。Geller 也认为钙与铁、铝相比对磷具有更强的结合能力，潜流型湿地系统对磷的去除能力决定于这些矿质元素在基质中的含量。A Drizo 等比较分析了 7 种基质对磷的去除能力，发现飞灰和页岩具有最大的磷吸收能力，然后是铝土矿、石灰石，综合比较各种性能，A. Drizo 认为页岩最适合作为潜流型湿地系统的基质。同时有人也研究了一些人工合成基质的除磷能力，认为将这些人工基质中的一种或几种和沙混合使用可以显著提高潜流型湿地系统的除磷能力。

潜流型人工湿地的：工程造价和运行费用是人们在选择和设计污水处理工艺时必须考虑的问题。美国分析了 37 个湿地污水处理系统的造价，其中 19 个自由表面流湿地的平均造价为 55000 美元/hm²，18 个潜流型系统的平均造价为 215000 美元/hm²，因为需要额外的岩石供应和填筑费用，所以潜流型系统的造价比自由表面流系统高，但是就负荷计算，潜流型系统显示出优越性，潜流系统的造价为 163 美元/m³，自由表面流系统为 206 美元/m³。国内一些专家估算，潜流型人工湿地污水处理系统的占地面积大约是自由表面流人工湿地系统的 1/10，建造费用大约在 130～150 元/m²。

（3）膜生物反应器法（MBR）。膜生物反应器是膜与生物结合的产物，以实现微生物发酵，动植物细胞培养和生物催化转化等。通常在常温和常压下进行生化反应。可使产物或副产物从反应区连续地分离出来，打破反应的平衡，从而可大大提高反应转化率，增加产率或处理能力，过程能耗低、效率高。

在处理过程中，污水首先进入反应器，反应器中的微生物将污水中的污染物进行同化和异化，异化产物多数成为无害的 CO_2 和 H_2O，同化物质成为微生物的组成物质。膜单元部分主要用于截留微生物和过滤出水，微生物固体可有效地被截留在反应器中，可以完全地控制微生物在反应器中的停留时间（污泥龄）及有效地对处理水进行消毒。

1）膜生物反应器的优点。作为一种新兴水处理技术，与传统活性污泥法相比，MBR具有以下显著的优势：

a. 用膜组件代替二次沉淀池，固液分离效率高，能够使泥水得到很好的分离，对污染物的去除率高，出水水质稳定，可完全滤去悬浮物和分散微生物，无需消毒且出水浊度低，可直接回用。

b. 能将所有的微生物截留在生物反应器内，和活性污泥法相比，使反应器中的生物浓度提高 5～10 倍，从而提高容积负荷，降低污泥负荷，减少占地面积，实现反应器水力停留时间和污泥龄的完全分离，从而提高难降解有机物的降解效率，使运行控制更加灵活、稳定。

c. MBR 具有非常高的污泥龄，有利于增殖缓慢的微生物，如固氮菌、硝化菌以及难降解有机物分解菌的截留和生长，能实现同步硝化和反硝化，适合进行废水深度处理。当 F/M（营养和微生物比率）保持在某一低值时，活性污泥处于因生殖而增长和因内源呼吸而消耗的动态平衡中，剩余活性污泥量远低于活性污泥工艺，无污泥膨胀，降低了对剩余污泥处置的费用。

d. 抗冲击负荷能力强，有试验表明分置式膜生物反应器在 3 倍于正常浓度的进水COD 浓度下能够正常运行，且在冲击负荷消除 15min 后恢复正常运行。

e. 传质效率高，充氧效率是普通活性污泥法的 5～10 倍，高达 20％～60％。故可采用高效曝气装置，降低能耗。

f. 工艺结构紧凑，易实现一体化自动控制，运行管理方便。

2）膜生物反应器的缺点。在 MBR 显示出许多传统工艺所不具备的优点时，也曝露出了一些尚需改进的问题：

a. 优化 MBR 膜组件结构。资料表明，在 MBR 工艺中膜组件的费用明显高于占地和土建费用。在运行费用中，膜组件的更换费用占总运行费用的 40％～75％。因此，优化MBR 膜组件结构是促进 MBR 发展和应用的一个重要因素。

b. 优化 MBR 的操作参数和条件。在用于处理污水的 MBR 中，通常都维持较高的污泥浓度（8～12g/L）。如此高的污泥浓度常导致氧传递率的降低，从而使运行能耗变大。

c. 防治膜污染。膜污染取决于混合液组成特性和膜的物化性能。当膜选定后，其物化性能确定，因此混合液组成就成为膜污染的主要因素。

d. 提高 MBR 经济可行性。目前，国内外尤其是在国内的经济发展水平、膜产品供应状况和规范设计要求的条件下，确定 MBR 用于污水处理的最大经济流量是一个亟待解决的问题，同时需要界定和推荐比较适于采用 MBR 技术处理的污水类别。

e. 目前，国内外 MBR 的工艺尚未见有较成熟、系统的方法，确立一套合理的设计方法和检测标准是急待解决的问题。

（4）A/O 法＋潜流生物滤床。A/A/O 工艺（anaerbio－anoxic－oxic）称为厌氧–好氧二者结合系统。早在 20 世纪 70 年代美国在生物除氮方法的基础上发展的同步除磷脱氮的污水处理工艺。

厌氧生物处理法最早用于处理城市污水处理厂的沉淀污泥，后来用于处理高浓度有机废水，采用的是普通厌氧生物处理法。普通厌氧生物处理法的主要缺点是水力停留时间长。因为水力停留时间长，所以消化池的容积大，基本建设费用与运行管理费用都较高。这个缺点长期限制了厌氧生物处理法在各种有机废水处理的应用。

20 世纪 60 年代以后，由于能源危机导致能源价格猛涨，厌氧发酵技术受到人们的重视，对这一技术在废水处理领域的加用开展了广泛、深入的科学研究工作，开发了一系列效率高的厌氧生物处理反应器，如厌氧接触法、升流式厌氧污泥床、厌氧膨胀床和厌电流化床、厌氧生物转盘、厌氧挡板式反应器等。

现在，厌氧生物处理技术不仅用于处理高浓度有机废水，而且还能够有效地处理诸如城市污水这样的低浓度污水。与好氧生物处理技术相比较，厌氧生物处理技术具有一系列明显的优点，具有十分广阔的发展与应用前景。

厌氧生物处理法与好氧生物处理法相较具有下列优点：

1）有机物负荷高，容积负荷高。

2）污泥产量低，污泥产率低。

3）能耗低。

4）营养物需要量少。

5）应用范围广，好氧法适于处理低浓度有机废水，较高浓度有机废水需用大量水稀释后才能进行处理，而厌氧法可用于处理高浓度有机废水，也可处理低浓度有机废水。有些有机物好氧微生物对其是难降解的，而厌氧微生物对其却是可降解的。

6）对水温的适宜范围较广，好氧生物处理一般认为水温在 20～30℃ 时效果最好，35℃ 以上和 10℃ 以下净化效果降低，因此对低温废水需采取增温措施。厌氧生物处理可以适应，其低温菌生长温度范围为 10～30℃，厌氧生物处理应尽量不采取加热的措施，但在常温时处理复杂的非溶解性有机物是困难的，高温更有利于对纤维素的分解和寄生虫卵的杀灭。

厌氧处理法的缺点如下：

1）厌氧处理设备启动时间长，因为厌氧微生物增殖缓慢，启动时经接种、培养、驯化达到设计污泥浓度的时间比好氧微生物处理长，一般需要 8～12 周。

2）处理后出水水质差，往往需进一步处理才能达到排放标准。一般在厌氧处理后串联好氧生物处理。

活性污泥法是以活性污泥为主体的废水生物处理的主要方法。活性污泥法是向废水中连续通入空气，经一定时间后因好氧性微生物繁殖而形成的污泥状絮凝物。其上栖息着以菌胶团为主的微生物群，具有很强的吸附与氧化有机物的能力。利用活性污泥的生物凝聚、吸附和氧化作用，以分解去除污水中的有机污染物。然后使污泥与水分离，大部分污泥再回流到曝气池，多余部分则排出活性污泥系统。

影响活性污泥过程工作效率（处理效率和经济效益）的主要因素是处理方法的选择与曝气池和沉淀池的设计及运行。典型的活性污泥法是由曝气池、沉淀池、污泥回流系统和剩余污泥排除系统组成。污水和回流的活性污泥一起进入曝气池形成混合液。从空气压缩机站送来的压缩空气，通过铺设在曝气池底部的空气扩散装置，以细小气泡的形式进入污水中，目的是增加污水中的溶解氧含量，还使混合液处于剧烈搅动的状态，形悬浮状态。溶解氧、活性污泥与污水互相混合、充分接触，使活性污泥反应得以正常进行。活性污泥法原理的形象说法：微生物"吃掉"了污水中的有机物，这样污水变成了干净的水。它本质上与自然界水体自净过程相似，只是经过人工强化，污水净化的效果更好。

后续加上潜流生物滤床，这样又可以利用湿地法脱氮除磷的功能，进行脱氮除磷。

（5）几种工艺方案综合比较。四个工艺方案从以下几个方面进行综合分析比较，详见表 3.1.7。

表 3.1.7　　　　　　　　　　　　污水处理方案综合比较表

比较内容	方案一	方案二	方案三	方案四
工艺特点	采用叶轮供氧及维持沟内流速，混合效果好，耐冲击负荷	利用植物本身的吸收及滤料，进行厌氧缺氧和植物的吸收，对氮、磷都有较好的处理效果。但对有机物处理效果欠佳	微生物将污水中的污染物进行同化和异化，膜单元部分主要用于截留微生物和过滤出水，微生物固体可有效地被截留在反应器中，有效地对处理水进行消毒	采用鼓风机供气，氧利用率高，对有机物去除效果最好
运行管理	设备及构筑物较少，管理较简单。自动控制，设备及构筑物较多，运行管理相对复杂及要求高	设备及构筑物较少，运行管理简单	工艺结构紧凑，易实现一体化自动控制，运行管理方便	设备及构筑物稍多，但本工艺采用调节池和厌氧池合用，将活性污泥法的二次沉淀池改变成潜流生物滤床，既可以达到除去沉淀物质的作用，又可以做到脱氮除磷作用
设备	设备种类及数量相对较多，维护要求一般	设备较少	设备种类及数量相对较少，维护要求较高	设备种类一般，维护要求一般
投资	少	成本最少	成本很高	一般
运行费	高	低	高	中
占地	池深较浅，占地面积较大	占地面积最大	占地面积较小	占地面积小

综合比较处理的效果和成本，采用第四种方案，该方案的工艺流程如图 3.1.9 所示。

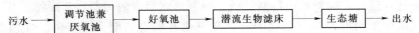

图 3.1.9　A/O法十潜流生物滤床的工艺流程图

3. 消毒方式

为了保护人类的生命健康，保护好水环境，我国国家环境保护总局和国家质量监督检验检疫总局于 2002 年 12 月 24 日颁布的《城镇污水处理厂污染物排放标准》（GB 18918—2002）中首次将微生物指标列为基本控制指标，将大肠菌群列为基本控制项目。该标准规定执行二级标准和一级 B 类标准的污水处理厂粪大肠菌群最高允许排放浓度不超过 10000 个/L。要求城市污水必须进行消毒处理，从而使污水处理标准的病理指标与国际接轨。

给水及污水消毒方法可分为两大类，即化学消毒法和物理消毒法。化学消毒法有加氯消毒和臭氧消毒等；物理消毒法有紫外线消毒等。化学消毒法一般都会产生消毒副产物，而紫外线消毒是唯一不会产生消毒副产物的方法，不会造成二次污染问题。

紫外线消毒技术是利用紫外线-C 波段（即杀菌波段，波长 180～380nm）破坏水体中各种病毒和细菌及其他致病体中的 DNA 结构，使其无法自身繁殖，达到去除水中致病体的目的。

紫外线消毒技术对细菌病毒以及其他致病体的消毒效果已得到全世界的公认，该消毒技术具有下列明显的优点：高效率杀菌，对细菌、病毒的杀菌作用一般在一秒以内；高效杀菌广谱性高，优于常用消毒剂；无二次污染；运行安全、可靠，是一种对周边环境以及操作人员相对安全可靠得多的消毒技术；运行维护简单，费用低，其性能价格比高；占地小，无噪音。

同时本工程的尾水如采用加氯等消毒方式，余氯和消毒副产物必将对周边的生物系统产生影响。因此本工程设计采用紫外线消毒工艺。

1.8.5　工程布置及建筑物

1.8.5.1　设计标准

根据蓟县水质分析报告，确定进水水质，具体见表 3.1.8。

表 3.1.8　　　　　进　水　水　质

名称	BOD$_5$	COD$_{Cr}$	SS	氨氮	总磷
设计进水水质/(mg/L)	≤180	≤450	≤250	≤40	≤10

污水处理厂出水执行《城镇污水处理厂污染物排放标准》（GB 18918—2002）一级 B 标准，考虑到农业灌溉回用，污水处理厂出水水质同时满足《农田灌溉水质标准》（GB 5084—2005）要求。

出水标准确定为：

COD$_{Cr}$≤150mg/L（GB 5084—2005）

BOD$_5$≤60mg/L（GB 5084—2005）

SS≤80mg/L（GB 5084—2005）

全盐量不大于 1000mg/L（GB 5084—2005）

氯化物不大于 300mg/L（GB 5084—2005）

硫化物不大于 1mg/L（GB 5084—2005）

氨氮不大于 8mg/L（GB 18918—2002）

总氮不大于 20mg/L（GB 18918—2002）

总磷（以 P 计）不大于 1.0mg/L（GB18918—2002）

pH 值：6～9（GB 18918—2002）

1.8.5.2　设计原则

（1）贯彻国家有关环境保护政策，符合国家的有关法规、规范及标准。

（2）经处理后排放的污水水质符合国家和地方的有关排放标准和规定，符合环境影响评价的要求。

（3）在新农村战略以及农村污水处理工程建设规划的指导下进行项目的可行性研究。

（4）根据现有的排水体制和水环境保护的要求，综合规划和选择合理的排水体制，使工程具有可实施性。

（5）因地制宜，结合现有技术的不同特点，充分利用现有地形条件。在保证水质处理效果的前提下，尽量减少工程占地，减少土方开挖的工程量。通过生态措施、环保措施和水利工程措施相结合，因地制宜制定可行的综合治理方案。

（6）采取全面设计、分期实施的原则，既考虑近期的可操作性又考虑中、远期合理性，使工程建设与农村的发展相协调，既保护环境，又最大程度地发挥工程效益。

（7）采用先进的节能技术，降低污水处理厂的能耗及运行成本。

（8）优先采用集成度高的污水处理工艺，以便实现模块化设计，以利于污水处理厂的分期建设和扩展，以及减少占地面积。

（9）采用先进、可靠的自动化控制技术，提高污水厂的管理水平，保证污水处理工艺运行在最佳状态，尽可能减轻人工干预程度，实现无人操作化管理。

（10）污水处理厂的处理工艺流程力求先进、简洁、可靠，便于操作管理。

（11）循环经济与节能降耗原则，设计中需按照循环经济的理念，优先选用生态型、绿色环保型、节能型工艺，最大限度地减少不可再生能源的消耗，并按照不同的环境、区域或时段灵活应用各项技术、统筹安排，科学设计，得到最佳的水环境治理效果。

1.8.5.3　设计依据及参考资料

（1）中华人民共和国水法。

（2）中华人民共和国水污染防治法实施细则。

（3）《蓟水务报（2009—67）》。

（4）《天津市国民经济和社会发展第十一个五年规划纲要》。

（5）《天津生态市建设规划纲要》。

（6）《天津市"十一五"水污染防治实施方案》。

（7）《天津市水利"十一五"规划报告》。

（8）《灌溉与排水工程设计规范》（GB 50288—99）。

（9）《城镇污水处理厂污染物排放标准》（GB 18918—2002）。

（10）《农田灌溉水质标准》（GB 5084—2005）。

1.8.5.4　工程布置及建筑物

1. 污水处理厂厂址

农村污水处理厂厂址应选在地势较低村镇边上的空地，污水处理厂的选址尽量使污水收集的管线到达污水处理厂总进厂管道长度最短，同时也要考虑污水处理厂自身的用水、用电、交通等方面的因素。根据青山岭村北高南低的特点，污水管网出口在村南，村南有空地，不远处有坑塘，周边是农田和果树，故污水处理厂厂址选在村南路西侧的空地上。

2. 污水处理厂总体布置及建筑物

污水处理厂厂区面积 $35 \times 45 = 1575m^2$，处理构筑物按进出水方向顺工艺流程依次从北向南布置，全部工程由调节池兼厌氧池一座、备用调节池一座，曝气池一座、潜流生物滤床一处、消毒池一座和管理用房及围墙等部分组成。具体如图 3.1.10 和图 3.1.11 所示。

（1）调节池兼厌氧池。调节池兼厌氧池，水力调节停留时间按 12h，池容积为 $75m^3$，池深为 2.5m，实际占地面积 $30m^2$（长×宽为 5m×6m），如图 3.1.12 所示。

调节池兼厌氧池为钢筋混凝土结构，混凝土为 C30，抗渗等级 S6，水池底板厚 300mm，下设 100mm 厚 C15 素混凝土垫层，池壁厚 200mm，顶板厚 200mm。

备用调节池 $200m^3$，露天式，利用厂区南侧沟改造，深 1.2m，长 60m，上口宽 6m，坡比 1:2，底宽 1.2m。

（2）曝气池，水力停留时间按 4h，布置曝气机一台，池容积为 $30m^3$，池深为 2.5m，实际占地面积 $12m^2$（长×宽为 2.4m×5m），如图 3.1.12 所示。

（3）潜流生物滤床，处理单元由人工基质、水生植物和附着在基质及植物根区的微生物组成，是一种独特的"基质-植物-微生物"生态系统。该系统中，植物扎根于基质床的表层，植物根系和填料为微生物提供附着的载体，同时植物根系为微生物提供氧源，在靠近根区的填料层形成好氧区，而在远离根区的填料层形成厌氧或兼氧区，水体以水平潜流式流经填料表层和底层时，反复经过好氧、厌氧以及硝化和反硝化的过程，从而实现对有机污染物和氮磷的高效去除，具有负荷率高、占地面积小、效果可靠、耐冲击负荷等优点，而且水流在填料表层以下流动，不易滋生蚊蝇。

采用折返式水平潜流滤床，占地面积 $702m^2$（27m×26m），分为三个单元。第一单元宽 4m，长 26m，首端深 0.7m，坡度 1/100，末端深 0.9m，填料采用 8～15cm 卵石，铺料厚度首端 0.54m，上设 15cm 三级反滤层，表层铺 15cm 种植土；种植植物为芦苇、美人蕉、香蒲等。第二单元宽 8m，长 26m，首端深 0.9m，坡度 1/100，末端深 1.2m，填料采用 5～8cm 卵石，每方填料中添加无烟煤 15kg，铺料厚度首端 0.6m，上设 15cm 三级反滤层，表层铺 15cm 种植土；种植植物为芦苇、美人蕉、香蒲等。第三单元宽 12m，长 26m，首端深 1.2m，坡度 1/100，末端深 1.4m，填料采用 1～5cm 碎石，每方填料中添加木炭 4kg，铺料厚度首端 0.9m，上设 15cm 三级反滤层，表层铺 15cm 种植土；种植植物为芦苇、美人蕉、香蒲等，如图 3.1.13 和图 3.1.14 所示。

（4）消毒池，布置紫外消毒机一台，池有效容积为 $12m^3$，池有效深度为 2m，占地面积 $6m^2$（长×宽为 3m×2m），消毒采用 UTX－WWM－V－3500 型消毒设备。

（5）管理用房，实用面积 $72m^2$，位于厂区的东北方向，总长为 12.5m，宽为 6.5m，屋内净高为 3.3m，包括值班室和设备间。

管理用房为单层砖混结构，墙体采用承重页岩砖，外墙厚 360mm，内墙厚 240mm，屋面采用轻型彩钢板屋面。砌体内按规范要求设钢筋混凝土构造柱、圈梁。构造柱截面尺寸为 240mm×240mm，楼板下设置圈梁一道，圈梁截面高度为 240mm。基础采用墙下条形基础，基础宽度 840mm，基础埋深 1.30m。

天津市小城镇再生水农田回灌示范工程试点效果图

图 3.1.10　污水处理厂效果图

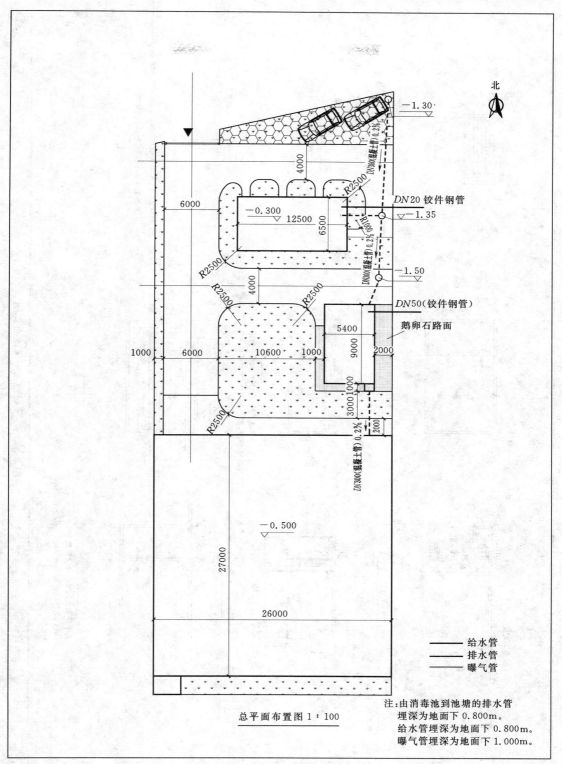

北

总平面布置图 1：100

给水管
排水管
曝气管

注：由消毒池到池塘的排水管
　　埋深为地面下 0.800m。
　　给水管埋深为地面下 0.800m。
　　曝气管埋深为地面下 1.000m。

图 3.1.11　污水处理厂总平面布置图

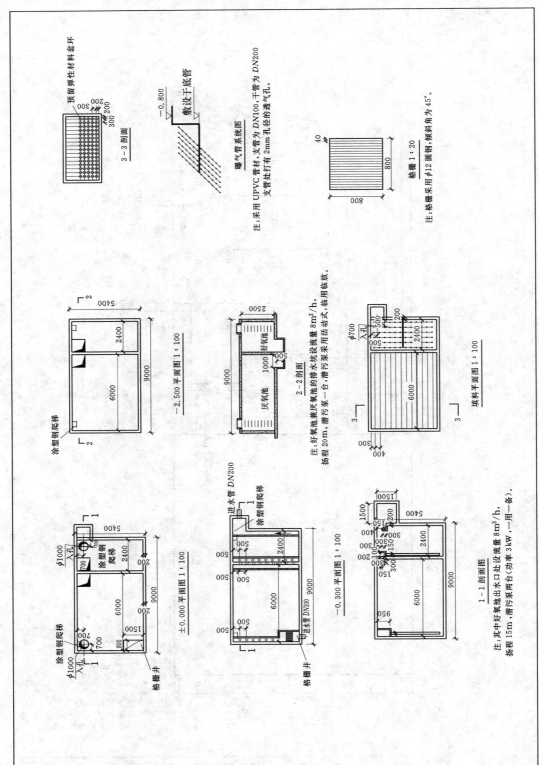

图 3.1.12　厌氧池及好氧池布置图

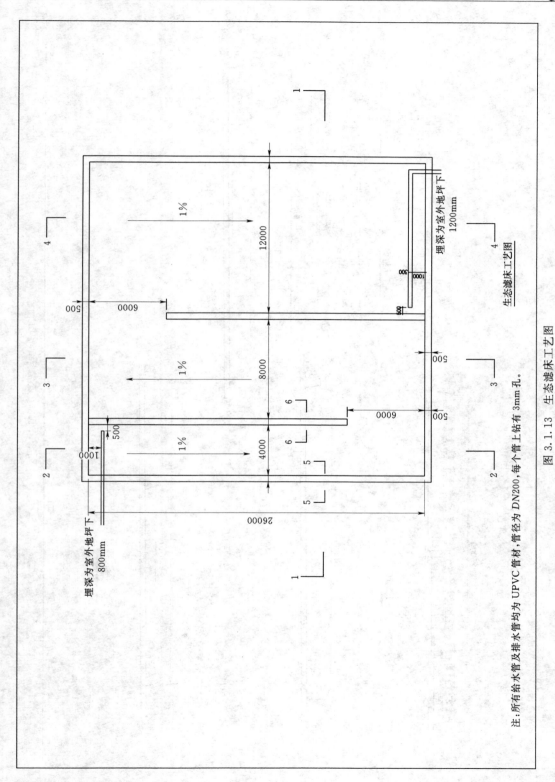

生态滤床工艺图

注:所有给水管及排水管均为 UPVC 管材,管径为 DN200,每个管上钻有 3mm 孔。

图 3.1.13　生态滤床工艺图

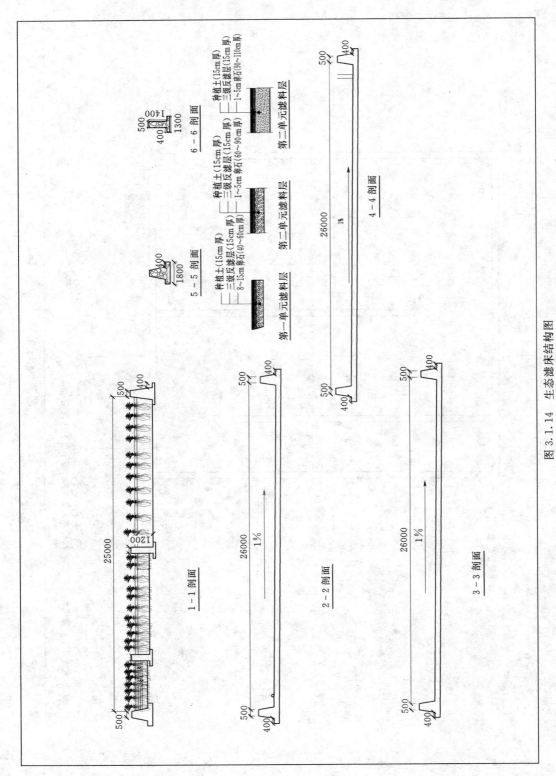

图 3.1.14　生态滤床结构图

（6）围墙及大门，围墙长 160m，页岩标砖基础，铁艺栏杆，铁艺大门。

（7）厂区路面：路面硬化采用 C20 现浇混凝土，2∶8 灰土垫层厚 10cm，现浇混凝土厚 10cm。

3. 坑塘（稳定塘）治理工程

村南坑塘占地 5 亩，现状水质恶臭，周边杂草丛生，滋生蚊蝇。现有稳定水深为 0.5m，清淤 1m 深，这样由原有储水量 1700m³ 变为现在的 5000m³，本次治理工程包括：清淤 3400m³，部分周边设计浆砌石护砌 160m²。以人水和谐为主题设计取水平台 200m²，其余岸边削坡整理植草绿化。该坑塘经治理可作为稳定塘使用，并作为农田灌溉的调节池塘，同时设计提水机泵平台，并设置 9m² 的提灌存放用房，如图 3.1.15 所示。

4. 污水管线及道路

从该村现状污水管网出口至污水处理厂 1200m，采用 D300 混凝土管；从污水处理厂至坑塘共计 600m，采用 UPVC 管材 De200mm；从坑塘提水泵至现有低压水水管道 200m，采用 UPVC 管材 De110mm；污水处理厂至稳定塘道路 2400m²，2.4m 宽，采用泥结石路面。

1.8.5.5 农田灌溉回用工程

1. 灌溉控制面积

示范区周边农田均采低压管道输水，田间灌溉采用地面小畦灌的方式。经处理后的年污水量为 30000m³，考虑到稳定塘的蒸发渗漏，采用系数 0.7，年可利用污水量 21000m³。低压管道输水，田间小畦灌溉，果树采用穴灌。根据当地情况，考虑到灌溉空置面积较小，管道输水利用系数取 0.90，田间水利用系数取 0.90，灌溉水利用系数为 0.80。

（1）灌溉设计保证率。根据《灌溉与排水工程设计规范》（GB 50288—99），各地区灌溉设计保证率见表 3.1.9。结合示范区情况，灌溉设计保证率选用 75%。

表 3.1.9 灌 溉 设 计 保 证 率

灌水方法	地区	作物种类	灌溉设计保证率/%
地面灌溉	干旱地区或水资源紧缺地区	以旱作为主	50～75
		以水稻为主	70～80
	半干旱、半湿润地区或水资源不稳定地区	以旱作为主	70～80
		以水稻为主	75～85
	湿润地区或水资源丰富地区	以旱作为主	75～85
		以水稻为主	80～95
喷灌、微灌	各类地区	各类作物	85～95

（2）灌水定额。土壤计划湿润层深为 0.6m，土壤平均干容重 $\gamma = 14.2 \text{kN/m}^3$，田间持水量 $\beta_1 = 22\%$，凋萎系数 $\beta_2 = 14\%$，田间水利用系数 $\eta_{\text{田}} = 0.95$。灌水定额 m 采用式（3.1.2）计算：

$$m = 667 H \gamma (\beta_1 - \beta_2) / \eta_{\text{田}}$$
$$= 667 \times 0.6 \times 1.45 (0.22 - 0.14) / 0.95$$
$$\approx 40 (\text{m}^3/\text{亩}) \tag{3.1.2}$$

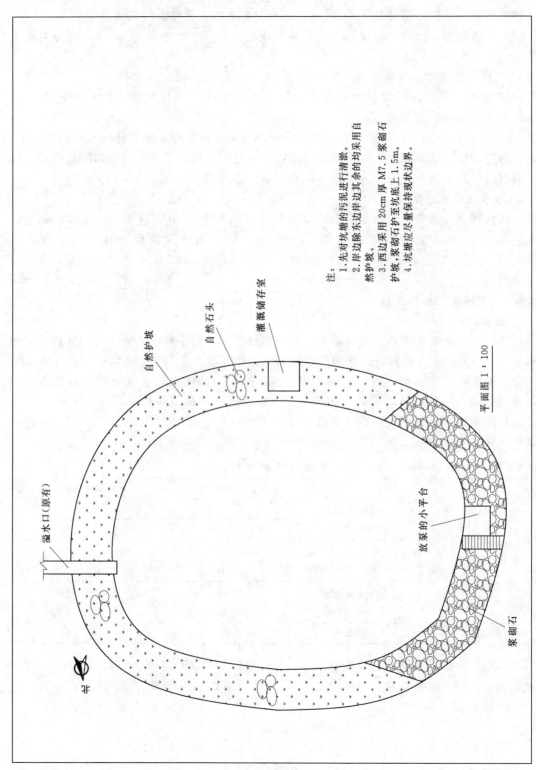

注：
1. 先对坑塘的污泥进行清淤。
2. 岸边除东边岸边其余的均采用自然护坡。
3. 西边采用20cm厚M7.5浆砌石护坡，浆砌石护至坑底上1.5m。
4. 坑塘应尽量保持现状边界。

溢水口（原有）

北

自然护坡

自然石头

灌溉储存室

放泵的小平台

浆砌石

平面图 1:100

图 3.1.15　坑塘平面图

（3）灌溉制度。根据《节水灌溉工程技术规范》（GB/T 50363—2006），结合本地区情况，选用节水灌溉制度见表 3.1.10。

表 3.1.10　　　　　　　　　　　　节水高效灌溉制度表

| 作物 | 水文年份 | 生育期 | | | | 净灌溉定额/（m³/亩） |
		播前	拔节	抽穗（雄）	灌浆	
冬小麦	一般年	40			40	80
	干旱年	40	40		40	120
春玉米	一般年		40	40		80
	干旱年	40			40	80
夏玉米	一般年			40		40
	干旱年		40		40	80
果树	一般年					40
	干旱年					40

（4）灌溉控制面积计算。示范区主要种植玉米和果树，灌溉需水量按式（3.1.3）计算：

$$W = MA/\eta \tag{3.1.3}$$

式中：W 为农业生产总需水量，m³；M 为净灌溉定额，m³/亩；A 为灌溉面积，亩；η 为灌溉水利用系数。

灌溉控制面积按式（3.1.4）计算：

$$A = W\eta/M \tag{3.1.4}$$

考虑到周边农田情况，确定经处理后的污水首先满足灌溉玉米，坑塘周边玉米地面积为 120 亩，其余水量作为果树补灌使用。

玉米灌溉用水量 $W_1 = 80 \times 120/0.8 = 12000 \text{m}^3$，其余 9000m³ 灌溉果树（补灌），灌溉面积 $A = 9000 \times 0.8/40 = 180$ 亩。

玉米和果树共计控制灌溉面积 300 亩。

2. 灌溉流量设计

（1）灌水率的确定。玉米和果树进行轮灌，以灌溉玉米面积作为设计情况，净灌水定额 $m = 40 \text{m}^3$/亩，一次灌水延续时间 $T = 4 \text{d}$。每天灌水时间 t 按 20h 计，设计灌水率按式（3.1.5）计算：

$$q_{\text{设}} = \frac{\alpha m}{0.36 t T} \tag{3.1.5}$$

式中：$q_{\text{设}}$ 为作物设计净灌水率，m³/（s·万亩）；m 为设计灌水净定额，m³/亩；α 为该作物种植面积与灌区面积之比，这里 $\alpha = 1$；T 为灌水延续天数，d；t 为每天灌水延续时间，提水灌区中水泵每天工作时间取 20h。

计算得 $q_{\text{设}} = 1.39 \text{m}^3$/（s·万亩）。

（2）设计流量计算。由设计净灌水率，采用式（3.1.6）计算设计流量：

$$Q=\frac{q_设 A_s}{\eta_田 \eta_渠} \tag{3.1.6}$$

式中：Q 为渠道的设计流量，m^3/s；$q_设$ 为设计净灌水率，$m^3/s \cdot 万亩$；A_s 为渠道的灌溉面积，万亩；$\eta_田$ 为田间水利用系数；$\eta_渠$ 为渠系水利用系数。

经计算，设计灌溉流量 $Q=0.0208m^3/s$。

（3）机泵选型。该示范区设置的低压输水管道设计压力 0.3MPa，根据流量要求选用柴油机组和离心泵，可移动的机泵一体机（型号 ZCSB20/100），流量 $100m^3/h$，扬程 20m。水泵型号：100ZW100-20，柴油机型号：4L22B-SB1。

1.8.5.6　水力学计算

1. 潜流生物滤床水力学计算

本工程中潜流生物滤床系统采用自流，需要进行详细的水力学计算分析，以便确保工程规模。潜流生物滤床中水流主要为渗流形式，水力学计算中根据达西定律，其渗流公式为

$$Q=KAJ \tag{3.1.7}$$

式中：Q 为处理流量，m^3/d；K 为渗透系数，m/d；A 为渗流过水断面面积，m^2；J 为水力坡度。

$$t=L/(JK)$$

式中：t 为水力停留时间，h；L 为渗径，m。

潜流生物滤床共 3 个单元，各单元的水力计算如下：

（1）第一单元水力计算：第一单元水力停留时间 $t_1=6h$，水力坡度 $J_1=1\%$，渗径 $L=26m$。

根据 $t=L/(JK)$ 得，第一单元的渗透系数：
$$K_1=26/(0.01×6)=433.3333(m/h)=0.12037m/s$$

渗流过水断面面积 A_1：
$$A_1=Q/(J_1K_1)=(135/24)/(0.01×433.3333)=1.2981(m^2)$$

渗流过水断面宽度 B_1：
$$B_1=A_1/h_1=1.2981/0.35=3.71(m)（渗流过水断面水深取 0.35m）$$

渗流过水断面宽度 B_1 计算值为 3.71m，取 $B_1=4m$。

（2）第二单元水力计算：第二单元水力停留时间 $t_2=12h$，水力坡度 $J_1=1\%$，渗径 $L=26m$。

根据 $t=L/(JK)$ 得，第二单元的渗透系数：
$$K_2=26/(0.01×12)=216.6667(m/h)=0.060185m/s$$

渗流过水断面面积 A_2：
$$A_2=Q/(J_2K_2)=(135/24)/(0.01×216.6667)=2.5962(m^2)$$

渗流过水断面宽度 B_2：
$$B_2=A_2/h_2=2.5962/0.35=7.42(m)（渗流过水断面水深取 0.35m）$$

渗流过水断面宽度 B_2 计算值为 7.42m，取 $B_2=8m$。

（3）第三单元水力计算：第三单元水力停留时间 $t_3=18h$，水力坡度 $J_2=1\%$，渗径

$L＝26$m。

根据 $t＝L/(JK)$ 得，第三单元的渗透系数：

$$K_3＝26/(0.01×18)＝144.4444(m/h)＝0.040123m/s$$

渗流过水断面面积 A_3：

$$A_3＝Q/(J_3K_3)＝(135/24)/(0.01×144.4444)＝3.8943(m^2)$$

渗流过水断面宽度 B_3：

$$B_3＝A_3/h_3＝3.8943/0.35＝11.13(m)（渗流过水断面水深取 0.35m）$$

渗流过水断面宽度 B_3 计算值为 11.13m，取 $B_3＝12$m。

通过渗流计算，可确定潜流生物滤床处理单元的处理能力、工程规模等设计参数，系统水力计算结果见表 3.1.11。

表 3.1.11　　　　　　　　　潜流生物滤床设计参数计算表

	渗径 /m	渗透系数 /(m/s)	流量 /(m³/s)	流速 /(m/s)	水力停留时间 /h	断面宽度 /m
一单元	26	0.12037	0.001563	0.001204	6	4
二单元	26	0.060185	0.001563	0.000602	12	8
三单元	26	0.040123	0.001563	0.000401	18	12
合计					36	24

2. 管道水力学计算

本工程需从现有污水管网出口连接管道至污水处理厂，以及从污水处理厂至坑塘的管道。水流主要为管流形式，在水力学计算中其公式为

$$i＝\frac{\lambda v^2}{2d_jg} \tag{3.1.8}$$

式中：i 为水力坡度；λ 为摩阻系数；d_j 为管道计算内径，m；v 为平均水流速度，m/s，按经济流速 1m/s；g 为重力加速度，m/s²。

$$\lambda＝0.25/Re^{0.226}$$

式中：Re 为雷诺数，$Re＝vd_j/v$；v 为液体的运动黏度，取值 $1.3×10^{-6}$ m²/s（水温 10℃）。

最终得出：$i＝0.000915Q^{1.774}/d_j^{4.774}$。

根据上述公式，从现有污水管网出口连接管道至污水处理厂最远距离 600m，采用 $DN300$mm 混凝土管道，沿程水头损失 0.06m，局部水头损失按沿程水头损失的 20% 计，从工程运行安全角度考虑，确定管道水头差为 0.10m。从污水处理厂至坑塘的管道长 800m，采用 $De200$mm UPVC 管材，水头损失 0.05m，局部水头损失按沿程水头损失的 20% 计，从工程运行安全角度考虑，确定管道水头差为 0.10m。管道埋深在冻层以下，根据该地区特点管道埋深 0.8m。

1.8.5.7　结构材料

（1）混凝土。所有盛水构筑物及地下钢筋混凝土构筑物均采用 C25，抗渗等级 S6；池内填筑混凝土采用 C20 混凝土；基础垫层采用 C20 混凝土。

（2）钢材。钢筋：Ⅰ 级钢筋采用 HPB235，强度设计值 $Fy=210\text{N}/\text{mm}^2$；Ⅱ 级钢筋采用 HRB335，强度设计值 $Fy=300\text{N}/\text{mm}^2$。钢预埋件：采用 A3 钢。

（3）水泥。采用 425 号普通硅酸盐水泥，其中潜流湿地采用浆砌石。

1.8.5.8　电气设计

电气部分费用由村政府解决。施工电气部分由村负责并保证正常供应。

1. 电源

此污水厂为三级负荷，保证污水厂正常运行。常用电源采用短段电缆以直埋敷设方式进高配间。

2. 负荷计算

根据本工程的用电负荷，采用需用系数法和单位面积估算法分别计算如下：工程总计算功率 25kW。所有负荷均为低压负荷。

3. 保护和控制

（1）低压进线设延时速断及过电流保护。低压出线设速断。

（2）电动机设速断，过负荷保护。

（3）潜水泵电机设电流速断、过载、泄漏、温度及干运行保护。

（4）厂内主要工艺设备的控制采用手动-自动控制两种方式，手动控制时利用机旁按钮进行开停操作，自动控制时利用接受 PLC 的命令进行遥控。利用转换开关进行手动-自动操作的切换，手动级别优先于自动级别。

4. 电缆选型及敷设

敷设的电缆采用 VV22-1 型聚氯乙烯护套钢带铠装铜芯电缆，敷设方式为电缆沟和直埋相结合的敷设方式。

5. 计量

本工程计量装置设在低压开关柜内，计量表计设在专用计量屏内。

1.8.6　施工组织设计

1.8.6.1　交通道路

本工程施工区紧邻进村公路，交通运输方便，不再修建对外交通公路。但部分场内施工道路与对外公路需要连接，沿建筑物周围修建临时道路。

1.8.6.2　施工总体布置

施工布置应遵循有利生产、方便生活、易于管理、少占或不占耕地的原则，为便于施工组织管理并更好地与建筑物施工相结合，应统筹规划、合理安排。

施工区工程项目相对集中，场地布置可视具体情况布置在村内外。因此本工程的混凝土搅拌系统、钢筋加工、施工仓库布置在村外空地上。主要建筑材料钢筋、圆木及板材均来自蓟县建材市场，通过公路汽车运至工地。水泥、砂、块石、碎石料可由当地采购。

1.8.6.3　施工总进度

根据工程规模、上级拨款和地方自筹资金到位情况确定工程施工总工期为 6 个月。

工程准备期：完成场地平整、场内交通等，工期 0.5 个月。

主体工程施工期：工期 5 个月。

工程完成期：完成工程扫尾、竣工资料整理及竣工验收等，工期 0.5 个月。

工程开工前，施工单位应按照施工总工期安排，编制施工方案，详细制定各单位工程进度，以保证工程按期完成。

1.8.6.4　施工水流控制

基坑初期排水为围堰形成后基坑内的积水，积水水深按 1m 估算，基坑初期排水量总量约为 $500m^3$，采用离心式水泵抽排至围堰外侧。基坑经常性排水包括基坑和围堰的渗水以及施工期的废水排除。

1.8.6.5　主要工程施工方法

1. 土方开挖

建筑物基础采取机械开挖，开挖土方就近堆放，施工区范围内多余的土方填筑厂区至坑塘的道路。在土方开挖过程中，定期测量校正开挖平面尺寸和标高，并按施工图纸的要求检查开挖边坡的坡度和平整度。

土方开挖工程完成后，会同主管单位对主体工程开挖基础面检查清理情况进行验收，主要按施工图纸要求检查基础开挖平面尺寸、标高和场地平整度和取样检测基础土物理力学性质指标，会同主管单位检查和验收砌体填筑前基础面有无积水或流水，基础面表面是否受扰动。

2. 土方回填

填筑的土料应将腐殖土、堤坡草皮、垃圾等清掉。根据该工程的土方施工特点和施工环境，本工程土方回填的压实机具主要采用蛙式打夯机，对于机械碾压不到的位置应辅以人工夯实。滤床表土回填种植土。

3. 砌体工程

砌体所用的石料必须质地坚硬、新鲜、完整，砌石用的胶结材料应达到设计强度等级要求，砌筑用的石块，要洒水湿润，便于和砂浆粘接。基础应达到设计强度才能砌石，浆砌石采用坐浆法施工，要求平整、稳定、密实、错缝。

平整：分层砌筑，每一层面大致平整，相邻砌石块高差不宜小于 $2\sim3cm$；

稳定：石块安放必须自身稳定，大面朝下，适当振动或敲击，使其平稳；

密实：严禁石块直接接触，竖缝砂浆或破填应饱满密实；

错缝：同一砌筑层，相邻石块应错缝砌筑，不得存在顺流向通缝，上下相邻砌筑的石块，也应错缝搭接。砌体外露面在砌筑后及时养护，经常保持外露面的湿润，并作好防暑、防冻、防雨、防冲工作，工程完工后，注意砌体未达到设计强度时不得回填。

管理用房砌体工程：地槽开挖采用人力开挖方式进行，开挖过程中其土石方应及时运至现场指定位置放置，严禁场内土石方乱弃。地槽开挖施工应有序进行，不得随意切断场内临时排水沟道，开挖某处地槽前应将要切断的临时排水沟道改道后再行施工，以免造成现场排水不畅。垫层混凝土浇好后，在垫层上抄平并弹好中心线，经检查合格，做好隐蔽验收资料，再砌基础、关模扎筋浇地圈梁。基础的组砌要严格按规范和设计图纸的要求施工，施工时，砂浆打座灌缝应密实，组砌得当，收阶合理，不得有松动、通缝，漏灌砂浆等现象。基础完成后，应及时进行土方回填。基础工程完成后，用经纬仪放出各条轴线墨线，用水平仪测出基础设计表面标高，经建设、质检、监理、设计等有关单位共同对基础进行全面验收，作出鉴定并签字后，才能进行主体施工。主体施工前应将开挖基槽剩下的土外运出场，以免影响主体的砌筑。主体结构施工，应符合规范的规定，同一道墙体严禁有两种以上的砌筑形式，并不得有通缝。砌体宜采用一顺一丁、梅花丁或三顺一丁砌法。砖柱不得采用包心砌法。按设计要求经测量放出轴线和门窗洞口位置的尺寸线。采用干砖排砖撂底，以砖的模数按测量放线，标出位置尺寸进行排砖撂底，两山墙排丁砖，前后纵墙排条砖。排砖时应严格核对门窗洞口的位置、窗间墙、垛、构造柱的尺寸是否符合排砖的模数。在保证砖砌体灰缝 8～10mm 的前提下全盘考虑排砖撂底。排砖时要注意卫生主管道及门窗的开启不受影响，在其洞口处砌体的边缘必须用砖的合理模数，不得出现破活。砖砌体的砌筑，应上下错缝，内外搭砌。砌筑时上口拉线采用一铲灰、一块砖、一挤揉的"三、一"砌砖法进行作业。圈梁用工具式模板，构造柱两侧砖墙每米高留 60mm×60mm 洞口，穿 ϕ48 的钢管夹具。板缝用木模拉吊。钢筋规格、数量、位置及搭接长度均应符合设计要求，浇筑混凝土前搁好保护层垫块。对构造柱砌筑前先调整竖筋插铁，绑扎钢筋骨架，砌筑时加支方木斜撑，封闭构造。柱模板前彻底清除柱根杂物，并调整钢筋位置；浇筑圈梁混凝土以前，再次校正伸向上层的竖筋位置。浇筑时用振捣棒捣实。构造柱应分层下料，振捣适度防止挤动外模。

4. 混凝土工程

现场浇筑可采用 0.4m³ 搅拌机集中拌和，机动翻斗车水平运输，直接入仓浇筑。混凝土要严格按照配比拌制，以确保工程质量。浇筑时按不同部位采用插入式或平板式振捣器振捣，要求振捣密实、不漏振。

工作内容包括：钢筋制作安装、模板支设及检测、混凝土运输、平仓、振捣、浇筑、养护。模板要具有足够的强度、刚度及稳定性，表面光滑平整，接缝严密，大面积模板应当使用胶合板，小面积模板可以使用钢模板，模板安装按设计图纸测量放样，不承重的侧面模板在混凝土强度达到 50% 以上方可拆模，承重模板在达到设计强度的 70% 方可拆模。梁、板、柱工程达到设计强度的 100% 方可拆模。所用的钢筋应符合设计要求，钢筋安装时，应严格控制保护层厚度，使用时应进行防腐除锈处理。混凝土骨料粒径、纯度满足设计要求。检测浇筑前应详细进行仓内检查，模板、钢筋、预埋件、永久缝及浇筑准备工作等，并做好记录，验收合格后方可浇筑，浇筑应连续进行。浇筑完毕后，应及时覆盖以防日晒，面层凝固后，立即洒水养护，使表面和模板经常保持湿润状态，养护至规定龄期，不少于 7d。

5. 潜流生物滤床

按照放线、开挖、素混凝土垫层、砌筑墙体、铺设进水管道、回填滤料、砌阀门井、铺设排水管道、铺设反滤层、回填种植土、种植植物的顺序进行。

放线开挖：按照开挖线放线开挖土方，同时用水准仪校正湿地内四角和中间部位固定高程桩，做到不超挖不欠挖。土料由运输车运至指定的堆料场。

管道敷设：池内管道连接必须保证连接紧密牢固，无漏水，花管按照要求进行打孔。

回填滤料：严格按设计粒径回填，超径滤料不得超过 5%，泥含量小于 2%。其中添加的无烟煤和木炭应过筛，筛除粉灰，防止堵塞。

铺设反滤层：严格按从下至上粒径逐级减小的顺序铺设。

回填种植土：开挖时预留表层壤土回填，人工压实。

栽种水生植物：根据设计栽种品种和种植季节要求进行栽种，期间如有未成活植物，要及时清理已经死亡植物并进行补种。

6. 金属结构和机电设备

金属结构及设备安装按设计图纸和有关技术文件进行。其焊接、螺栓连接、防腐处理必须符合相应规范要求。预埋件安装前，模板内的杂物必须清除干净，一、二期混凝土的结合面应全部凿毛，埋件安装调好后，将调整螺栓与锚板和锚筋焊牢，并将螺母点焊住。而后 5～7d 内浇筑二期混凝土。

机电设备部分要根据设计图纸要求布置在相应位置上，各路管线和设备、预埋件必须配合土建施工，及时穿插作业。对于设备地脚螺栓等较大埋件，应在浇筑混凝土底板时预留孔洞，然后准确安装埋件并浇筑二期混凝土。

控制柜安装，安装时盘、柜、台、箱的接地要做到牢固良好，装有电器的可开启门要以铜软线与接地的金属构架可靠连接。

电力电缆的敷设，要根据具体位置和图纸要求，或穿管敷设于地坪内，或用支架或吊架敷设于墙壁和室内吊索上。照明设备的安装要根据设备的型号、位置，按有关规定进行安装，并经过检查合格后才能使用。

检查调试和联合试运转，机电设备安装完成后，应根据图纸和电气接线图对各部分进行仔细检查，然后通电进行总体测试，并做好记录，使其满足设计和相应规范要求。对于在试运行中发现的问题，应和业主、设计和监理部门进行研究分析，找出原因，制定相应的解决方法。

1.8.6.6　安全施工措施

建立安全保证体系，认真贯彻执行"安全第一，预防为主"的宗旨，施行项目经理负责的各级安全责任制。成立由分管生产的项目经理负责的安全检查机构，设置专职安全检查人员负责安全制度、安全措施的落实与检查。

在编制施工组织设计时，把安全生产列为主要内容之一。

安全生产方针"安全第一、预防为主"。

建立"管生产必须管安全"、"安全生产，人人有责"的管理制度，安全生产要实行"全员管理、过程控制、持续改进"。

建立安全生产岗位责任制。

建立施工安全技术措施交底制度，技术交底应在施工前以书面结合学习班的形式进行，并针对工程实际情况逐级交底。

1.8.7　示范工程运行管理

示范项目采用人工潜流湿地工艺处理污水，滤床是主要反应器，运行之前滤料要充分挂膜才能达到最佳效果，要求竣工后充入清水停留 15 天之后再接入污水。试运行进行水质监测，水质监测的主要目的是掌握工程建成后的实际运行效果，而且处理系统中微生物的活动情况也必须通过水质监测来反映。监测项目包括 pH 值、化学需氧量、总氮、氨氮、总磷、溶解氧，共 6 项。另外，在旅游旺季（4—6 月和 10—11 月）各进行水质监测一次。

1.8.7.1 管理体系

该污水处理厂由该村负责运行管理，挑选有高中以上文化水平的管理人员一人全面负责管理工作，应达到如下要求：

（1）必须了解全厂工艺流程及运行现状。

（2）必须熟悉掌握管辖范围内的各种构筑物及设施的工艺性能、工艺流程的技术参数及指标，以及工艺的安全性能（通过技能培训）。

（3）必须具备调整管辖范围内的工艺参数的能力（培训）。

（4）必须定期巡视、检查各种构筑物、工艺设施的工艺处理效果并作好记录。

（5）必须掌握通过现场仪表及中控室数据调整实际工艺参数的方法和技巧，并实时进行调整。

（6）对于不能解决的工艺问题，应及时向上级部门汇报并做好记录。

1.8.7.2 运行管理主要内容

工程日常运行管理内容主要包括：工程运行工况监视、厌氧池内杂物打捞、湿地处理单元进水出水检查、植物收割和维护、水质定期定点监测。

1.8.7.3 运行费用估算

本工程由于只有 2 个泵及曝气机进行运行，处理高峰日其电量为 $3 \times 10 + 7 \times 10 = 100 \text{kW} \cdot \text{h}$，电费为 50 元，折合年运行费用 9000 元；管理人员费用每年 10000 元；合计年运行费用 19000 元。折合运行成本为每吨 0.63 元。

1.8.8 工程概算

1.8.8.1 项目区概况

本示范工程在青山岭村实施，修建一座污水处理站，占地面积 1575m^2，日处理生活污水 135m^3，采用组合人工湿地处理工艺。建设内容包括：75m^3 调节池兼厌氧池，200m^3 备用调节池，30m^3 曝气池，702m^2 潜流生物滤床，12m^3 消毒池；泵房及管理用房 82.5m^2，并配套相关机电设备，坑塘存放提灌设备房 10.56m^2。新铺污水管道 $D300\text{mm}$ 水泥管 1200m，UPVC 管材 $De200\text{mm}$，长 600m。面积 5 亩的稳定塘工程：清淤 3400m^3，并进行相应的岸边护砌、取水平台、排水沟及岸边绿化。灌溉回用工程包括：移动式提水泵一套，机座平台及与现有低压输水灌溉管道的连接工程 UPVC 管材 $De110\text{mm}$，200m。

1.8.8.2 投资主要指标

本示范工程总投资概算 130.83 万元，其中潜流生物滤床投资为 18.55 万元，调节池兼厌氧池和好氧池投资为 11.17 万元，管理用房投资为 8.94 万元，硬化路面投资为 0.39 万元，消毒池投资为 0.87 万元，围墙及绿化投资为 8.2 万元，坑塘投资为 14.13 万元，管道投资为 26.26 万元，泥结石路面投资为 7.46 万元，设备投资为 15.76 万元，灌溉工程投资为 2.10 万元。工程投资中市财政资金 100 万元，村自筹解决 30.83 万元。

1.8.9　工程效益分析

1.8.9.1　社会效益

本项目作为农村生活污水处理及回用的示范工程,通过污水处理和坑塘综合治理,可以改变目前农村污水随意排放的现状,彻底改变农村脏乱差的旧貌。实现"水清、岸绿、景美、游畅"的效果,增加旅游吸引力,扩大旅游资源。工程实施后可以减少对农村居民的嗅觉、视觉等不适感觉。减少细菌蚊蝇的滋生,减少传染病的流行。对改善村民生活环境质量,促进和谐社会和经济发展意义重大。同时,农村生活污水经过再生处理后,可用来灌溉、池塘养鱼以及景观用水,实现再生水资源的合理利用,缓解水资源短缺,对天津水资源利用的可持续发展具有十分重要的意义。

1.8.9.2　经济效益

工程建成后,污水处理站处理的水质已经达到农田灌溉标准,能使 180 亩约 7000 多棵果树及 120 亩农田得到及时灌溉,年增产 20%,年增加农户的经济收入 8.4 万元。另外,由于改善了农村水环境,使青山岭村旅游产业层次进一步得到提升,年增加旅游人次 12000 人,按每个床净收入 30 元计,增加旅游收入 36 万元。该工程实施后每年可为该村增加直接经济收入 8.4 万元,增加间接经济效益 36 万元。

第 2 章　农村生活污水处理工程运行管理

2.1　排 水 管 网 管 理

2.1.1　农村排水系统

农村排水系统是农村基础设施的重要组成部分，是现代农村排除洪涝灾害、防治水体污染和建设卫生农村的有效保障。一个农村排水工程设施是否完善，直接关系到这个村的经济发展和人民的生活质量，完好齐全的排水设施，对保障城市居民的正常生活，提高市民生活质量，改善城市投资环境，促进经济繁荣发展，确保国家和人民群众生活财产安全，营造良好城区平安和谐的社会环境，都有着极其重要的意义。

农村排水设施管理是对农村排水管网、沟渠、构筑物（雨水井、检查井、出水口、泵站、处理厂等）进行合理、有序的维修、养护有效控制的过程。随着农村建设进程的加快，农村排水管网规模也与日俱增。如何解决排水系统中诸如污水管道淤积堵塞、雨季污水漫溢、用户雨污接管混乱、汛期路面积水等顽疾，就成为排水管理部门所面临的问题。因此科学管理排水系统，转变重建设轻维护的观念，是确保管网健康安全运行，延长管道使用寿命，提升使用效能的不二法宝。

2.1.2　排水管网的科学管理

目前小城镇排水管网的管理体制比较混乱，多个部门管水，多个部门不治水的现象依然严重。排水管网系统从规划、设计建设到最终的维护管理隶属于不同的部门，各个部门都从自己的角度去考虑问题，无法统筹布局。规划部门往往只从规划的角度去考虑，对具体实施的难易程度、实际的可行性考虑较少；建设单位多从资金如何容易筹措实施和如何降低工程造价的角度去考虑，对整个排水管网规划如何更合理实施，建成以后的运行、维护、管理方面考虑较少；管理部门只从如何易于管理，便于维护的角度去考虑，很少兼顾上述两个方面的因素。这样最终造成排水管网多人管又多人不管，出了问题互相推托，职责难分。因此尽快形成一个统一的科学管理体制，设置相关部门来进行统一管理，使排水管网建设管理市场化，是解决上述问题的有效办法之一。因为科学管理是开启市政排水管网的排水效能提升的一把钥匙。

2.1.2.1　协调处理农村建设各方面关系

保证排水系统高效运行设置统一管理农村排水管网的部门。目前农村排水管网的管理体制比较混乱，多部门治水的现象依然严重。协调处理城市建设各方面关系，保护天然河道和水库、低洼沟泽等天然雨水调蓄水体。

这类调蓄水体在农村城镇化地区较为普遍，而为数不少的雨水管网会就近排入其中，它们与天然河道共同形成了当地雨水的承接水体，正是有这类水体的调蓄作用，城镇才会在暴雨过程中不至于泛滥。

因此在今后排水管理过程中应协调处理严格控制河道、小支流及沟泽等调蓄用地不受侵占。若确需占用，必须为该处雨水顺利下泻采取相关措施。

2.1.2.2　建立农村排水管网地理信息系统

随着农村建设的发展，在原有管网的基础上扩建、改建、新建农村排水管网工程十分频繁。对于农村来说，排水管网建设工程比较零散，往往由不同的部门临时拼凑的小施工队施工，这些单位为了降低工程造价，常对原设计进行修改。同时对竣工图的绘制，档案资料的形成归档不够重视，甚至没有记录。久而久之，使得排水管网档案不能完全反映管网系统的实际情况，给日后农村排水管网的清通、维护、管理带来很大困难。

建议结合现有排水管网系统档案，利用现代管线探测技术，查清小城镇排水管线的平面位置、管径、埋深、高程、材质、附属构筑物、水流充满度及流速等管线属性，测绘地下管线图，通过专门的计算机软件对地下管线信息系统进行管理，建立小城镇排水管网地理信息系统，为以后排水管网的规划、设计、建设、维护、管理提供及时、可靠、准确、全面的信息。

2.1.2.3　建立农村排水许可制度

目前由于农村排水设施的不健全，管理措施的落后，导致排水管网的乱接、乱改、乱排现象仍较严重。为了避免污水乱排放，改善农村水环境，建议建立和实施农村排水许可制度。旨在消除污水乱排放的现象，对农村的水环境进行改善。若有工厂的地区，禁止工业污水未通过任何处理就直接地排放到排水管网，至于一些含有有毒和有害物质，诸如化工厂污水以及医院废水等的单位，在接入污水管网之前，一定要对其内部的有毒、有害物质进行处理。对于农村规划区内的扩建、新建与改建的项目，一定要通过排水有关水质监测部门进行检测，继出水满足地方以及国家排放标准后，依排水管理部门出具的图纸进行施工，施工过程中接受排水管理部门的监督检查。施工图设计时应特别注意在用户排水管道与市政管道连接处应设置专用水质检测井，并在井盖上注明"检测井"字样。检测井构造基本与检查井相同，井底应设沉淀池，井内应设圆形或方形、桶状滤网，以阻止污水中的漂浮物，便于采集水样。对饭店、宾馆排放的有机废水出口处必须增设隔油池。

2.1.2.4　建立小城镇排水管网巡查制度

巡查制度主要包括以下内容：巡查人员应定期对管网进行巡视，检查排水设施状况。巡查内容为：检查地面有无沉陷、有无过重的外荷载、井内有无异变、水流是否正常、有无违章接管、有无堵塞物。定期召开巡视人员会议，汇报工作和互相交流经验。巡视人员定期互换巡视路线以防止对地物地貌、排水管道习以为常，不易发现问题。做好日常台账工作，管网日常巡查日志是排水设施每一天的健康记录，因此要加强对日志的保存和信息的统计，以便于查询和规律总结。通过对日常台账的分析，评估管道健康级别，准确制定维护计划，提高维护效率，并节约维护经费。

2.1.2.5　加强农村排水管网设施的维护

农村排水管网设施的维护内容包括：定期对管道内积泥的清除、日常的维护（如井盖修、补）；采用摄像设备、内窥镜等专业设备对管道质量状况进行定期检查、评估，提出整治计划，并实施修理、整治等措施；排水户污水纳管的审批、许可等工作。

排水管道需要定期清通，否则管道内的积泥不但会影响输水条件，而且在雨季会将管道中的积泥冲入水体中，污染水环境，而且这种污染甚至是十分严重的。这也是国外在分流制系统中大力推广建设调蓄池（管）的原因。国内行业标准《城镇排水管渠和泵站养护规程》已修订完成，不久即将颁布实施。

管道埋在地下会因种种原因出现错口、开裂、腐蚀、树根进入等，这些均是排水管道的结构性病害。这些病害不但影响着排水管道的使用，而且对城镇道路的安全构成威胁。比如，如果管道不严密，管道周围的回填材料就会被淘空，也就会造成道路塌陷，上海称为"沉管"现象。国外许多城市，将排水管道的定期检查作为一项正常管理工作，如日本、德国均规定三年到五年对排水管道进行一次普查，以对排水管道真正做到心中有数，并根据管道的损坏情况，提出分近期、中期和远期的修理、整治计划。国内如上海、杭州、广州、深圳已购置了排水管道 CCTV 监测车等设备，上海也颁布了《上海市公共排水管道电视共和声呐检测评估技术规程》。但是，国内许多城市（镇）连起码的养护队伍都没有，排水管道敷设后，基本上没有养护过，更谈不上对管道的定期检查了。所以有关管理部门要应该有像开车一样的理念，爱车除了需要经常擦洗外，还要做定期的检查和保养。

2.1.2.6　安全管理、管网管理

以"安全第一"为行动准则，确保人员安全作业、设施安全运行。没有经过安全培训的人员严禁随意进入地下管网从事维修作业。特别是在进入主汛期时，须认真排查治理安全隐患、加大安全违规行为查处力度、加强安全生产培训工作和强化安全生产事故报告制度等。

综上所述，农村排水系统对于整个农村环境、发展越来越重要，因此排水管理部门必须利用先进的科学方法与技术手段，做到科学管理，延长设施使用寿命，确保排水设施正常运行和效能高效发挥。

2.2　污水处理厂运行与管理

农村生活污水处理厂的建设和管理既是水污染治理和水环境保护的基础性工作，又是环境管理的"短板"，它关系到广大人民群众的切身利益，关系到经济社会环境的可持续协调发展。随着生态文明建设进程的加快，各地乡镇污水处理厂建设也驶入了快车道。因此，依据国务院《城镇排水与污水处理条例》，加强对农村污水处理厂建设运行管理迫在眉睫。

污水处理系统"三分设计，七分管理"，即使污水处理系统设计再有缺陷，只要运行管理好，都有一定的处理效果；反之，系统设计再完善，运行管理不善，也达不到良好的运行效果。

美国环境保护局调查了其投资所建的一批污水处理厂，结果表明 50％的污水厂出水水质不达标，在 60 个影响污水处理系统效果因素中，前 10 个因素其中 4 个属于操作问题，6 个与设计有关，其他 50 个因素与管理、经济成本、空间限制及设备运转有关。北京近 30 个乡镇集中式污水处理厂和 78 个村级污水站的调查表明，47％的乡镇污水厂和 30％村级污水站未能正常运行，原因除了设计和建设本身缺陷，如配套收集管网不全、设计规模偏大外，主要存在运营管理机制的问题。

农村生活污水处理系统大都选用建设成本低、运行稳定、管理维护简单的工艺技术，

建立农村生活污水处理系统管理运营机制对于农村污水处理系统的稳定运行具有重要的现实意义。

2.2.1　农村污水处理系统运行存在问题及成因分析

2.2.1.1　系统运行存在的问题

（1）污水处理设施进、出水不畅，格栅前垃圾和厌氧池内淤泥淤积严重，不能得到及时清掏，存在堵塞的现象。

（2）电控设施损坏后未能及时维修。

（3）人工湿地杂草丛生，湿地植物不能成为优势种群，无法发挥湿地植物应有的处理效果，并影响湿地景观效应。

（4）工程建设时多部门管理、职责不明，工程竣工后则无管理机构和人员职责。

2.2.1.2　成因分析

（1）缺乏科学合理的排水规划。尽管住建部、环保部及各地相继出台了一些技术指南、规程等指导性文件，但仍缺乏统一的农村排水规划标准，部分地区农村排水规划简单参考城镇排水规划模式，规划存在范围不合理、目标不明确、设施与农村现实情况差别较大等问题，实际工作中无法真正指导农村污水处理工程的建设。

（2）缺乏专人管理，甚至无人管理。有专人管理也主要以兼职为主，出现问题不能及时解决，即使有的污水处理设施安装了无需专人管理的自动控制系统但也不能正常运行。

（3）管理人员缺乏专业技术知识。调查表明，大多管理人员都是乡镇农办、环保办工作人员，仅在施工前接受简单的相关工艺技术指导或培训，对工艺运行过程中的具体管理内容不甚了解，对污水处理设施运行中出现的问题不知如何解决，更无从谈起有效维护和管理。

（4）缺乏运行维修资金。运行经费主要来自县乡财政和企业排污费，而村级经费主要来源于村委会公共经费。运行费用如来自区县财政和企业排污费比较有保证，而运行经费来自乡镇和村委会的污水设施则难以长期保障。

（5）缺乏明晰的产权。污水处理建设过程中部门多头管理，比如涉及农办、环保、水办等，而建设后污水处理工程的产权所有者不明晰，从而运行维护和管理出现空位，不能建立相应的长效管理运营机制。

2.2.2　管理运行机制

农村污水处理设施能稳定运行关键在于有科学合理的规划、因地制宜的工艺设计、严格的施工管理、保障的运行费用、有效的运行监管。社会化与市场化是污水设施运行管理的发展趋势，但农村污水处理设施运营管理由于其特殊性，短期内完全实现社会化与市场化难度较大，需要一个从政府直管到企业管理的渐进过程，其中明晰污水设施的产权对于污水处理系统稳定运行尤为重要。

2.2.2.1　科学合理的规划管理

1. 完善农村排水规划

规划是工程建设的龙头，为了确保农村污水治理工作的有序开展，实际工作中需根据工程项目建设"规划先行"的原则先行编制排水工程规划，确定规划范围和规划目标，明确规划依据，科学选择污水处理技术。编制规划应遵循以下原则：

（1）统筹考虑，因地制宜。根据农村自身条件，充分考虑周边城镇、工业区的建设发展，制定与之相适应的规划方案，避免重复建设。

（2）近远期结合，分期实施。用水指标宜采用用水量年增长率的低限值预测中远期用水量，排水系统则需全面规划、近远期结合，不同阶段突出不同重点，满足农村发展需要。

（3）强调生态原则，尊重自然环境。

（4）合理确定规划目标，明确水污染控制规划依据。根据当地实际情况，因地制宜地采用经济、适用的工艺技术和方法。

2. 选择适宜的排水体制

污水处理规划大多强调雨污分流，但雨污分流制排水系统由于污水流量小、流速低容易导致管道淤塞，不利于管道维护，而合流制排水系统更有利于排水管道的管理和维护。因此排水体制的选择应因地制宜，无需强求采用完全雨污分流或截流式合流制。设计阶段应通过设置沿河截污管的形式尽可能收集合流污水，在截流系统的事故排放口和截流管道溢流口应设置防倒流装置等措施，对于泵站位置受限、出水水力条件较差的情况需将出水管设为压力管。在干旱、半干旱地区，由于降雨量较少，可采用合流制系统，但需在污水总干管末端设置调节池，调蓄雨季洪峰流量。工程设计时应对污水收集系统，如完全分流、截流合流-分流、截流合流、分流—合流、完全合流等系统进行综合经济技术和详细投资评估，选用经济合理的排水方案。

2.2.2.2　因地制宜的设计管理

1. 合理的处理规模

农村生活污水设计规模常与实际污水处理量不匹配。一方面，部分工程因污水收集管网建设不完善，污水排放率和污水收集率设计参数不合理，造成处理实际污水量小于设计规模；一些规划设计人员在规划建设农村污水处理设施时，没有详细调研实际用水需求及农村污水排放规律，照搬城镇用水规范，盲目贪大求全，造成污水处理规模偏大。另一方面，规划设计中没有充分考虑流动人口及农村养殖、乡镇企业排水等特性，造成处理规模及进水水质的偏差，导致处理效果差、污水出水水质不达标。农村污水处理系统由于处理规模小，管网长度较短，水量水质变化较大，时变化系数较大，而当村庄发展旅游业时，不仅时变化系数大，季节性变化系数亦较大。因此，设计时应根据具体情况，充分调查研究、认真进行科学分析后合理确定其变化系数。农村地区生活污水量通常根据当地生活用水量来计算，在没有调查数据的地区，总排水量可按总用水量的 $60\% \sim 90\%$ 估算。各分项排水量可采取如下方法取值：洗浴和冲厕排水量可按相应用水量的 $70\% \sim 90\%$ 计算；洗衣污水为用水量的 $60\% \sim 80\%$（洗衣污水室外泼洒的农户除外）；厨房排水则需要询问村民是否有他用（如喂猪等），如果通过管道排放则按用水量的 $60\% \sim 85\%$ 计算。

2. 选择适宜的污水处理工艺

选择适宜的工艺是污水处理设施成功运行的关键，不同的污水处理工艺，其建设投资、出水水质、运行成本、管理维护要求差别很大。

一些农村选择污水处理工艺时没有充分考虑农村的经济、运行管理水平，使得工程完成后难于正常运转。其实就农村污水处理而言，工艺并非越新越好，也不是出水水质越高越好，而应与当地水环境要求及用水需求相结合，适用就好。

由于农村污水处理规模小、水质水量变化大，为保证处理效果的稳定性，设计时在污水处理系统进水端设置格栅调节池，调节水质水量使其均匀，尽量减少水处理构筑物的数量，不宜选用检修环节多、频率高的工艺，最好选用低负荷、成熟可靠、稳定性好的处理技术，且与当地用于污水处理建设的用地形状及面积相结合，合理确定。如高程差异大的用地，可利用高差采用无动力厌氧和跌水曝气技术；有废弃坑塘可采用多级塘技术；还可利用排灌沟渠或水边湿地等改造为生态沟渠或人工湿地等处理污水。

2.2.2.3　严格的施工管理

项目建设过程中需建立健全的工程项目招投标制度，规范操作程序。尽管国家对农村污水处理设施没有相应的质量标准，但土建施工要有资质的施工单位承包，施工前施工技术人员应与设计技术人员详细沟通，工程建设过程中乡镇街道或村委会应派懂技术人员按照要求对工程建设作全程监管，或委托具备相应监理资质和监理能力、且有丰富的污水处理工程建设监理经验的监理单位进行全方位的专业监理，做到合法、规范、严谨，发挥监管优势，严格验收和定期检测，不仅检测水质，还要监测进、出水水量，一有问题及时维修。

2.2.2.4　保障的运行费用

污水处理是一项公益事业，通常不直接产生经济效益，落实污水处理运行费用是确保设施能够长效运行的基础。由于农村地区不能像城区那样通过自来水费同步收取排污费，因此需要根据实际多渠道建立污水处理费用来源。

乡镇工业区可通过收取工业企业排污费来保障污水处理设施运行费用。对于村镇生活污水处理设施，可采取市、县、乡、村4级共筹模式，市财政应按照城乡统筹、先进带后进、生态补偿、均衡发展的思路，较大程度上承担起污水处理运行费，根据不同需求给予不同标准的运行费用补助，进行补贴时应同步建立有利于促进污水处理设施运行的奖惩机制，建议以奖励的方式给予补助。

政府（乡镇政府、区县水务部门或村委会）直接运营的设施，由相应政府承担全部责任。政府委托企业（污水处理企业或物业管理公司）运行的污水处理设施，由政府承担直接责任、企业承担间接责任。完全企业运营的由企业承担全部责任。实际工作中，村委会负责运行村级污水处理系统存在运行监管主体不清等诸多弊病，建议由乡镇政府直接运行或委托企业运行。

2.2.2.5　有效的运行监管

尽管农村生活污水处理系统具有自动化程度不高、管理简单，运行、维护费用较低等特点。但污水处理是一个技术含量较高的行业，设备操作、维修和工艺参数调节均需较强的专业知识，因此管理人员需接受全面的专业知识培训。不仅需掌握污水处理工艺原理和特点等基本知识，还要了解各部分装置和设备的分布及设计以及施工的具体情况，才能对污水处理设施进行规范操作和管理。对于政府委托企业运行和完全企业运营的模式可由专业技术公司承担，而对于由政府直接运行的设施可与设计单位和设备提供商签订协议，由其提供长期的技术支持。

1. 污水处理工艺运行监管

污水处理本身不直接产生经济效益，相反还要有一定的投入，因此，对污水处理设施运行管理主体进行有效的运行监管非常必要。根据《中华人民共和国水污染防治法》，污水处理设施的运行监管主要由环境保护部门承担。无论是环保部门自行监管还是委托其他机构、单位进行监管，区县环保局均承担监管的直接责任，形成环境监察、环境监测、管理、总量减排全面监管局面。农村污水处理设施点多面广，定时定量督察难度大，对政府委托企业运行和完全企业由专业技术公司运营的处理设施，可发挥群众特别是农民管水员的监管作用，通过举报热线电话等方式进行监督运行，对于政府直接运行管理的设施则必须由环保部门进行监督。

2. 设备管理

设备管理主要有设备日常使用、维修和保养及设备资料的综合管理。

（1）设备的物资管理。污水处理站主要有生产条件部、生产运行部和财务部 3 个业务部门，而机械设备的管理要从工程技术、财务经济、组织管理 3 方面建立现代机械管理体制，因此需要各业务部门同心协力、互相配合，在主管领导的全面负责下，做好各部门的分工与责任，加强横向的有机联系，确保各项规章制度的执行。

（2）设备的运行维护管理。机械设备的维护主要是加强操作工的专业技术培训，正确使用设备；建立健全的设备操作规程，合理安排设备的运行时间负荷，做到既充分利用设备，又不使设备超负荷运行。设备的保养主要检查设备完好率、维修保养记录和计划及其执行情况。

2.2.2.6 明晰产权

作为政府主导投资修建的农村污水处理设施，建成后由于产权不明晰，所有者缺位，虽然实行"集体所有、集体管理"的运营模式，但实际上无人管理、无人维护，导致污水处理设施不能正常运行。

农村污水处理设施一般为非经营性或非竞争性基础设施，是以社会效益和生态效益为主旨，难以形成独立自主、自负盈亏的市场化的现代企业制度。要实现市场化的前提是产权明晰，产权明晰可以解决市场交易中的外部性问题和建立有效的激励与约束机制，有效避免"公地悲剧"，使外部性问题内在化。针对农村污水处理设施管护和运营体制，要充分发挥农民群众在农村基础设施工程中的主体作用，建立和健全村级专业协会或物业化组织，鼓励和扶持协会或物业化组织采用承包、租赁、拍卖、转让等形式管理运营农村污水处理设施，明晰产权主体，明确污水处理设施的管护责任，由协会或物业化组织负责工程维护管理、费用收取以及工程更新改造等工作，使农村污水处理设施走上"平时有人管、坏了有人修、更新有能力"的良性轨道。

2.2.2.7 运行管理考核体系

1. 技术指标

（1）主要运行指标，包括处理水量、污染物去除率、出水水质达标率、电耗指标、设备完好率和使用率、水力停留时间等。

（2）主要水质指标，包括 BOD、COD、$NH_4^+ - N$、SS、TN、TP、pH 值等。

（3）污泥的监测指标。监测污泥可为控制二次污染提供必要的信息，同时提供工艺运行效果的优劣情况，并且为污泥处理提供必要的数据。农村分散式污水处理污泥较少，可不必对污泥监测，但较大型的集中式污水处理站需根据实际工艺监测有机质、含水率、细菌总数、TN、TP 和 pH 值等。

2．运行优化管理

（1）运行工艺参数优化。选择最能直接影响高品质的处理效果的工艺运行参数很难，但可根据以前的监测数据利用统计工具帮助选择被监督的参数，定期观察特定参数的有效性来确定以后的工艺控制策略。工艺变化之前，运行人员应进行实地调查，找到正确的分析数据，工艺参数的变化应被记录在案以备其他人员参考，工艺控制参数发生变化后，需每日检查并做出相应的评判，如果一段时间没有效果，要重新调整参数。

（2）可能的节能途径。

1）曝气系统的节能。曝气系统电耗占全厂电耗的 40％～50％，曝气系统的节能主要有以下几方面：选择动力效率高的曝气设备，动力效率是曝气设备唯一的效能指标；合理布置曝气器，合理设计池形，实现曝气设备供氧量的自动调节。

2）污水提升设备的节能。提升设备的电耗一般占全厂电耗的 10％～20％，有的达到38％。提升设备的节能主要从泵选型、系统设计和运行节能方面考虑。泵选型可根据处理厂额定的流量 Q_e 和扬程 H_e，选用流量与扬程尽量达到设计要求且效率高的污水泵。系统设计则从污水厂设计入手，尽可能降低泵的扬程，确定合理的流量；运行节能主要有变角、车削和变速调节，变角调节为调整叶轮角度，车削调节为改变叶轮的直径，变速调节为改变泵的转速，通过以上措施能取得可观的节能效果。

2.2.3　小结

要使农村生活污水处理系统稳定运行，应有科学合理的用水排水规划、因地制宜的工艺设计、严格的施工管理、保障的运行费用、有效的运行监管及明晰的产权，并建立运行管理考核体系，实行优化管理，才能降低农村污水处理系统污水处理成本，使系统得到稳定运行。

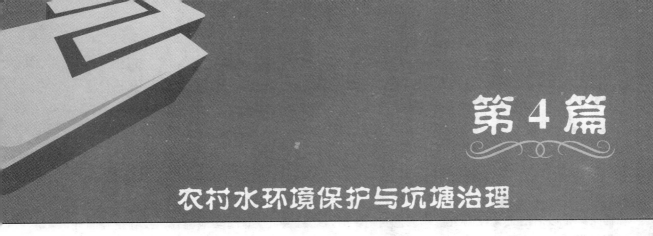

第1章　农村水环境保护与治理模式

一直以来，人们把污染治理的重点放在了工业集中和人口稠密的城市，而忽略了农村。自改革开放以来，我国农村工业化进程和城市化进程加快。在农村经济发展的过程中，大量的工业废物、生活废物、畜禽养殖排放废物和农村面源污染等造成了农村生态环境的严重破坏。其中水体污染在农村环境污染中显得尤为突出，水污染事故时有发生，这不仅直接导致粮食减产，同时还直接威胁到了当地农民的身体健康，在一定程度上制约了农村经济的发展。因此，对于农村水污染问题必须引起高度的重视，并采取有效的治理措施。

1.1　国内外农村水环境保护与治理模式

1.1.1　国内外农村水环境保护与治理现状

20世纪60年代以后，随着城市水环境治理的逐渐完善，发达国家开始将水污染防治和水环境保护的重点从城市转到乡村。相关研究人员根据可持续发展的理论，提出了分散式污水处理和再利用（Decentralized Sanitation and Reuse-DESAR）的概念，在此基础上开展了农村水污染治理和水环境保护相关技术的研究。

目前国外农村水环境治理的主要措施和做法主要包括以下3个方面。

1. 政策措施

国外农业非点源污染研究起步于20世纪60年代。欧、美等发达国家率先开展，70年代后在世界各地逐渐受到重视。美国是开展农业非点源污染研究最多的国家。美国1936年制定第一个面源污染控制法，由政府设定农村环境质量指标通过环境立法强制执行，至今已多次对此进行了修订。20世70年代末，美国就提出了"最佳管理措施"BMPs（best management practices），之后又出台了清洁水法案（CWA）、非点源污染实施计划—CWA319条款、最大日负荷（TMDL）计划、杀虫剂实施计划、国家河口实施计划等进行农业非点源污染的控制与管理。并积极鼓励农民对农业污染进行主动性控制，对减少面源污染起到很大作用。美国还有针对化肥的法律和法规，规定了生产、销售化肥的注册登记、许可制度以及化肥抽样检验制度。欧盟自1989年出台第一个治理农业污染的法案以来，把对农业污染的防治作为其水污染治理的重点及现代农业和社会可持续发展的重大课题。1992年6月，欧盟部长会议正式采纳了共同农业政策，支持环境保护措施的引进、农业用地中的造林项目和农民早期退休计划等。1993年欧盟出台了结构政策的环境标准，加强管理并建立严格的登记制度。2000年以来，欧盟水体系指令、减少农业面源污染的硝酸盐指令（91/676）、控制杀虫剂最大使用量的杀虫剂法（91/414/EEC）、限制水中杀虫剂残留的措施及为保护鱼种、贝类安全而制定的水清洁的共同体措施等，已成为了治理农业面源污染的重要措施。日本在农村环境保护和立法上，实行政策支持、立法配套的做法。其中政策支持包括对环保型农户建设，实行硬件补贴和无息贷款支持以及税收减免等优惠政策；立法配套包括针对农业的法律法规有《食物、农业、农村基本法》《可持续农业法》《堆肥品质管理法》《食品废弃物循环利用法》等4部。2001年以来，日本政府还相继出台过《农药取缔法》《土壤污染防治法》等法律法规，各大城市郊区和农村相继开始开展有机农业活动。此外，日本对环保型农户建设，实行硬件补贴和无息贷款支持以及税收减免等优惠政策。英国自2005年起，对农民保护环境的农业经营行为实行补贴。环境管理经营较好的业主，每公顷土地每年可得到最多30英镑的补贴，若采用不使用化肥和农药的绿色耕作，补贴金额可达到60英镑。加拿大、澳大利亚、德国等也开展了大量的工作；瑞典、匈牙利、荷兰、爱沙尼亚、土耳其等国家也已开始重视该问题。

2. 技术措施

操作简单、价格便宜的替代技术是农业面源污染控制的关键。美国在农业面源污染控制上，对农民没有或只有很少补贴，主要是鼓励农民自愿采用环境友好的替代技术，其主要控制技术有农田最佳养分管理、有机农业或综合农业管理模式、等高线条带种植、农业水土保持技术措施等。美国对于每个面源污染目标（如农田或者城市）的最佳管理措施均有工程型和非工程型两种类型，工程型措施有人工湿地、植被过滤带和草地、河岸缓冲带、暴雨蓄积池和沉淀塘等；非工程型措施有免耕-少耕法、有害物质综合管理、生物废弃物的再利用等。此外，美国还采用先进的生物环境控制工程技术对农业面源污染进行治理，如高效藻类塘、人工湿地系统。针对农村生活污水、畜禽粪便等农村污染源，以微生物净化作用为核心的生物处理技术和以土壤-植物-微生物复合系统为核心的生态处理技术，也得到了较为广泛的应用，积累了不少有益的经验。日本在"农村集落排水工程"建设中，大量采用了厌氧过滤-接触曝气（氧化）工艺为核心技术的小型净化槽装置；人工湿地污水处理得到极快的发展，已应用至农村污水、家畜与家禽的粪水、垃圾场渗滤液治理等方面；澳大利亚基于土壤微生物及土壤-植物稳定生态系统的净化功能，开发了"FILTER"污水处理及再利用系统；德国、法国和美国则利用菌藻的共同作用，大量采用了稳定塘技术净化农村污水；欧洲、北美、澳大利亚和新西兰等国家人工湿地技术的应用也较为普遍。此外，许多欧洲国家结合各自特点，也分别开发了以SBR、移动床生物膜反应器、生物转盘和滴滤池等多种生物处理技术为主的小型农村污水处理集成装置；以活化技术为基础，通过多种生物形式在人工装置中建立新的物种联系，从而进行净化处理的"LIVING MA-CHINE"生态处理系统，近年来也在美国、加拿大、英国、澳大利亚等国家进行了一定的尝试。

3. 其他措施

美国致力于发展低投入、低污染、高成效、专业化、集约化、高产量的农业，推出了生物农业、有机农业、再生农业、绿色农业等运行模式，在法律、技术等方面有效控制农业生产中高毒性农药的投放。1979 年美国国会通过清洁水法案，将对水污染治理列入国家财政预算，联邦政府每年从财政预算中拨出 20 亿美元的专项基金，用于启动水污染治理的项目。在治理行动计划上，联邦政府设立了 500 亿美元的清洁水基金，主要作为"种子基金"，吸引地方政府共同投资，供农民、企业或地方通过无息或低息贷款的方式进行面源污染治理。欧盟也不断加大用于减少农田氮、磷养分总用量、提高农田养分利用率的费用，进行农业面源污染控制的财政预算和投入。70 年代初日本成立了全国有机农业研究会，提出了"防止环境遭受破坏，维持培育土壤地力"的口号，广泛发动农民生产更多更好的健康、绿色农产品。国外在污染物的源头控制方面，提供了充分的技术和政策支持，因此农村水环境保护取得了较好的成效。

由于城乡发展极不平衡，受经济和社会发展水平制约，长期以来我国对农村的水污染源缺乏有效的监管，广大农村几乎没有任何生活污水收集和处理措施。粪便、尿液由于具有一定的肥效，在部分地区尚有发酵、积肥的处理方式。生活过程中由于沐浴、洗涤和厨房用水产生的灰水，则几乎不经任何处理，直接或间接排入房前、屋后的水塘、渠道，最终成为农村水环境污染的最主要污染源之一。近年来，鉴于农村水环境逐渐恶化，随着农民生活水平的不断提高和环保意识的不断增强，广大农村居民意识到，如果不对农村生活污水采取有效处理，会引发农村医疗和经济建设等方面的系列问题，甚至造成传染病的产生与扩散。为此，国家和各级政府在农村水环境保护和治理方面也投入不少精力和经费，建设了一系列的示范工程，试图寻求一些符合我国农村特点的农村水环境治理模式和有效措施。

在农业生产方式改进方面，我国部分地区开展了一些工作，也建设了一批生态农业示范区，但受理论基础和技术体系不完善的限制，加之缺乏足够的政策支持，因此推进较慢。在面源污染控制技术方面，多水塘系统、人工湿地系统、生态拦截沟、植被缓冲带等一系列技术的研发和应用，也为农业面源污染的控制提供了有力的支持。在农村污水和养殖废水的处理方面，近年来开展了大量的工作，开发了一系列针对生活污水和养殖废水的农村污水处理技术，建设了一大批农村污水处理设施，取得了不少成绩。目前，国内农村污水处理中应用的主要技术有：轻质高强一体化玻璃钢化粪池、生活污水净化沼气池、厌氧发酵-人工湿地污水处理技术、厌氧＋接触氧化＋人工湿地组合型污水处理技术、生物滤池＋人工湿地组合型污水处理技术、塔式蚯蚓生态滤池＋人工湿地组合型技术、厌氧＋自流增氧人工生态床组合型污水处理技术、地下渗漏污水处理技术等。此外，在农村水体生态修复方面，部分农村将生态修复工程与分散式生活污水处理设施、周围的环境景观结合起来建设，不但净化了水质，还为农村居民提供了一个休闲娱乐的聚集场所，改善了农村居民的生活环境。但总体而言，农村水环境治理的相关研究尚不够完善，也未能形成系统性的治理体系，缺乏政策、技术、管理等多层面的考虑，治理工作实施中盲目性较大，效果有待进一步加强。

1.1.2　农村水环境保护与治理模式

考虑农村河塘水系目前的功能和其在水环境治理中的重要作用，结合社会主义新农村建设和经济发展的实际情况和要求，明确现阶段我国农村水环境保护中的河塘水质功能以农业用水为主，兼顾景观娱乐，确定农村水环境治理的目标为：治理农村工业和生活污染，削减农业面源污染量，消除河塘黑臭，改善农村水环境质量，满足农村社会经济发展对用水的要求。

在农村的水环境保护方面，以建设全新面貌的社会主义新农村为中心，围绕控源减污、引水畅流展开，重点建设农村生活污水治理工程和农业面源污染控制工程，同时强化工业污染、规模化畜禽养殖污染的控源措施，积极引导农村生产方式的科学化，多渠道并举，集中解决农村水环境中的重点问题，使农村河塘水质明显改善，农村居民的生活环境得到提升。

结合生产实际，根据农村水环境保护的目标，形成了以农村水体污染源控制、生态修复、生态用水调度三者为核心手段，主管部门与农村居民共同参与、监督管理的农村水环境治理模式。

图 4.1.1 为农村水环境治理模式，其中污染源控制、生态修复和生态用水调度为治理的核心技术和内容，政府部门负责、农村居民参与的长效管理模式是水环境治理设施能够长期运行，水环境治理能够得到长效保障的管理条件。

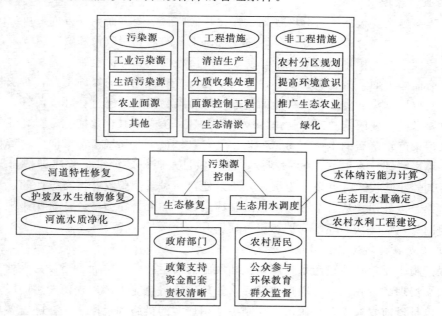

图 4.1.1　农村水环境治理模式

1.2　农村污染源控制

随着农业集约化程度和农民生活水平的提高，城镇化和工业化发展以及农村生活方式的改变，大量的工业废弃物、生活垃圾、农村面源污染和畜禽养殖排放废物等造成了农村水环境的严重污染。因此，采取有效措施治理农村水环境污染，对加快农村经济发展，推进社会主义新农村建设，具有重要的现实意义。目前，造成农村水环境污染的来源大致可分为工业点源污染源，农村生活污染源，农业面源污染源及养殖废水污染源。

1.2.1　工业点源控制

乡村工业是小城镇经济支柱和税收的主要来源，是转移农村富余劳动力和增加农民收入的重要途径，也是建设社会主义新农村、推进工业化、城镇化、实现城乡一体化的产业支撑。但其在带动农村小城镇的复苏和兴起的同时，也使得周边环境严重污染。

1. 工业点源特点

乡村工业所排放的各种工业废水、堆放的各种废渣降雨淋溶以后被水流带走以及排放的各种废气粉尘降落到水体构成了污染的主要成分。此外，工业污水就地排放到附近的排水沟、沟渠或湖泊中，直接对水体及附近水域进行污染，成为水体中 BOD、COD 污染的主要来源，污染速度极快，在水系发达地区污染后果极其严重。

对这部分乡村企业排放的污染物，我们在分析的同时，更实际的是做出应对措施，以改变现状。可从农村规划、政府监管、企业实施等几个方面制定相应的非工程和工程措施，开展污染物削减和控制工作。

2. 工业点源控制的非工程措施

非工程措施主要包括农村分区规划、强化政府监管两个方面。一方面，可通过农村区域的科学规划，选择合适的地点，分区建设村镇工业园，利用政策和资金引导，鼓励企业进园经营，使工业点源排放相对集中，便于后续污染控制和环保监管。另一方面，在污染控制的政府监管方面，鼓励农民兴办污染程度轻、劳动密集型的家庭工业，对农村工业企业，需严格按照国家、省和相关行业的标准，对污染物排放情况进行环境监督，对达不到环境质量要求的，要限期整改。村镇各级主管部门，还应采取有效措施，提高环保准入门槛，淘汰污染严重落后的生产能力、工艺、设备，禁止工业和城市污染向农村转移。要严格执行环境影响评价和"三同时"制度，建设项目未履行环评审批程序即擅自开工建设的，责令其停止建设，补办环评手续，并予以处罚。对未经验收，擅自投产的，责令其停止生产，并予以处罚。从各个方面增强法制约束力，加大处罚力度，让有些违规的行为得到法律的制裁，让公众的环境保护意识得到提升。

3. 工业点源控制的工程措施

工程措施主要包括建设污水处理设施和实施清洁生产两个方面。建设污水处理设施是污染源末端治理的方式，主要通过建设污水处理设施将企业生产过程中产生的废水净化后排放。这也是目前农村工业点源污染控制中使用最多的措施和手段之一。随着各地对环保要求越来越高，节能减排压力不断增加，乡镇一级的污水处理也成为一些地方减少 COD 的新领域。由乡镇企业自行建设的污水处理设施、乡镇政府通过各种方式建设的乡镇污水处理厂，在农村工业污染控制中发挥了重要的作用。

清洁生产是农村工业点源污染控制的另一个有效手段。所谓清洁生产，是指通过在产品生产过程中经济有效地利用资源和能源，尽量减少各种污染物的毒性和数量，以使其产品和生产与环境相容，降低对人类健康和环境构成的影响和风险。与末端治理相比，清洁生产更加重视环境管理及产品生产工艺的环境影响，不仅有助于转变我国乡镇工业、企业长期依靠大量消耗能源、资源的粗放经营的发展模式，而且对于防治农村工业点源污染，保护农村环境，实现农村工业企业可持续发展具有极其重要的促进作用。

可有计划有步骤地建设一些乡镇企业工业集中示范区，在示范区中合理配置产业结构、产品结构、能源供应，特别应注重行业之间原料及产品的互补，尽量使废物在区内行业和工厂间得到多级或循环利用，使原料得到高效利用，三废排放量减到最小，节省运输费用。

1.2.2　农村生活污染源控制

影响农村水环境中的生活污染源主要包括农村居民生活过程中厕所排放的污水、洗浴、洗衣服和厨房污水等。随着农村城镇化进程的不断加快，农村居民集中居住后，农村污水排放产生的污染强度有逐渐增加的趋势，也给农村水环境带来了严重的影响。

1. 农村生活污水的特点

与城市相比，农村占地面积大，人口不集中，分布密度小。所以污水排放相当分散，排放面也较广。大部分农村污水的性质相差不大，水中基本不含重金属和有毒有害物质，含一定量的氮和磷，可生化性好。一般农村人口居住分散，生活污水量排放量较小，且排水时段集中，导致水质水量变化明显。很多农村并无排水系统，普遍雨污混流，受雨季影响，水量变化系数很大。

2. 农村生活污水的收集

农村污水的收集是进行农村生活污染源控制的重要前提，与城市相比，农村人口密度低、分布分散，生活污水排放面广，因此不宜采用城市污水集中收集模式，必须根据农村实际，采用适合农村特点的收集方式。《上海市农村生活污水处理技术指南》指出：农村生活污水的收集必须结合当地的地形条件、村落分布，因地制宜地采用不同的模式收集污水。根据村落的具体地形地势、地理位置、住宅分布等实际情况，我国农村采用不同的生活污水收集输送方法，有些以村为单位构建收集系统，有些几户共建，有些甚至单户独立建设。现有的收集方式可分为 3 类：镇村集中收集模式、住户分散收集模式、市政统一收集模式，其技术概况和适用条件见表 4.1.1。

表 4.1.1	不同收集模式比较	
污水收集模式	技 术 概 况	适 用 条 件
镇村集中收集模式	镇村统一铺设污水管网，污水收集后，进入镇村污水处理站集中收集	地势平缓，居住集中
住户分散收集模式	划分不同区域，单户或邻近几户铺设污水管网，各自收集、处理、排放污水	地势高低错落，住户分散
市政统一收集模式	镇村统一铺设污水管网，污水收集后，接入附近的市政管网，进入污水处理厂统一处理	镇村内有市政污水管道直接穿过，或依靠重力流一次排入市政管网

在上述 3 种收集方式中，我国目前采用的均是传统的重力排水方法。实际上，在农村

生活污水收集工程中，传统重力收集方法有时会遇到一定困难，特别是南方河网发达的农村地区，如采用重力收集方法，需要频繁设置倒虹管，不但增加收集系统投资，而且还容易产生污泥淤积、管理复杂等问题。针对传统重力收集方法在农村或小城镇应用的局限，国外开发了一些新的收集技术以替代传统的重力排水方法，主要包括真空排水系统、压力排水系统和小管径重力排水系统等，其中，真空和压力排水系统对我国农村生活污水收集具有一定的借鉴作用，我国也正在开展一些示范性研究和应用工作。

3. 农村生活污水的处理

农村生活污水处理技术可分为物理技术、生物处理技术和生态处理技术 3 类。第一类，物理处理技术利用物理作用分离污水中的漂浮物和悬浮物，主要方法有：沉淀法，污染物依靠重力作用而沉淀分离；筛选法，污染物依靠格栅、筛网等器械或介质的阻碍作用而被截留；过滤法，污染物依靠粒状滤料的吸附、絮凝等作用而被分离。第二类，生物处理技术主要依靠水中的活性微生物，在好氧或无氧的条件下，吸附，降解污水中的有机物和氮磷等营养物质。生物处理技术可根据处理条件分为厌氧处理技术和好氧处理技术。常用的厌氧生物处理主要有化粪池、沼气池、厌氧滤池、水解池等不同形式。由于无需曝气供氧，因而处理成本低、管理方便。常用的好氧处理技术又可分为两类。一类是采用鼓风曝气，通常称之为有动力处理系统。包括活性污泥法（A/O、A_2/O、传统活性污泥法、氧化沟、SBR、膜生物反应器等）和生物膜法（生物接触氧化、曝气生物滤池等）。对于处理水量较小的农村生活污水，生物膜法易于维护运行，污泥产量小；对于处理水量较大的，活性污泥法也可以采用。另一类不采用鼓风曝气，主要利用自然通风或者跌水进行复氧，通常称为微动力处理系统。常见的有跌水接触氧化、生物滴滤池等。第三类，生态处理技术则是利用自然界中土壤、水体和植物对污染物的吸收和净化能力，通过人为的方式营造类似的场所，并强化土壤、水体和植物的自净能力，从而去除水中的污染物质，主要包括人工湿地处理系统、稳定塘处理系统和土地渗滤处理系统等，实现净化的效果。生态处理技术一般具有处理效果好、运行维护方便、工程建设和运行性费用低、生态环境效益显著等特点。但是由于自然净化速率低，因而需要污水在处理设施中停留较长的时间，处理设施的占地面积也较大。

近年来，随着农村生活污水处理技术的发展，人们发现依靠单元技术已不能使农村生活污水处理达到较高的标准。单纯的生物处理技术效果难以稳定，而生态处理技术也存在季节性处理效果较差的情况。为了充分保证处理效果，组合技术已经成为农村生活污水处理的主流工艺，并得到了广泛应用。主要包括生化-物化组合技术以及生物-生态组合技术等。由于集成了多个单元工艺的优点，因而总体效果较为优异。常见的组合工艺有以生物处理技术为主的组合工艺和以生态技术为主的组合工艺。以生物处理技术为主的组合工艺以化粪池或沼气池为预处理设施，去除大部分悬浮物和部分有机物，而后通过接触氧化、生物滤池等技术降解水中大部分的有机物和氮磷等营养物质。在国内外农村污水处理中广泛应用的集预处理、二级处理和深度处理于一体的中小型一体化处理装置，也多属于这一类型。一般来说，该工艺投资省，占地面积小，处理效果好，但需专门人员维护。与生物技术为主的组合工艺相比，生态技术为主的组合工艺预处理部分单元相当，主要污染物的去除通过土地渗滤系统、稳定塘或人工湿地等生态处理单元实现。此类组合工艺投资较省，维护简单、处理效果有一定的保障，但处理设施占地面积稍大。

针对农村污水水量小、变化系数大的特点，结合农业生产方式和不同地区的土地性质现状，一种新型的示范村农村生活污水处理模式——"黑、灰水分质收集，黑水堆肥、灰水自然生态化处理"被提出，成为实现农村生活污染源治理的有效手段和模式，如图4.1.2所示。对生活污水中水量最低、营养物浓度最高的"黑水"——尿液、粪便未经分离的厕所来水，结合示范村的旱厕改造，通过建造化粪池、厌氧沼气柜等收集装置积蓄后发酵处置，待达到农田用肥要求后用于肥田；而对于生活污水中水量最大、营养物浓度最低的"灰水"——厨房用水、淋浴用水和清洗水等，则结合农村现有自然条件，建设氧化塘、人工湿地、土地渗滤系统等污水生态处理工程进行处理，既消除了其对农村水环境的不利影响，又实现了水资源的循环利用。多级氧化塘和人工湿地则可充分利用村内房前屋后的水塘和洼地进行建设。为了进一步提高氧化塘和人工湿地的经济和环境效益，可在氧化塘中配置选种香蒲、芦苇等水生植物，放养鲢鱼、鳙鱼等滤食性鱼类，利用水中的微生物和植物根系的吸附降解作用，结合生物操纵技术，强化系统对污染物质的去除能力；在人工湿地中采用潜流人工湿地，也分别配置种植芦苇、菖蒲等植物。

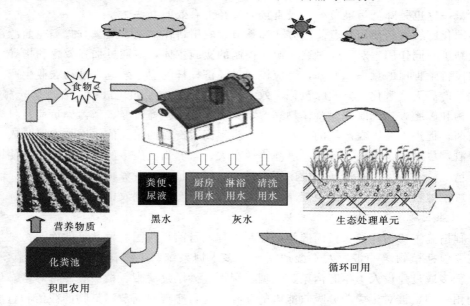

图 4.1.2　农村污水处理回用模式示意图

1.2.3　农业面源污染控制

农业面源污染是指在农业生产活动中，氮和磷等营养元素、农药以及其他有机或无机污染物质等从非特定的地点，在降水冲刷作用下，通过径流过程而汇入水体并引起水体富营养化或其他形式的污染。目前，面源污染已成为当今世界普遍存在的一个严重的环境问题，而农业面源污染已成为目前水质恶化的一大主要威胁，是造成水体环境隐患最主要的面源污染形式。农村面源污染的控制对于改善农村水环境质量，其重要意义不言而喻。

1. 农业面源污染的特点

农业面源污染具有分散、随机、难监测等特点。面源污染主要以扩散的方式发生，一般与气象事件的发生有关，加之流域内土地利用状况、地形地貌、水文特征、气候、土壤类型等的不同，导致面源污染时空分布的不均一性。此外，由于降雨、水文条件变化的随机性，直接影响了面源污染发生的时间、区域及强度，致使面源污染的发生也具有随机的特点。面源污染的分散、随机发生，致使人们无法在发生之处进行及时监测，真正的污染源头难以跟踪，即面源污染具有发生时间、发生源、污染物浓度3个不确定性因素，这给面源污染的治理带来了较大难度。目前不少国家往往采用"控源节流"的方式控制农村面源污染。我国对农村面源污染控制的具体措施包括非工程措施和工程措施两个方面。

2. 农村面源污染控制的非工程措施

非工程措施以源头控制为基本策略，强调政府部门和公众的作用，由政府根据法律规定制定各种行政法规与管理制度，利用污染源管理、农业用地管理等措施控制或减少污染源。具体做法主要是加强对农民科学种田的指导，推广农业生产方式的改革和生态农业建设，合理施用化肥和农药，大力推广使用有机肥、生物肥和生物农药，从源头减少污染物的发生量，这也是降低污染负荷量最直接而又经济有效的办法。

不同化肥、农药使用量、使用方式和季节、农田耕作措施、灌溉方式等在面源污染形成中起到了不同作用。对于农民这一源头控制的实施主体，应通过加强教育和指导，努力培养农民科学种田的意识。此外，更应该通过经济杠杆的引导效应，推动农业生产"资源节约化、产品无公害化、方式绿色化、效益扩大化"的农业四化进程。合理确定施肥量、施肥结构和施肥方式，既能保持作物高产，又能有效减少径流氮、磷污染负荷；科学合理使用农药，促进无公害农产品的生产，进一步提高农产品的附加值，增加农民收入；推行控水灌溉，尽量减少沟灌、淹灌、漫灌等耗水大、营养物流失多的粗放型灌溉的使用，根据地区情况，有条件、有选择的推广用水量少、径流量小、营养物流失少的喷灌、滴灌方式；改进土地耕作方式，减少径流泥沙和土壤侵蚀，实现控制农田面源污染的目标。

3. 农业面源污染控制的工程措施

工程措施主要指建设农村面源污染控制工程。目前，我国农村常见的面源污染控制工程，主要包括植物缓冲带、人工湿地系统、多水塘系统、生态沟渠系统等（图4.1.3）。这些工程多通过建设人工生态沟渠、水塘、湿地、砂层过滤带、植被缓冲带等生态处理工程，利用不同植被对土壤养分吸收能力的互补效应，实现对面源污染物的截留和过滤。在农田保护区内，可利用田间现有的水塘、洼地和自然湿地，构建多水塘系统和湿地系统；还可充分利用农田与水体之间的空间，设置适当宽度的植被缓冲带和生态沟渠。工程建设过程中，应与周围的景观紧密结合，不仅有效地削减农村面源污染负荷，也可在一定程度上改善农村环境景观。

人工湿地系统和多水塘系统与农村生活污水治理技术中的人工湿地和稳定塘系统类似。生态沟渠是对原有的农灌渠进行生态化改造，利用沟渠中生长的各种水生植物，在水流经渠道的过程中截留悬浮物、有机物，并吸收一部分氮磷。生态沟渠的护坡利用新型材料——生态混凝土对渠道的护坡进行改造，生态混凝土护坡主要利用其中的连续空隙，为岸边植物提供相应的生存空间，同时为微生物提供栖息附着场所。重建沿岸陆生、湿生、

图 4.1.3　农村面源污染控制工程
（a）岸坡缓冲带；（b）生态沟渠；（c）多水塘系统；（d）人工湿地系统

水生植物群落，绿化堤岸护坡，保持绿色自然景观，进而恢复水体的生物多样性，达到水质净化效应、生态效应和景观效应并举的效果。植被缓冲带是设立在面源污染区与受纳水体之间，由林、草或湿地植物覆盖的区域，通常为带状，在管理上与农田分割，能减少污染源和河流、湖泊之间的直接联系，它能通过植物的吸收、土壤的吸附、过滤和微生物的降解等物理、化学和生物作用，截留降雨冲刷挟带的大量污染物质；还可防止水土流失和河道堵塞，从而稳定堤岸，促进生物多样性，对改善生物栖息地和种群具有很好的效果。建立植被缓冲区，不仅具备较好的环境效益，同时也存在一定的经济效益和生态景观效益，是目前农业面源控制中值得推广的防治措施。

1.2.4　养殖废水控制

养殖废水具有氮磷营养物质浓度高、养殖污染强度大、水环境影响显著的特点。畜禽养殖和水产养殖是养殖行业中最主要的两大类。

1.2.4.1　畜禽养殖废水控制

1. 畜禽养殖废水的特点

畜禽养殖废水主要由动物尿液、残余的粪便、饲料残渣和冲洗水等组成，未经处理的畜禽废水含有大量的有机污染物以及 N、P 等营养物质，污染负荷高，其浓度值远高于农村生活污水和部分工业废水，且存在较明显的恶臭，若直接排入江、河、湖，会使水体发臭，水质恶化，严重地破坏水体生态平衡。

2. 畜禽养殖废水治理技术

畜禽养殖废水属于排量大，温度低，废水中固液混杂，纤维含量、有机物含量高，固形物体积较小，很难进行分离的有机废水，在畜禽养殖废水的处理中，多采用格栅、沉淀池、筛网等物理预处理后，进一步使用厌氧处理技术、好氧处理技术、厌氧-好氧组合工艺、自然生态处理技术进行处理。

厌氧生物处理是在无氧的条件下利用厌氧微生物的降解作用使污水中有机物质达到净化的处理方法。厌氧处理过程不需要氧，不受传氧能力的限制，具有较高的有机物负荷潜力，能使一些好氧微生物所不能降解的部分进行有机物降解，因此成为畜禽养殖场粪污处理中不可缺少的关键技术。采用厌氧消化工艺可在较低的运行成本下有效地去除大量的可溶性有机物，COD 去除率达 85%～90%，而且能杀死传染病菌，有利于养殖场的防疫。厌氧处理常用的方法有：化粪池、污泥厌氧消化、厌氧塘等。好氧处理则是利用微生物在好氧条件下将可生物降解的有机物氧化为简单的无机物的处理过程。该方法主要有活性污泥法和生物滤池、生物转盘法、生物接触氧化法、序批式活性污泥法、A/O 及氧化沟等。为了获得良好稳定的出水水质，在实际应用中常常采用混合处理的方法，这种方式能以较低的处理成本，取得较好的效果。如可以采用预处理-厌氧处理-好氧处理相结合的治理方法，使养殖废水达到排放标准。自然生态处理法是利用天然水体、土壤和生物的物理、化学与生物的综合作用来净化污水，其具体技术主要包括氧化塘、人工湿地等。

在农村地区若有足够的土地资源来消纳污染物时，养殖废水的处理可选用处理成本较低的自然处理法。农村居民较多，土地资源较紧缺的地方，宜选用先厌氧再好氧处理技术相结合的方法。对于农村中规模大的养殖场可选用综合处理技术进行养殖废水的处理，以实现养殖废水处理过程的无害化、资源化处理，促进养殖业与自然环境、居民环境和经济的和谐发展。

1.2.4.2　水产养殖废水控制

1. 水产养殖废水的特点

水产养殖过程中的污染，主要来自饲料的施用、杀菌剂和消毒剂的使用、动植物的尸体和动物粪便的积累，导致养殖水中的有机物、氮磷含量不断升高，超出了水体的自净能力，会造成水质的恶化。通常情况下，水产养殖废水具有氮磷浓度高、废水呈间歇性排放、污染总量大的特点。

2. 水产养殖废水治理技术

农村水产养殖废水的处理方法主要有物理处理法、化学处理法、生物处理法和生态处理法四大类。

常规物理处理技术主要包括沉淀、过滤、吸附、曝气等处理方法，是废水处理工艺的重要组成部分。沉淀方法主要是借助悬浮固体自身的重力作用，使其与水分离。常用的沉淀分离技术有自然沉淀法（如沉淀槽、斜管沉淀池）和水力旋转法（如水力旋转器、离心机）等。但是水力旋转法需要额外动力，投入成本较高，对于水量较大的养殖废水来说实用价值大大降低，一般很少采用。机械过滤利用废水中颗粒物粒径大小不同，以一定孔径的筛网截流颗粒物，达到去除悬浮固体的目的。由于养殖废水中的剩余残饵和养殖生物排泄物等大部分以悬浮态大颗粒形式存在，因此采用物理过滤技术去除是最为快捷、经济的方法。常用的机械过滤设备有固定筛、旋转筛、振动筛、砂滤器等。吸附是利用吸附剂较大的比表面积和较强的吸附能力，去除水中的异臭物、农药、游离氨、色素等污染物质的方法。水产养殖中常用的吸附剂有活性炭吸附和高分子重金属吸附剂等。粉末炭比表面积大，吸附能力强，但粉末炭再生困难，处理成本较高，不适于大水量的处理；颗粒炭比表面积小于粉末炭，但使用时多作为滤料放置于滤池中，便于再生，有助于降低活性炭的处理成本。金属吸附剂是一种能吸附水中重金属离子的良好材料，粒径为 0.3～1.2mm，用于吸附去除溶液中的重金属离子。高分子吸附剂是最常用的一种金属吸附剂，可去除水中的大部分重金属离子，且可重复再生利用，不产生二次污染。泡沫分离技术典型的曝气处理方法，是向被处理水体中通入空气，使水中的表面活性物质被微小气泡吸着，并随气泡一起上浮到水面形成泡沫，然后分离水面泡沫，从而达到去除废水中溶解态和悬浮态污染物的目的。泡沫分离技术不仅可以将蛋白质等有机物在未被矿化成氨化物和其他有毒物质前去除，避免了有毒物质在水体中积累，而且可向养殖水体提供所必需的溶解氧，对维护养殖水体生态环境有良好作用。物理技术设施造价和运行费用较低，但只能去除水体中的悬浮物，对水体中的溶解性污染物如氨氮则几乎无法实现有效去除。

化学处理技术中，以氧化、紫外线和混凝处理在水产养殖废水处理中应用较多。氧化处理法即用臭氧、高锰酸钾、次氯酸等氧化剂对废水中的有机物加以氧化去除的方法。目前国内研究较多的是利用臭氧，在国外臭氧处理技术已趋于成熟。臭氧水处理是利用臭氧在水中所产生的单原子氧（O）和羟基的强氧化能力，快速分解水中有机质、无机物，破坏病原体细胞膜并渗透到细胞膜内杀死水中的病菌、病毒和微藻。该技术具有作用快、无二次污染等特点。紫外辐射（UV）用于水产养殖系统中，可破坏残留的臭氧并杀死病菌，且具有低成本和不产生任何毒性残留的优点。破坏臭氧残留的紫外波长为 250～260nm，灭菌的波长为 100～400nm。紫外辐射的剂量需根据紫外光强、暴露时间以及透射情况确定。紫外消毒技术目前较为成熟，且国内不乏应用实例。混凝主要是通过向水中加入混凝剂，使天然水中的胶体粒子克服彼此之间的排斥和阻碍作用而相互聚集的过程。常用的混凝剂有铝盐、铁盐、石灰及有机混凝剂等。由于在养殖水体中直接投加混凝剂可能存在不良影响，因此混凝方法主要适用于水产养殖排水的处理。

生物处理技术中，以生物膜工艺较为常见。生物膜法主要是利用各种生物填料上生长的微生物，降解水中的污染物质，在水产养殖水的处理中，主要有生物滤池、生物转盘和生物接触氧化设备等设施。这些技术因为其微生物的多样化，在水产养殖废水的封闭循环使用中得到了广泛利用。在水产养殖装置中选用的生物滤池有平流式、升流式和降流式，滤池中填料主要有碎石、卵石、焦炭、煤渣、塑料蜂窝和各种人工合成产品等，滤池能连续使用，无需更换滤料（图 4.1.4）。生物转盘是由一串固定在轴上的圆盘组成，盘片之间有一间隔，盘片一半放在水中，另一半露出水面。水和空气中的微生物附在盘片的表面上，结成一层生物膜。转动时，浸没在水中的盘片露出水面，盘片上的水因自重而沿着生物膜表面下流，空气中的氧通过吸收、混合、扩散和渗透等作用，随转盘转动而被带入水中，使水中溶解氧增加，水质得到净化（图 4.1.5）。采用生物技术净化养殖废水，不仅可以去除养殖水体中的溶解性污染物，还能较好地解决养殖环境内外的污染，从而减少耗水量、提高养殖密度、增加产量。

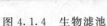
图 4.1.4 生物滤池   图 4.1.5 生物转盘

　　近年来，基于生态学和可持续发展的观点的生态处理技术成为了养殖废水处理领域研究的新热点之一。采用湿地、稳定塘和土地处理系统等生态技术处理含氮和磷的水体，能达到比较彻底的处理效果，同时提高水体的自净能力，促进生态系统的自我循环。

1.3 农村水环境管理

1.3.1 水环境管理的界定

　　环境管理是指各级人民政府的环境管理部门按照国家颁布的政策法规、规划和标准要求而从事的督促监察活动。水环境管理是政府环境管理部门从保护的角度，依据水环境保护的法规、规定、标准、政策和规划对水资源利用、水污染防治等过程进行的监督管理。

　　根据《中华人民共和国水污染防治法》第八条："县级以上人民政府环境保护主管部门对水污染防治实施统一监督管理，县级以上人民政府水行政、国土资源、卫生、建设、农业、渔业等部门以及重要江河、湖泊的流域水资源保护机构，在各自的职责范围内，对有关水污染防治实施监督管理。"在农村水环境管理上，县级以上政府的涉水部门、县级以下各级政府（乡镇政府），行使各自的主要管理职能，主要的管理内容包括：

　　（1）制定农村水环境相关规划和水环境保护方案。

　　（2）对农村水污染源排放情况、水环境状况进行监督和监测。

　　（3）推动农村开展水污染源治理。

　　（4）进行农村河塘清淤和综合整治。

　　（5）实施与农村水环境保护有关的法律、法规。

　　（6）加强农村水环境保护的宣传教育，提高农村居民的环境意识。

1.3.2 农村水环境管理的现状和存在的问题

　　目前，美、日及欧洲的发达国家的城镇化水平较高。由于经济发展水平高、农村居民环境保护意识强，这些国家的农村水环境保护工作起步相对较早，也取得了较好的成效。在农村水环境保护中，多数国家建立了以政府为主导的农村环保投入机制，成立了具有综合决策和协调能力的环境管理机构，制定了完善的补贴、税费等环境经济政策，同时配合以法规标准、治理技术、监管执法、教育培训等措施，形成了较完善的农村水污染防控体系。

受经济发展水平制约，进入 21 世纪以来，我国农村水环境问题才开始不断被关注。不少农村地区，在政府的高度重视和大力支持下，积极开展农村水环境治理工作，在农村水环境的管理中，取得了一定的成效，也积累了一些经验，主要包括：城乡统筹，加大政府投入；采取企业资助、以工换工、以资代劳等方式，广泛吸收社会资本，拓展农村水环境治理资金来源；运用市场机制，以土养河、一土多用、以河养河，实现资金良性运转等。

但是，中国水环境管理涉及水利电力部、国土资源部、国家林业局、农业部、国家环境保护总局、交通部等诸多部门，各省、直辖市、自治区也都设有相应的机构，属于分散型管理体制。1984 年，国务院指定由水利电力部归口管理全国水资源的统一规划、立法、调配和科研，并负责协调各用水部门的矛盾，开始向集中管理的方向发展。但所谓集中也只局限于水资源开发利用方面，在其他如水资源保护等方面还属于分部门管理。农村水环境管理机构基本是空白。总体来看，中国农民的自发管理受制于农民的收入水平和管理技能，地方政府的经济能力弱，没有能力开展水环境管理，农村水环境管理成为农村管理中最薄弱的环节之一，在现有的管理体制和管理模式下，存在以下几个方面的问题：

（1）管理体系尚不完善，科学管理有待提高。目前，我国尚未形成科学的农村水环境管理体系，管理的总体思路和目标不明确，缺少科学的管理理论的指导，管理工作存在较为严重的盲目性、短期性，管理工作的科学性有待提高。

（2）法规体系尚不完备，环境管理存在盲区。农村水环境影响因素多、管理涉及面广，因此需要较为完善的法律、法规体系的支持。目前我国涉及农村水环境管理的法律法规主要有《中华人民共和国水法》《中华人民共和国水污染防治法》等国家性的法律及部分地方法规和条例，这些法律、法规和条例在执行过程中，多无针对农村特点和地方特色的细则。由于缺乏完备的法律、法规体系的支持，在实际工作中，往往造成水环境管理存在盲区，影响管理的成效。

（3）资金来源渠道不足，治理资金缺口较大。目前，农村水环境治理工作的资金主要来自各级政府。通过农村生活污水治理、农村连片环境整治、农村河道疏浚和清淤、社会主义新农村建设等方面的各种专项补助和财政拨款，国家、省、市财政提供了相当数量的资金用于农村水环境治理。但现有资金供给规模与渠道难以满足农村生活污水治理需求，尤其是分散式处理设施的建设和运行管理。

（4）重视治理工程建设，轻视日常监督管理。在农村水环境治理方面，往往偏重于污染治理工程、生态修复工程和调水工程的建设，轻视工程建成后的维护和日常监督管理。特别是农村污水收集和处理工程的长期运行费用得不到有效保障，影响了农村污水处理设施的正常运转，也给农村水环境治理的资金带来了一定的浪费。

（5）信息资源公开有限，公众参与明显不足。长期以来，由于管理主体不明确，加之缺少监测分析的专项资金，农村水环境的相关信息十分有限。已有的部分检测资料，受部门利益的制约，也基本处于不公开状态。这种信息资源缺乏、不共享、不公开的局面，直接影响公众对水环境质量和治理情况的了解，制约了公众参与的热情和效果。

1.3.3　农村水环境管理的原则

综合分析农村水环境的基本属性和治理的基本内容，提出农村水环境管理的基本原则。

（1）整体性原则：由于水环境具有动态性和公共物品性的特征，要解决水环境污染状况，就必须从整体出发，加强对流域水环境与城乡区域水环境的统一管理。

（2）地域性原则：由于水环境具有地域性的特征，使得水环境质量不仅受经济政策等外界因素的影响，还受自然、生态等内部要素的影响，因此在对水环境管理中要突出地域性，因地制宜地采取管理措施。

（3）综合性原则：由于水环境涉及行政、经济、自然等多方面的影响，在水环境管理过程中就要运用行政、经济、法律等多种手段进行综合管理，达到水环境管理最优化。

（4）可持续原则：水环境质量关系到人们的生存健康，因此对水环境的管理要从长远出发，综合利用各种手段，充分考虑水环境的可持续发展。

1.3.4　我国现阶段农村水环境管理的对策探讨

全面分析农村水环境治理模式和治理内容的基础上，结合国内外农村水环境管理现状，综合国内外农村水环境管理的先进经验，提出我国农村水环境管理的基本对策，具体说来，我国现阶段以及以后一段时期的水环境政策和措施应从以下几个方面进行改进。

1. 完善现有的农村水环境管理体制

一个国家或地区农村水环境管理体制和模式必须与其政府管理体制、乡村治理结构、经济发展水平和水环境特征相适应。但无论采用何种管理体制，主体明确，权责明晰是成功的管理体制的基本特征。结合现行政府管理体制，应进一步完善现有的农村水环境管理体制。①明确国家、省、市级政府和职能部门在农村水环境管理方面的分工与权责，明确乡镇村各级政府为农村水环境治理的责任主体，按照"统筹规划、因地制宜、实践创新、政府主导"的原则，由各级地方政府安排相应的主管部门，强化农村水环境治理工作的指导、管理和监督；②立不同政府部门之间农村水环境管理协同机制，成立以发展和改革、环保、农业、建设、水利、卫生、财政、科技、国土资源等部门共同参与的农村水环境管理领导小组，政府主要领导担任领导小组组长，以利于在农村水环境管理过程中，不同政府部门之间的协调；③强化农村水环境的行政和技术监督，逐步提高技术管理水平。在农村水环境的管理体制上，应增加投入，不断增强农村水环境管理的队伍建设，进一步强化农村水环境的行政和技术监督。

2. 健全农村水环境管理的法律、法规和标准

虽然我国《水污染防治法》规定："防治水污染应当按流域或者按区域进行统一规划"。但是，我国并没有制定有关流域资源、环境的管理及保护的法律、法规。此外，经过多年的实践和努力，我国虽然已经基本形成了适合我国国情的环境保护法律框架，但是还常常出现有法不依、执法不严的现象，发达国家的经验表明，只有加强法制建设，才能从根本上解决农村面临的环境困境。因此，①结合我国农村的实际情况，建立农村水环境保护的法律法规制度，尽快完善我国的农村水环境保护的法律和法规体系，做到农村水环境保护有法可依；②不断健全农村水环境保护法律法规实施体系和保障机制，加大农村环境保护法律法规的实施力度。特别应加大农村环境污染、资源滥用的执法力度、处罚力度，明确各执法主体的职责，建立健全农村环境执法机构，做到有法必依、执法必严、违法必究。

3. 制定有效的农村水环境管理经济政策

一方面应通过立法、教育、绩效考核、以奖代补等多种手段，提高地方政府和居民对农村水环境治理全面性的认识，引导其参与到设施的建设与管理过程中；另一方面，对水环境治理中的部分工程，如农村生活污水治理，可适度增加国家、省市各级政府的资金补贴，推进农村水环境治理。由于不同地区经济发展水平、镇村经济实力存在较大差异，从优化国家、省级资金配置效率角度出发，应采用差别化的资金分配策略，对水环境治理的需求较高的地区，在补助项目数量上可适度增加，从而更好地发挥国家、省级资金的引导、带动作用。

4. 强化农村水环境保护的公众参与

我国农村人口众多，且大部分以家庭为基本生产单位，在农村环境保护工作中，需要引导和教育农村居民，调动农村居民参与环境保护的积极性。树立农村居民的主人翁意识，充分听取农民的意见，鼓励农民积极参与农村水环境保护，增强农村水污染治理的科学性、民主性。可以建立政府和村民合作进行水环境管理的模式。政府相关部门的责任和权利主要为向村委会或村委会召集村民组成的合作社提供用于农村水环境治理的专项资金，对这些机构开展农村水环境治理提供全程的政策与行政支持，检查农村环境治理效果，并根据治理效果采取奖励或处罚行动。

第2章　农村坑塘治理与水体景观

2.1　农村坑塘治理

2.1.1　农村坑塘遭到破坏的原因

一般来说，坑为无水，塘为有水。坑塘一般来说面积相对较小，面积较大时为湖。

目前农村坑塘遭到破坏比较严重，主要有以下几种原因：

（1）农村对坑塘的无序开发。随着农村的基层单位及农户个人的无序开发，导致很多坑塘遭到填埋，或填埋成农田林地，或转变成宅基地等。导致农村坑塘的数量减少惊人，有的坑塘被整体性填埋，特别是城郊农村，有的面积减少退化情况比较严重。农村坑塘在农民及基层管理单位重视不够，片面追求短期效益，过度开发，导致很多坑塘遭到填埋，使农村生态环境遭到破坏。

（2）农村污水的排放。由于新农村的建设以及农村生活条件的改善，不少农户家庭在室内或卫生间装上排水管，有的直接排入坑塘，导致坑塘水体恶化，污泥沉积。这样从水质上污染坑塘，腐殖质填埋坑塘，导致坑塘面积减少，水环境容量降低。同时由于农村中小企业的发展，导致产生的污水的肆意排放，以及农村养殖业规模的扩大，导致养殖废水的排放增多，都对坑塘的水质造成污染。

（3）农村垃圾的无序倾倒。目前随着生活质量的提高，农村生活产生的不可降解的垃圾，如塑料袋、电子产品、装修材料、包装袋等越来越多，目前农村垃圾不像城市有环卫部门进行统一管理。农村生活产生的垃圾都由农户自己倾倒，一般都是倒入现有的坑塘，导致坑塘遭到垃圾填埋。农村坑塘垃圾污染现象十分严重，是农村坑塘破坏的主要因素，特别是在农村生活区处的坑塘。

（4）农村自然环境的变化。随着我国大的气候环境的变化，近些年来，特别是中东部地区降水减少，以及随着发展的需要，导致地下水以及地表水的需求越来越大。以致地下水位下降，坑塘水量减少，甚至导致坑塘无水。另农村地表水的水量减少，导致有些与地表水相连的坑塘水量也随之减少。另外农村灌溉的需要，也使农村坑塘水体逐年减少以及得不到补充。

（5）人为保护意识不强。农村基层管理单位及农民对坑塘治理保护认识不够，不重视坑塘的保护。很多坑塘由于很多因素遭到破坏后，不注重恢复，坑塘数量减少巨大。

2.1.2　坑塘的功能及作用

（1）蓄积雨水，促进水资源充分利用。农村特别是农村居住区内部的坑塘，大部分承担收集雨水的作用。这样在一定程度上收集降雨时的地面汇水，可以储存雨水，以备干旱时节灌溉等用，相当于微型水库。另外可以调节地下水水位，使我国农村地下水水位日益下降的趋势得到缓解。调节我国水资源平衡。也可以在一定程度上调节坑塘现有水体的水质。

（2）维护生态平衡，改造周边景观环境。由于坑塘形成的微型小气候，可以缓解坑塘承接的污水污染。另外由于坑塘的水体作用，可以促进坑塘周边植物的生长，也可以促进动物种类的增多。特别是多个坑塘共同作用的效果，可以形成湿地效应，调节农村小范围的气候，维持农村的生态平衡。另外可以围绕坑塘进行景观设计，在一定程度上改善了景观环境，为促进建立美丽乡村作出贡献。

（3）形成蓄水养殖生产经济效益。有条件的坑塘可通过进行人为改造，形成水产养殖以及种植莲藕等综合养殖效果。这样，一方面可以通过产生的经济效益增加对坑塘建设的投入，进一步完善坑塘的建设。另一方面又可以给现有村民创收增加了一条途径，也增加了农民生活的幸福感。

（4）调节地下水位，改造盐碱地。通过对坑塘的改造治理，可以增加坑塘储水调节水质水量作用。进而可以补充地下水，调节地下水水位，减轻盐碱地蒸发带来的影响，降低盐碱化程度。同时又能淡化地下咸水，促进地下水淡化进程。

2.1.3　农村坑塘的治理

农村坑塘的治理应因地制宜，根据坑塘主要作用，治理的侧重点也不同，主要分为以下四大类：蓄水灌溉类、纳污处理类、生态景观类、养殖生产类。

（1）蓄水灌溉类。此类坑塘主要位于田间及山地上，根据地形地势，应因地制宜地设计地表径流进入坑塘沟渠，根据当地降水水文资料估算坑塘蓄水容量，对现有坑塘进行清淤治理，扩大水体容量，另适当进行生态种植，防止水体恶化。同时在灌溉需要位置设置护坡以及取水平台，有序引导农户灌溉使用，防止无序导致坑塘的破坏。有条件地区可对坑塘进行护坡护底处理，以及按年度及灌溉周期进行清理处理，使坑塘更能发挥作用。

（2）纳污处理类。纳污处理类坑塘主要位于村中居住区，或一些家禽家畜养殖业场区周围。此类坑塘应对周边的污水进行有序排入，结合污水水质水量，进行专业设计，设计出厌氧塘、好氧塘、生态塘、人工湿地等处理效果，根据坑塘面积进行分段设计，同时要对坑塘污泥进行定期清理，根据处理需要进行防渗、坑塘深度、坑塘水力停留时间、曝氧动力、水体植物等设计，为建立农村的碧水蓝天做一份贡献。

（3）生态景观类。生态景观类坑塘主要位于村民居住区内部及周围，特别是一些以旅游为主的农家院等。此类坑塘主要为景观用。对这类坑塘应对水体进行循环流动设计，以及水量补充进行设计。同时为了景观效果，应注重驳岸设计、亲水平台设计，注重挺水生物、浮水植物如浮萍等设计，以及景观水草、观赏鱼类的投放设计。打造一个美好的水体景观效果。

（4）养殖生产类。此类坑塘治理主要由承包农户进行负责，政府可以进行补贴。农户根据养殖需要设计坑塘水体深度以及是否进行硬化护砌等，设计投放饵料等设施，以及补水排水设施。同时根据养殖鱼类需要以及种植水生生物需要进行水体水质处理。应在建立生产需要设施方面给予支持，增加农户养殖的收入，提高农户治理的积极性。同时应该加强管控，防止农户肆意更改规划用途。

2.1.4 坑塘治理的资金途径及管理体制

应根据不同类的坑塘因地制宜地开发不同的资金途径及管理途径。一般来说，蓄水灌溉类主要结合水利部门的投资，结合水利部门的河道治理以及坑塘治理，对坑塘负责的灌溉区域进行规划，建立灌溉管理体制，设立如农村用水合作社等基层用水组织，对灌溉设施进行维修使用管理。对纳污处理类一般由美丽乡村工程等专项资金进行设置，有条件的乡镇可根据自身开发的需要进行自行投资，该类坑塘需要由基层管理单位进行专人管理，根据作业指导书进行管理运行，专业化程度较高。生态景观类一般由村镇级政府投资，或一部分房地产开发企业进行投资，改善周边环境，增加招商引资的有利条件，此类管理主要需要进行定期维护，可对多个坑塘设置统一的管理人员，管理观赏人群的不良行为，维修损坏设置等。养殖生产类一般由基层管理单位投资进行改造建设，建设后租赁养殖用户，维护维修由养殖用户承担，但养殖用户的改造养殖规划需经基层管理部门宏观把控，防止用户的无序开发。

2.2 农村水景景观的建设

2.2.1 农村水景景观建设的影响因素

农村水景景观的营造应该根据农村居住区与水体景观的地形、地势、社会、经济、文化等方面进行因地制宜的通盘考虑，防止形式单一，突出特点，建造个性鲜明、景色秀美的新农村。主要影响因素有以下几点：

（1）地形地势的影响。村庄的布置格局与水体之间的关系，以及村庄的地形起伏等都直接影响着水体景观的建设。不同的地形地势，如丘陵、平原、山区等村庄水体景观不可能相同，水体是围绕村庄建设还是穿村而过等，水体景观的设计自然不尽相同。村庄与城区建设的关系也影响着水体景观的建设，村庄距离城区远近、距离公路铁路远近等都影响水体景观格局建设。

（2）自然环境的影响。自然环境主要指水文、气候等。气候干旱且无客水村庄水体景观应以蓄水为主，水体水质水量受气候影响较大，水景景观自然不同。降水丰沛、客水水源充足地区，水体景观设计可以得到充分发挥。另需考虑温度影响，北方地区需考虑冬季越冬的影响，水体景观中的生物体系自然不同，南方一些地区则不需考虑温度影响，甚至会出现北方候鸟南迁的美丽景观。

（3）发展模式的影响。主要根据村庄规划对水体景观有不同的需要，靠近城区的村庄基本按照工业建设、居住开发等方面考虑，主要考虑水景景观效果，打造美好的景观自然环境，增加开发引进投资的吸引力，自然注重水体景观的开发，在资金上投资力度也较大。偏远地区，主要以发展农业模式为主，资金来源渠道也不足，另外管理也较为困难，故应注重水体实际应用效果。有些以旅游开发为主的村庄，也会根据自身水体景观的特点进行设计，以便吸引游客观光旅游。

（4）人文素质的影响。有些具有历史文化底蕴的村庄，水景景观开发应该结合文化历史传承，如江南水乡，或者一些运河经过的村庄，有着历史传说或发生历史事件的村庄应充分发挥这些特点，对水景景观可进行历史事件的描述，突出自己水景景观的特征。

2.2.2　农村水景景观的设计要素

农村水景景观设计要素主要从以下几个方面考虑：

（1）水体的影响。水景景观的设计要素离不开水体的现状分析，水体是以河道为主还是以湿地为主，是否有浅塘等现状，都影响水体景观，现状河道等是天然形成的还是人工开挖的，水景景观自然不同。水体水质也是一个影响因素，水质的好坏直接影响水中水生植物和动物的种群，决定了水体景观的生态效果。水流的声音也是一个增彩因素，可以打造小桥流水人家宁静的家园色彩。水体是否流动会导致水体的变化，一般能够自然流动的水体最为容易设计水体景观，死水或流动不畅的水体需要设计流动动力设施，防止水体恶化。

（2）生物的影响。生物包括植物和动物。影响水体景观的植物包括水生植物和陆生植物。凡生长在水中或湿土壤中的植物通称为水生植物。主要有：①挺水植物，主要特征是植物高大，花色艳丽，绝大多数有茎叶之分，下部或基部沉于水中，根或地茎扎入泥中，如莲、千屈菜、菖蒲、慈姑等；②浮叶生物，一般根茎发达、花大、色彩艳丽，无明显地下茎或茎细弱不能直立，如王莲、睡莲等；③漂浮生物，根部生在泥中，植株漂浮在水面之上，随水流风浪四处漂泊。如浮萍、凤眼莲等；④沉水植物，根茎生于泥中，整个植株沉于水体中，如金鱼藻类等。陆生植物主要包括：①乔木，一般树体高大，有一个直立的主干，如玉兰、白桦、松树等；②灌木，相对乔木体形较矮，没有明显的主干，如玫瑰、映山红、月季等；③草本植物，茎干木质细胞较少，全株或地上部分容易萎蔫或枯死，如菊花、百合、凤仙等；④藤本植物，茎长而不能直立，靠依附他物而生长，如牵牛花、常青藤等。植物，特别是水生植物的种植，可以使水景景观形成形态不一、不同季节不同风景的效果，陆生、水生植物可形成层次分明，色彩鲜艳的效果。还可以净化空气，调节小范围气候。

水生动物主要有鱼类、蛙类等。可以在水体中形成植物、动物、微生物完整的生物链。形成近可看鱼，远可听蛙的效果。又可以调节水生微生物和细小植物不至于过度增长，形成富营养化。

（3）建筑的影响。主要指小桥、小品以及居住房屋的布局。居住房屋离水体景观的远近，可以作为水体景观的陪衬。小桥的材质、形状都可以形成水体景观的独有特点。小品的材质、样子都可以作为水体景观的点缀。形成"小桥流水人家"的美好乡村景色。

2.2.3　农村水体景观的建设

农村水体景观按功能划分分为：生态维护型，主要目的在于农村自然生态系统的维护与调节。生活休闲型，主要服务对象为本村村民，为村民提供舒适的生活环境，以及夏夜乘凉休闲场所。旅游观光型，主要指具有旅游性质的乡村，可以推动本村旅游事业的发展。按性质划分，分为①保护型景观，主要为了保护水体生态系统以及人文景观；②修复型景观，主要为了进行新农村建设等修复现有水体景观；③创造型景观，主要人为进行开挖和建设的水体景观。

水体景观建设的内容主要有以下几种：

（1）水环境治理及修复。针对现有水体，需对水体进行净化和清除淤泥，发展生态水体。需要切断污水进入，增加水体自身的净化修复能力，恢复水体景观功能，达到水体清澈，山川秀美的标准。

（2）景观护坡的设计。配置好植物，选择环境适应（如气候、温度等）的植物。另还需考虑植物自身特性，繁殖率过高的不宜种植。尽量选择本土植物。选定完植物后应综合植物景观类型进行布置，如开花季节要错开、层次布置要清晰。另还需考虑经济和适应性生长。周围农村景观也是影响景观护坡布置的一个因素。

（3）断面及护坡型式。断面型式有 U 形断面、自然梯形断面以及多自然复式断面 3 种断面型式。U 形断面是最原始的断面型式；自然梯形断面通常采用发达的固土植物保护河堤；多自然复式断面护坡采用透水性材料或网格状材料增加护岸抗冲刷能力。

护岸主要有①硬质型护岸，主要有浆砌石，预制混凝土护岸，主要为了考虑河道的行洪、排涝蓄水等，硬质型护岸人工痕迹明显，缺乏景观效果；②生态型护岸，主要采用生态袋、宾格网等护坡，形成护岸的生态植物效应，同时又给动物的生长提供了环境，形成动静结合的效果。

（4）建筑小品的设计。建筑小品尽量考虑景观用途以及经济因素。有条件的可以增设休息座椅、观赏小桥，亲水平台。条件欠缺的可以考虑自然石头等驳岸，形成纷繁多样，各不相同的水体景观。

2.3　水　体　生　态　修　复

目前农村水体生态受到破坏的原因主要有：①气候影响，近年气候降水减少，气候变暖，导致水体水量减少，自身调节能力减弱；②经济发展的影响，随着农村经济的发展，灌溉用水以及排放废水的能力加大，破坏水体生态平衡，使水体从水质水量上都不能维持现状。以及开发占地等导致水体影响。农村种植肥料以及农药的使用带来的面源污染也会导致水体遭到破坏。

针对水体生态修复目前主要从以下几个方面考虑：

（1）对现有受到污染的水体，切断污染源，清掏底泥，修复水体，增加导流措施，提高蓄水能力，规划水体用水，保证固定容量，为水生生物的增长提供条件。这点需从经济上加大投入，可由基层政府和国家投资以及企业投资等进行。增加村民意识，强调保护水体的重要性，宣传水体保护的意义。

（2）水体尽量做成跌水、循环流动路径加长的水力条件，增加溶解氧的溶入，提高水生生物的增长繁殖，增强水体自身的调节能力。有条件可根据条件增加机械曝气措施，如充氧机械、搅拌机械等都可增加水体曝气量。可利用地势或人工提升水体高度，做成跌水。一方面可以形成景观，另一方面也可以增加曝气量。

（3）充分利用水生生物的调节作用，通过改善水质、增加水量，种植合理的水生生物，形成良性的生物链。可以降解水中的污染物质，提高水体的抗污染能力，也能形成水体景观。还可以通过水生植物带来经济效益，不过此项工程需进行政府统筹规划，尽量利用本土生物，降低投入。

（4）可以通过驳岸的建设，河底铺设砾石、砂砾等调节水体的自身处理能力，驳岸以及铺设砾石等，容易形成生物膜，促进微生物群落的生长，可以促进好氧、厌氧以及兼性菌的生长。生长的菌类又可以为鱼类等水体动物生长提供食物，形成一个完整的生物链。

（5）可以通过改变水体的深度以及人工改造形成人工湿地，这样自身就可以形成一个具备水处理工程的单元，可以促进水体的修复，增强自身的调节能力。

（6）可以投加沸石等处理材料，沸石是一种天然而廉价的多孔性非金属矿物质，其比表面积大、吸附能力强，对污水中的 N 和 P 有较好的去除效果。在景观设计中，可以将沸石置于渠道的较窄处或是桥梁下方的水中，尽量增加沟渠内水流与它的接触面积，并通过在狭长型渠道中适当距离地均匀或非均匀排布，一方面能使水体在流动中得到反复净化，以进一步改善水质；另一方面也成为水体中自然的散置石景观。散置石景观空间及其环境又为某些种类的水生动植物提供了良好的栖息环境，丰富了渠道的水生态系统，也使景观形态更为多样化。

水体生态修复一般是综合性效果，应结合实际综合考虑以上几种情况，达到既减少投资又增强水体自身调节能力的结果。

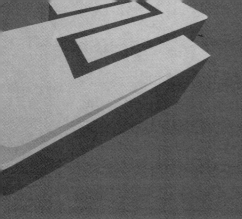

第5篇

水资源管理

第1章　农村水资源评价

1.1　水资源概述

1.1.1　水资源的定义

　　水是生命之源，是地球生态系统的重要组成部分，也是人类生活和生产劳动不可或缺的重要物质。水作为大自然赋予人类的宝贵财富，其重要性早已为人们所关注。但是人们经常使用"水资源"一词，却是近几十年的事。"水资源"不等同于水，两者在含义上有着明显的区别。

　　那什么是水资源呢，关于水资源的含义，国内外的很多文献中都有提及，提法多种多样，至今没有形成公认的定义。

　　《大不列颠大百科全书》将水资源定义为"全部自然界任何形态的水，包括气态水、液态水和固态水的全部量"。此种提法较为笼统，没有体现资源"可利用性"的特性，即不能被人类所利用的水不能称之为水资源。1963年英国通过的《水资源法》中定义"具有足够数量的可用水源"，这一概念比《大不列颠大百科全书》的定义赋予水资源更为明确的含义，强调了其在量上的可利用性。

　　1977年，联合国教科文组织和世界气象组织共同制定的《水资源评价活动——国家评价手册》中，定义水资源为"可以利用或有可能被利用的水源，具有足够的数量和可用的质量，并能在某一地点为满足某种用途而可被利用"。这一定义强调了"量"和"质"两个方面，两者兼具称之为水资源。

　　《中华人民共和国水法》将水资源解释为"地表水和地下水"。《中国大百科全书》定义水资源为"地球表层可供人类利用的水，包括水量（水质）、水域和水能资源，一般指每年可更新的水量资源"。《中国水利百科全书》中，水资源是指地球上所有的气态、液态或固态的天然水。人类可利用的水资源，主要是指某一地区逐年可以恢复和更新的淡水资源。《环境科学词典》中，定义水资源为"特定时空下可利用的水，是可再利用资源，不论其质与量，水的可利用性是有限制条件的"。

　　综上所述，国内外学者在解释水资源的含义时，由于研究角度和侧重点存在差异，使得水资源的概念及其内涵具有不尽一致的认识和理解。

从目前的普遍看法，水资源可分为广义水资源和狭义水资源：广义水资源是指地球上的一切水体；狭义水资源是指地球上可以利用或可能被利用，且有一定的数量和质量保证，并可以逐年得到恢复、更新的淡水。

1.1.2　水资源的类型

水资源从表现形态划分，包括气态、液态和固态；从存在形式划分，包括地表水、地下水、土壤水、大气水和生物水。

1. 地表水

地表水是指存在于地表，暴露于大气的水，是河流、冰川、湖泊、沼泽等水体的总称。

2. 地下水

地下水按其埋藏条件可分为潜水和承压水。

潜水是埋藏于地表以下第一稳定隔水层上，具有自由水面的地下水。潜水与包气带直接相通，潜水面为自由水面，不承受压力。其补给来源主要是大气降水和地表水，排泄方式包括泉、泄流、蒸发等。潜水一般埋深较浅，受气候特别是降水的影响较大，流量不稳定，容易受污染。

承压水是充满上下两个稳定隔水层之间的含水层中的有压重力水。承压水受隔水顶板的限制，具有压力水头，并且由于埋藏较深，一般不受当地气象、水文因素影响，流量动态稳定，不易受到污染，水质较好。

3. 土壤水

土壤水是指存在于非饱和带土壤孔隙中及土壤颗粒所吸附的水分，又称包气带水。其主要来源于降雨、雪、灌溉水及地下水。土壤水按形态可分为固态水、气态水和液态水 3 种，其中液态水根据其所受的力又可分为吸着水、毛管水和重力水。土壤水是土壤的重要组成，影响着土壤肥力和自净能力。

4. 大气水

大气水包含大气中的水汽及其派生的液态水和固态水的总和。大气水是地球上水循环得以实现的重要环节，没有大气水，就没有丰富多彩的云、雾、雨、雪、雹等天气现象。

5. 生物水

生物水是指在各种生命体系中存在的不同状态的水。水是地球生命有机体的不可缺少的重要物质，生物只有在含水的情况下，才有生命活动。

1.1.3　水资源的特点

水资源是一种动态资源，它是随时间、地点而变化的，具有自身的特点。

1. 可恢复性和有限性

在人类活动中，水资源不断被开采、利用和消耗，但由于地球上存在着复杂的水循环，水资源的消耗可不断由大气降水所补给，形成了水资源消耗、补给之间的循环性，使得水资源不同于其他矿产资源，成为一种具有可再生性和可供永久开发利用的资源。

水资源的再生性并不意味着它是取之不尽、用之不竭的。在一定时间、空间范围内，年降水量虽有大小之分，但总有一个有限值，这就决定了区域水资源的有限性。为了保护自然环境和维持生态平衡，不允许超量开采消耗水资源，一般不宜动用地表、地下水的静态储量，故多年平均利用量不能超过多年平均补给量。无限的水循环和有限的大气降水补给，决定了水资源的可恢复性和有限性。

2. 时空分布的不均匀性

水资源在时间和空间上分布极不均衡。在时间上，主要表现为水资源年内、年际变化幅度大。在年内，汛期水量集中且充足，有多余水量；枯水期水量锐减，无法满足需水要求。在年际之间，丰、枯水年水量相差悬殊，有时还会出现连旱、连涝的情况。在空间上，水资源存在着地带性分布特点，可从纬度与水资源的主要补给源——降水的关系中反映出来。在北半球和南半球的范围内，降水量具有随纬度的增高而减小的趋势，使得水资源量也减小。另外，水资源的地区分布与人口、土地资源地区分布的不一致，又是一种意义上的空间变化不均匀性。

3. 不可替代性

水资源即是生活资料又是生产资料，是国民经济建设和社会发展不可或缺的资源。水是一切生命的命脉，是人类及其他一切生物生存的必要条件，它在满足人类需要方面，是任何其他资源所不可替代的。随着人口增长、工农业生产的发展和人民生活水平的提高，水资源的需求量必将日益增加。

1.1.4　我国水资源情况

我国位于北半球欧亚大陆的东南部，幅员辽阔，各地气候和下垫面条件存在很大差异。气候主要特点是季风显著、大陆性强、复杂多样，受气候控制的降水分布很不均匀。根据 1986 年完成的全国水资源调查评价成果，我国多年平均年河川径流量 27115 亿 m^3，多年平均年地下水资源量 8288 亿 m^3，两者之间重复计算水量为 7279 亿 m^3，扣除重复水量后，全国多年平均年水资源量为 28124 亿 m^3。我国水资源分区年降水、年河川径流、年地下水、年水资源总量统计见表 5.1.1。

表 5.1.1　　　　中国分区水资源量（1956—1979 年平均）

分区名称	计算面积 /万 km^2	降水量		河川径流量		地下水资源量 /亿 m^3	水资源总量 /亿 m^3
		亿 m^3	mm	亿 m^3	mm		
东北诸河	124.85	6377	511	1653	132	625	1928
海滦河流域	31.82	1781	560	288	91	265	421
淮河和山东半岛	32.92	2830	860	741	225	393	961
黄河流域	79.74	3691	464	661	83	406	744
长江流域	180.85	19360	1071	9513	526	2464	9613
华南诸河	58.06	8967	1544	4685	807	1116	4708
东南诸河	23.98	4216	1758	2557	1066	613	2592
西南诸河	98.14	9346	952	5853	596	1544	5853
内陆诸河	337.44	5321	158	1164	34	862	1304
全国	954.53	61889	648	27115	284	8288	28124

1.1.5 水资源评价

水资源评价是对某一地区或流域水资源的数量、质量、时空分布特征、开发利用条件、开发利用现状和供需发展趋势作出的分析估价。它是合理开发利用、管理和保护水资源的基础，也是国家或地区水资源有关问题的决策依据。

从定义可以看出，对水资源进行综合评价，才能对水资源进行合理的规划和管理。水资源评价是保证水资源可持续开发的前提条件，是进行与水有关活动的基础。

水资源评价的内容是随着时代前进而不断丰富的，总的说来，全面的水资源评价应包括以下内容：

（1）水资源区划。在水资源诸要素分析计算的基础上，以对各部门需水要求有决定意义的若干指标为依据，充分考虑自然条件和水资源时空变化的差异性、相似性，把特定区域划分为若干个水资源条件有着明显差异的地区，为分区制定合理的水资源开发利用方案提供科学依据。

（2）水资源量的计算。搜集区域水文气象、流域特性、社会经济、水利工程、需水量等基本资料，并进行还原计算、插补展延、代表性分析等方面的审查分析。计算不同地貌类型区的地表水资源及地下水资源，并进行区域内水资源总量的计算以及不同代表年水资源总量和年内分配的推求。一般情况下，还应进行不同区域的水量平衡分析、利用水文、气象及其他自然因素的地带性规律，检查水资源计算成果的合理性。

（3）水质评价。水资源实质上包含着质和量两方面的含义，质量不好的水，它的量也失去了意义。水质评价是根据需水水质要求，就水的物理、化学、生物性质，对水体的质量作出评价。其目的是查明区域地表水的泥沙、天然水化学特性和水体污染现状，观测水体水质变化趋势，为水资源保护和污染治理提供依据。

（4）水资源供需分析。水资源供需分析是在水资源分析计算的基础上进行的。其主要内容有：水利工程可供水量的估算，水资源开发利用现状分析，不同代表年、不同发展阶段需水量的预测及余、亏水量的平衡计算等。通过水资源供需分析可揭示区域内水资源供需关系的主要矛盾，探讨水资源开发利用的途径和潜力，为水资源的合理开发利用和科学管理提供科学依据。

（5）水资源开发规划。水资源开发规划，是在对水资源进行综合科学考察和调查评价的基础上，依据客观水资源条件和可供开发的水资源，既量入为出，又极大限度地满足人民生活和生产建设对水资源的需求，寻求最小的经济代价或最大的经济效益而制定的合理开发利用和保护水资源、防治水害的总体部署安排和宏观决策方案。其编制的程序一般包括：①问题识别，确定规划范围、收集有关资料，明确规划要求，并做好预测，确定近、远期不同规划水平年的规划目标；②方案拟订，在拟定规划目标的基础上，明确规划任务，研究多种可能的措施组合，组成若干规划方案；③影响评价，对各方案进行影响评价分析，预测方案实施后可能产生的经济、社会、环境等方面的影响，进行鉴别、描述和衡量；④方案论证，在对各方案进行影响评价的基础上，对不同方案进行综合评价论证，提出规划意见，供决策者选择。

（6）水资源系统分析。现代水资源系统的规模越来越大，结构越来越复杂，服务面越来越广。规划、设计、施工及管理工作空前复杂，系统的决策变量以及可供选择的方案甚多，因此，在现代水资源研究中越来越多地引入系统论的概念和方法，应用"系统分析"这一新技术，探讨水资源开发利用的正确途径和最优决策，也便于充分发挥水资源的经济效益。水资源系统分析是把水资源系统抽象成为某种数学模型，然后在指定约束条件下通过优化、模拟等方法，寻求最优的规划、设计方案，为水资源开发利用决策提供科学的、定量的依据。

1.2　地表水资源量评价

地表水资源是水资源的重要组成部分，是指地表水中可以逐年更新的动态水量，包括冰河流水、湖泊水和冰雪水等。地表水资源量通常采用还原后的天然河川径流量来表示。

河川径流量即水文站能够测到的当地产水量，包括地表产水量和部分（或全部）地下产水量，是水资源总量的主体，也是研究区域水资源时空变化规律的基本依据。

在多年平均情况下，一个封闭流域的河川年径流量是该区域年降水量扣除该区域年总蒸散发量后的产水量，即

$$\overline{P} = \overline{R} + \overline{E} \tag{5.1.1}$$

式中：$\overline{P}$ 为年降水量；$\overline{R}$ 为年径流量；$\overline{E}$ 为年蒸发量。

由上式可知，河川径流量的计算必然涉及降雨量和蒸发量。在无实测径流资料的地区，降水量和蒸发量是间接估算水资源的依据。水资源的时空分布特点尚可通过降水、蒸发等水量平衡要素的时空分布来反映。因此水资源计算与评价的主要内容就是对水量平衡的各个要素进行定量分析，研究他们的时程变化和地区分布。

1.2.1　降水

收集整理评价区域内以及周围邻近地区的气象站及雨量站逐月或逐旬的观测资料，对其动态变化和区域分布进行分析评价。

1. 降水量的动态变化

降水量的动态变化包括年降水量的年内变化和年际变化。年降水量多年变化应分析连续丰水年和连续枯水年发生的特点和周期。

降水量的年内变化应整理分析多年平均及不同频率代表年的降水年内分配过程，即各月降水量占年总降水量的百分数。有时还需分析多年平均和各典型年的汛期及非汛期的降水量占全年降水量的比例。

年降水量的年际变化程度常用年降水量的变差系数 C_v 值或年降水量的极值比 K（最大年降水量与最小年降水量的比值）来表示。一般规律是，年降水量越少的地区，它的多年变化越大。

2. 降水量的区域变化

当评价区域的范围较大时，多年平均的年降水量会有明显的区域变化。根据各站实测的多年平均降水量，可绘制区域的平均年降水量等值线图，以此表示年降水量的空间分布。在每一分区内选一代表性测站，各代表测站的多年平均年降水量值也可表示出区域内

的降水量变化。

从全国范围看，按降水量的多少划分为 5 个不同类型的地带。

十分湿润带，年降水量大于 1600mm，年降水日数平均在 160d 以上的地区。

湿润带，年降水量 800～1600mm，年降水日数平均在 120～160d 的地区。

半湿润带，年降水量 400～800mm，年降水日数平均在 80～100d 的地区。

半干旱带，年降水量 200～400mm，年降水日数平均在 60～80d 的地区。

干旱带，年降水量在 200mm 以下，年降水日数低于 60d 的地区。

3. 分区年降水总量

分区年降水总量可以由年降水量等值线图计算得出，年降水量的单位是 mm，年降水总量的单位为 m^3。如果每个分区有一个代表测站，分区年降水总量可以由代表站的年降水量乘以分区面积得到。整个评价区的年降水总量即各分区的年降水总量之和。

1.2.2　径流

收集整理评价区域内各河川径流测站的水文资料，分析和评价年径流的区域分布、年径流的多年变化和季节变化。径流有区外入流和本区径流，应分别进行计算和分析。

1. 径流的动态变化

由于径流形成受到气候、地理和人类活动等因素的影响，径流分布在时程上有着复杂的变化。径流的动态变化包括年径流的年内变化和年际变化。

年径流的年内变化要研究不同频率代表年的年径流量及其年内时程分配。年径流的多年变化一般用年径流的变差系数 C_v 值来表示。一般情况下，干旱地区 C_v 值大，湿润地区 C_v 值小；降水补给为主的河流 C_v 值大，冰川补给比重大和降水融雪混合补给的河流 C_v 值小，地下水补给的河流 C_v 值最小；河流支流及上游 C_v 值大，河流支流及上游 C_v 值小。

径流的年际变化有丰枯交替的特点，需要特别注意的是连续丰枯的情况。在评价分析径流多年变化时除了变差系数的大小和区域分布外，也应对系列的代表性、丰枯周期进行必要的探讨，这对水资源的合理利用及连续枯水时的对策研究具有重要意义。

2. 年径流的区域分布

区域内年径流的多年变化呈现出与降水相类似的地带性差异，不同的是径流的分布还受到地形、地质等下垫面条件的影响，比降水变幅更大，地区之间差异悬殊。根据各测站资料的计算，可绘出区域内的径流深等值线图。

从全国范围看，年径流深分布的总趋势是由东南向西北递减。可按径流深将全国划分为 5 个带：丰水带，年径流深在 800mm 以上，相当于年降水的十分湿润带；多水带，年径流深在 200～800mm 之间，相当于年降水的湿润带；过渡带，年径流深在 50～200mm 之间，相当于年降水的半湿润带；少水带，年径流深在 10～50mm 之间，相当于年降水的半干旱带；干涸带，年径流小于 10mm，不少地区基本不产流，相当于年降水的干旱带。

1.2.3　蒸发

蒸发量是水量平衡要素之一，是特定地区水量支出的主要项目。分析计算时主要包括水面蒸发和陆面蒸发两个方面。

1. 水面蒸发

在水资源评价工作中，对水面蒸发计算的要求是研究水面蒸发器折算系数以及绘制多年平均年水面蒸发量等值线图。水面蒸发器折算系数是指天然大水面蒸发量与某种型号水面蒸发器同期实测蒸发量的比值，我国采用的水面蒸发观测仪器型号主要有 E601 型蒸发器，80cm 口径套盆式蒸发器（简称 $\phi80$）和 20cm 口径蒸发皿（简称 $\phi20$）。

由于边界效应，同样气象条件下蒸发皿口径越小，其蒸发量越大。因此，将蒸发器测得的水面蒸发量换算为大水体的水面蒸发量时，应乘以小于 1 的折算系数。E601 型蒸发器对大水体的年蒸发折算系数最大，为 0.90～0.99，即 E601 型蒸发器所测得的蒸发量接近大水体的蒸发量。因此，通常倾向于以 E601 型蒸发器的蒸发量近似地代表大水体的蒸发量，并将其他类型蒸发皿的蒸发量一律折算为 E601 型蒸发器的蒸发量。

多年平均年水面蒸发量等值线图可以依据实测资料进行绘制，反映多年平均年水面蒸发量的区域分布情况。由于等值线图的勾绘受到站点分布、量测精度等因素的影响，还需对等值线图的整体变化趋势和走向进行合理性分析。

2. 陆面蒸发

由于下垫面情况复杂，陆面蒸发的量测难度很大，一般采用间接估算的方法，包括流域水量平衡方程式间接估算法和基于水热平衡原理的经验公式估算法。

3. 干旱指数

在水资源评价时常进行干旱指数的分析。干旱指数 γ 定义为年蒸发能力（与 E601 水面蒸发量近似）与年降水量 P 的比值，即

$$\gamma = \frac{E_0}{P} \tag{5.1.2}$$

干旱指数表示了地区的干旱程度。当蒸发能力超过降水量，即 $\gamma > 1.0$ 时，说明该地区偏于干旱，蒸发能力超过年降水量越多，γ 越大，干旱程度就越严重；反之，$\gamma < 1.0$，说明该地区湿润。当评价范围较大时，应绘出干旱指数的等值线或分区图。

我国干旱指数在地区上变化范围很大，最低值小于 0.5，最大值可达 100 以上。气候的干湿程度与水平衡诸要素关系密切，干旱指数的地带性变化与年降水量、年径流深及年径流系数的地带性分布大体对应。

1.2.4　地表水资源的估算

地表水资源量通常用河川径流量表示。根据研究区域的气候及下垫面条件，综合考虑气候、水文站点的分布、实测资料年限与质量等情况，河川径流量可采用代表站法、等值线法、年降水径流关系法、水热平衡法等来计算。

1.2.4.1　代表站法

在设计区域内，选择一个或几个基本能够控制全区、实测径流资料系列较长并具有足够精度的代表站，从径流形成条件的相似性出发，把代表站的年径流量，按面积比或综合修正的方法移用到设计区域范围内，从而推算区域多年平均及不同频率的年径流量，这种方法叫做代表站法。

1. 区域逐年及多年平均年径流量

若设计区域的面积为 $F_设$，针对设计区域选择一个代表测站，其控制面积为 $F_代$，且

与设计区域相差不大。根据代表测站的年径流量 $W_代$，按面积比例估算设计区域逐年及多年平均年径流量 $W_设$，即

$$W_设 = \frac{F_设}{F_代} W_代 \tag{5.1.3}$$

若代表站控制流域不能控制全区大部分面积，其上下游产水条件又有较大的差别时，则应采用与设计区域产水条件相近的大部分代表流域的径流量及面积（如区间径流量与相应的集水面积），推求全区逐年径流量，计算公式为

$$W_设 = \frac{F_设}{F_代} (W_{代入} - W_{代出}) \tag{5.1.4}$$

式中：$W_{代入}$、$W_{代入}$ 分别为代表流域入境、出境年径流量。

当区域内可选择两个（或两个以上）代表站时，全区逐年径流量可采用下列方法来推求：

（1）若设计区域内气候及下垫面条件差别较大，则可按气候、地形、地貌等条件，将全区划分为两个（或两个以上）设计区域，每个设计区域对应一个代表测站，分别计算每个设计区域的逐年径流量，相加后得全区相应的年径流量，即

$$W_设 = \frac{F_{设1}}{F_{代1}} W_{代1} + \frac{F_{设2}}{F_{代2}} W_{代2} + \cdots + \frac{F_{设n}}{F_{代n}} W_{代n} \tag{5.1.5}$$

式中：$F_{设i}$、$F_{代i}$ 分别为各设计区域及代表流域的面积，km^2；$W_{代i}$ 为各代表流域天然年径流量，亿 m^3。

（2）若设计区域内气候及下垫面条件差别不大，仍可将全区作为一个区域看待，其逐年流量可按式（5.1.6）推求：

$$W_设 = \frac{F_设}{F_{代1} + F_{代2} + \cdots + F_{代n}} (W_{代1} + W_{代2} + \cdots + W_{代n}) \tag{5.1.6}$$

当设计区域与代表流域的自然地理条件差别过大，其产水条件也势必存在明显的差异。这时，一般不宜采用简单的面积比法计算全区年径流量，而应选择能够较好地反映产水强度的若干指标，对全区年径流量进行修正计算如下：

1）用区域平均年降水量修正。在面积比法的基础上，再考虑设计区域与代表流域降水条件的差别，其全年逐年径流量的计算公式为

$$W_设 = \frac{F_设}{F_代} \frac{\overline{P}_设}{\overline{P}_代} W_代 \tag{5.1.7}$$

式中：$\overline{P}_设$、$\overline{P}_代$ 分别为设计区域和代表流域的区域平均年降水量，mm。

2）用多年平均年径流深修正。采用式（5.1.7）计算全区逐年径流量，虽然考虑了设计区域与代表流域年降水量的不同，但尚未考虑下垫面对产水量的综合影响，于是，可引入多年平均年径流深，计算公式为

$$W_设 = \frac{F_设}{F_代} \frac{\overline{R}_设}{\overline{R}_代} W_代 \tag{5.1.8}$$

式中：$\overline{R}_设$、$\overline{R}_代$ 分别设计区域与代表流域多年平均年径流深，mm。

当设计区域内实测年降水、年径流资料都很缺乏时，可直接借用与该区域自然地理条件相似的典型流域的年径流深系列，乘以设计区域与典型流域多年平均年径流深的比值，

再乘以设计区域面积得逐年年径流量，其算术平均值即为多年平均年径流量。

2. 区域不同频率年径流量

用代表站法求得的设计区域逐年径流量，构成了该区域的年径流系列，在此基础上进行频率计算，即可推求设计区域不同频率的年径流量。

1.2.4.2　等值线法

在区域面积不大并且缺乏实测径流资料的情况下，可以借用包括该区在内的较大面积的多年平均年径流深及年径流深变差系数等值线，计算区域多年平均及不同频率的年径流量。

采用等值线图推求区域多年平均年径流量的方法，步骤如下：

(1) 在本区域范围内，用求积仪分别量算相邻两条等值线间的面积 f_i。

(2) 计算相应于 f_i 的平均年径流深 $\overline{R_i}$，可取相邻两条等值线的算术平均值。

(3) 依据式（5.1.9）计算区域多年平均年径流深：

$$\overline{R} = \frac{\overline{R}_1 f_1 + \overline{R}_2 f_2 + \cdots + \overline{R}_n f_n}{F} \tag{5.1.9}$$

式中：F 为区域总面积。

(4) 计算出区域多年平均年径流深，再乘以区域面积即为多年平均年径流量 $\overline{W} = \overline{R}F$。

区域面积不同，用等值线图计算多年平均年径流量的计算成果精度也不同。区域面积较大（5~10 万 km^2 以上）时，等值线法计算成果精度相对较高。但区域较大时，实测资料也较为丰富，等值线的实用意义并不大。区域面积中等时，等值线主要是依靠中等面积代表站资料勾绘，计算成果误差最小，一般不超过 10%~20%，这种区域等值线法的实用意义最大。区域面积较小（300~500km^2）时，计算成果精度较差。因此，小面积区域应用等值线图计算多年平均年径流量时，一般还要结合实地考察资料，充分论证计算成果的合理性。

1.2.4.3　年降水径流关系法

在代表流域内，选择具有充分实测年降水、年径流资料的分析代表站，统计逐年面平均降水量 P、年径流深 R，建立年降水径流关系。如果设计区域与代表流域自然地理条件比较接近，那么，即可依据设计区域实测逐年面平均降水量在年降水径流关系图上查得逐年径流深，乘以区域面积得逐年年径流量，其算术平均值即为多年平均年径流量。

在设计区域逐年年径流量的基础上进行频率计算，便可求得不同频率的年径流量。

1.2.4.4　水热平衡法

在代表流域内，依据降水、径流和太阳辐射平衡值实测资料，综合考虑下垫面因素，建立计算陆地蒸发量的经验公式，由设计区域降水量减去用上述经验公式算得的设计区域陆地蒸发量，即得设计区域的天然年径流量。

1.3　地下水资源量评价

地下水资源量是指地下水中参与现代水循环且可以更新的动态水量。为正确计算和评价地下水资源量，通常依据地形地貌特征、地下水类型和水文地质条件，将区域划分为若干不同类型的计算分区，一般来讲，主要分为山丘区和平原区两大类型。各计算分区分别采用不同的方法计算地下水资源量，汇总后得到最终计算结果。

1.3.1　地下水资源量的评价方法

地下水资源计算的基本方法主要有四大储量法、地下水动力学法、数理统计法及水均衡法等。四大储量即地下水的静储量、动储量、调节储量和开采储量，各分量各自在某一方面表示了地下水动态的特征，但不能反映出地下水的补给和排泄，近年来在水资源评价中已很少采用。地下水动力学法只能用于水力坡度变化较大和面积较小的地区。数理统计法是采用概率统计原理来处理观测试验数据的方法，采用这种方法不需要事先建立严格而复杂的成因公式，只需要所分析因素间具有物理成因关系。该方法相对简单，但所建立的相关关系只能在特定条件下和观测试验数据范围内应用，外延时可靠性无法保证。水均衡法建立在区域水平衡分析的基础之上，是区域地下水资源评价中最常用的方法。

水均衡法的基本方程表达为

$$GW_{补} - GW_{耗} = \Delta GW = \mu \Delta H \tag{5.1.10}$$

式中：$GW_{补}$ 为地下水的补给量；$GW_{耗}$ 为地下水的排泄消耗量；ΔGW 为地下水的蓄变量；ΔH 为地下水位变幅；μ 为给水度。

1.3.2　山丘区地下水资源量计算

山丘区、岩溶山区、黄土高原丘陵沟壑地区地下水资源的计算项量、方法大体相同，统称为山丘区。山丘区水文、地质条件复杂，研究程度相对较低，资料短缺，直接计算地下水的补给量往往较为困难。但山丘区地形起伏、河床深切、底坡陡峻，地下调蓄能力有限，地下水会以泉水形式溢出，最终排入河流。按地下水均衡原理，总补给量与总排泄消耗量相等，所以山丘区地下水资源评价重点在于估算各消耗排泄项，并以各项之和作为地下水资源量。

山丘区地下水总排泄量包括河川基流量、河床潜流量、山前侧向流出量、潜水蒸发量、未计入河川径流的山前泉水出露总量和浅层地下水实际开采的净消耗量等。

1. 河川基流量 $\overline{R}_{g山}$

河川基流量是山丘区地下水的主要排泄量。枯季的河水，完全由地下水补给，河流的流量全部为基流量。汛期的河水包括两部分，大部分是降水产生的地表径流的汇入，少部分是地下水补给的基流量。因此，河川基流量的计算应选择合适的水文站，对该站实测的流量过程进行基流的分割。

分析代表站的选择应满足下列条件：所选水文站的控制流域应闭合；在地貌、植被与水文地质条件方面有代表性；水文站控制面积应在 $200\sim5000\text{km}^2$，水文站稀少区域，可适当放宽面积界限，所选站点应力求面上分布均匀；水文站实测流量资料系列较长；水文站实测流量过程应不受调蓄作用强的水库运行的影响。

洪水过程的基流切割，常用的方法是直线平割法和直线斜割法。

（1）直线平割法。将枯季无降水时期的某一特征最小流量作为河川基流量，平行分割日流量过程线，直线以上部分为地表径流量，直线以下部分即为河川基流量。

直线平割法的精度，取决于所选最小流量是否合适。该方法是一种简化方法，工作量较小，但精度不高。

（2）直线斜割法。直线斜割法是自洪峰的起涨点至径流的退水段转折点（又称拐点），以直线相连，直线以下即为河川基流。一般情况下，起涨点的确定是比较直接的，拐点的确定可采用消退系数比较法。

径流的消退过程一般符合指数衰减规律，退水曲线方程可表示为

$$Q_t = Q_0 e^{-jt} \tag{5.1.11}$$

式中：Q_0 为退水期起算点的流量（$t=0$）；Q_t 为 t 时刻的流量；j 为消退系数。

上式表明 $\lg Q_t - t$ 呈线性关系。由于地表径流消退受流域地表与河道槽蓄的影响，而地下径流消退反映了地下的调蓄作用，两种情况下其消退系数应不相同。绘制在半对数纸上的退水曲线呈现出两段斜率不同的直线，斜率大的为地表径流，斜率小的为地下径流，两直线交点即为拐点。

根据水文站的基流切割，可得到通过测站各年及多年平均的年基流量，按其控制面积平均可得出基流模数（单位面积上的基流深）。由基流模数和计算区面积可推算计算区的基流量 $\overline{R}_{g山}$。

2. 河床潜流量 $\overline{U}_{潜}$

当河床中有松散沉积发育时，松散沉积物中的地下径流称为河床潜流。河床潜流量未被水文站测到，即没有包括在河川径流量或基流量内，一般按达西定律计算：

$$\overline{U}_{潜} = KIAt \tag{5.1.12}$$

式中：$\overline{U}_{潜}$ 为河床潜流量，m^3；K 为松散沉积层的渗透系数，m/d；I 为水力坡度，一般用河底坡降代替；A 为垂直于地下水流向的河床潜流过水断面面积，m^2；t 为潜流历时，d。

3. 山前侧向流出量 $\overline{U}_{侧山}$

山前侧向流出量是指山丘区地下水通过裂隙、断层或溶洞以地下径流形式直接补给下游平原区的水量，可由达西公式分段计算，累加求得。但应注意计算剖面应尽量选在山丘区与平原区交界处，若水力坡度甚小（小于 $1/5000$），则山前侧向流出量可忽略不计。

4. 未计入河川径流的山前泉水出露量 $\overline{U}_{泉}$

在地下水资源较为丰富的山丘区（尤其是岩溶区），地下水在山丘区和平原区交界处以泉水形式出露地表。一部分泉水通过地表汇入河道，包括在下游河道水文站实测径流中，还有一部分不汇入河道，当地自行消耗，这部分泉水的总和用调查分析和统计的方法计算。

5. 潜水蒸发量 $\overline{E}_{g山}$

在土壤毛细管引力作用下，浅层地下水沿着毛细管不断上升，形成了潜水蒸发量。潜水蒸发受土质、潜水埋深、气象、植被等因素的影响，是浅层地下水消耗的主要途径。

潜水蒸发消耗量可采用潜水蒸发系数法进行估算。潜水蒸发系数是指潜水蒸发量与水面蒸发量的比值，它与均衡计算区内的水面蒸发量及面积相乘，即为该区的潜水蒸发量，计算公式为

$$\overline{E}_{g山} = cE_0 F \tag{5.1.13}$$

式中：$\overline{E}_{g山}$ 为潜水蒸发量，m^3；F 为计算区面积，m^2；E_0 为年水面蒸发量，m；c 为潜水

蒸发系数。

6. 地下水实际开采净消耗量 $\overline{g}_{山}$

地下水实际开采净消耗水量是指农业灌溉用水量，城镇工业及生活用水量的人工开采净消耗量。计算公式为

$$\overline{g}_{山}=Q_{农}(1-\beta_{农})+Q_{工}(1-\beta_{工}) \tag{5.1.14}$$

式中：$\overline{g}_{山}$ 为地下水实际开采净消耗量，m^3；$Q_{农}$ 为用于农业灌溉的地下水实际开采量，m^3；$Q_{工}$ 为用于工业及城市生活的地下水实际开采量，m^3；$\beta_{农}$ 为井灌回归系数；$\beta_{工}$ 为工业用水回归系数。

综上，山丘区地下水总排泄消耗量 $\overline{W}_{g山}$ 为

$$\overline{W}_{g山}=\overline{R}_{g山}+\overline{U}_{潜}+\overline{U}_{侧山}+\overline{U}_{泉}+\overline{E}_{g泉}+\overline{g}_{山} \tag{5.1.15}$$

式中各项均为多年平均值，单位为 m^3。

1.3.3　平原区地下水资源量计算

平原区、山间盆地平原区、黄土高原塬台阶地区、沙漠区及内陆闭合盆地平原区地下水资源的计算项量、方法类同，统称为平原区。由于平原区地下水、气象等资料较为丰富，平原区地下水资源计算可通过计算总补给量或总排泄量的途径获得。有条件的地区，可同时计算以便校核计算结果。地下水开发程度较高的地区，一般还需计算可开采量，以便为水资源供需分析提供依据。

1. 补给量计算

(1) 降水入渗补给量 $\overline{U}_P$。降雨入渗补给量是指降水渗入包气带，在重力作用下渗透补给潜水的水量。降水入渗是地下水资源形成的重要方式之一，是浅层地下水重要的补给来源。可采用降水入渗补给系数法估算降水入渗补给量，计算公式为

$$\overline{U}_p=\overline{\alpha}\,\overline{P}F \tag{5.1.16}$$

式中：$\overline{\alpha}$ 为年降水入渗补给系数；$\overline{P}$ 为年降水量，m；F 为计算区面积，m^2。

(2) 河道渗漏补给量 $\overline{U}_{河渗}$。当河水位高于两岸地下水位时，河水在重力作用下，以渗流形式补给地下水的水量称为河道渗漏补给量。

在河道附近无地下水动态观测资料的地区，可以利用水文站上、下游断面的实测径流量之差计算河道渗漏补给量，计算公式为

$$\overline{U}_{河渗}=(R_{上}-R_{下})(1-\lambda)\frac{L}{L'} \tag{5.1.17}$$

式中：$\overline{U}_{河渗}$ 为河道渗漏补给量，m^3；$R_{上}$、$R_{下}$ 为上、下游水文站实测年径流量，m^3；L 为计算河段距离，m；L' 为上、下游水文站间的距离，m；λ 为上、下游水文站间水面及两岸浸润带蒸发量之和与 $(R_{上}-R_{下})$ 之比值，由观测、试验资料确定。

(3) 渠系渗漏补给量。渠系渗漏补给量是指灌溉渠道水位高于地下水位时，渠道水补给地下水的水量，可采用渠系渗漏补给系数法进行计算：

$$\overline{U}_{渠系}=mW_{渠首}=\gamma(1-\eta)W_{渠首} \tag{5.1.18}$$

式中：$W_{渠首}$ 为渠首引水量，m^3；m 为渠系渗漏补给系数，即渠系渗漏补给地下水的水量与渠首引水量的比值；γ 为修正系数；η 为渠系有效利用系数。

当缺乏较为可靠的资料时，可由毛灌溉定额乘以灌溉面积得到渠首引水量，毛灌溉定额可由净灌溉定额除以渠道有效利用系数而得。

（4）山前侧向流入补给量 $\overline{U}_{侧山}$。山前侧向流入补给量是指山丘区的地下水通过侧向径流补给平原区地下水的水量。计算方法与山丘区山前侧向流出量相同。

（5）渠灌田间渗漏补给量 $\overline{U}_{渠灌}$。渠灌田间渗漏补给量是指灌溉水进入田间后，经过包气带渗漏补给地下水的水量。计算公式为

$$\overline{U}_{渠灌} = \beta_{渠}\, W_{渠田} \tag{5.1.19}$$

式中：$W_{渠田}$ 为渠灌进入田间的水量，可由渠首引水量乘以渠系有效利用系数得出，m^3；$\beta_{渠}$ 为渠灌田间入渗系数。

（6）水库（湖泊、闸坝）蓄水体渗漏补给量 $\overline{U}_{库渗}$。水库、湖泊、闸坝等蓄水体的水位高于岸边地下水位时，水库等水体渗漏补给地下水的水量称为蓄水体渗漏补给量。可用出入库（湖泊、闸坝）水量平衡法计算：

$$\overline{U}_{库渗} = P_{库} + W_{入} - E_0 - W_{出} + \Delta W \tag{5.1.20}$$

式中：$P_{库}$ 为水库（湖泊、闸坝）水面上的降水量，m^3；$W_{入}$ 为入库（湖泊、闸坝）水量，m^3；E_0 为水库（湖泊、闸坝）的水面蒸发量，m^3；$W_{出}$ 为出库（湖泊、闸坝）水量，m^3；ΔW 为水库（湖泊、闸坝）的蓄水变量，m^3。

（7）越流补给量 $\overline{U}_{越补}$。越流补给量是深层地下水通过弱透水层对浅层地下水的补给量。可按达西定律近似计算，Δt 时段越流补给量为

$$\overline{U}_{越补} = K'F\, \frac{\Delta H}{M'}\Delta t \tag{5.1.21}$$

式中：K' 为弱透水层的渗透系数，m/d；F 为过水面积，m^2；ΔH 为深层承压水和浅层潜水的水头差，m；M' 为弱透水层的平均厚度，m；Δt 为计算时段。

越流补给量与其他补给量相比，一般数值较小，可忽略不计。

2. 排泄量计算

（1）潜水蒸发量 $\overline{E}_R$。平原区潜水蒸发量的计算方法与山丘区潜水蒸发量相同。

（2）河道排泄量 $\overline{U}_{g平}$。当地下水位高于河道水位时，地下水向河道排泄的水量称为河道排泄量。其计算方法是河道渗漏补给量的反运算。当平原区的河段有水文站控制时，可依据实测径流资料，绘制上、下游站平水年日流量过程线，分割基流，求出上、下游站的河川基流量，两者之差即为两站间平原区的地下水河道排泄量。

（3）侧向流出量 $\overline{U}_{侧平}$。地下水侧向流出量是指以地下潜流形式流出均衡单元的水量，估算方法同山丘区山前侧向流出量。

（4）越流排泄量 $\overline{U}_{越排}$。浅层地下水越层排入深层地下水的水量称为越流排泄量。计算方法同越流补给量。

（5）人工开采净消耗量 $\overline{U}_{人}$。计算方法与山丘区地下水实际开采净消耗量相同，按实际用水情况和回归情况进行计算。

1.3.4　地下水可开采量的计算

地下水可开采量是指在经济合理、技术可行和不造成地下水位持续下降、水质恶化及

其他不良后果条件下可供开采的浅层地下水量。地下水可开采量是地下水资源利用的一项重要数据，是地下水资源评价的目的所在。估算方法有以下几种：

1. 实际开采量调查法

对于浅层地下水开发利用程度高，开发利用合理，即地下水位动态处于相对稳定的地区，若有较为准确的地下水开采量调查统计资料，可采用本方法。如平水年的年初、年末浅层地下水水位基本相等，则该年浅层地下水的实际开采量可近似为多年平均浅层地下水的可开采量。

2. 可开采系数法

在水文地质基础资料好，对浅层地下水有一定开发利用水平，并积累了较长系列开采量调查统计与水位动态观测资料的地区，可用开采系数法确定多年平均可开采量。可开采系数 ρ 为多年平均开采量与多年平均现状条件总补给量的比值。若已知可开采系数，则可由总补给量推算可开采量，可开采系数一般小于 1。

可开采系数 ρ 的确定，主要受浅层地下水含水层岩性及厚度、单井单位降深出水量、平水年地下水埋深、年变幅、实际开采程度等因素的影响。对含水层富水性好、厚度大、地下水埋深较小的地区，选用较大的可开采系数；反之，则选用较小的可开采系数。

3. 多年调节计算法

当计算区具有较多年份不同岩性、不同地下水埋深的水文地质参数资料，井灌区作物组成及灌溉用水量资料、连续多年降水量及地下水动态观测资料时，可根据多年条件下总补给量等于总排泄量的原理，依照地面水库的调节计算方法对地下水进行多年调节计算。按时间顺序逐年进行补给量和消耗量的平衡计算，并与实测地下水位相对照。调节计算期间的总补给量与总废弃水量（消耗于潜水蒸发和侧向排泄的水量）之差，即为调节计算期的地下水可开采量。

1.4　水　质　评　价

水资源质量也简称为水质，泛指水体的物理、化学和生物学的特征和性质，受自然因素和人类活动的双重影响。水质对水的用途和利用价值有着决定性的影响。

水质评价是指根据水体的用途，按照一定的评价参数、水质标准和评价方法，对水体质量进行定性或定量评价的过程。其一般步骤为：①收集、整理和分析水质监测数据及相关资料；②根据评价目标，选定评价参数；③选定评价方法，建立水质评价模型；④确定评价准则；⑤提出评价结论。

1.4.1　水质指标

水质指标是衡量水中杂质的标度，可用来表示水体容纳或包含污染物的种类和数量，是水质评价的重要依据。

水质指标可分为物理指标、化学指标和生物学指标三大类。

1. 物理指标

物理指标反映水的物理性质。常用的物理指标包括水温、色度、浑浊度、嗅味等。

（1）水温。水温影响水体中水生生物活性和溶解氧含量。水温升高造成水生生物活性增加，溶解氧含量减少，当温度超过一定界限时，会出现热污染，危及水生生物。

（2）色度。纯净的水在水层浅时是无色的，深时是浅蓝色。水中含有污染物质时，水的颜色随污染物不同而发生变化。

（3）浑浊度。浑浊度是表示水中悬浮物对光线透过时所发生的阻碍程度。浑浊度是由于水中含有泥沙、有机物、无机物、浮游生物和其他微生物等杂质造成的。

（4）嗅味。清洁的水体没有味道，当水中溶解不同物质时会产生不同的味道。

2．化学指标

化学指标反映水的化学成分和特性。常用的化学指标包括碱度、酸度、硬度、溶解氧、化学需氧量、生化需氧量等。

（1）碱度。碱度是水中能与强酸发生中和作用的物质的总量，包括强碱、弱碱、强碱弱酸盐等。

（2）酸度。酸度是指水中能与强碱发生中和作用的物质的总量，包括无机酸、有机酸、强酸弱碱盐等。

（3）硬度。水中钙离子和镁离子在被加热的过程中，由于蒸发浓缩会形成水垢，因此常将钙离子和镁离子的浓度称为硬度。

（4）溶解氧。溶解氧（DO）是指溶解在水中的分子态氧，单位为 mg/L。水中溶解氧含量的多少受很多因素的影响，大气压力下降、水温升高、含盐量增加，都会导致溶解氧含量降低，使得厌氧细菌繁殖活跃，水质恶化。溶解氧是反映水污染状态的一个重要指标。

（5）化学需氧量。化学需氧量（COD）是指在一定条件下，以氧化剂氧化水中的还原性物质所消耗氧化剂的量，用氧当量表示，单位为 mgO_2/L。

（6）生化需氧量。生化需氧量（BOD）是指水中有机污染物在有氧的条件下，被微生物分解时所需要消耗的氧当量，单位 mgO_2/L。

3．生物学指标

生物学指标反映水中微生物的种类和数量。常用的生物学指标包括细菌总数、总大肠菌群数等。

（1）细菌总数。细菌总数以 1L 水样中所含有的细菌总数表示。水体中的细菌总数反映水体受细菌污染的程度。

（2）总大肠菌群数。总大肠菌群数是指 1L 水样中所含有的大肠菌群数目。大肠菌群被看做最基本的粪便污染指示菌群，总大肠菌群数反映水体受粪便污染的程度。

1.4.2　水质标准

水质标准是根据各用户的水质要求和废水排放容许浓度，对水质指标作出的定量规范。不同的社会经济部门对水的利用目的不同，对水质的要求也不同，因此水的质量标准也有所差别。如饮用水的水质要求较高，需考虑对人体健康的影响；农田用水及水产养殖既要保证农作物和水产品的产量又要保证其质量；工业用水取决于用水目的、过程和工艺及环节，对水质要求差异较大。

国家乃至各地方、各行业及各企业的水质标准，均是按照各用水部门的实际需要来制定的。它是一定时期内衡量水质状况优劣的尺度，也是进行水资源规划、评价和管理的依据。目前，我国已有的水质标准多达几十种，包括《地表水环境质量标准》《地下水质量标准》《生活饮用水卫生标准》《渔业水质标准》等。这些标准的颁布和实施能够起到防止水污染，保护水体水质，保障人体健康，保证其他生物正常生长，维持良好的生态环境等作用。

表 5.1.2 给出了对水质要求最基本的《地表水环境质量标准》（GB 3838—2002），该标准基本项目适用于全国江河、湖泊、运河、渠道、水库等具有使用功能的地表水水域。依据地表水水域环境功能和保护目标，按功能区高低将评价对象划分为 5 类。

Ⅰ类：主要适用于源头水、国家自然保护区；

Ⅱ类：主要适用于集中式生活饮用水地表水源地一级保护区、珍稀水生生物栖息地、鱼虾类产卵场、仔稚幼鱼的索饵场等；

Ⅲ类：主要适用于集中式生活饮用水地表水源地二级保护区、鱼虾类越冬场、洄游通道、水产养殖区等渔业水域及游泳区；

Ⅳ类：主要适用于一般工业用水区及人体非直接接触的娱乐用水区；

Ⅴ类：主要适用于农业用水区及一般景观要求水域。

对应地表水上述 5 类水域功能，将地表水环境质量标准基本项目标准值分为 5 类，不同功能类别分别执行相应类别的标准值（表 5.1.2）。水域功能类别高的标准值严于水域功能类别低的标准值。同一水域兼有多类使用功能的，执行最高功能类别对应的标准值。

各用水部门具体执行何种水质标准还应根据实际情况进行选择。

表 5.1.2　　　　　　　　　　地表水环境质量标准基本项目标准限值

序号	分类 标准值 项目		Ⅰ类	Ⅱ类	Ⅲ类	Ⅳ类	Ⅴ类
1	水温/℃		人为造成的环境水温变化应限制在：周平均最大温升≤1，周平均最大温降≤2				
2	pH 值		6～9				
3	溶解氧/(mg/L)	≥	饱和率90% （或7.5）	6	5	3	2
4	高锰酸盐指数/(mg/L)	≤	2	4	6	10	15
5	化学需氧量（COD）/(mg/L)	≤	15	15	20	30	40
6	五日生化需氧量（BOD_5）/(mg/L)	≤	3	3	4	6	10
7	氨氮（NH_3-N）/(mg/L)	≤	0.15	0.5	1.0	1.5	2.0
8	总磷（以 P 计）/(mg/L)	≤	0.02（湖、库 0.01）	0.1（湖、库 0.025）	0.2（湖、库 0.05）	0.3（湖、库 0.1）	0.4（湖、库 0.2）
9	总氮（湖、库，以 N 计）/(mg/L)	≤	0.2	0.5	1.0	1.5	2.0
10	铜/(mg/L)	≤	0.01	1.0	1.0	1.0	1.0

续表

序号	分类 标准值 项目		Ⅰ类	Ⅱ类	Ⅲ类	Ⅳ类	Ⅴ类
11	锌/(mg/L)	≤	0.05	1.0	1.0	2.0	2.0
12	氟化物（以 F⁻ 计)/(mg/L)	≤	1.0	1.0	1.0	1.5	1.5
13	硒/(mg/L)	≤	0.01	0.01	0.01	0.02	0.02
14	砷/(mg/L)	≤	0.05	0.05	0.05	0.1	0.1
15	汞/(mg/L)	≤	0.00005	0.00005	0.0001	0.001	0.001
16	镉/(mg/L)	≤	0.001	0.005	0.005	0.005	0.01
17	铬（六价)/(mg/L)	≤	0.01	0.05	0.05	0.05	0.1
18	铅/(mg/L)	≤	0.01	0.01	0.05	0.05	0.1
19	氰化物/(mg/L)	≤	0.005	0.05	0.02	0.2	0.2
20	挥发酚/(mg/L)	≤	0.002	0.002	0.005	0.01	0.1
21	石油类/(mg/L)	≤	0.05	0.05	0.05	0.5	1.0
22	阴离子表面活性剂/(mg/L)	≤	0.2	0.2	0.2	0.3	0.3
23	硫化物/(mg/L)	≤	0.05	0.1	0.2	0.5	1.0
24	粪大肠菌群/(个/L)	≤	200	2000	10000	20000	40000

1.4.3　水质评价方法

自 20 世纪 60 年代 Horton 等人提出水体质量评价的水质指标概念以来，国内外对水质评价指标选取和评价方法开展了一系列重要的研究。目前，已提出的水质评价方法种类繁多，但归纳起来不外乎 3 种类型：指数法、分级评价法及数学方法。下面列出了一些有代表性的方法。

1. 指数法

国内外各类评价指数的基本单元都是单项污染指数 P_i（$P_i = C_i/S_i$，其中 C_i 为参数的浓度值，mg/L；S_i 为相应的标准浓度，mg/L），将基本单元进行相加、相乘、或开方等数学运算，可分为单项污染指数法和综合指数法。这两种方法计算较为简便，但人为因素较重，易屏蔽极大值和少数超标污染项目的影响，过分强调最大超标项的作用。为此，很多改进方法随之产生，如双指数法等。改进方法为改善单项指标不能全面反应水质污染的缺陷，一般引入两个或两个以上指数，用统计数值进行评价，显示多种污染物对水质的影响情况。

纵观现行的水质评价方法，多数都以质量指数为基础，指数法仍不失为一种简单可行的评价方法。常用的指数法见表 5.1.3。

表 5.1.3　　　　　　　　　　常 用 的 指 数 法

名称	计算公式
均值模式	$PI = \dfrac{1}{n}\sum\limits_{i=1}^{n} P_i$

名称	计算公式
加权均值模式	$PI = \dfrac{1}{n} \sum\limits_{i=1}^{n} W_i P_i \qquad \sum\limits_{i=1}^{n} W_i = 1$
内梅罗模式	$PI = \sqrt{(P_{平均}^2 + P_{最大}^2)/2}$
混合加权模式	$PI = \Sigma_1 W_{i1} P_i + \Sigma_2 W_{i2} P_i \qquad W_{i1} = P_i/\Sigma_1 P_i \qquad W_{i2} = P_i/\Sigma_2 P_i$ （Σ_1 是对所有 $P_i > 1$ 求和；Σ_2 是对全部 P_i 求和）
双指数模式	$E = \sum\limits_{i=1}^{n} W_i P_i \qquad \delta^2 = \sum\limits_{i=1}^{n} W_i P_i^2 - E^2$
半集均方差模式	$PI = P + S_h \qquad S_h = \sqrt{\sum\limits_{i=1}^{n}(P_i - P)^2/m}$ $m = \begin{cases} n/2 & （污染物种类 \ n \ 为偶数） \\ (n-1)/2 & （污染物种类 \ n \ 为奇数） \end{cases}$

注　P 为大于中位数半集的单项指数。

2. 分级评价法

分级评价也是我国应用较多的方法。该法将评价参数的区域代表值与同一分级标准浓度值作对比，分级确定水质优劣。首先划分水质等级，然后用实测值与等级比较作对比，最后据总分值进行综合评价。该法克服了简单指数方法忽视不同污染物同一超标倍数所产生危害不同的缺点，克服了单项污染指数法有时划分水质级别不尽合理的状况。该法计算简单，方法简便易于应用，适合全国、全流域统一的水质评价，能直观、明确地反映水体水质污染的实际状况，反映水质综合效应。其代表表达式为河长加权平均法：

$$K = \dfrac{\sum\limits_{i=1}^{n} K_i L_i}{\sum\limits_{i=1}^{n} L_i} \tag{5.1.22}$$

式中：K 为河流综合水质指标；K_i 为子河流 i 水质级别；L_i 为子河段长度，km；n 为子河段个数。

3. 基于模糊理论的水环境质量评价法

由于水体环境本身存在大量的不确定因素，各个项目的级别划分、标准确定都具有模糊性。因此，应用模糊集理论做水质评价，能客观反应水质实际状况，有较强的逻辑性。具有代表性的方法有：模糊综合评价法、模糊概率评价法、模糊综合指数等。其中应用较多的是模糊综合评价法，该方法根据各污染物的超标情况进行加权，而由于污染物毒性与浓度不成简单的比列关系，因此，这种加权不一定符合实际情况。从理论上讲，模糊评价法体现了水环境中客观存在的模糊性和不确定性，符合客观规律，具有一定的合理性。但是，从目前的研究情况看，采用线性加权平均得到的评判极易出现失真、失效、跳跃等现象，存在水质类别判断不准或结果不可比的问题，可操作性较差。因此在应用模糊理论进行水质综合评价方面还需进一步研究，研究的关键性问题是解决权重合理分配和可比性。

4. 基于灰色系统理论的水环境质量评价法

由于水环境质量数据总是在有限的时间和空间内监测得到，信息往往不完全或不确切，因此可将水环境系统视为一个灰色系统，即部分信息已知、部分信息未知或不确知的系统，可用灰色系统的原理对水环境质量进行综合评价。基于灰色系统理论的水质评价法通过计算评价水质中各因子的实测浓度与各级水质标准的关联度大小，确定评价水质的级别，根据同类水体与该类标准水体的关联度大小，还可以进行优劣比较。水质综合评价的灰色系统方法有灰色聚类法、灰色贴近度分析法、灰色关联评价法等。

与模糊数学方法一样，灰色评价法由于体现了水环境系统的不确定性，在理论上是可行的，并且具有简单、可比的优点，缺点是存在分辨率低等问题。但由于灰色评价法可满足水环境质量评价的基本要求，可以通过进一步完善来克服这些缺点。

水质评价是水资源研究必不可少的一环，现在推行的评价方法很多，各有利弊。近年来，随着科学技术的发展，特别是计算机技术越来越多的用于环境科学领域，与之相关的新的环境评价方法正不断得到开发和应用，人工神经网络和地理信息系统应用于水环境评价即体现了这一新的发展趋势。

第2章 农村供需水平衡

2.1 需 水 预 测

2.1.1 需水预测分类

需水分为生活、工业、农业、生态4个类别，见表5.2.1。

表 5.2.1 需 水 预 测 分 类

Ⅰ 级	Ⅱ 级	Ⅲ 级
生活需水	城镇生活	居民家庭用水、公共用水
	农村生活	农民家庭用水、家养禽畜用水
工业需水	电力工业	火电站、核电站用水
	一般工业	城镇工业、农村工业
农业需水	种植业	水田、大田、菜田、园地
	林牧渔业	林牧灌溉用水、饲养场牲畜用水、鱼塘补水
生态需水	人工生态	
	天然生态	

根据上述分类，合并有关项，还可将需水分为河道内用水和河道外用水两类。河道外用水主要是指农业、牧业灌溉，林业苗圃、工业及城市生活用水，农村人畜用水等；河道内用水则指水力发电、航运、河道冲淤及维持生态环境用水等。河道外用水要消耗部分水量，河道内用水基本不能消耗水量，河道外用水是水资源供需分析的重点研究对象。

2.1.2 农业用水

农业用水包括农田灌溉和林牧渔业用水。农业用水与工业、生活用水相比，具有几点明显的特点：

（1）受气候、水文、地质、土壤等自然条件的影响，农业用水在时空分布上变化很大。

（2）受作物品种和组成、灌溉方式和技术、灌溉管理、水源及工程设施等具体条件影响，农业用水量不同。

（3）农业用水面广量大，季节性波动大，基本为一次性消耗。

（4）保证率较低，以旱作物为主的缺水地区灌溉保证率一般为 50%～75%。

2.1.2.1 农田灌溉用水量估算

农业灌溉用水量是指为满足作物生育期总的用水要求，供水来源包括天然降水和各种水利设施补送给的水量。农田灌溉用水是农业用水的主体，几乎占农业用水量的

80%～90%。

在农田灌溉用水量的计算中，应当按地表水、地下水两种供水水源，对不同类型灌区划分单元，分别由灌溉定额、灌溉面积计算灌溉用水量。

1. 作物田间需水量

作物田间需水量是指作物全生育期或某一时段内正常生长所需要的水量。作物田间水分的消耗主要分为3种途径，即植株蒸腾、株间蒸发和深层渗漏。

植株蒸腾是指作物植株内水分通过叶面气孔散发到大气中的现象。株间蒸发是指植株间土壤或水面（水稻田）的水分蒸发。深层渗漏是指土壤水分超过了田间持水率而向根系以下土层产生渗漏的现象。

通常将植株蒸腾和株间蒸发两项之和作为田间需水量，将田间需水量与深层渗漏之和称为田间耗水量。对于旱作物，深层渗漏量很小，可忽略不计，因此旱作物的田间耗水量等于田间需水量。水稻田间耗水量包括深层渗漏量，但影响水田渗漏的因素很多，很难用推理公式求解，以取用实测和调查资料为主。

作物需水量的大小受到气象、土壤水分、作物种类、农业技术措施等多种因素影响，从理论上计算作物需水量较为复杂。在生产实践中，现有估算作物需水量的方法主要包括直接计算法和间接计算法。

（1）直接计算法（经验公式法）。

1）α值法（蒸发皿法）。作物需水量受气象条件影响，而水面蒸发正是这一影响因素综合作用结果，因此作物的田间需水量与水面蒸发量之间存在一定程度的相关关系。通过试验建立两者之间的经验公式为

$$E = \alpha E_0 \tag{5.2.1}$$

式中：E 为某时段内作物田间需水量，mm；α 为需水系数（或称蒸发系数）；E_0 为与 E 同时段的水面蒸发量，mm，一般采用 80cm 口径蒸发皿或 E601 型蒸发器观测。

2）κ值法。作物的产量与田间需水量之间存在一定的相关关系。在一定的气象条件和一定的产量范围内，田间需水量随作物产量的提高而提高。因此可以用产量作为参数来估计作物的田间需水量。

$$E = \kappa Y \tag{5.2.2}$$

式中：E 为全生育期的需水量，$\mathrm{m^3/亩}$；κ 为需水系数，$\mathrm{m^3/kg}$，由试验资料确定；Y 为作物产量，$\mathrm{kg/亩}$。

需要注意的是，田间需水量与作物产量实际上并不是成线性关系，作物达到一定水平后，单位产量的需水量随产量的增加而逐渐减少。

（2）间接计算法（彭曼法）。英国科学家彭曼于 1949 年首次提出，又于 1963 年简化了他的公式。联合国粮农组织推荐采用彭曼法计算作物需水量。

1）计算出潜在需水量（参考作物需水量）。潜在需水量是指参考作物在供水充足条件下的需水量，计算公式为

$$E_0 = \frac{\dfrac{P_0}{P}\dfrac{\Delta}{\gamma}R_m + E_a}{\dfrac{P_0}{P}\dfrac{\Delta}{\gamma} + 1} \tag{5.2.3}$$

式中：P_0 为标准大气压；P 为计算地点平均大气压；Δ 为平均气温时饱和水气压随温度变化的变率；γ 为湿度计常数；R_m 为太阳净辐射；E_a 为干燥力。

2）计算实际作物的需水量。

$$E = \kappa_\omega \kappa_c E_0 \qquad (5.2.4)$$

式中：κ_ω 为土壤水分修正系数；κ_c 为作物系数。

彭曼法的特点是理论基础可靠，计算精度较高，但计算较复杂，所需基础数较多。

2. 作物灌溉制度

灌溉制度是指为了保证作物适时播种（或栽秧）和正常生长，通过灌溉向田间补充水量的灌溉方案。灌溉制度的内容主要包括灌水定额、灌水时间、灌水次数和灌溉定额。

灌水定额是指一次灌水在单位面积上的灌水量。灌溉定额是指全生育期各次灌水定额之和。总灌溉定额是指播前灌水定额（或称泡田定额）与灌溉定额之和。

（1）水稻的灌溉制度。水稻种植一般采取育秧移栽的方法。育秧的田块叫秧田。移栽的田块叫本田或大田。秧田育秧时间短，田块面积小，灌水量较少，因此这里讨论本田的灌溉制度。

本田插秧前需要泡田整田，便于插秧，并为秧苗返青创造条件。所以本田分为泡田期和插秧后的生育期。泡田期灌水定额称为泡田定额。

1）泡田定额。

$$M_1 = 0.667(h_0 + s_1 + e_1 t_1 - p_1) \qquad (5.2.5)$$

式中：M_1 为泡田期灌溉用水量，$m^3/$亩；h_0 为插秧时田面所需的水层深度，mm，一般为 $30 \sim 50mm$；s_1 为泡田期间的渗漏量，mm；t_1 为泡田期的日数；e_1 为 t_1 时期内水田田面平均蒸发强度，mm/d；p_1 为 t_1 时期内的降雨量，mm。

2）生育期灌溉制度。在水稻生育期内，对任一时段建立水量平衡方程：

$$h_1 + P + m - E - S - C = h_2 \qquad (5.2.6)$$

式中：h_1 为时段初田面的水层深度，mm；P 为时段内降雨量，mm；m 为时段内灌水量，mm；E 为时段内作物需水量，mm；S 为时段内渗漏量，mm；C 为时段内田间排水量，mm；h_2 为时段末田面水层水深，mm。

为使水稻正常生长，不同生育阶段对田间水层深度的适用范围有一定的要求，即水层深度应保持在 $h_{min} \sim h_{max}$。为了充分利用降水量，减少田间排水，节约灌溉用水，允许蓄水深度大于上限 h_{max}，但以不影响水稻生长为限。水稻各生育阶段适宜上限、下限、最大允许蓄水深度见表 5.2.2。

表 5.2.2　　　　　　　各生育阶段暗管水层深度　　　　　　　　单位：mm

作物名称	生 育 阶 段						
	返青	分蘖前	分蘖末	拔节孕穗	抽穗开花	乳熟	黄熟
早稻	$5 \sim 30 \sim 50$	$20 \sim 50 \sim 70$	$20 \sim 50 \sim 80$	$30 \sim 60 \sim 90$	$10 \sim 30 \sim 80$	$10 \sim 30 \sim 60$	$10 \sim 20$
中稻	$10 \sim 30 \sim 50$	$20 \sim 50 \sim 70$	$30 \sim 60 \sim 90$	$30 \sim 60 \sim 120$	$10 \sim 30 \sim 100$	$10 \sim 20 \sim 60$	落干
晚稻	$20 \sim 40 \sim 70$	$10 \sim 30 \sim 70$	$10 \sim 30 \sim 80$	$20 \sim 50 \sim 90$	$10 \sim 30 \sim 50$	$10 \sim 20 \sim 60$	落干

当降雨量深度超过最大允许深度时，应进行排水。不降雨或降雨很少，由于田间消耗

水量，田间水层深度会逐渐下降到适宜下限，此时应进行灌水，灌水量为

$$m = h_{max} - h_{min} \tag{5.2.7}$$

当已知逐日降雨量、田间耗水量，各生育阶段适宜上限、下限、最大允许蓄水深度后，可依据上述原理推求水稻的灌溉制度。

（2）旱作物的灌溉制度。

1）播种前灌水量。把旱作物主要根系吸水层作为灌水时的土壤计划湿润层，并要求该土层内的储水量能保持在作物所要求的范围内。播种前灌水的作用即是使土层储水，保证种子发芽出苗。播前灌水量的计算公式为

$$M_1 = W_{max} - W_0 = 667HA(\beta_{max} - \beta_0) \tag{5.2.8}$$

式中：M_1 为播前灌水量，m^3/亩；H 为计划湿润层深，m；A 为孔隙率（占土壤体积百分数）；β_{max}、β_0 分别为灌水上限含水率（一般采用土壤田间持水率）和初始含水率（占孔隙率的百分数）。

2）生育期内灌溉制度。对于旱作物，在全生育期任何一个阶段，土壤计划湿润层内水量的变化可用水量方程式来表示：

$$W_0 + W_T + P_0 + K + M - E = W_t \tag{5.2.9}$$

式中：W_0、W_T 为时刻初、末计划湿润土壤含水量；W_t 为由于计划湿润层加深而增加的水量；P_0 为时段内保存在土壤计划深度内有效降雨量；K 为时段内的地下补水量；M 为时段内的灌水量；E 为时段内的作物田间需水量。

由于要满足作物的用水需求，使土壤计划湿润层内的储水量不断减少，当小于作物的允许最小储水量时，需要进行灌水，补充各种消耗的水量为

$$m = W_{max} - W_{min} = 0.0667\rho_\pm H(\beta_{max} - \beta_{min})/\rho_水 \tag{5.2.10}$$

式中：m 为灌水定额，m^3/亩；W_{max}、W_{min} 为土壤计划湿润层内允许的最大、最小储水量；$\rho_\pm$、$\rho_水$ 为计划湿润层内土壤的干密度和水的密度，t/m^3；H 为该时段计划湿润层内的深度，m；β_{max}、β_{min} 为该时段内允许最大、最小含水率（以占土壤孔隙率体积的百分数计）。

根据水量平衡原理，若已知降雨量、田间需水量、计划湿润层深度、土壤允许最大、最小含水率等，则可用列表法计算旱作物生育期的灌溉制度。

【例】　用列表法计算棉花的灌溉制度。

基本资料：

（1）灌区土壤为黏土，经测定 $0\sim80cm$ 土层内的干密度为 $\rho_\pm = 1.44t/m^3$，孔隙率 $A = 44.7\%$，田间持水率 $\beta_田 = 24.1\%$（占干土质量的百分数），播种时的含水率为 $\beta_0 = 21.7\%$（占干土质量的百分数）。

（2）地下水埋深多为 $4.5\sim5.3m$，地下水出流通畅，地下水补给量忽略不计。

（3）该年棉花生长期有效降水量见表 5.2.3 第（8）栏，降雨有效利用系数采用 0.8。

（4）灌区仔棉产量计划为 150kg/亩。根据相似地区的资料，需水系数为 $\kappa = 2.13m^3$/kg，各阶段的计划湿润层深度以及需水模数见表 5.2.4，允许最大和最小的含水率为 $\beta_田$ 和 $0.6\beta_田$。

（5）根据当地群众灌水经验，中等干旱年一般灌水 3～4 次，灌水时间为现蕾期、开

花期、结铃初和吐絮初，灌溉定额 40～50m³/亩。播前灌水额 80m³/亩，使播种时 0.4m 土层内的含水率保持为 $0.9\beta_{田}$，0.4m 以下土层中的含水率保持为 $\beta_{田}$。

表 5.2.3　　　　　　　　　　棉花生育期灌溉制度计算表

生育阶段	起止日期	H/m	W_{max}/(m³/亩)	W_{min}/(m³/亩)	W_0/(m³/亩)	E/(m³/亩)	$W_{来}$/(m³/亩) P_0	W_r	小计	$W_{来}-E$/(m³/亩)	m/(m³/亩)	灌水时间	W_t/(m³/亩)
幼苗	9 月 21—30 日	0.5	117.3	70.4	105.7	9.0	4.7	0	4.7	4.3			101.4
	5 月 1—10 日				101.4	9.0	2.1	0	2.1	6.9			94.5
	5 月 11—20 日				94.5	9.1	10.1	0	10.1	1.0			95.5
	5 月 21—31 日				95.5	9.1	7.1	0	7.1	2.0			93.5
	6 月 1—10 日				93.5	9.1	0.5	0	0.5	8.6			84.9
	6 月 20 日				84.9	9.1	8.9	0	8.9	0.2			84.7
现蕾	6 月 21—30 日	0.6	128.0	77.4	84.7	28.8	11.7	11.7	11.7	17.1	40	6 月 25 日	107.6
	7 月 1—7 日		140.8	84.5	107.6	28.8	17.8	11.7	17.8	11.0			96.6
花铃	7 月 11—20 日	0.7	146.7	88.0	96.6	36.0	18.2	5.8	18.2	17.8	40	7 月 15 日	118.8
	7 月 21—31 日		152.6	91.5	118.8	36.0	13.9	5.8	13.9	22.1	50	7 月 25 日	146.7
	8 月 1—10 日		158.5	95.0	146.7	36.0	23.9	5.9	23.9	12.1			134.6
	8 月 11—20 日		164.3	98.6	134.6	36.0	23.3	5.9	23.3	12.7			121.9
吐絮	8 月 21—31 日	0.8	169.0	101.4	121.9	12.8	4.9	4.7	4.9	7.9			114.0
	9 月 1—10 日		173.7	104.2	114.0	12.8	45.0	4.7	45.0	32.2			146.2
	9 月 11—20 日		178.4	107.0	146.2	12.8	15.6	4.7	15.6	2.8			149.0
	9 月 21—30 日		183.1	109.8	149.0	12.8	5.2	4.7	5.2	7.6			141.6
	10 月 1—10 日		187.8	112.7	141.6	12.8	8.9	4.6	8.9	3.9			137.7
总计	4 月 21 日—10 月 10 日					320	221.8	70.2	221.8	−98.2	130		

表 5.2.4　　　　　　　棉花各生育期计划湿润层深度和需水系数

生育阶段	幼苗	现蕾	花铃	吐絮
起止日期	4 月 21 日—6 月 20 日	6 月 21 日—7 月 10 日	7 月 11 日—8 月 20 日	8 月 21 日—10 月 10 日
需水模系数/%	17	18	45	20
计划湿润层深/mm	0.5	0.6	0.7	0.8

解：（1）$W_{max}=667H\rho_{土}\,\beta_{max}/\rho_{水}$

$W_{min}=667H\rho_{土}\,\beta_{min}/\rho_{水}$

（2）对于第一阶段可用 $W_0=667H\rho_{土}\,\beta_0/\rho_{水}$ 计算，第二时段为第一时段末的 W_t，以此类推。

（3）全生育期的作物需水量为 $E=\kappa Y=2.13\times150=320\text{m}^3/\text{亩}$。各生育期的需水量，

如幼苗期为 $E=\kappa_i E=0.17\times320=54.4\text{m}/\text{亩}$。各计算时段需水量，如幼苗期 $E_{\text{时段}}=E_i/$ 旬数 $=54.4/9.07=5.99\text{m}^3/\text{亩}$。

（4）$W_{\text{来}}$ 为时段内来水量，包括

$$P_0=\sigma P=0.667\sigma P$$

$$W_T=667\rho_{\pm}(H_2-H_1)\beta_{\max}/\beta_{\text{水}}$$

因为播前灌水是 0.4m 下的土层含水率为 $\beta_{\text{田}}$，即 $\beta_{\max}$。

$$\kappa=0$$

（5）$(W_{\text{来}}-E)$ 为时段内来水量差，当 $W_{\text{来}}>E$ 时为正值；$W_{\text{来}}<E$ 为负值。

（6）m 为灌水定额，当 W_t 接近 $W_{\min}$ 时进行灌水。在不超过 $W_{\max}$ 时，结合当地经验和近期雨情确定灌水定额的大小。

（7）灌水时间为各次灌水的具体日期，可根据计划湿润层含水量和近期降雨的情况，结合当地施肥和劳力的安排等具体条件进行确定。

（8）W_t 为时段末计划湿润层内的土壤含水量，可由 $W_t=W_0+(W_{\text{来}}-E)+m$ 求出。

（9）校核。各生育阶段和全生育期的计算结果都可用公式 $W_t=W_0+W_T+P_0+K+M-E$ 进行校核。例如对全育期：

$$W_t=W_0+W_T+P_0+K+M-E$$

$$=105.7+151.8+70.2+0+130-320=137.7=h_{\text{末}}$$

说明计算正确无误，否则应进行检查纠正。

（10）计算结果。根据表5.2.3计算结果，再加上播前灌水，即可得到棉花的灌溉制度，见表5.2.5。

表 5.2.5　　　　　　　　　　棉 花 灌 溉 制 度 表

作物	生育阶段	灌水次数	灌水定额/(m³/亩)	灌水时间	灌水定额/(m³/亩)
棉花	播种前	1	80	4 月 10 日	210
	现蕾期	2	40	6 月 25 日	
	花铃期	3	40	7 月 15 日	
	花铃期	4	50	7 月 25 日	

3. 灌溉用水量

灌溉用水量是灌溉面积上需要水源提供的灌溉水量，该值受很多因素的影响，包括各种作物的灌溉制度、灌溉面积以及渠系输水和田间灌水的水量损失等因素有关。

（1）灌溉水利用系数。灌溉水由水源经各级渠道输送到田间，在整个输水过程中有蒸发、渗漏等水量损失，到田间后还有深层渗漏和田间流失等。将到达田间的灌溉水量称为净灌溉水量 $M_{\text{净}}$，净灌溉水量与损失水量之和称为毛灌溉水量 $M_{\text{毛}}$。

灌溉水利用系数 η 为净灌溉水量 $M_{\text{净}}$ 与毛灌溉水量 $M_{\text{毛}}$ 之比，即

$$\eta=\frac{M_{\text{净}}}{M_{\text{毛}}} \tag{5.2.11}$$

灌溉水利用系数也称为渠系水利用系数，该值可作为衡量灌溉水量损失情况的指标。干渠、支渠、斗渠和农渠各级渠道的有效利用系数分别表示为 $\eta_{\text{干}}$、$\eta_{\text{支}}$、$\eta_{\text{斗}}$ 和

$\eta_{农}$，则

$$\eta = \eta_干\,\eta_支\,\eta_斗\,\eta_农 \qquad\qquad (5.2.12)$$

η 值的大小与灌区大小，各级渠道长度、流量，水文地质条件，渠道工程状况和灌溉管理水平等因素有关。在渠道运用过程中，η 可由实测确定，目前许多灌区都只能达到 $0.45\sim0.6$。

（2）灌溉用水过程的推求。任何一种作物某次灌水所需要的净灌溉用水量，为灌水定额与灌溉面积的乘积，即

$$M_净 = m\omega \qquad\qquad (5.2.13)$$

式中：$M_净$ 为某作物某次灌水的净灌溉用水量；m 为该作物该次灌水的灌水定额；ω 为该作物的灌溉面积。

由于灌溉制度本身已确定了各次灌水时间，故在计算各种作物每次灌水的净灌溉用水量的同时，也就确定了各种作物的灌溉用水过程线。

（3）全灌区净灌溉水量。全灌区任何一个时段内的净灌溉水量等于该时段内各种作物的净灌溉量之和，即

$$W_净 = \sum M_净 \qquad\qquad (5.2.14)$$

（4）全灌区毛灌溉水量。

$$W_毛 = \dfrac{W_净}{\eta} \qquad\qquad (5.2.15)$$

式中：η 为灌溉水利用系数。

此外，还可用综合灌水定额求全灌区灌溉用水量，即

计算综合净灌水定额 $m_{综,净}$：

$$m_{综,净} = \alpha_1 m_1 + \alpha_2 m_2 + \alpha_3 m_3 + \cdots + \alpha_i m_i \qquad\qquad (5.2.16)$$

式中：m_i 为第 i 种作物在某时段内灌水定额；α_i 为各种作物灌溉面积占全灌区灌溉面积的比值。

计算综合毛灌水定额 $m_{综,毛}$：

$$m_{综,毛} = m_{综,净}\,/\,\eta \qquad\qquad (5.2.17)$$

计算全灌区毛灌溉用水量：

$$W_毛 = m_{综,毛} F \qquad\qquad (5.2.18)$$

式中：F 为全灌区的灌溉面积。

2.1.2.2　林牧渔业用水量估算

1. 林、牧业用水量估算

林业用水主要指苗圃育苗及果树灌溉用水。牧业用水指饲料基地、草场的灌溉用水。根据灌溉面积和灌溉定额估算用水量，计算公式为

$$W_{林净} = m_净 F \qquad\qquad (5.2.19)$$

$$W_{林毛} = W_{林净}\,/\,\eta \qquad\qquad (5.2.20)$$

式中：$W_{林净}$ 为苗圃、果树或草场的净灌溉用水量；$W_{林毛}$ 为苗圃、果树或草场的毛灌溉用水量；$m_净$ 为苗圃、果树或草场净灌溉定额；F 为灌溉面积；η 为渠系水利用系数。

2. 渔业用水量估算

渔业用水量是指池塘的水面蒸发和渗漏所消耗的水量。计算公式为

$$W_{\text{渔}} = F(\alpha E - P - S) \times \frac{1}{1000} \qquad (5.2.21)$$

式中：$W_{\text{渔}}$ 为渔业用水量，m^3；F 为养殖水面面积，m^2；E 为水面蒸发量，mm；α 为蒸发器折减系数；P 为年（或计算时段）的降雨量，mm；S 为输水过程中和鱼塘渗漏损失，mm。

2.1.2.3　农业用水量的预测

为满足水资源供需平衡分析的要求，在估算现状农业用水量的基础上，还要预测未来近期、远景两种水平年的农业用水量。农业用水量的预测，关键在于拟定不同水平年可能发展扩大的灌溉面积，并合理确定相应的灌溉定额与渠系有效利用系数。

灌溉面积的发展，根据当地农业生产发展要求、水资源条件和外流域引水的可能性，有可能发展一些新灌区，从而拟定出各种水平年的灌溉面积和递增率。

在一般情况下，农业生产结构和作物组成的不断调整，新的灌溉技术和节水措施的不断推广和应用，能够使未来两个水平年的灌溉定额下降，渠系水利用系数相应提高。

2.1.3　工业用水

工业用水是指工、矿企业在生产过程中，用于制造、加工、冷却、空调、净化、洗涤及其他工业生产中的用水量和厂内职工生活用水量的总和。

工业用水是城市用水的重要组成部分，其特点是用水量大，且用水集中。可以说"水是工业的血液"，任何工业部门的发展都离不开水资源。同时，工业生产用水还会产生大量的工业废水，又是水体污染的主要污染源。

随着工业生产的发展、城市人口的增长以及生产水平的不断提高，工业用水量必将以较快的速度增长，水资源可能成为制约城市工业发展的重要因素之一。

1. 工业用水的分类

按照工业用水过程分类，工业用水可分为：

（1）总用水量 $W_{\text{总}}$：指工业企业在生产过程中所需要的全部水量，包括空调用水、冷却用水、工艺用水和其他用水。

（2）取用水量（或补充水量）$W_{\text{补}}$：工业企业取用不同水源（河水、地下水、自来水或海水）的总取水量。

（3）排放水量 $W_{\text{排}}$：经工业企业使用后，向外排放的水量。

（4）耗用水量 $W_{\text{耗}}$：工业企业生产过程中耗用的水量，包括生产过程中的蒸发、渗漏、工艺消耗和生活消耗的水量。

（5）重复用水 $W_{\text{重复}}$：工业生产过程中，二次或二次以上的用水量。

2. 工业用水量的计算

工业用水的计算方法采用水量平衡法。一个用水单元（地区、工厂、车间、用水设备）在用水过程中，水量收支应保持平衡，其表达式为

$$W_{\text{总}} = W_{\text{耗}} + W_{\text{排}} + W_{\text{重复}} \qquad (5.2.22)$$

式中：$W_{\text{总}}$ 为总水量，在设备和工艺流程不变时，为一定值；$W_{\text{耗}}$ 为消耗水量，包括产品带走的水量和生产过程中蒸发、渗漏水量，数值较小，一般只占总用水量的 $2\% \sim 5\%$；$W_{\text{排}}$ 为排水量；$W_{\text{重复}}$ 为重复利用水量，即回用水量。

式（5.2.22）中的总用水量 $W_{总}$ 与通常所说的用水量不同，后者指工矿企业从供水水源取用的水量，又称补水水量 $W_{补}$，不包括重复用水量，则

$$W_{补}=W_{总}-W_{重复}=W_{耗}+W_{排} \tag{5.2.23}$$

当 $W_{重复}=0$ 时，$W_{补}=W_{总}$，即当用水单元的重复用水量为 0 时，补充水量等于总用水量。

3. 工业用水的指标

重复利用率 η，指重复利用水量占总用水量的百分数。

$$\eta=\frac{W_{重复}}{W_{总}}\times100\% \tag{5.2.24}$$

重复利用率反映了工矿企业引用一定的水量后重复利用的程度，表明了企业用水的合理程度与企业节水的情况。

排水率 p，指排水量占总用水量的百分数。

$$p=\frac{W_{排}}{W_{总}}\times100\% \tag{5.2.25}$$

耗水率 r，指消耗水量占总用水量的百分数。

$$r=\frac{W_{耗}}{W_{总}}\times100\% \tag{5.2.26}$$

闭路循环条件下，以上 3 个指标的平衡表达式为

$$\eta+p+r=100\% \tag{5.2.27}$$

这 3 个指标是考核工业用水水平的重要指标，可为地区用水规划，供需平衡分析与工业用水预测提供重要的参考依据。

4. 工业用水量的预测

工业用水量的预测，就是估算出某一地区或城市近期和远景两个水平年需要的水量，从而为水资源供需平衡分析提供依据。工业用水预测涉及的因素较多，其变化与今后工业的发展布局、产业结构的调整和生产工艺水平的改进等因素均有密切联系。一般是在研究工业用水的历史和现状的基础上，分析上述因素所引起的工业用水的变化规律，来预测未来的工业用水量增长。

目前常用的预测工业用水量的方法包括趋势法、相关法和水平衡法。

（1）趋势法。用历年工业用水量增长率来推算未来工业用水量，计算公式为

$$W_n=W_0(1+\rho)^n \tag{5.2.28}$$

式中：W_n 为某一年所预测的工业需水量，m^3；W_0 为起始年的工业用水量，m^3；ρ 为工业用水量年平均增长率，%；n 为从起始年份到预测年份所间隔的年数，a。

（2）相关法。工业用水的统计参数（如万元产值用水量、工业用水增长率等）与工业产值有一定的相关关系，常用以下两种方法进行预测：

1）建立工业用水增长率和工业产值增长率的相关关系来推求工业发展用水；

2）建立工业产值和万元产值用水量的相关关系来推求工业发展用水。

（3）水平衡法（重复利用率提高法）。水平衡法采用万元产值用水量和重复利用率这两个指标来推算工业用水量。万元产值用水量表示工业企业总产值与用水量的关系。一般讲，行业结构不发生根本变化，万元产值用水量取决于重复利用率，两者之间是反比关

系，即重复利用率提高，万元产值用水量下降。

已知重复利用率：

$$\left.\begin{array}{l} \eta = \dfrac{W_{重复}}{W_{总}} \Rightarrow 1 - \eta = 1 - \dfrac{W_{重复}}{W_{总}} = \dfrac{W_{总} - W_{重复}}{W_{总}} \\ W_{补} = W_{总} - W_{重复} \end{array}\right\} \Rightarrow 1 - \eta = \dfrac{W_{补}}{W_{总}} \qquad (5.2.29)$$

对于同一企业，只要设备和工艺流程不变，生产同样多的产品（即产值 A 相同）总用水量不变。

$$\left.\begin{array}{l} 1 - \eta_1 = \dfrac{W_{1补}}{W_{总}} \\ 1 - \eta_2 = \dfrac{W_{2补}}{W_{总}} \end{array}\right\} \Rightarrow \left.\begin{array}{l} \dfrac{1 - \eta_1}{1 - \eta_2} = \dfrac{W_{1补}}{W_{2补}} \\ g = W_{补}/A \Rightarrow W_{补} = g/A \end{array}\right\} \Rightarrow \dfrac{1 - \eta_1}{1 - \eta_2} = \dfrac{W_{1补}}{W_{2补}} = \dfrac{g_1 A}{g_2 A} = \dfrac{g_1}{g_2} \qquad (5.2.30)$$

即

$$\dfrac{1 - \eta_1}{1 - \eta_2} = \dfrac{g_1}{g_2} \Rightarrow g_2 = \dfrac{1 - \eta_2}{1 - \eta_1} g_1 \qquad (5.2.31)$$

式中：A 为产值；g 为万元产值用水量。

要预测某行业的工业产水量，则可根据当前的重复利用率 η_1 和万元产值用水量 g_1，分析生产工艺水平提高和设备的更新情况，对未来水平年的重复利用率 η_2 进行预测，进而求得未来水平年的万元产值用水量 g_2 和取用水量 $W_{补}$。

2.1.4　生活用水

生活用水是人们日常生活及其相关活动用水的总称，具有增长速度快、时程变化大、水质要求高等特征。由于它与人们的生活息息相关，关系到千家万户，因此在当前水资源供需矛盾日渐突出的情况下，应及时摸清生活用水的现状，预测其发展动向，统筹规划，早作安排。

生活用水包括城镇生活用水和农村生活用水。

1. 城镇生活用水

城镇生活用水包括居民生活用水和公共用水，其中公共用水又包括公共建筑用水，市政、环境景观和娱乐用水，消防用水等。城镇生活用水是以上各方面在生活和美化环境的过程中所用各种水量的总和。

城市生活用水水平与城市规模大小、水源条件、经济发展水平、生活习惯、城市气候等因素有关。通常以每人每天用水量表示城市生活用水标准。国外大城市用水标准一般为300L 以上，我国目前城市生活用水标准普遍较低。根据我国各地初步调查资料分析，大城市人均日用水量为 100～150L，最高为 200～250L，最低为 70～100L；中小城市人均日用水量为 50～70L。随着城镇建设发展，人口增长和人民生活水平的提高，今后城镇生活用水标准将会不断提高。

现状城镇生活用水可以根据城镇人口总数与人均用水定额相乘来推求。由于城镇生活用水的增长速度具有一定的规律性，因而可采用趋势外延法推求未来用水量。该方法考虑的是用水人口和用水定额。未来用水人口由人口计划增长率推求；用水定额以现状用水量为基数，参考历年变化情况，分析不同水平年城镇居民生活水平的提高程度，拟定其未来的需水定额。计算公式如下：

$$W_居 = P_0(1+\varepsilon)^n K \qquad (5.2.32)$$

式中：$W_居$为某一水平年城镇生活用水量，m^3；P_0为现状人口数，人；ε为城镇人口年增长率，％；n为预测年数，a；K为某一水平年拟定的城镇人均生活用水综合定额，$m^3/$（人·a）。

2. 农村生活用水

农村生活用水分为农村居民生活用水和牲畜家禽用水。农村人畜用水标准远低于城镇生活用水标准。

（1）农村居民生活用水。农村居民生活用水标准与各地水源条件、用水设备、生活习惯、生活水平等有关，以我国为例，南方与北方用水标准差距较大。

$$W_村 = \sum_{i=1}^{n} n_{村,i} m_{村,i} \qquad (5.2.33)$$

式中：$W_村$为农村居民生活用水，m^3/d；$m_{村,i}$为某用水标准，$m^3/$（人·d）；$n_{村,i}$为某种用水标准的人数，人。

（2）农村畜牧业用水。农村畜牧业用水主要指大小牲畜和家禽的用水。计算公式为

$$W_牧 = \sum_{i=1}^{n} n_{牧,i} m_{牧,i} \qquad (5.2.34)$$

式中：$W_牧$为畜牧业用水量，m^3/d；$m_{牧,i}$为各种牲畜家禽用水定额，$m^3/$（头·d）；$n_{牧,i}$为各种牲畜家禽数量，头。

农村生活用水预测与城镇生活用水预测相似，也可采用定额法计算。

2.2　供 水 预 测

供水是相对于一定的工程措施而言的。从某一地区的供水条件来讲，不能仅限于知道该地区的天然水资源，因为在天然情况下，水资源具有时空分布不均的特点，水资源量可能与当地人类生产和生活不相适应。通过供水工程措施对天然水资源进行时空再分配，可以达到满足工农业生产和生活用水的目的。

供水工程是指为社会和国民经济各部门提供用水的所有水利工程，按类型可分为蓄水工程（水库、塘坝）、引水工程（有坝引水、无坝引水）、提水工程（泵站）和地下水工程（机电井），以及污水处理工程、微咸水利用工程和海水淡化工程。

可供水量是指在不同来水条件下，供水工程设施根据需水要求可提供的水量。从供水的角度讲，不仅要摸清现状水利工程系统的实际供水量，还应分析清楚现状、近期、远景不同水平年在各种保证率下的可能供水量，即进行供水预测。

供水预测是在对现有供水设施的工程布局、供水能力、运行状况，以及水资源开发利用程度与存在问题等综合调查分析的基础上，进行水资源开发利用前景和潜力的分析，拟订不同水平年供水规划方案，预测各规划方案的可供水量。

可供水量分为单项工程可供水量与区域可供水量。区域可供水量并非区域内所有单项工程可供水量的简单相加，而是由原有工程和新增工程所组成的供水系统，依据规划水平

年的需水要求，经调节计算得出。

2.2.1 单项工程可供水量

1. 蓄水工程可供水量

(1) 大中型水库可供水量。大、中型水库一般都有较为丰富的实测资料，可根据水库来水资料、规划水平年的需水要求等，直接进行调节计算。

1) 年调节水库。年调节水库可供水量可采用典型代表年法计算。以月为计算时段，逐月进行计算，公式为

当 $W \geqslant M$ 时，$W_{供} = M$

当 $W < M$ 时，$W_{供} = W + \Delta V$

式中：$W_{供}$ 为月供水量，m^3；W 为月进库水量，m^3；M 为月需水量，m^3；ΔV 为水库补充的月需水量，m^3。

2) 多年调节水库。当水库库容系数 β 小于 0.3 时，可视年调节水库。β 大于 0.3～0.5 时，水库就是多年调节水库，当年的来水并非全部为当年用，而要以丰补枯。

对于多年调节水库，应采用系列调算法，根据来水、用水的长系列资料，用时历法逐年进行调节计算，求得已知有效库容及保证率和逐年的可供水量，对应于区域典型代表年份的可供水量即为所求。

(2) 小型蓄水工程可供水量。小型蓄水工程，包括小型水库、塘坝等，数量多，缺乏实测资料，需水量小，多采用简化法估算其不同保证率代表年可供水量。

1) 复蓄指数法。复蓄指数是指水库、塘坝年可供水量与有效库容的比值。一般小型水库、塘坝库容较小，但可利用供水期天然来水量和有效库容多次充蓄，因此其复蓄指数可大于 1.0。若来水量小，供水期断流的特枯年份，复蓄指数小于 1.0。

$$W_{供} = nV \tag{5.2.35}$$

式中：$W_{供}$ 为小型水库、塘坝可供水量，万 m^3；n 为复蓄指数；V 为小型水库、塘坝的有效库容，万 m^3。

2) 保灌系数法。保灌系数为塘坝保证灌溉面积与灌溉面积之比，该值小于 1.0。因为塘坝灌溉面积的调查值较库容调查值准确，所以可用该方法计算塘坝可供水量。

$$W_{供} = c\Omega m \tag{5.2.36}$$

式中：$W_{供}$ 为塘坝可供水量，万 m^3；c 为保灌系数；Ω 为塘坝供水工程担负的灌溉面积，万亩；m 为综合亩毛灌溉定额，m^3/亩。

3) 水量利用系数法。水量利用系数是指蓄水工程年可供水量与年径流量之间的比值。显然，该值小于 1.0。

$$W_{供} = \alpha W_p \tag{5.2.37}$$

式中：$W_{供}$ 为年可供水量，万 m^3；α 为水量利用系数；W_p 为小型蓄水工程不同保证率径流量，万 m^3。

2. 引提水工程可供水量

引水工程可供水量指用水户通过引水工程直接从河流、湖泊中自流引用的流量，其引水能力与进水口水位及引水渠道的过水能力有关。提水工程可供水量指用水户通过动力机

械设备直接从河流、湖泊中提取引用的流量，其提水能力与设备能力、运行时间有关。

引提工程的可供水量计算时，需综合考虑来水、需水情况，计算公式为

$$W_{供引提} = \sum_{i=1}^{t} \min(Q_i, H_i, X_i) \tag{5.2.38}$$

式中：Q_i 为第 i 时段取水口的可引流量，m^3；H_i 为第 i 时段工程的引提能力，m^3；X_i 为第 i 时段需水量，m^3；t 为计算时段数。

3. 地下水工程可供水量

地下水工程可供水量与当地地下水开采量、机井提水能力及需水量等有关。地下水可供水量用式（5.2.39）计算：

$$W_{供地下} = \sum_{i=1}^{t} \min(Q_i, W_i, X_i) \tag{5.2.39}$$

式中：Q_i 为第 i 时段机井提水量，m^3；W_i 为第 i 时段当地地下水可开采量，m^3；X_i 为第 i 时段需水量，m^3；t 为计算时段数。

对于地下水开采利用程度较高的地区，应考虑补给量和开采量之间的平衡关系，计算有一定补给保证的可开采量，以此作为该地区的地下水可供水量。对于地下水开采利用程度较低的地区，在提水设备能力允许的条件下，"按需定供"，直接将需水量作为地下水可供水量。

当前，由于地下水开采量观测资料较少，现状地下水可供水量一般根据机井提水能力与运转时间计算，即

$$W_{供地下} = \sum_{i=1}^{n} q_i \Delta t_i \tag{5.2.40}$$

式中：q_i 为第 i 台机井提水能力，m^3/h；Δt_i 为抽水时间，h。

未来水平年地下水可供水量可根据机井发展情况进行估算，但不应超过本地区极限开采量。

2.2.2　区域可供水量

区域可供水量是指整个区域（或计算单元）的可供水量。一个区域中，用水供给往往来自一个或几个水利系统，同一水利系统的各种蓄、引、提、调水工程组成一个系统，其可供水量须单独分析。虽是一个水利系统，但其组成结构复杂，一般其调节计算遵循以下原则：

（1）先用小工程的水，后用大工程的水。

（2）先用自流水，后用蓄水和提水。

（3）先用离用户较近的水，后用远处的水。

（4）先用地表水，后用地下水。

（5）先用本流域的水（包括过境水），后用外流域调水。

（6）自来水用于生活和一部分工业，其他水用于水质较低的农业和部分工业。

在所有水利系统单项工程设施可供水量计算的基础上，进行整个区域可供水量的汇总。在汇总过程中，注意以下问题：

（1）按照区域不同保证率选定的典型代表年，取各项工程同一年份的供水量汇总。

（2）按地表水可供水量和地下水可供水量汇总。

（3）避免可供水量的重复计算。

（4）区域可供水量汇总成果的合理性检查。认真审核计算可供水量所有资料，检查各环节成果及数据。还应注意，可供水量定义为供水工程设施所提供的水量。因此，区域各类供水工程（不包括从大江、湖泊取水的供水工程）的可供水量以其控制集水面积相应保证率的年水资源量为上限。此外，可供水量的定义考虑需水要求，即没有被用户利用的水量不能计入可供水量。

2.2.3　可供水量的预测

在经济发展过程中，供水与用水是相适应的。随着需水要求的不断提高，供水量也不断增加。目前提高区域供水能力的方法主要是对现有工程完善配套和进行标准化改造，此外还包括新增供水工程。

对不同规划水平年新增水源工程的原则为：①应以用水需要为依据，与用水需求相适应，并努力做好合理用水、节约用水和合理布局；②要考虑国家、集体投资建设费用的约束；③要考虑本区域水资源开发利用程度的约束；④要以流域规划、地区规划以及供水规划为依据；⑤供水工程的安排，应从经济效益、社会效益、环境生态效益及方面综合权衡。

预测未来情况下的可供水量，即是在研究水资源可供水量的历史和现状的基础上，以国民经济发展预测、需水量预测为参考，结合供水工程改造情况，适当拟定增长率，按不同河系、水源、供水方式逐条河流进行计算，相加后得到区域可供水量。

2.3　农村供需水平衡分析

水资源供需平衡分析，是指一定范围内（行政、经济区域或流域）不同时期的可供水量和需水量的供求关系分析。可供水量和需水量数量相近则为平衡，两者数量相差则为不平衡，相差越大，说明供需矛盾越大，供大于需的部分为余水量，供小于需的部分为缺水量。

水资源供需平衡分析的目的是：①通过可供水量和需水量的分析，掌握水资源总量的供需现状和存在的问题；②通过不同时期不同部门的供需平衡分析，预测未来水资源的供需情况，了解水资源余缺的时空分布；③针对水资源供需矛盾，进行开源节流的总体规划，明确水资源综合开发利用保护的主要目标和方向，以期实现水资源的长期供求计划。

2.3.1　供需分析中的几个基本概念

1. 分区

水资源供需关系分析，一般需要将一个大的区域划分成若干分区。对每一分区单元分别进行供需分析，然后逐级汇总。这样，才有利于综合研究该区的水资源的开发、利用、管理和保护等问题，真实反映本区的水资源供需矛盾及余缺水量的情况。

分区遵循下列原则：

（1）尽量按流域水系划区，同一流域可按上、中、下游或山丘区、平原区划分。

（2）同一供水系统划在一个区内，这样划区有利于查清本区水旱灾害情况，分析清楚本区供需之间的矛盾。

（3）照顾行政区划的完整性。有利于资料的搜集、统计以及供需分析成果的汇总。

（4）自然地理条件和水资源开发利用条件基本相似的区域划归一个区。这样做，既突出了各个分区的特点，又便于在一个分区内采取比较协调一致的对策措施。

（5）参考水资源评价、农业区划等以往研究工作区划分，便于以往研究成果资料的引用和成果的对比论证。

2. 水平年

水平年是指水资源开发利用的水平，即供水设施建设和各类用户用水量达到的水平。水资源供需分析需要研究不同水平年水资源的余缺水量情况及相应对策，一般针对现状、近景、远景 3 种水平年进行，每个水平年分别选取某一年份作代表。

3. 代表年

代表年即通常所说的典型年。在水资源供需平衡分析中，研究的是不同水平年、不同保证率的水资源供需特点和矛盾，即同一水平年应选几种不同的保证率，分别代表平水、枯水、特枯水年进行供需分析，通常可选取如下几种频率，即 $P=50\%$、$P=75\%$、$P=90\%$ 或 95%。

代表年的选择要兼顾天然水资源量的年际变化和用户需水量的变化两个方面，一般采用区域代表站年降水量（径流量）或关键供水期降水量（径流量）系列排频选年。

4. 计算时段

水资源供需平衡计算时段的划分，总的原则是：能够突出不同时段的水资源量的余缺情况，不至于掩盖水资源的供需矛盾。区域水资源计算时段可分别采用年、季、月、旬和日，选取的时段长度要适宜，划得太大往往会掩盖供需之间的矛盾，缺水期往往是处在时间很短的几个时段里，因此只有把计算时段划分得合适，才能把供需矛盾揭露出来。但划分时段并非越小越好，时段分得太小，许多资料无法取得，而且会增加计算分析的工作量。

2.3.2　供需平衡分析的分类

一个区域水资源供需分析的内容是相当丰富和复杂的，对进行深层次的研究和分析非常必要。

（1）从分析的范围考虑，可划分为计算单元、河道流域、整个区域的供需分析。计算单元是供需分析的基础，是区域内面积最小的小区；河道流域面积次之，包括几个计算单元；区域面积最大，包括所有计算单元。

（2）从可持续发展观点，可划分为现状、不同发展阶段（不同水平年）的供需分析。两者区别在于时间，现状的供需分析是针对当前的情况，而不同发展阶段的供需分析针对未来的情况，含有展望和预测的性质。未来供需分析需以现状情况为基础和依据。

（3）从供需分析的深度，可划分为不同发展阶段的一次供需分析和不同发展阶段的二次供需分析。一次供需分析是指初步分析供需情况，并不要求供需平衡和提出实现平衡的方案。二次供需分析在一次供需分析的基础上，要求供需平衡和提出实现平衡的方案。

（4）按用水的性质，可划分为河道外用水、河道内用水的供需分析。河道外用水为消耗性用水，河道内用水为非消耗性用水，在分析过程中应分别进行考虑或综合在一起协调考虑。

2.3.3 供需平衡分析的原则

依据各类工程的可供水量和各用水部门需水量，进行水资源供需平衡计算，采用下式：可供水量－需水量－损失的水量＝余（缺）水量。

供需分析一般遵循以下原则：

（1）供需平衡计算应针对不同水平年和不同保证率的代表年，一般以月为计算时段，按分区进行。计算顺序为先上游后下游，先支流后干流。上游分区的出境水量即为下游分区的入境流量。

（2）供需平衡计算时，不同分区单元的余、缺水量不能相互平衡，正负相抵；统一分区不同时段的余、缺水量也不能相互平衡，正负相抵。各分区缺水量之和为全区域总缺水量，全区域的余水量为下游单元的入境水量。

（3）河道外用水和河道内用水分别进行供需平衡分析。一般先对河道外用水作供需平衡分析，得到其出境水量，验算是否满足该河段河道内用水需求。

（4）现状水平年农业灌溉需水量计算只考虑现状有效灌溉面积的灌溉需水量；未来水平年农业灌溉需水量计算只考虑新建供水工程和现有工程挖潜扩灌后的有效灌溉面积的灌溉需水量。

（5）区域水资源供需平衡，应注意入境水量的处理。本区域流出的出境流量即为下游区域的入境流量，计算公式为

$$W_{出境}＝W_{入境}＋W_{本区}－W_{供}＋W_{回归} \qquad (5.2.41)$$

式中：$W_{出境}$为本区域供需平衡计算后的出境水量；$W_{入境}$为入境本区域的水量；$W_{本区}$为本区域当地径流量；$W_{供}$为本区域地表水可供水量；$W_{回归}$为本区域的回归水量。

（6）区域水资源供需不平衡时，应反馈分析增加供水与调整需水的可能性，进行综合分析，提出相应的对策和措施。

2.3.4 供需平衡分析的方法

在供需平衡分析中应先进行现状年已有工程不同保证率供水量和各水平年预测需水量的比较，论证目前规划工程的合理性和紧迫性；再进行各规划水平年不同方案的供水量与该年预测需水量的比较，论证新增水源工程作用和调整国民经济结构的必要性。各规划水平年的供水方案必须在经济、技术上是可实现的。

对各水平年供需预测方案进行综合平衡分析评价，制定规划区和主要城市及地区相应的对策和措施。要充分研究节水、水源保护和管理方面的对策和措施。

当拟定的供水不能满足需水预测时，应根据优先保证生活用水、统筹考虑工业和农业用水的原则，针对各种可能发生的情况，提出利于当地国民经济与社会持续发展的对策和措施，并作为反馈信息供进一步制定和修改国民经济发展规划时参考。

在供需平衡分析中，当分区缺水量过大时，应调整供需方案或调整国民经济发展指标，使供需基本协调。在社会经济发展指标经调整后仍无法平衡的地区，允许留有缺口并

提出有关的措施，同时分析计算因缺水可能造成的经济损失，供有关部门参考。

农村生活用水中，来用供水工程供水部分，在计算中单独作为今后供水工程发展需解决的问题之一，不参与供需平衡分析。

对基准年和水平年应对各分区进行 50％、75％、95％3 种保证率的水资源供需平衡分析，其中城市和重点地区应单独进行平衡分析，并求出各分区的余缺水量。

在供需平衡分析中，对深层地下水、地下水超采和污水利用水量，应作专门说明。这部分水量只能作为临时应急措施，不能当作今后可靠的供水水源。

不同水平年供水工程需要的投资计算中，对跨省、跨地区和综合利用工程应进行投资分摊。其中综合利用投资分析方法可参照《水利建设项曰经济评价规范》规定。

供水综合分析，除考虑水量平衡以外，还应充分分析和评价各方案的社会、经济及环境后果。对上述各方面影响较大的方案要提出相应的对策和改善措施，以保证所制订的方案切实可行。

供需平衡是一个反复的过程，由于供水与需水预测的多方案性，所以供需平衡也存在众多的方案，要对这些方案进行合理性分析，根据经济、技术、环境可行的原则，进行优化，是十分必要的。

以前的水资源供需方案中，多方案做的不多，特别是多方案的优化比较做的更少。在多方案选择时，要进行科学的比较，开展费用效益分析是十分重要的，我们在此方面非常薄弱，甚至一些大的工程都没有开展这方面的工作，所以规划设计方案难以被接受，出现各种不同意见，甚至是反对。如对于某地区而言，是用海水经济还是调水合算？对于这样的一个问题，不能简单地从成本上来否定某个方案或者赞成某个方案，应该在详细论证两方案的基础上，从社会、经济、环境等多种角度进行费用—效益分析，推荐方案供选择。

第3章 农村水资源保护

水资源保护是指为了防止水污染和合理利用水资源，采用行政、法律、经济、技术、教育等措施，对水资源进行的积极保护与科学管理。尽管全球的储水量较为丰富，但是能够被人们生产和生活所直接利用的水资源非常有限，同时，随着农业、工业和城市供水需求量不断提高，水污染问题逐渐加剧，导致有限的水资源量更为紧张。为了避免水资源危机，水资源的保护越来越受到人们的重视。

多年来，水资源保护工作的重点主要是城市和工业水污染的防治，而对农村和小城镇建设发展过程中的水资源问题重视明显不够。农村是整个社会的基础，随着经济的发展，农民生活水平不断提高，人口数量不断增长，农村综合开发和乡镇工业对水资源的需求日益扩大，农村环境污染和生态破坏情况日趋严重，农村水资源总体状况不容乐观。

3.1 农村水资源问题

当前农村面临的水资源状况千差万别，但总的说来，农村的水资源问题主要可以概括为以下几个方面。

1. 水污染加剧

近年来，全国农村的污水排放量不断增加，而某些地区由于缺少必要的排水管道和污水处理系统，导致了一定程度的水污染。引起水资源污染的原因很多，从农业生产来看，主要是由于农药化肥的施用及农业废弃物的排放；从乡镇工业生产来看，农村企业的生产经营缺乏节能降耗的动力，技术改造往往以扩大再生产为目标，而忽视了环境效益和生态效益，因此在获得经济效益的同时往往伴随着较为严重的水污染现象；从农村生活来看，居民生活消费水平不断提高，相应的产生了大量的生活垃圾而又得不到妥善的处理，污染了水环境。

2. 水资源可利用量减小

随着农村生产、生活用水需求的不断增加，水资源的利用正面临着严重的短缺危机。地表水可用量越来越少，很多地区都出现了河流水库取水困难的现象。地表水的衰减又导致农村用水开始过多依赖地下水资源，使得地下水开采过度，造成地下水水位下降、水质恶化。

3. 水资源浪费

我国人均水资源占有量远低于世界平均水平，水资源相对短缺，而与此形成鲜明对比的是水资源浪费现象极其严重。从农村地区来看，农业生产方面，从水源引水至田间，需要通过渠道或其他必要的水工建筑物，有一部分甚至一半以上的水在输配途中损失了；生活方面，农村饮用水主要来源于井水、地下水，用水成本较低，且用水供应无限制，居民节水意识淡薄，造成了农村水资源的极大浪费。

3.2 农村水资源保护内容

水资源保护的目标是减少和消除有害物质进入环境，防治水污染，维护水资源的水文、生物和化学等方面的自然功能，使人类活动适应于水生态系统的承载能力，最终保护水资源的永续利用，造福人类、贻惠子孙。

农村水资源保护的主要内容包括两个方面，即水量保护和水质保护。

在水量保护方面，对水资源应全面规划、统筹兼顾、综合利用、讲求效益，发展水资源的多种功能。注意避免水源枯竭、过量开采。同时，也要顾及环境保护要求和生态改善的需要。

在水质保护方面，应制定水质规划，提出防治措施，制定水环境保护法规和标准，进行水质调查、监测和评价，研究水体中污染物质迁移、污染物质转化和污染物质降解与水体自净作用的规律，建立水质模型，制定水环境规划，实行科学的水质管理。

3.3 农村水资源保护措施

农村水资源的保护是农业用水的重中之重，水资源的保护措施划分为农林工程措施和非工程措施两个环节，两个环节都是水资源保护中不可或缺的重要组成部分。

3.3.1 农林工程措施

（1）减少面源污染。农林生产中施用大量的化肥（主要是氮、磷类肥料），随着地表径流、水土流失等途径进入水体，形成面源污染。因此，在汇流区域内，应科学管理农田，控制施肥量，加强水土保持，减少化肥的流失，在有条件的地方，宜建立缓冲带，改变耕种方式，以减少肥料的施用量与流失量。在控制减少化肥和农药的使用同时，可以加大有机肥的投入，在农村积极推行生物工程技术，采用生物等手段对农业害虫进行防治，走一条新型的生态化农业道路。

（2）植树造林，涵养水源。植树造林，绿化江河湖库周围山丘大地，以涵养水源。森林与水源之间有着非常密切的关系，它具有截留降水、植被蒸腾、增强土壤下渗、抑制林地地面蒸发、缓和地表径流状况以及增加降水等功能，表现出较强的水文效应。森林通过这些功能的综合作用，发挥其涵养水源和调节径流的效能。

（3）发挥生态农业。建立养殖业、种植业、林果业相结合的生态工程，将畜禽养殖业排放的粪便有效利用于种植业和林果业，形成一个封闭系统，将生态系统中产生的营养物质在系统中循环利用，而不排入水体，减少对水环境的污染和破坏。

依据生态系统内物质和能量转化的基本规律建立的农、林、牧、副、渔互相结合、互相利用的综合生产模式。其生产结构是初级生产者农作物的产物能依食物链的各级营养级进行多层次转化、循环与利用，充分发挥资源能量效益。生态农业注意利用生物防治技术防治病虫害，尽量减少农用化学品的使用，科学用药施肥，确保食品安全。

（4）加强农村基础设施建设和灌溉区渠系的优化和维修，保证灌溉区域的灌溉输水利用率，减少因灌渠输水而产生的农村水资源损失，或采取新的灌溉技术，比如滴灌和喷灌等技术，高效率合理地利用水资源。

（5）采用污水灌溉

利用污水灌溉农田已有很久的历史。像欧洲柏林、巴黎等城市都有大量城市污水用于郊区农田灌溉；美国 1971 年用于农田灌溉的城市污水，约占总回用量的 59%。

实践证明，污水灌溉农田具有净化污水、提高肥源、改良土壤等好处，但同时也存在着影响环境卫生、导致土壤盐碱化等问题。因此，应加强管理，并根据土壤的物质、作物的特点及污水性质，采用妥善的灌溉制度和方法，并制定严格的污水灌溉标准。在国外一般严禁采用不经处理的污水灌溉，也不主张经过一级处理就用于农田，大多数则是经过二级处理（生化处理）后才可灌溉农田。

3.2.2　非工程措施

1. 加强水质监测、监督、预测及评价工作

加强水质监测和监督工作不应是静态的，而应是动态的。只有时刻掌握污染负荷的变化和水体水质情况的相应关系，才能对所采取的措施是否有效作出评判，并及时调整、实施措施以控制污染事态的发展。对污染防治设施不正常运行、污染物超标排放的企业，要加大查处力度，及时将监测结果通报给社会公众，实现社会监督。

2. 加大水资源宣传，提高水资源保护意识

要有针对性地加强对农民的宣传，根据农民的思维方式，用农民喜闻乐见的形式，使农民从根本上认识到水资源保护的重要性，可以适当地采取树立典型，表彰水资源保护先进个人，调动他们的积极性和热情。

3. 加强水资源管理

国内外农业灌溉的实践经验证明，灌溉节水的潜力 50% 在于加强管理。目前我国水资源的管理水平与先进国家相比差距很大。存在的主要差距是：一是促进水资源高效利用的法规政策不健全，缺乏鼓励农业高效用水的机制和管理手段；二是水资源高效利用技术体系尚未形成；三是涉及水资源管理部门过多，水资源管理不协调，降低了用水效率。

必须尽快建立起水资源管理体系，这包括建立保障水资源合理、高效利用的管理体系，实现水资源的统一管理；制定促进水资源合理利用的价格体系，形成用水管理的良性循环市场机制；建立促进农业水资源高效利用的保障体系。

第4章 农村水资源管理

农村城镇化进程的加快，导致农村水资源短缺、水质污染、用水效率低等问题日渐突出，严重制约着农村社会的可持续发展。如何加强农村水资源的有效管理已成为农村发展的一个重大社会问题。

4.1 妨碍农村水资源有效利用的因素

1. 意识因素

影响目前中国农村水资源有效利用的一个十分重要的因素为意识因素。农村合理利用水资源的意识非常淡薄，这不仅体现在农民个体甚至体现在政府及相关管理者。面对当前水资源短缺危机日渐严重的情况，还有相当一部分的农民抱持着水资源不会枯竭，可以无限使用的想法，很少考虑节水和有效用水问题。而另一方面，政府也很少对农民进行合理利用水资源及相关知识的宣传。

2. 财政因素

财政因素主要以农民与基层政府的财政能力状况为据。一部分农民在认识到节水重要性的情况下，却因个人财力有限，无法将喷灌、滴灌等节水技术应用于农业生产中，只能承袭传统的灌溉方式，或将改进灌溉技术的希望寄予政府。而县乡基层政府同样受制于其财政能力不足，不能真正给农民以有力的支持。

3. 技术因素

财政问题必然导致相应的技术问题。要实现农业有效用水，需解决技术输水方式和改善农田水利基础设施等问题。目前中国农村水利基础设施陈旧，农田灌溉的输水方式主要为传统的土渠灌溉、塑料管道、混凝土灌渠等，更高技术含量的输水渠道均未得到普及，喷灌、滴灌等节水灌溉方式大多只处于试验阶段。浇灌技术的落后必然导致水资源的流失。

4. 管理因素

管理的不完善是造成目前中国农村水资源粗放、低效利用的制度根源。各地方政府及地方政府中的各个部门常以自身需求出发，不相互协调，从而出现有些水资源管理方面，诸多部门参与管理，矛盾重重；而某些方面，无政府部门管理，缺少有效的监督，使得政府对水资源的管理常常陷于混乱和无效。

5. 政策因素

目前中国大部分地区农业用水价格偏低，无法反映供水成本，一些地方甚至是无偿用水。农民用水价格过于低廉的政策不利于农民合理利用水资源意识的提高，也不利于推进农村水资源合理有效利用。

4.2　水资源管理的概念和内容

4.2.1　水资源管理的概念

水资源管理是针对水资源分配、开发、利用、调度和保护的具体管理，是水资源规划方案的具体实施过程。

水资源管理的目标确定应与当地国民经济发展目标和生态环境控制目标相适应，不仅要考虑资源条件，而且还应充分考虑经济的承受能力。其总的要求是水量水质并重，资源和环境管理一体化；最终目标是努力使有限的水资源创造最大的社会经济效益和最佳生态环境，或者说以最小的投入满足社会经济发展对水的需求。

4.2.2　水资源管理的内容

（1）规定水资源的所有权、开发权和使用权。在生产资料私有制社会中，土地所有者可以要求获得水权，水资源成为私人专用。在社会主义国家中，水资源的所有权和开发权属于国家或集体，使用权则由管理机构发给用户使用证。

（2）制定水资源政策。为了管好用好水资源，需要根据不同时期国民经济的需要与可能，制定出一套相应的政策，例如：全面规划和综合利用政策，投资分摊和移民安置政策，水费和水资源费征收政策，水源保护和水污染防治政策等。

（3）制定水资源长期供求计划。在水资源评价和流域规划的基础上，以国民经济发展计划和国土整治规划为依据，按供需协调、综合平衡的原则编制长期供求计划，作为供、用水管理的指导性计划。计划要求在宏观上弄清今后水资源开发利用和保护管理方面应遵循的基本方向，拟定水源地和供水设施的建设计划，以及水的分配使用方面应采取的综合性对策。

（4）水量分配与调度。在一个流域或供水系统内，要按上下游、各部门兼顾和综合利用的原则，制定水量分配计划和调度方案，作为正常运用的依据。遇到水源不足的干旱年，还应采取应急措施，限制一部分用水，保证重要用水点的供水。对地表水和地下水要实行统一管理、联合调度，提高水资源的利用率。

（5）水质控制与保护。随着工业城市生活用水的增加，未经处理和未达到排放标准的废污水大量排放，使水体污染，减少了可利用水量，甚至造成社会公害。要采取行政、经济手段，监督、控制工矿企业和事业单位的排污量，促进污水处理设备的建立，实行排污收费、超标罚款和造成污染事故赔偿等措施，以保护水体的使用价值，保证供水的水质标准。

（6）防汛与防洪。洪水灾害给人民生命财产带来巨大损失，甚至会打乱整个国民经济的部署，因此防汛抗洪是关系到国计民生的大事，应列为水资源管理的重要内容。各级人民政府要根据流域防洪规划，制定防御洪水的方案，落实防洪措施，筹备抢险所需的物资和设备。除了维护水库和堤防的安全之外，还要防止行洪、分洪、滞洪、蓄洪的河滩、洼地、湖泊被侵占或破坏，实行经济赔偿政策，试办防洪保险事业。

（7）水情预报。河流水系实行多目标开发后，建筑物越来越多，管理单位也相应增加，日益显示出水情预报的重要性。为了搞好水资源管理，保证工程安全运行和提高经济效益，必须加强水文观测，做好水情预报工作。

4.3　农村水资源用水管理

我国水资源供需矛盾突出，水资源浪费严重。为满足国民经济部门的需水要求，在积极开发利用水资源的同时，还应有计划地合理用水和节约用水，建设节水型的城镇、工业和农业，从而使有限的水资源发挥最大的效益。

4.3.1　用水管理的概念

用水，指为生产和生活等需要而使用各种形态水资源（主要为地表水和地下水）的活动。作为一种法律行为，需遵循法律要求进行，当然也是社会和经济行为。

用水管理即是指运用法律、经济、行政手段，对各地区、各部门、各单位和个人的供水数量、质量、次序和时间的管理过程。其核心是尽量减少在用水过程中不必要的水量浪费，并不断改进工艺，设备及操作方式，以节约用水。

用水管理是国家对各项用水活动的全面管理，它与用水组成是分不开的。我国的用水组成主要是：工业用水、农业用水、城乡居民生活及牲畜用水，以及水力发电、渔业、航运等部门用水。

4.3.2　用水管理的手段

1. 水资源长期供需计划和水量分配

通过用水调查和用水预测，编制水资源的长期供需计划，从宏观上控制用水，以缓解供需矛盾，通过合理的水量分配，将总用水量控制在合理的范围内。同时，还应对当地社会的需水进行预测，以便尽早找出解决对策，使水资源得到充分持久的利用。

2. 取水许可制度

取水许可制度是法律方面在行政管理中的应用。通过取水许可制度的实施，可以对社会的取水和用水进行有效的控制，促进水资源的合理开发和使用。该制度主要包括取水申请、审批、发证和用水监督。任何单位和个人在未取得许可前自行取水，均属违法行为。

3. 征收水费和水资源费

水费和水资源费的征收是法律方法在经济管理中的具体体现。它可以促进各用水单位节约用水、合理用水，因为用水的多少与供水成本直接有关。此外，还可以对供水工程进行维护与维修，对促进和扩大供水工程的供水能力起到重要作用。

4. 计划用水

计划用水是用水管理的核心，也是用水管理的基本制度。用水管理在水的长期供需计划和水量分配的基础上，按当年的来水量、需水量、供水量和供水能力来制定用水计划，并组织实施与监督，做到对水资源的合理配置。

5. 节约用水

节约用水是我国的基本国策，这是基于我国是一个水资源相对短缺的国家而制定的。它可以促进各用水单位合理用水和高效用水。节约用水的多少，是衡量一个单位合理用水和经济效益的重要指标。

4.3.3　农业合理用水和节约用水

1. 调整农业结构和作物布局

在摸清当地水资源分布特点和开发利用现状的基础上，因地制宜，根据水资源的多少和作物对水的要求，制定适合于当地的农业结构；或调整作物布局，使水土资源充分、合理、优化利用，达到节水、稳产、增产的目的。

2. 扩大可利用的水源

在统筹兼顾、全面规划的基础上，采用各种方法广开水源，并尽可能做到一水多用，将原来不能利用的水转化为可以利用的水，这是合理利用水资源的一个重要方面。例如，我国山区、丘陵地区创建和推广的大中小、蓄引提相结合的"长藤结瓜"系统，是解决山丘区灌溉水源供求矛盾的一种较合理的灌溉系统。它从河流或湖泊引水，通过输水配水渠道系统将灌区内部大量分散的塘区和小水库连通起来。在非灌溉季节，利用渠道将河水或湖水引入塘库蓄存，傍山渠道还可承接坡面径流入渠灌塘；用水紧张季节可从塘库放水补充河水之不足。小型塘库之间互相连通调度，可以做到以丰补歉、以闲济急。这样不仅比较充分利用了山区、丘陵地区可利用的水源，也充分利用了当地的各种水资源，提高了灌溉保证率。

3. 减少输水损失

我国很多灌区由于工程配套不全，管理不善，大多为土质渠道等原因，输水过程中水量损失十分严重，渠系水利用系数相当低。这就是说，从渠首引入的水量有相当一部分，甚至大部分都没有被利用，而是在通过渠道和建筑物的过程中渗漏损失掉了。因此，采取措施减少输水损失是节约灌溉水源的重要途径。为了减少输水损失，除应加强用水管理、提高管理水平以外，在技术上应采取一些措施。如重视用新的技术装备对灌区进行更新改造，调整渠系布局，搞好工程配套；采用渠道防渗，用混凝土、石料、沥青和塑料薄膜等作为衬砌材料，选用时要保证一定防渗效果的前提下，就地取材；还有以管道代替明渠输水来减少渗漏和免除输水过程中的蒸发损失等途径。

4. 提高灌水技术水平

良好的灌水方法不仅可以保证灌水均匀，节省用水，而且有利于保持土壤结构和肥力。正确的选择灌水方法是进行合理灌溉，节约灌溉水源的重要环节。首先要改进传统灌水技术，如选择平整地面、小畦灌溉、细流沟灌以及单灌单排的淹灌等的地面灌溉技术；其次，采用国际上也已发展起来的先进节水灌水方法如喷灌、滴灌、微喷灌和渗灌等。

综上所述，各地应结合自己的特点，因地制宜，就地取材，制定出一套技术可靠、经济合理的农业节水方案，充分利用水资源。

4.4　农村水资源管理的措施

水资源管理是一项复杂的水事行为，包括很广的管理内容，采取相应措施保证其实施至关重要。

（1）加强工程管理体制改革。明晰所有权，放开建设权，搞活经营权，盘活存量资产，形成滚动发展，实现农村小型水利设施建、管、用和责、权、利的有机统一，建立符合市场经济要求的小型水利工程建设和管理体制。

（2）加强农村用水协会建设。资源保护也是一项人民群众性的事业，其成败离不开群众的参与。以各种协会组织的形式将老百姓密切联系组织起来，有助于发挥老百姓的治理热情，同时，他们身处水资源保护第一线，最了解现实情况，能够及时的处理有关事情。农民用水协会的建立有效化解了灌溉区内的各种矛盾，充分调动了群众参与水资源保护与管理的积极性。将小型水利设施移交给农民用水协会管理。各协会建立健全章程和岗位责任制，建立科学合理的配水机制，透明公开的量水机制，公开公平的收费机制，可以根据现实水资源情况，不断调整水价，进行阶梯价格征收，提高黄金时段的水价，促使水资源的节约。

（3）加强宣传，提高对水利在国民经济发展中战略地位的认识。可由当地政府分管领导与组织，宣传、新闻等部门组成宣传小组，专门负责对群众进行教育与沟通，收集群众的意见和建议，为农村水利建设顺利实施提供舆论保障。

（4）颁布法律、法规以加强和完善水资源管理。运用法律手段，将水资源管理纳入法制轨道，逐步完善水法规体系，出台相关的地方性法规和政策，使所有水事行为有法可依，有章可循。

（5）协调部门间关系，合理界定政府各部门的职责权限。中国农村水资源合理利用和农村经济的可持续发展涉及多方面问题，解决这些问题涉及诸多政府相关部门。多年来在我国，由于政府部门利益不同造成了"多龙治水"的局面，在农村水资源管理上多头负责、权限交叉。如今在对农村水资源实施管理的过程中，合理界定政府各部门的职责权限，协调各部门间的关系，已成为当务之急。

（6）政府的经济扶助与技术支持。当今中国农村水资源的合理利用需要政府在财力上加大支持力度。目前我国农业节水的效果之所以不明显，原因之一在于缺少财政支持。政府财力投入不足，致使乡村一级难以开展水利基本建设项目。近年来，政府在水利方面的投资方向主要是电站、防汛堤坝等大型工程项目，农村灌溉系统的建设难以立项。由于目前尚未能形成国家投资、地方配套（资金）及农民投入劳动力的三位一体的管理体系，尤其是地方配套资金和农民劳动力投入无法落实，致使许多灌溉区成了"半拉子工程"，即使国家予以投资仍不能发挥应有的效用。

农村水资源的有效利用需要政府的技术支持。政府有必要加大投入力度去推动农业节水技术的研究和推广。目前我国农业节水技术发展缓慢的原因之一在于长期以来政府在农业科技方面投入不足。中国农村的主要生产方式为以家庭为单位的小规模生产方式，在此种情况下，农民难以承受管道灌溉、喷灌和滴灌等技术的高成本，需要靠政府在节水灌溉技术、节水灌溉工程、节水高产耕作技术和节水高产抗旱品种技术等方面给以帮助，加大投入。

第6篇

农村水土保持技术

水土保持是保护我中华民族生存空间的伟大工程，也是对世界文明的一大贡献。近年来，我国开展了大规模的水土保持工作，取得了举世瞩目的成就。但同时，我国又是世界上人口最多、水土资源相对匮乏、水土流失最为严重的发展中国家。随着国民经济的快速增长和人民生活水平的不断提高，人们对水土资源的需求也会越来越高，人为造成水土流失的现象也会越来越严重。但现在社会上人们对水土保持的认识还比较模糊、片面，人为造成水土流失，边治理、边破坏的现象十分严重，水土保持面临的形势依然严峻。

第1章 概　述

1.1　水　土　保　持

1.1.1　水土保持的概念

20世纪20年代我国开始研究水土流失问题，40年代初，"水土保持"一词在我国产生，此后的几十年中水土保持的内容不断充实和完善。水土保持的概念也由初期的土壤保持发展为今天的水土保持并举，从单一强调土壤侵蚀引起土地生产力退化到同时强调土壤侵蚀环境与全球生态环境的联系。

1991年6月29日第七届全国人民代表大会常务委员会第20次会议通过了《中华人民共和国水土保持法》，并在第二条中对"水土保持"这一名词进行了解释，明确了水土保持的概念："指对自然因素和人为活动造成水土流失所采取的预防和治理措施。"1993年国务院又发布了《中华人民共和国水土保持法实施条例》，使我国的水土保持工作步入了预防为主，依法防治的轨道。

1.1.2　水土保持研究对象

《中国农业百科全书·水利卷》对水土保持学的定义是：研究水土流失形式、发生的原因和规律，阐明水土保持的基本原理；据以制定规划和运用措施，防治水土流失，保护、改良和合理利用水土资源，维护和提高土地生产力；为发展农业生产，治理江河与风沙，建立良好的生态环境服务的一门应用技术科学。这个定义决定了水土保持学的主要研究对象是地壳表层的水和土。水和土是人类赖以生存的基本物质，是发展农业生产的基本要素。可见，水土保持学在国民经济建设中具有十分重要的作用和意义。由水土保持学的根本任务和当前学科发展状况来看，它的基本研究内容可归纳为以下几个方面：

（1）研究水土流失的形式、分布和危害。即研究地表土壤及其母质，基岩受水力、风力、重力、冻融和化学等作用所产生的侵蚀形式，以及被侵蚀物质的搬运、堆积形式及危害；研究径流的形成与损失过程；研究水土流失的分布情况，包括水土流失类型区的自然特点和水土流失特征；研究水土流失对国民经济，包括对农业生产、江河湖泊、工矿企业、水陆交通、城镇居民安全以及生态环境等方面的危害。

（2）研究水土流失规律和水土保持原理。即研究在不同气候、地形、地质、土壤、植被等多种自然因素综合作用下，水土流失产生和发展的规律，以及人类活动因素在水土流失和水土保持中的作用。

（3）研究水土流失，水土资源调查和评价的方法及水土保持区划；研究合理利用土地，组织和运用工程、林草、农业耕作等措施保持水土，发展农业生产的规划原则与方法。

1.2 水土流失现状、趋势及危害

1.2.1 水土流失的现状

在我国，土壤侵蚀包括水蚀、风蚀和冻融侵蚀等主要类型。目前，全国除了 356.92万 km^2 的水蚀和风蚀外，还有 127.82 万 km^2 的冻融侵蚀。若把冻融侵蚀记入水土流失总面积内，则全国水土流失总面积为 484.74 万 km^2，占国土总面积的 51.1%。按照水土流失强度来划分等级，则截至到 2000 年底为止，轻度、中度、强度、极强度和剧烈各等级水土流失的面积分别为 163.84 万 km^2、80.86 万 km^2、42.23 万 km^2、32.42 万 km^2 和37.57 万 km^2，分别占水土流失总面积的 45.9%、22.7%、11.8%、9.1% 和 10.5%。全国水土流失面积中，轻度和中度面积所占比例较大，达 68.6%。全国不同时期水土流失面积见表 6.1.1。

表 6.1.1　　　　　　　　　　　　全国不同时期水土流失面积　　　　　　　　　　单位：km^2

水土流失类型	年份	总面积	轻度	中度	强度	极强度	剧烈
水蚀	1985	1794169.22	919122.48	497811.51	244615.51	91402.27	41217.45
	1995	1648815.35	830551.65	554911.51	178306.67	59940.67	25104.85
	2000	1612190.55	829541.80	527712.78	172018.98	59413.66	23503.33
风蚀	1985	1876099.19	941091.85	278748.76	231677.45	166227.79	258353.34
	1995	1906741.89	788256.73	251199.64	247991.04	270139.25	349155.23
	2000	1957022.00	808888.70	280903.30	250274.80	264790.20	352164.60
合计	1985	3670268.41	1860214.33	776560.27	476292.96	257630.06	299570.79
	1995	3555557.24	1618808.38	806111.15	426297.71	330079.92	374260.08
	2000	3569212.55	1638430.50	808616.08	422293.78	324203.86	375667.93

3 次调查成果表明，全国水土流失面积大、范围广。全国现有土壤侵蚀面积达到 357 万 km²，占国土面积的 37.2%。水土流失不仅广泛发生在农村，而且发生在城镇和工矿区，几乎每个流域、每个省份都有。从我国东、中、西三大区域分布来看，东部地区水土流失面积 9.1 万 km²，占全国的 2.6%；中部地区为 51.15 万 km²，占全国的 14.3%；西部地区为 296.65 万 km²，占全国的 83.1%。

另外，水土流失强度大、侵蚀重。我国年均土壤侵蚀总量 45.2 亿 t，约占全球土壤侵蚀总量的 1/5。主要流域年均土壤侵蚀量为每平方公里 3400 多吨，黄土高原部分地区甚至超过 3 万 t，相当于每年 2.3cm 厚的表层土壤流失。全国侵蚀量大于每年每平方公里 5000t 的面积达 112 万 km²。

根据水土流失面积占国土面积的比例以及流失强度综合判定，我国现有严重水土流失县 646 个。其中，长江流域 265 个、黄河流域 225 个、海河流域 71 个、松辽河流域 44 个，分别占 41.0%、34.9%、11.0% 和 6.8%。从省级行政区来看，水土流失严重县最多的省份是四川省，97 个；其次是山西省，84 个；然后依次是陕西省 63 个，内蒙古自治区 52 个，甘肃省 50 个。

1.2.2　水土流失趋势

1. 水土流失强度动态变化

从 3 次全国水土流失普查结果分析，1985—2000 年的 15 年间，我国水土流失总面积有所减少，但变化不大；不同类型水土流失、不同区域的水土流失变化差异明显，出现不同的发展趋势。

2. 水土流失总体变化状况

1985、1995 和 2000 年，全国水土流失面积分别为 367.03 万 km²、355.56 万 km² 和 356.92 万 km²。总体上，全国水土流失呈现面积减少、强度降低的趋势。15 年间，水土流失面积共减少 10.11 万 km²，减幅 2.8%。其中，前 10 年，水土流失面积减少 11.47 万 km²，减幅 3.1%；后 5 年，水土流失面积增加 1.36 万 km²，增幅 0.4%。

15 年间，各强度等级的水土流失中，轻度侵蚀面积减少最多，共减少 22.18 万 km²，减幅 11.9%。其中，前 10 年间减少 24.14 万 km²，减幅 13.0%，后 5 年间增加 1.96 万 km²，增幅 1.2%。相对而言，中度、强度、极强度和剧烈侵蚀的面积变化较小，其中，强度侵蚀的面积有所减少，中度、极强度和剧烈侵蚀的面积略有增加。

3. 不同类型水土流失变化状况

（1）水蚀变化状况。1985、1995 和 2000 年，全国水蚀面积分别为 179.42 万 km²、164.88 万 km² 和 161.22 万 km²，总体上，全国水蚀变化呈现面积减少、强度降低的趋势。

15 年间，水蚀面积共减少 18.20 万 km²，减幅 10.1%，平均每年减少 0.91 万 km²。其中，前 10 年平均每年减少 1.45 万 km²，面积变化较大，后 5 年平均每年减少 0.73 万 km²，面积变化不大。

15 年间，水蚀各强度等级中，轻度侵蚀面积减少 9.7%，中度侵蚀面积增加 6.0%，强度侵蚀面积减少 29.7%，极强度侵蚀面积减少 35.0%，剧烈侵蚀面积减少 43.0%，除中度侵蚀面积稍有增加外，其余各等级强度的侵蚀面积均呈下降趋势，特别是强度侵蚀以上面积减少幅度较大。

（2）风蚀变化状况。1985、1995 和 2000 年，全国风蚀面积分别为 187.61 万 km²、190.67 万 km² 和 195.70 万 km²，总体上，全国风蚀变化呈现面积增加、强度升高的趋势。

15 年间，风蚀面积共增加 8.09 万 km²，增幅 4.3%，平均每年增加 0.54 万 km²。其中，前 10 年平均每年增加 0.31 万 km²，后 5 年平均每年增加 1.01 万 km²，呈加速增加趋势。

15 年间，风蚀各强度等级中，只有轻度侵蚀面积减少 13.22 万 km²，减幅 14.0%，其他各强度等级的面积均有所增加，中度、强度、极强度和剧烈侵蚀的面积分别增加 0.22 万 km²、1.86 万 km²、9.86 万 km² 和 0.94 万 km²，增幅分别为 0.8%、8.0%、59.3% 和 36.3%。全国风蚀呈上升趋势，特别是极强度和剧烈风蚀的面积增幅较大。

4. 不同经济区域水土流失变化状况

从 20 世纪 80 年代中期到 21 世纪初，全国水土流失面积分布的总体格局没有改变，西部地区仍然是我国水土流失最严重的地区，水土流失面积继续扩大，而其他各区域的水土流失面积和强度均有下降趋势。

（1）东部地区变化状况。从 20 世纪 80 年代中期到 21 世纪初的 15 年间，东部地区水土流失总面积由 14.29 万 km² 减少到 9.11 万 km²，减少 5.18 万 km²，减幅 36.2%，呈明显减少趋势。水土流失强度明显降低，除极强度侵蚀面积增加 7.8% 外，轻度、中度、强度和剧烈各等级侵蚀面积均明显减少，减幅分别为 43.3%、33.1%、14.3% 和 26.1%。东部地区水土流失整体情况好转。水蚀面积从 13.23 万 km² 减少到 8.75 万 km²，减少 4.48 万 km²，减幅 33.9%，其中，轻度、中度、强度和剧烈等水蚀面积分别减少 3.06 万 km²、1.27 万 km²、0.15 万 km² 和 0.01 万 km²，减幅分别为 40.4%、31.8%、10.9% 和 25.0%。只有极强度侵蚀面积略有增加，增加 0.02 万 km²。风蚀面积从 1.05 万 km² 减少到 0.36 万 km²，减少 0.69 万 km²，减幅 65.7%，其中，轻度、中度和强度等风蚀面积分别减少 0.47 万 km²、0.15 万 km² 和 0.06 万 km²，减幅分别为 78.3%、45.5% 和 46.2%。

（2）中部地区变化状况。1985、1995 和 2000 年，中部地区水土流失总面积分别为 43.39 万 km²、34.10 万 km² 和 33.48 万 km²，略呈下降趋势。15 年间，水土流失总面积共减少 9.92 万 km²，减幅 22.9%。水土流失强度整体降低，轻度、中度、强度、极强度和剧烈各等级侵蚀面积均明显减少，减幅分别为 8.4%、23.0%、55.9%、29.5% 和 14.0%。中部地区水土流失整体情况有所好转。

前 10 年和后 5 年两个阶段，水蚀和风蚀表现出不同的变化趋势：水蚀的面积与强度在两个阶段都呈下降趋势，前 10 年间下降较快，后 5 年间下降较慢；对于风蚀，前 10 年间呈下降趋势，面积减少，强度大幅降低，后 5 年间风蚀面积呈小幅增长趋势，以轻度风蚀面积增加为主。

（3）西部地区变化状况。1985、1995 和 2000 年，西部地区水土流失总面积分别为 286.77 万 km²、293.74 万 km² 和 296.65 万 km²，呈增加趋势。15 年间，水土流失面积共增加 9.88 万 km²，增幅 3.4％，其中，前 10 年间平均每年增加 0.70 万 km²，后 5 年间平均每年增加 0.58 万 km²。水土流失强度整体升高，除轻度面积减少 10.9％外，中度、强度、极强度和剧烈各等级的侵蚀面积均有所增加，增幅分别为 19.1％、0.4％、30.5％和 26.8％。

从水土流失类型看，水蚀和风蚀变化呈现不同的变化趋势：水蚀面积变化不大，20 世纪 90 年代中期前呈增加趋势，之后呈小幅下降趋势，平均强度变化不大；风蚀面积呈持续增加趋势，平均风蚀强度增大。

15 年间，水蚀面积增加 0.98 万 km²，增幅 0.9％，保持相对稳定，其中，前 10 年间，水蚀面积由 104.07 万 km² 增加到 106.84 万 km²，平均每年增加 0.28 万 km²，后 5 年间，水蚀面积由 106.84 万 km² 减少到 105.05 万 km²，平均每年减少 0.36 万 km²。水蚀强度整体降低，强度侵蚀以上水蚀面积下降幅度较大。轻度、强度、极强度和剧烈各等级侵蚀面积分别减少 1.49 万 km²、2.54 万 km²、2.62 万 km² 和 1.64 万 km²，减幅分别为 2.7％、17.7％、36.8％和 53.8％，而中度侵蚀面积增加 9.26 万 km²，增幅 37.9％。

15 年间，风蚀面积增加 8.90 万 km²，增幅 4.9％，呈增长趋势，其中，前 10 年间，风蚀面积由 182.70 万 km² 增加到 186.89 万 km²，平均每年增加 0.42 万 km²，后 5 年间，风蚀面积由 186.89 万 km² 增加到 191.60 万 km²，平均每年增加 0.94 万 km²，呈加速增加趋势。风蚀强度呈增加趋势，中度、强度、极强度和剧烈各等级侵蚀面积分别增加 0.71 万 km²、2.19 万 km²、9.86 万 km² 和 9.38 万 km²，增幅分别为 2.7％、9.8％、59.3％和 36.3％，只有轻度侵蚀面积减少 13.23 万 km²，减幅 14.4％。

（4）东北地区变化状况。1985 年、1995 年和 2000 年，东北地区水土流失总面积分别为 22.58 万 km²、17.96 万 km² 和 17.68 万 km²，呈不断减少趋势。

15 年间，水土流失面积共减少 4.90 万 km²，减幅 21.7％，其中，前 10 年间平均每年减少 0.46 万 km²，后 5 年间平均每年减少 0.06 万 km²，呈持续下降趋势。水土流失强度明显降低，轻度、中度、强度和极强度各等级侵蚀面积均明显减少，减幅分别为 18.2％、24.0％、35.7％和 58.4％，但剧烈侵蚀面积从无到有，为 0.03 万 km²。从水土流失类型看，水蚀面积减少，而风蚀面积略有增加。

15 年间，水蚀面积共减少 5.14 万 km²，减幅 25.7％，其中，前 10 年间平均每年减少 0.46 万 km²，后 5 年间平均每年减少 0.05 万 km²。从水蚀强度看，轻度、中度、强度和极强度各等级侵蚀面积分别减少 2.66 万 km²、1.78 万 km²、0.14 万 km² 和 1.64 万 km²，减幅分别为 2.17％、29.2％、40.7％和 60.9％，而剧烈侵蚀从无到有，面积为 0.03 万 km²。东北地区风蚀面积较小，强度低，尚无极强度以上的风蚀发生，但轻度和中度风蚀面积呈加速增加趋势。

15 年间，风蚀面积共增加 0.25 万 km²，增幅 1.0％，其中，轻度和中度侵蚀面积分别增加 0.20 万和 0.11 万 km²，增幅 15.6％和 12.4％，强度侵蚀面积减少 0.06 万 km²，减幅 16.2％。前 10 年间，风蚀面积从 2.54 万 km² 增加到 2.55 万 km²，增加速度很慢，但之后的 5 年内，风蚀面积从 2.55 万 km² 增加到 2.79 万 km²，增加速度明显加快。

1.2.3 水土流失的危害

严重的水土流失给中国的社会经济发展和人民群众生活、生产带来多方面的危害。

水土流失既是土地退化和生态恶化的主要形式，也是土地退化和生态恶化程度的集中反映，对经济社会发展的影响是多方面的、全局性的和深远的，甚至是不可逆的。

　　（1）导致土地退化，耕地毁坏，使人们失去赖以生存的基础，威胁国家粮食安全。我国人均占有耕地面积远低于世界平均水平，人地矛盾突出，严重的水土流失又加剧了这一矛盾。我国因水土流失而损失的耕地平均每年约 100 万亩。北方土石山区、西南岩溶区和长江上游等地有相当比例的农田耕作层土壤已经流失殆尽，母质基岩裸露，彻底丧失了农业生产能力。根据这次科学考察，按现在的流失速度推算，50 年后东北黑土区 1400 万亩耕地的黑土层将丧失殆尽；35 年后西南岩溶区石漠化面积将增加一倍。

　　（2）导致江河湖库淤积，加剧洪涝灾害，对我国防洪安全构成巨大威胁。水土流失导致大量泥沙进入河流、湖泊和水库，削弱河道行洪和湖库调蓄能力。黄河水患的症结在于黄土高原的水土流失，1950—1999 年下游河道又淤积泥沙 92 亿 t，致使河床普遍抬高 2～4m。辽河干流下游部分河床已高于地面 1～2m，也已成为地上悬河。全国 8 万多座水库年均淤积 16.24 亿 m^3。洞庭湖年均淤积 0.98 亿 m^3。泥沙淤积是造成调蓄能力下降的主要原因之一。

　　同时，由于水土流失使上游地区土层变薄，土壤蓄水能力降低，增加了山洪发生的频率和洪峰流量，增加了一些地区滑坡泥石流等灾害的发生机会。泥石流是水土流失的一种极端表现形式，陡峭的地形、大量松散固体物质和高强度降雨是形成泥石流的 3 个必要条件，植被破坏、陡坡开荒、生产建设过程中的乱挖乱弃等不合理活动都会导致径流增加，加大泥石流发生的频率，扩大泥石流的规模，加重危害程度。

　　（3）恶化生存环境，加剧贫困，成为制约山丘区经济社会发展的重要因素。水土流失破坏土地资源、降低耕地生产力，不断恶化农村群众生产、生活条件，制约经济发展，加剧贫困程度，不少山丘区出现"种地难、吃水难、增收难"。水土流失与贫困互为因果、相互影响，水土流失最严重地区往往也是最贫困地区，我国 76% 的贫困县和 74% 的贫困人口生活在水土流失严重区。多数革命老区水土流失严重，群众生活困难。赣南 15 个老区县中，有 10 个是水土流失严重县；陕北老区县 25 个，全部为水土流失严重县。同时，我国西南、西北许多少数民族区也多为水土流失严重区，贵州省铜仁地区和黔西南布依族、苗族自治州 11 个民族县，全部为水土流失严重县；甘肃省临夏回族自治州 7 个民族县，全部为水土流失严重县。

　　（4）削弱生态系统功能，加重旱灾损失和面源污染，对我国生态安全和饮水安全构成严重威胁。水土流失与生态恶化互为因果。一方面，水土流失导致土壤涵养水源能力降低，加剧干旱灾害；另一方面，水土流失作为面源污染的载体，在输送大量泥沙的过程中，也输送了大量化肥、农药和生活垃圾等面源污染物，加剧水源污染。全国现有重要饮用水源区中作为城市水源地的湖库，95% 以上处于水土流失严重区。水土流失还导致草场退化，防风固沙能力减弱，加剧沙尘暴；导致河流湖泊萎缩，野生动物栖息地消失，生物多样性降低。

第 2 章 水土保持工程措施

　　水土保持工程措施是小流域水土保持综合治理措施体系的主要组成部分，它与水土保持生物措施及其他措施同等重要，不能互相代替。水土保持工程研究的对象是斜坡及沟道中的水土流失机理，即在水力、风力、重力等外营力作用下，水土资源损失和破坏过程及工程防治措施。

　　我国根据兴修目的及其应用条件，水土保持工程可以分为以下 4 种类型：①山坡防护工程；②山沟治理工程；③山洪气压层工程；④小型蓄水用水工程。

　　山坡防护工程的作用在于用改变小地形的方法防止坡地水土流失，将雨水及融雪水就地拦蓄，使其渗入农地、草地或林地，减少或防止形成坡面径流，增加农作物、牧草以及林木可利用的土壤水分。同时，将未能就地拦蓄的坡地径流引入小型蓄水工程。在有发生重力侵蚀危险的坡地上，可以修筑排水工程或支撑建筑物，防止滑坡作用。

　　属于山坡防护工程的措施有：梯田、拦水沟埂、水平沟、水平阶、水簸箕、钱鳞坑、山坡截流沟、水窖（旱井）以及稳定斜坡下部的挡土墙等。

　　山沟治理工程的目的在于防止兆头前进、沟床下切、沟岸扩张，减缓沟床纵坡、调节山洪洪峰流量，减少山洪或泥石流的固体物质含量，使山洪安全排泄，对沟口冲积堆不造成灾害。

2.1 梯 田

　　梯田的修筑不仅历史悠久，而且普遍分布于世界各地，尤其是在地少人多的第三世界国家的山丘地区。中国是世界上最早修筑梯田的国家之一，在西汉时代坡地上已出现了梯田雏形。但"梯田"一词的正式记载则首见于南宋范成大的《骖鸾集》（成书于 1172 年）："仰山，缘山腹乔松之磴甚危；岭阪上皆禾田，层层而上至顶，名梯田。"元王祯《农书》也有关于梯田的记述："梯田，谓梯山为田也。"清蒲松龄将梯田的作用也说得很清楚："一则不致冲决，二则雨水落淤，名为天下。"新中国成立后，修筑梯田发展很快，据不完全统计，目前全国共修梯田 1 亿多亩，其中黄土高原新建和改造旧梯田约 4000 万亩（内条田约 1500 万亩）。成为发展农业生产的一项重要措施。

　　梯田是山区、丘陵区常见的一种基本农田，它是由于地块顺坡按等高线排列呈阶梯状而得名。在坡地上沿等高线修成阶台式或坡式断面的田地，梯田可以改变地形坡度，拦蓄雨水，增加土壤水分，防治水土流失，达到保水、保土、保肥的目的，同改进农业耕地作技术结合，能大幅度地提高产量，从而为贫困山区退耕陡坡，种草种树，促进农、林、牧、副业全面发展创造了前提条件。所以，梯田是改造坡地，保持水土，全面发展山区、丘陵区农业生产的一项措施。我国规定，25°以上的坡地则应退耕植树种草。

2.1.1　梯田的分类

2.1.1.1　按断面形式分类

1. 阶台式梯田

在坡地上沿等高线修筑成逐级升高的阶台形的田地。

（1）水平梯田。田面呈水平，适宜于种植水稻和其他旱作、果树等，断面示意图如图6.2.1所示。

（2）坡式梯田。顺坡向每隔一定间距沿等高线修筑地埂而成的梯田。依靠逐年耕翻、径流冲淤并加高地埂，使田面坡度逐年变缓，终形成水平梯田，所以这也是一种过渡的形式。断面示意图如图6.2.2所示。

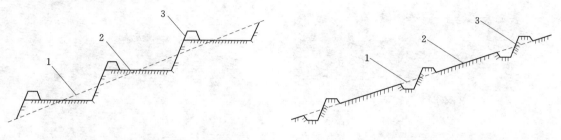

图 6.2.1　水平梯田断面示意图
1—原地面；2—田面；3—地埂

图 6.2.2　坡式梯田断面示意图
1—原地面；2—田面；3—地埂

（3）反坡梯田。田面微向内侧倾斜，反坡一般可达2°，能增加田面蓄水量，并使暴雨时过多的径流由梯田内侧安全排走。适于栽植旱作物与果树。干旱地区造林所修的反坡梯田，一般宽仅1～2m，反坡为10°～15°。断面示意图如图6.2.3所示。

（4）隔坡梯田。相邻两水平阶台之间隔一斜坡段的梯田，从斜坡段流失的水土可被截留于水平阶台，有利于农作物生长；斜坡段则种草、种经济林或林粮间作。一般在25°以下的坡地上修隔坡梯田，可作为水平梯田的过渡。断面示意图如图6.2.4所示。

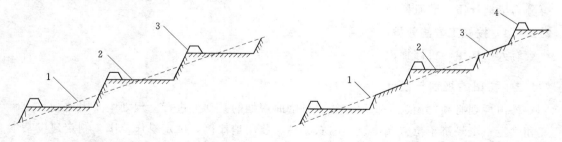

图 6.2.3　反坡式梯田断面示意图
1—原地面；2—田面；3—地埂

图 6.2.4　隔坡式梯田断面示意图
1—原地面；2—田面；3—所隔坡面；4—地埂

2. 波浪式梯田

在缓坡上修筑的断面呈波浪式的梯田，一般是在小于7°的缓坡地上，每隔一定距离沿等高线方向修软埝和截水沟，两埝之间保持原来坡面。这种梯田美国较多，苏联、澳大利亚等国也有一些。其断面示意图如图6.2.5所示。

．

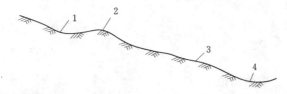

图 6.2.5　波浪式梯田断面示意图

1—截水沟；2—软埝；3—田面；4—原地面

坎的植物田坎梯田。

2.1.1.2　按田坎建筑材料分类

按田坎建筑材料分类，可分为土坎梯田、石坎梯田、植物田坎梯田。黄土高原地区，土层深厚，年降水量少，主要修筑土坎梯田（图 6.2.6）。土石山区，石多土薄，降水量多，主要修筑石坎梯田（图 6.2.7）。陕北黄土丘陵地区，地面广阔平缓，人口稀少，则采用以灌木、牧草为田坎的植物田坎梯田。

图 6.2.6　土坎梯田

图 6.2.7　石坎梯田

2.1.1.3　按土地利用方向分类

按土地利用方向分类，有农田梯田、水稻梯田、果园梯田、林木梯田等。以灌溉与否可分为旱地梯田、灌溉梯田。

2.1.1.4　按施工方法分类

有人工梯田、机修梯田。

2.1.2　梯田的规划与设计

梯田规划必须在山、水、田、林、路全面规划的基础上进行。规划中要因地制宜地研究和确定一个经济单位（乡或镇）的农、林、牧用地比例，确定耕作范围，制定建设基本农田规划。

在梯田规划中，要根据耕作区地形情况，合理布设道路，搞好地块规划与设计，确定施工方案，作好施工进度安排。在地块规划设计中，最重要的是确定适当的田面宽度和地坎坡度。

2.1.2.1　梯田的规划

1. 耕作区的规划

耕作区的规划，必须以一个经济单位（一个镇或一个乡）农业生产和水土保持全面规划为基础。研究确定农、林、牧业生产的用地比例和具体位置，选出其中坡度较缓、土质较好、距村较近，水源及交通条件比较好，有利于实现机械化和水利化的地方，建设高产稳产基本农田，然后根据地形条件，划分耕作区。

在塬川缓坡地区，一般以道路、渠道为骨干划分耕作区，在丘陵陡坡地区，一般按自然地形，以一面坡或峁、梁为单位划分耕作区，每个耕作区面积，一般以 50～100 亩为宜。

如果耕作区规划在坡地下部，有暴雨径流下泄时，应在耕作区上缘开挖截水沟，拦截上部来水，保证耕作区不受冲刷。

2. 地块规划

（1）地块的平面形状，应基本上顺等高线呈长条形、带状布设。

（2）当坡面有浅沟等复杂地形时，地块布设必须注意"大弯就势，小弯取直"，不强求一律顺等高线。

（3）如果梯田有自流灌溉条件，则应使田面纵向保留 1/300～1/500 的比降，以利行水，在某些特殊情况下，比降可适当加大，但不应大于 1/200。

（4）地块长度规划，有条件的地方可采用 300～400m，一般是 150～200m，在此范围内，地坡越长，机耕时转弯掉头次数越少，工效越高，如有地形限制，地块长度最好不要小于 100m。

（5）在耕作区和地块规划中，如有不同镇、乡的插花地，必须进行协商和调整，便于施工和耕作。

3. 梯田附属建筑物规划

（1）坡面蓄水拦沙设施的规划。梯田区的坡面蓄水拦沙设施的规划内容，包括"引、蓄、灌、排"的坑、池、塘、埝等缓流拦沙附属工程。规划程序上可按"蓄引结合，蓄水为灌，藻余后排"的原则，由高台到低台逐台规划，作到地（田）地有沟，沟沟有函，分台拦沉，就地利用。其拦蓄量，可按拦蓄区内 5～10 年一遇的一次最大降雨量的全部径流量加全年土壤可蚀总量为设计依据。

（2）梯田区的道路规划。山区道路规划总的要求，一是要保证今后机械化耕作的机具能顺利地进入每一个耕作区和每一地块；二是必须有一定的防冲设施，以保证路面完整与畅通。

1）丘陵陡坡地区的道路规划，首重点在于解决机械上山问题。西北黄土丘陵沟壑区的地形特点是，上部多为 15°～30°的坡耕地，下部多为 40°～60°的荒陡坡，沟道底部比降较小。

因此，机械上山的道路也应相应地分上、下两部分。下部道路一般顺沟布设，上部道路一般应在坡面上呈"S"形盘旋而上，如图 6.2.8 所示。

道路的宽度，主干线路基宽度不能小于 4.5m，转弯半径不小于 15m，路面坡度不应大于 11%（即水平距离 100m，高差下降或上升 11m）。

2）塬、川缓坡地区的道路规划，由于塬、川地区地面广阔平缓，耕作区的划分主要以道路为骨干划定，因此，相邻的两条顺坡道路的距离就是梯田地块的长度（图6.2.9）。

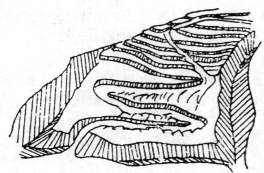

图 6.2.8　丘陵地区道路布设

分段引水进地或引进旱井、蓄水池。

a. 根据前述地块长度的要求，确定顺坡道路间的距离，一般是 200～400m。

b. 若地块布设基本顺等高线，横坡道路的方向也应基本上顺等高线。

山坡道路还应该考虑路面的防冲措施，根据晋西测定：5°～6°的山区道路，每 100m² 上产生年径流量为 6～8m³，即每亩年径流量 40～50m³，如果路面没有防冲措施，那么只要有一两次暴雨就可以冲毁路面，切断通道。所以必须搞好路面的排水、

图 6.2.9　塬、川缓坡区道路布设

（3）灌溉排水设施的规划。梯田区灌溉排水设施的规划原则，一方面要把一个完整的灌溉系统所包括的水源和引水建筑、输水配水系统、田间渠道系统、排水泄水系统等工程全面规划布置；另一方面就是要充分体现拦蓄和利用当地雨水的原则，围绕梯田建设，合理布设蓄水灌溉、排洪防冲以及冬水梯田的改良工程。

灌排设施的重点：坡地梯田区以突出蓄水灌溉为主，布设池、塘、窖、库等蓄水和渠系工程；冲沟梯田区，不仅要考虑灌溉用水，而且排洪和排涝设施也十分重要。

2.1.2.2　梯田的断面设计

梯田的断面关系到修筑时的用工量、埂坎的稳定、机械化耕作和灌溉的方便。

梯田断面设计的基本任务是确定在不同条件下梯田的最优断面。所谓"最优"断面，就是同时达到下述 3 点要求：一是要适应机耕和灌溉要求；二是要保证安全与稳定；三是要最大限度地省工。

设计最优断面的关键是确定适当的田面宽度和埂坎坡度。

1. 水平梯田的断面要素

（1）梯田的断面要素。

梯田断面要素如图 6.2.10 所示。

（2）各要素之间的关系。一般根据土质和地面坡度选定田坎高和侧坡（指田坎边坡），然后计算田面宽度，也可根据地面坡度、机耕和灌溉需要先定田面宽，然后计算田坎高。从图 6.2.10 可以看出，田面越宽，耕作越方便，但田坎越高，挖（填）土方量越大，用工越多，田坎也不易稳定。在黄土丘陵区一般田面宽以 30m 左右为宜，缓坡上宽些，陡坡上窄些，最窄不要小于 8m；田坎高以 1.5～3m 为宜，缓坡上低些，陡坡上高些，最高

不要超过 4m。

各要素之间具体计算方法分述如下：

田面毛宽（m）：

$$B_m = H\cot\theta \qquad (6.2.1)$$

埂坎占地（m）：

$$B_n = H\cot\alpha \qquad (6.2.2)$$

田面净宽（m）：

$$B = B_m - B_n = H(\cot\theta - \cot\alpha) \qquad (6.2.3)$$

埂坎高度（m）：

$$H = \frac{B}{\cot\theta - \cot\alpha} \qquad (6.2.4)$$

田面斜宽（m）：

$$B_1 = \frac{H}{\sin\theta} \qquad (6.2.5)$$

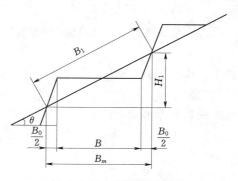

图 6.2.10　梯田断面要素

θ—地面坡度，（°）；H_1—埂坎高度，m；
B—田面净宽，m；$B_0/2$—埂坎占地，m；
B_m—田面毛宽，m；B_1—田面斜宽，m

从上述关系式可以看出，埂坎高度（H）是根据田面宽度（B）、埂坎坡度（α）和地面坡度（θ）3 个数值计算而得。其余 3 个要素：田面毛宽（B_m）、埂坎占地（B_n）、田面斜宽（B_1）都可根据 H、α、θ 3 个数值计算而得。对于一个具体地块来说，地面坡度（θ）是个常数，因此，田面宽度（B）和埂坎坡度（α）是断面要素中起决定作用的因素。在梯田断面计算中，主要研究这两个因素。

（3）梯田土方量的计算。

1）土方断面。在挖填方相等时，梯田挖（填）方的断面面积可由式（6.2.6）计算：

$$S = \frac{1}{2}\frac{H}{2}\frac{B}{2} = \frac{HB}{8}(\text{m}^2) \qquad (6.2.6)$$

2）每亩土方量。因为每亩田面长度：

$$L = \frac{666.7}{B}(\text{m})$$

所以每亩土方量：

$$V = SL = \frac{HB}{8} \times \frac{666.7}{B} = 83.3H(\text{m}^3) \qquad (6.2.7)$$

根据上述公式可以计算出不同田坎高的每亩土方量（指挖方），见表 6.2.1。

表 6.2.1　　　　　　　　　　不同田坎高与土方量关系

埂坎高/m	1.0	1.5	2.0	2.5	3.0	3.5	4.0
每亩土方量/m³	83	125	167	208	250	292	333

2. 梯田的需功量

（1）梯田需功量的概念。梯田的需功量或梯田土方运移工作量，是指土方乘运距（m³·m）。这里，我们先不研究它所需的"力"和"功"，只研究它搬运土方的体积和运距。

（2）梯田需功量的计算。每亩梯田需功量：

$$W_a = VS_0 \tag{6.2.8}$$

式中：W_a 为每亩梯田需功量，$m^3 \cdot m$；V 为梯田每亩土方量，m^3；S_0 为修梯田时土方的平均运距，m。

根据数学原理：

$$S_0 = \frac{2}{3}B \qquad 而 \quad V = 83.3H$$

所以

$$W_a = 83.3H\frac{2}{3}B = 55.5BH$$

因为

$$H = \frac{B}{\cot\theta - \cot\alpha}$$

则

$$W_a = 55.5B^2 \frac{1}{\cot\theta - \cot\alpha} \tag{6.2.9}$$

由此可知，梯田每亩土方需功量是与田面宽度的平方成正比关系。

（3）梯田需功量的意义。

1）计算施工工效。在坡地修梯田时，计算人工或机械施工的工效，可采用式（6.2.10）：

$$T_a = \frac{W_a}{P} \tag{6.2.10}$$

式中：T_a 为修成每亩梯田所需人工或机工时，h；W_a 为修成每亩梯田的土方需功量，$m^3 \cdot m$；P 为人工或机械的运土工率，$m^3 \cdot m/h$。

2）提高相对工效的途径。从式（6.2.10）可以看出，要提高相对工效，也就是要求修成每亩梯田所需的人工或机械用时 T_a 为最小，这就是必须：一是要求梯田每亩需功量 W_a 为最小；二是要求人工或机械的运土工率 P 为最大。

3）断面设计与梯田需功量的关系。根据式（6.2.9）可知，梯田每亩需功量（W_a）与田面宽度（B）的平方成正比，因此断面设计中，只要在保证适应机耕和灌溉要求的前提下，应尽量不要采用过宽的田面。

3．梯田田面宽度的设计

梯田最优断面的关键是最优的田面宽度，所谓"最优"田面宽度，就是必须保证适应机耕和灌溉的条件下，田面宽度为最小。

（1）在残塬、缓坡地区，农耕地一般坡度在 5°以下。在实现梯田化以后，可以采用较大型拖拉机及其配套农具耕作。实践证明，当拖拉机带悬挂农具时，掉头转弯所所需最小直径为 7～8m；当拖拉机带牵引农具时，掉头转弯所需最小直径为 12～13m。一般拖拉机翻地时，都把 25～30m 宽的田面作为一个耕作小区。因此，无论从机耕或灌溉的要求来看，太宽的田面都是没有必要的，一般以 30m 左右为宜。

（2）丘陵陡坡地区。一般坡度 10°～30°，目前很少实现机耕，根据实践经验，一般采用小型农机进行耕作，这种农具在 8～10m 宽的田面上就能自由地掉头转弯，这一宽度无论对于哇灌或喷灌都可以满足，因此，在陡坡地（25°）修梯田时，其田面宽度不应小于 8m。

(3) 特殊情况下的田面宽度。

1) 丘陵陡坡区梁峁顶部，地面坡度较缓，如果设计田面宽在 10m 左右时，则推土机施工不便，工效较低，而田面宽度增大到 20～30m 时，虽然梯田需功量（W_a）大一些，但施工方便，推土工率（P）也大大提高，这对修成每亩梯田的所需机械工时（T_a）增加得并不多，在这种特殊情况下，适当加宽设计的田面宽度是可取的。

2) 当灌溉渠道高程已确定时，采取的田面宽度其相应的田面高程大于渠底高程时，这时应降低田面高程，可以加宽田面宽度，田面高程就可降低。

3) 有的缓坡地区，为了加快梯田建设，采取较窄的田面宽度为 15m 左右，机械耕作时，相邻上下两台套起来，机械在道路上掉头转弯。

总之，田面宽度设计，既要有原则性，又要有灵活性。原则性就是必须在适应机耕和灌溉的同时，最大限度地省工。灵活性就是在保证这一原则的前提下，根据具体条件，确定适当的宽度。

4. 埂坎外坡的设计

梯田埂坎外坡的基本要求是，在一定的土质和坎高条件下，要保证埂坎的安全稳定，并尽可能地少占农地，少用工。

在一定的土质和坎高条件下，埂坎外坡越缓则安全稳定性越好，但是它的占地和每亩修筑用工量也就越大。反之，如埂坎外坡较陡，则占地和每亩修筑用工量也越小，但是安全稳定性就较差。

(1) 稳定性分析的基本概念。我们所研究的是黄土梯田埂坎的稳定性是属于土力学中的土坡稳定问题。目前，对此有很多的理论和方法，就圆弧法而言，按其各种不同的假设，就有 $\varphi=0$ 法、条分法（瑞典法）、摩擦圆弧法、毕肖普（Bishop）法等，但其中应用最广泛的是条分法，现对条分法作一简介。

当某一土坡发生滑坡时，滑动土体沿着滑动面整体下滑。这时，它同时存在着两个力的作用，即滑动力和抗滑力，简单说来，滑动力就是滑动土体的重力（G）沿滑动面方向的分力，抗滑力包括土壤的黏聚力（C）和内摩擦角（φ）产生的摩擦阻力。当滑动力等于抗滑力时（稳定安全系数 $K=1.0$），土坡处于极限平衡状态。滑动力大于抗滑力时（稳定安全系数 $K<1.0$），则不论坎高如何，都不能维持稳定而发生滑坡。因此，梯田埂坎稳定必须使抗滑力大于滑动力，也就是说要求稳定安全系数 $K>1$，一般设计中 K 值采用 1.2～1.5。

用条分法分析土坡稳定性时，假定：

1) 土是均匀而又各向同性的。

2) 滑动面是通过坡脚的坡脚圆。

3) 滑动土体为一个刚体。

4) 不考虑土条之间相互作用力的影响。

5) 按平面问题考虑等。

计算稳定安全系数 K 值的基本公式：

$$K = \frac{\tan\varphi \sum\limits_{i}^{n} W_i \cos\theta_i + CL_{AC}}{\sum\limits_{i}^{n} W_i \sin\theta_i} \qquad (6.2.11)$$

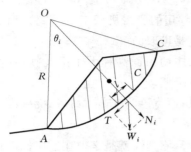

图 6.2.11　条分法示意图

式中：φ 为土的内摩擦角，(°)；W_i 为 i 土条的重量，t；θ_i 为第 i 土条圆弧中点法线与沿垂线的夹角（图 6.2.11），(°)；L_{AC} 为圆弧 AC 的长度，cm 或 m。

式（6.2.11）只是考虑自重作用下的土坡稳定问题。

（2）梯田埂坎的稳定因素。根据土力学原理，梯田埂坎能否稳定，主要受 5 个方面因素的影响：

1）梯田埂坎坡度（α），(°)。

2）埂坎高度（H），m。

3）土壤的黏聚力（C）。

4）土壤的内摩擦角（φ），土壤的湿容重（γ），g/cm³。

5）田面的外部荷载。

土壤的抗剪强度指标（C 和 φ），是随土壤性质和状态而变化的。

1）土壤的颗粒组成。即土壤物理性质是砂性的还是黏性的。一般黏性土壤的黏聚力较大而内摩擦角较小，砂性土壤的黏聚力较小而内摩擦角较大，但总体考虑，还是黏性土壤的抗剪强度较大，因此，黏性土壤地区的梯田埂坎可以陡些，而砂性土壤地区的梯田埂坎则应缓些。

2）土壤的密实程度。以土壤干容重表示。密实程度紧密的，则土壤的干容重、黏聚力内、摩擦角数值都相应增大，从而埂坎的稳定性提高。因此，在修梯田时，埂坎的密实程度是提高质量的关键，同时，埂坎坡度也可修得较陡些。一般要求压实后土壤干容重应大于 1.35t/m³。

3）土壤含水量。土中的含水量越大，则凝聚力和内摩擦角的数值都相应地减小，同时土壤的湿容重增大，这使埂坎的稳定性降低。因此，一般在设计中采用土壤容重是以饱和含水量为标准。

（3）不同埂坎高度下的埂坎外坡。当已知土壤性质和状态（即土壤的颗粒组成、密度程度、含水量情况等），通过土力学试验即可确定其黏聚力（C）和内摩擦角以及湿容重（γ）。这样可以直接计算出不同坎高下的稳定埂坎外坡（采用一定安全系数 K 值）。

表 6.2.2 中，埂坎外侧坡度（α）的运用可采用下列情况：黏性土壤应采用上限数值，即外侧坡可以陡一些。砂性土壤应采用下限数值。

表 6.2.2　　　　　　　不同埂坎高度条件下的埂坎外侧坡度

埂坎高度 H	埂坎外侧坡度 α	埂坎高度 H	埂坎外侧坡度 α
2m 以下	75°～80°	4～6m	65°～70°
2～4m	70°～75°	6～8m	60°～65°

（4）埂坎占地的计算。埂坎占地（B_n）可根据埂坎高度（H）和埂坎外坡（α），按

式 $B_n = H\cot\alpha$ 进行计算，计算结果见表 6.2.2，供设计时参考。

但是，在修筑梯田时，一般在埂坎修成后，梯田田面外部，还修一个蓄水边埂，一般采用高 30cm，顶宽 20cm，内侧坡度为 45°。

5. 梯田设计书快速图解法

梯田设计速算图是梯田设计快速图解法的专用计算工具。进行梯田设计计算，不必查用三角函数，也不需要经过计算手续，只需按照已知（即测得）的数据，如坡度、坡长，就可直接查到田坎高度、侧坡度和田面宽度（精度为两位小数）的答案，反之先定田坎高、田面宽和侧坡度，亦可求得地面坡长度和坡度。

2.1.2.3　土方量计算

土方平衡计算及测量的方法很多，它们分别适用于不同的地形条件和精度要求。在此简单介绍常用的方格网法、散点法和纵断面法。

1. 方格网法

方格网法适用于比较复杂的地形。在田块平面形状比较方正的情况下，测量计算都比较方便，而且精确度高。具体步骤如下：

（1）打桩。在要测量的梯田区范围内，划分成 10～20m 见方的方格。各方格的顶点均用木桩标定，给予编号。如图 6.2.12 所示。

形成方格网，并画出草图。其方法是：先在田块内选一基线 AM，在 AM 线上按 10～20m 定一木桩，然后置经纬仪或直角器于 A 点，作 AM 的垂直线 AA_7，在 AA_7 线上也按 10～20m 定一木桩，同理在 B、C、D、…、M 和 A_1、A_2、A_3、…、A_7 各点分别作垂直于 AM 和 AA_7 的直线 BB_7、CC_7、DD_7、…、MM_7 和 A_1M_1、A_2M_2、A_3M_3、…、A_7M_7。这样就成了一张方格网图。

如果所需测量的范围较大，仪器需经一次或多次转移时，可在方格网中适当选择转点构成一水准路线，如图 6.2.12 中的 $C_5 - H_6 - K_2 - E_1$，并测定转点高程，经闭合差调整后，用作测量各桩点的依据。

（2）整桩。因各方格网顶点的木桩是按规定距离设置的，在地面起伏不平的地块上，会有个别桩点的高程不代表周围地面的高程。这样就必须检查一方格顶点的桩点处地面高程的代表性，过高时要适当铲平，过低时要适当填起，然后踏平实。否则测量后，计算土方平衡时会出现偏差。

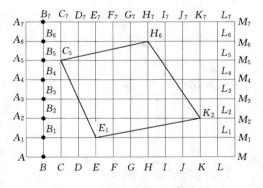

图 6.2.12　划分方格网示意图

（3）测量。按各木桩编号顺序进行高程测量，并做记录，读数到 cm 即可。

（4）计算。

1）求田块的平均高程：

$$\overline{h} = \frac{1}{n}\left(\frac{\sum h_{角}}{4} + \frac{\sum h_{边}}{2} + \sum h_{中}\right) \tag{6.2.12}$$

式中：$\bar{h}$ 为田块平均高程，cm；n 为方格总数；$\sum h_{角}$ 各角点高程之和，cm（图 6.2.12 中的 A、M、M_7、A_7）；$\sum h_{边}$ 为各边点高程之和，cm（图 6.2.12 中的 B、C、D、$\cdots$、L；M_1、M_2、M_3、$\cdots$、M_6；B_7、C_7、D_7、$\cdots$、L_7；A_1、A_2、A_3、$\cdots$、A_6 各点）；$\sum h_{中}$ 为各中间点高程之和，cm（图 6.2.12 中的 B_1、B_2、$\cdots$、B_6；C_1、C_2、$\cdots$、C_6；L_1、L_2、$\cdots$、L_6 各点）。

2）计算各桩点的设计高程。对于没有纵坡要求的水平梯田，田块平均高程即各桩点设计高程；对需留纵坡的梯田，则田块的平均高程作为田块中间断面的设计高程。按规定的地块纵向比降（如 1/300～1/500）计算沿地长各排桩点的设计高程，写在各桩的高程下面，并加注三角符号以示区别。

3）计算各桩点的挖填深度。用地块各排桩点的设计高程（即开挖的设计高程）与各桩点实测高程相比较，即可得出挖、填深度，并注明于方格网图上。一般填高数用红笔写，挖深数用蓝笔写。

4）计算挖、填土方量。从上述求田块平均高程的过程中可以看出，田块的每个角点（图 6.2.12 中的 A、M、M_7、A_7）的高程只有一个方格，用了一次。每个边点（图 6.2.12 中的 B、C、D、$\cdots$、L；M_1、M_2、$\cdots$、M_6；B_7、C_7、D_7、$\cdots$、L_7；A_1、A_2、$\cdots$、A_6 各点）的高程是两个方格共用的，即用了两次。而每个中间点（图 6.2.12 中的 B_1、B_2、B_3 $\cdots$、B_6；C_1、C_2、$\cdots$、C_6；L_1、L_2、$\cdots$ 等各点）的高程是 4 个方格共用的，即用了 4 次。根据这一特点，田块挖、填土方量计算可用下列公式。

填方总量＝方格面积×［各角点填高之和/4＋2(各边点填高之和)/4＋4(各中间点高之和)/4］＝方格面积×［各角点填高之和/4＋各边点填高之和/2＋各中间点填高之和］

同理可得

挖方总量＝方格面积×［各角点挖深之和/4＋各边点挖深之和/2＋各中间点挖深之和］

上述两式的填方及挖方数，以 m 单位，每一小方格面积以 m^2 为单位。对不足 10m 或 20m 见方的"破格"，应分别计算挖、填土方量，然后加在挖、填方总量内。

5）开挖线调整。求出挖、填土方总量后，若两者相差太多，需要进行升高或降低的调整，以求地块填挖土方平衡。其调整数值计算可用以下公式：

$$升高（或降低）数(cm)=\frac{挖（填）方总量(m^3)-填（挖）方总量(m^3)}{田块总面积(m^2)}\times 10$$

按计算数值变更各个桩点设计高度，重新计算挖深填高和挖、填土方量，直至接近平衡为止。

6）每一小方格的挖、填土方量的求法。如小方格的 4 个角均为填高或均为挖深，则相加后被 4 除即得平均填高（或挖深）数，再乘以方格面积即得方格填方（或挖方）量；如 4 个角上有的是填高数，有的是挖深数，则填、挖分别计算，不管是几个数，都各自相加被 4 除，不能互相抵消，这样计算的土方量，一般偏大。

2. 散点法（又叫多点平均法）

散点法适用于地形虽有起伏，但变化比较均匀，不太复杂的地形。这种方法的特点是测点位置不受限制，可以根据地形情况布置测点，求平均高程方法简单。

3. 纵断面法

纵断面法适用于地块地形比较规整，特别是田面宽度没有特殊不等宽的情况。这种方法的特点是：不需要烦琐的计算，能迅速确定修梯田的挖填分界线和不同部位上的挖填深度。

2.2　沟头防护工程

黄土区侵蚀沟沟头侵蚀的几种主要形式是斜坡块体运动，沟头前进主要由串球陷穴和陷穴间孔道的塌陷引起，沟谷扩张则由沟坡崩塌、滑塌和泻溜引起。由于黄土入渗力强、多疏松、湿陷性大，经暴雨径流冲刷，岸坡稳定性差，沟蚀剧烈，沟头溯源侵蚀速度很快，一般沟头每年可前进 2～3m，沟谷扩宽 2m 以下。沟头侵蚀发生在有集中径流的地方，沟坎高差多在 10m 以下。

沟头侵蚀对工农业生产危害很大，主要表现如下：

（1）造成大量土壤流失。沟头集水面积小但侵蚀量大，崩塌、滑坡的疏松土体和沟床下切是沟蚀的主要侵蚀泥沙源，大大增加沟道输量。

（2）毁坏农田。沟头延伸和扩张，毁坏了大量农耕地，使可耕地面积逐年减小，沟谷逐年扩大。

（3）切断交通。沟头侵蚀如不防治，延伸将无休止，直到溯源侵蚀至分水岭后，这样，原来的交通要道或生产道路就会被数十米的沟壑隔断，严重影响山区交通和农业生产。

沟头侵蚀的防治应按流量大小和地形条件采取不同的沟头防护工程。

2.2.1　蓄水式沟头防护工程

当沟头上部来水较少时，可采用蓄水式沟头防护工程，即沿沟边修筑一道或数道水平半圆环形沟埂，拦蓄上游坡面径流，防止径流排入沟道。

2.2.1.1　沟埂式沟头防护

沟埂式沟头防护是在沟头以上的山坡上修筑与沟边大致平行的若干道封沟埂，同时在距封沟埂上方 1.0～1.5m 处开挖下封沟埂大致平行的蓄水沟，拦截与蓄存从山坡汇集而来的地表径流。

沟埂式沟头防护，在沟头坡地地形较完整时，可做成连续式沟埂；若沟头坡地地形较破碎，可做成连续式沟埂。在其设计中主要注意 4 个问题，即封沟埂位置的确定、封沟埂的高度、蓄水沟的深度、沟埂的长度及道数。

第一道封沟埂与沟顶的距离一般等于 2～3 倍沟深，至少相距 5～10m，以免引起沟壁崩塌。各沟埂间距可用式（6.2.13）计算：

$$L = H/I \tag{6.2.13}$$

式中：L 为封沟的间距，m；H 为埂高，m；I 为最大地面坡度，%。

沟埂长度、埂高和沟深等尺寸，视沟头地形坡度、所能获得的蓄水容积、设计来水量、土质等条件决定。

计算步骤如下：先初步拟定沟埂的尺寸及长度，算出沟埂的蓄水容积 V，若蓄水容积 V 接近设计来水量 W（可按 10～20 年一遇暴雨计算）则设计的沟埂断面满足要求；若 W 比 V 小得多，可缩小沟埂的尺寸及长度；若 W 大于 V，则需要增设第二道沟埂。

在上方封沟埂蓄满水之后，水将溢出。为了确保封沟埂安全，可在埂顶每隔 10～15m 的距离挖一个深 20～30cm，宽 1～2m 的溢流口，并以草皮铺盖或石块铺砌，使多余的水通过溢流口流入下方蓄水沟埂内。

2.2.1.2　埂墙涝池式沟头防护

当沟头以上汇水面积较大，并有较平缓的地段时，则可开挖涝池群。各个涝池应互相连通，组成连环涝池，以最大限度地拦蓄地表径流，防止和控制沟头侵蚀作用。同时涝池内存蓄的水也可得以利用。

涝池的尺寸与数量等应该与设计来水量相适应，以避免水少池干或水多涝池容纳不下的现象，一般可按 10～20 年一遇的暴雨来设计。

2.2.2　泄水式沟头护工程

沟头防护应以蓄为主，作好坡面与沟头的蓄水工程，变害为利。但在下列情况下可修建泄水式沟头防护工程。

（1）当沟头集水面积大且来水量多时，沟埂已不能有效地拦蓄径流。

（2）受侵蚀的沟头临近村镇，威胁交通，而又无条件或不允许采取蓄水式沟头防护时，必须把径流导至集中地点通过泄水建筑物排泄入沟，沟底还要布设消能设施以免冲刷沟底。一般泄水式沟头防护工程有支撑式悬臂跌水、陡坡式跌水或台阶式跌水 3 种类型。

2.2.2.1　悬臂跌水式沟头防护

在沟头上方水流集中的跌水边缘，用木板、石板、混凝土板或钢板等作成槽状（图 6.2.13），使水流通过水槽直接下泄到沟底，不让水流冲刷跌水壁，沟底应有消能措施，可用浆砌石作为消力池，或用碎石堆于跌水基部，以防冲刷。

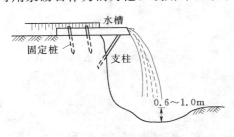

图 6.2.13　悬臂跌水断面图

例：某沟头集水区为 $0.015km^2$，均为陡坡农耕地，最大径流量为 $0.18m^3/s$。沟边陡崖高达 20.5m，沟谷宽 29m，内有大量崩塌虚土，无基岩裸露。沟头平均每年延伸 2.4m，沟头滑塌体的侵蚀量达 $1500m^3$。该沟径流量小，但侵蚀量大，且沟边为居民区，必须安全地防止沟头继续扩张，按照陡崖高差大，径流量小的特点，选用悬臂式喷嘴射流跌水。

（1）设计排水量计算。泄水式沟头防护工程属永久性建筑物，应有较高的设计标准，可按 20～30a 一遇暴雨洪水设计。沟头集水面积一般小于 $0.1km^2$，形状近似于圆形和半圆形，属全面汇流。洪峰历时短，沟头来水量按式（6.2.14）计算：

$$Q_m = 0.278\alpha hF \tag{6.2.14}$$

式中：Q_m 为设计暴雨的量大径流量，m^3/s；F 为集水面积，km^2；α 为洪峰径流系数（不同于径流系数），汇流历时愈短，α 值愈大，对于沟头集水取 $\alpha = 0.75～1.0$；h 为设计暴雨量，mm/s。

当采用 30min 暴雨强度设计频率时，计算结果为设计雨量 47.5mm，设计径流量 0.2m³/s。

（2）结构设计。悬壁式喷嘴跌水由进口集水池、喷管、拉链和柳谷坊 4 个部分组成（图 6.2.14）进口两边有导流渠与集水池相通。喷管分喇叭形进口、管身和喷嘴 3 段，系用 2mm 钢板卷曲焊接的整体。进口段长 1m，管身长 5m，直径 0.3m。喷嘴为圆锥收敛型，收敛角 6°，长 1m，出口管径 0.2m。喷管一端固定安装在集水池的胸墙砌石体内，另一端悬空，垂直高差 2m，俯射角 20°。为使管身能承受自重和水重的较大荷载，并在风力和水动力作用下不摇摆，喷嘴与管身交界处焊接加劲箍，并用两根拉链系住，拴在崖坎上的锚墩上。拉链与喷管成 60°的对称角，用 $\phi 6$ 钢筋代替。锚墩是预混凝土块，埋于距沟边 5m、深 2m 地下，锚墩与拉链用活动螺栓连接，外露于地面。安装喷管时，先把活动螺栓放松在最大位置，把拉链拉紧到管身接近设计要求的位置，然后再砌胸墙，这时喷管悬臂端可能有 0.1m 下垂。待砌体初凝后，再把活动螺栓一紧，则喷管可保持在要求位置，拉链处于稳定受力状态。

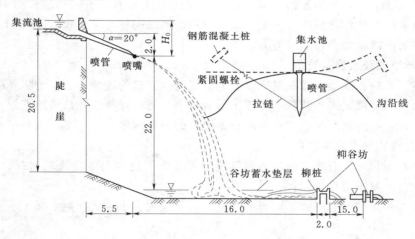

图 6.2.14 悬臂喷嘴式跌水结构略图（单位：m）

（3）水力计算。按照水力学观点，圆锥收敛喷嘴出口流速最大，流线型管嘴流量和射流动能最大，这意味着消能设施更复杂。为便于喷嘴射流远离崖坎和便于消能，故选用圆锥收敛型喷嘴。

当喷管水深大于 1/2 出口管径时为半压力流，满管时为压力流。故按以下管嘴流量公式计算：

$$Q = \mu \bar{\omega} \sqrt{2gH_0} = 3.13 d^2 \sqrt{H_0} \tag{6.2.15}$$

式中：d 为喷嘴出口直径，m；H_0 为计入行近流速的喷嘴出口水头，m。

计算的喷嘴最大流量为 0.2m³/s，满足设计最大来水量；当流量小于 0.1m³/s 时，管内出现有压与无压的交替现象，且有水锤作用。

喷嘴射流属非淹没自由射流，抛射距离取决于喷嘴出口流速及射流的俯射角。假定忽略空气阻力和水流扩散影响，把喷射水流运动看作自由抛射体的运动，则射流平均抛射距离可按自由抛射体的运动轨迹计算。取喷嘴出口断面中心为坐标原点，则抛射坐标为

$$\begin{cases} x = v(\cos\alpha)t \\ y = \dfrac{1}{2}gt^2 + v(\sin\alpha)t \end{cases}$$

消去两式中的时间变量 t，则求得射流抛射水平距离 x 为

$$x = \frac{v^2 \cos(\sin\alpha)}{g}\left[\sqrt{1 + \frac{2gy}{v^2\sin^2\alpha}} - 1\right] \tag{6.2.16}$$

式中：v 为喷嘴出口流速，m/s，当 $Q \geqslant 0.1\text{m}^3/\text{s}$ 时，$v = 4.21\sqrt{H_0}$；α 为水流俯冲角，即射流与水平线角夹角，(°)；y 为喷嘴出口与沟底水面高差，m；g 为重力加速度，为 9.81m/s^2。

喷嘴跌水下游沟谷堆积着两岸坍塌的大量虚土，为防止沟床下切和射流冲刷虚土，在沟床设置柳谷坊两座，起消力池作用。第一座柳谷坊高2m，顶宽2m，位于射流最远射距之外，距崖坎21.6m，当射流落入沟底就在谷坊前形成一个深1～2m、长约16m的蓄水垫层，水流消能后从谷坊顶部溢流至二级消力池；第二座谷坊高0.8m，顶宽1.5m，它降低第一座谷坊的落差，进行二级消力。

2.2.2.2　陡坡式跌水沟头防护

陡坡是用石料、混凝土或钢材等制成的急流槽，因槽的底坡大于水流临界坡度，所以一般发生急流。陡坡式沟头防护一般用于落差较小，地形降落线较长的地点。为了减少急流的冲刷作用，有时采用人工方法来增加急流槽的粗糙程度。

2.2.2.3　台阶式跌水沟头防护

此种泄水工程可用石块或砖加砂浆砌筑而成，施工技术主要是清基砌石，困难不大，但需石料较多，要求质量较高。

台阶式沟头防护按其形式不同可分为两种：单级式、多级式（图6.2.15）。

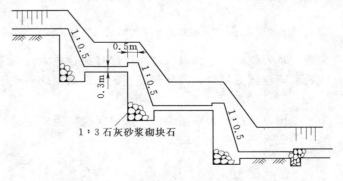

图 6.2.15　多级台阶式沟头防护断面图

单级台阶式跌水多用于跌差不大（小于1.5～2.5m），而地形降落比较集中的地方。多级台阶式跌水多用于跌差较大而地形降落距离较长的地方。在这种情况下如采用单级台阶式跌水，因落差过大，下游流速大，必须做很坚固的消力池，建筑物的造价高。

2.3　谷　　坊

谷坊又名防冲坝、沙土坝、闸山沟等，是水土流失地区沟道治理山洪与泥石流的一种主要工程措施，相当于日本沟道防沙工程中的固床工程。谷坊一般布置在小支沟、冲沟或切沟上，稳定沟床，防止因沟床下切造成的岸坡崩塌和溯源侵蚀，坝高 $3\sim5m$，拦沙量小于 $1000m^3$，以节流固床护坡为主。一般在小流域治理规划中，修筑梯级谷坊群。使成为一个有机的整体，其功效将更佳。

2.3.1　谷坊的作用

谷坊的主要作用如下：

（1）固定与抬高侵蚀基准面，防止沟床下切。

（2）抬高沟床，稳定坡脚。防止沟岸扩张及滑坡。

（3）减缓沟道纵坡，减小山洪流速，减轻山洪或泥石流灾害。

（4）使沟道逐渐淤平，形成坝阶地，为发展农林业生产创造条件。

谷坊的主要作用是防止沟床下切冲刷。因此，在考虑某沟段是否应该修建谷坊时，首先应当研究该段沟道是否会发生下切冲刷作用。

判别某沟段是否发生下切冲刷的因素有沟床的土壤、地质条件、植物生长情况、沟底坡度、流速、流量等。如果估算的沟床允许流速大于洪水时的天然流速，则不会发生冲刷，即无修建谷坊的必要。当沟床允许流速小于山洪流速时，将会发生下切冲刷，应考虑在该沟段修建谷坊。

2.3.2　谷坊的种类

谷坊可按所使用的建筑材料不同、使用年限不同、透水性的不同进行分类。

根据谷坊所用的建筑材料的不同，大致可分为以下几类：

（1）土谷坊。

（2）干砌石谷坊。

（3）枝梢（梢柴）谷坊。

（4）插柳谷坊（柳桩编篱）。

（5）浆砌石谷坊。

（6）竹笼装石谷坊。

（7）木料谷坊。

（8）混凝土谷坊。

（9）钢筋混凝土谷坊。

（10）钢料谷坊。

根据使用年限不同，可分为永久性谷坊和临时性谷坊。浆砌石谷坊、混凝土谷坊和钢筋混凝土谷坊为永久性谷坊，其余基本上属于临时性谷坊。按谷坊的透水性质，又可分为透水性谷坊与不透水性谷坊，如土谷坊、浆砌石谷坊、混凝土谷坊、钢筋混凝土谷坊等为不透水性谷坊，而只起拦沙挂淤作用的插柳谷坊等为透水性谷坊。

谷坊类型的选择取决于地形、地质、建筑材料、劳力、技术、经济、防护目标和对沟道利用的远景规划等因素。由于在一条沟道内往往需连续修筑多座谷坊，形成谷坊群，才能达到预期效果，因此谷坊所需的建筑材料也较多。在当前中国山区经济尚不发达的情况下，往往需先考虑劳力和经济因素，选择能就地取材的谷坊类型，如当地有充足的石料，可修筑石谷坊，在黄土区则可修筑土谷坊。对于为保护铁路、居民点等有特殊防护要求的山洪、泥石流沟道，则需选用坚固的永久性谷坊，如浆砌石、混凝土谷坊等。

2.3.3 谷坊位置的选择

谷坊修建的主要目的是固定沟床，防止下切冲刷。因此，在选择谷坊坝时应考虑以下几方面的条件：

（1）谷口狭窄。

（2）沟床基岩外露。

（3）上游有宽阔平坦的贮砂地方。

（4）在有支流汇合的情形下，应在汇合点的下游修建谷坊。

（5）谷坊不应设置在天然跌水附近的上下游，但可设在有崩塌危险的山脚下。

2.3.4 谷坊设计

2.3.4.1 谷坊间距的确定

谷坊间距与谷坊高度及淤积泥沙表面的临界不冲坡度有关。实际调查资料证明，在谷坊淤满之后，其淤积泥沙的表面不可能绝对水平，而具有一定高度，叫稳定坡度，目前常用以下几种方法来估算谷坊淤土表面的稳定坡度 I 的数值。

（1）根据坝后淤积土的土质来决定淤积物表面的稳定坡度，沙土为 0.005；黏壤土为 0.008；黏土为 0.01；粗沙兼有卵石子者为 0.02。

（2）按照瓦兰亭（Valentine）公式来计算稳定坡度：

$$I_0 = 0.093d/h \tag{6.2.17}$$

式中：d 为砂砾的平均粒径，m；H 为平均水深，m。

瓦兰亭公式适用于粒径较大的非黏性土壤。

（3）认为稳定坡度等于沟底原有坡度的一半。例如，在未修建谷坊之前，沟底天然坡度为 0.01，则认为谷坊淤土表面的稳定坡度为 0.005。这种方法在日本用得最为广泛。

（4）修建实验谷坊，在实验性谷坊淤满之后实测稳定坡度。根据谷坊高度 H，沟底天然坡度 I，以及谷坊坝后淤土表面稳定坡度 I_n，可按式（6.2.18）计算谷坊间距 L：

$$L = \frac{H}{I - I_0} \tag{6.2.18}$$

日本在确定沟道固床工程间距 L 时采用的经验公式如下：

对于狭窄沟道：

$$L = (1.5 \sim 2.0)n \tag{6.2.19}$$

式中：n 为沟床纵坡比的倒数。

对于宽沟道：

$$L = (1.5 \sim 2.0)b \tag{6.2.20}$$

式中：b 为沟宽。

2.3.4.2　谷坊的断面规格

确定合适的谷坊断面，必须因地制宜，要求既稳固又省工，还能让坝体充分发挥作用。谷坊的高度应依建筑材料而定，一般情况下，土谷坊不超过 5m，浆砌石谷坊不超过 4m，干砌石谷坊不超过 2m，柴草、柳梢谷坊不超过 1m。

2.3.4.3　溢流口设计

为避免暴雨造成洪水漫顶冲毁谷坊，石谷坊可在谷坊顶部中央留溢流口（图 6.2.16），土谷坊要在谷坊一端留溢流口（图 6.2.17）。

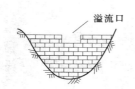　　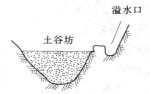

图 6.2.16　石谷坊溢水口示意图　　图 6.2.17　土谷坊溢水口示意图

2.4　淤　地　坝

淤地坝系指在沟道里为了拦泥淤地所建的坝，坝内所淤成的土地称为坝地。据调查陕西省佳县仁家村的淤地坝已有 150 多年的历史，山西省离石县贾家塬的淤地坝已有 200 多年的历史。新中国成立以来，在黄河中游地区已修建淤地坝 10 余万座，淤出坝地 20 万 hm² 以上，对发展农业生产，控制入黄泥沙都发挥了重要作用。打坝淤地的技术有了新的发展，在夯碾坝的基础上，50 年代试验成功了水中填土法筑坝，随之在华北和西北黄土地区又试验成功了定向爆破坝的水力冲填坝，为淤地坝建设提供了良好的条件。

2.4.1　淤地坝的组成及其适用特性

淤地坝主要目的在于拦泥淤地，一般不长期蓄水，其下游也无灌溉要求。随着坝内淤积面的逐年提高，坝体与坝地能较快地连成一个整体，实际上坝体可以看作是一个重力式挡泥（土）墙。一般淤地坝由坝体、溢洪道、放水建筑物 3 个部分组成，其布置型式如图 6.2.18 所示。坝体是横拦沟道的挡水拦泥建筑物，用以拦蓄洪水、淤积泥沙、抬高淤积面。溢洪道是排泄洪水建筑物，当淤地坝洪水位超过设计高度时，就由溢洪道排出，以保证坝体的安全和坝地的正常生产。放水建筑物多采用竖井式和卧管式，沟道常流水、库内清水等通过放水设备排泄到下游。反滤排水设备是为排除坝内地下水，防止坝地盐碱化，增加坝坡稳定性而设置的。淤地坝设计、施工、管理技术与水库有相同的方面，也有不同的方面。淤地坝

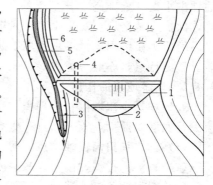

图 6.2.18　淤地坝示意图
1—坝体；2—排水体；3—溢洪道；
4—竖井；5—排洪梁；6—防洪堤

在构成上也要求大坝、溢洪道和放水涵管"三大件"齐全，但由于它主要用于拦泥而非长期蓄水，因此，淤地坝比水库大坝设计洪水标准低，坝坡比较陡。对地质条件要求低，坝基、岸坡处理和背水坡脚排水设施简单。淤地坝在设计和运用上一般可不考虑坝基渗漏和放水骤降等问题。

2.4.2　淤地坝的分类和分级标准

2.4.2.1　淤地坝的分类

淤地坝按筑坝材料可分为土坝、石坝、土石混合坝等；按坝的用途可分为缓洪骨干坝、拦泥生产坝等；按建筑材料和施工方法可分为夯碾坝、水力冲填坝、定向爆破坝、堆石坝、干砌石坝、浆砌石坝等。

2.4.2.2　淤地坝分级标准

淤地坝一般根据库容、坝高、淤地面积、控制流域面积等因素分级。参考水库分级标准并考虑群众习惯叫法，可分为大、中、小三级。表 6.2.3 为黄河中游水土保持治沟骨干工程技术规范所列分级标准，供参考。

表 6.2.3　　　　　　　　　　　　　　　淤地坝分级标准

分级标准	库容/万 m^3	坝高/m	单坝淤地面积/亩	控制流域面积/km^2
大型	500～100	>30	>150	>15
中型	100～10	30～15	150～30	15～1
小型	<10	<15	<30	<1

2.4.2.3　淤地坝设计洪水标准

淤地坝建设中存在的一个突出问题是容易被洪水冲毁。据调查，1973 年陕西省延川县大雨，淤地坝被冲毁了 3300 多座；1977 年陕北、晋西大雨，冲毁淤地坝 2 万多座，造成了很大的经济损失。毁坝原因，除有些地方淤地坝的质量不合要求外，其主要原因还是淤地坝的设计洪水标准偏低，一般采用 10 年一遇或 20 年一遇。1977 年 8 月陕西省绥德县韭园沟淤地坝冲毁 252 座，其中由于溢洪道的排洪能力小，洪水漫顶而使淤地坝冲毁的达 94%。但是提高设计洪水标准，必然要加大淤地坝建筑费用，因此确定经济合理的淤地坝洪水设计标准是十分重要的。目前我国还没有统一标准。拦洪坝主要作用是滞洪削峰，保护下游淤地坝及小水库和村镇的安全，拦洪坝随着洪水泥沙的淤积，坝后期将逐步淤满而成为淤地坝。拦洪坝是坝系防洪拦沙的骨干工程，应与水库防洪标准相同，又因其兼具拦泥特点，亦应考虑有一定的设计淤积年限。

2.4.2.4　淤地坝的作用

淤地坝是小流域综合治理中一项重要的工程措施，也是最后一道防线，它在控制水土流失、发展农业生产等方面具有极大的优越性。淤地坝的具体作用归纳如下：

（1）稳定和抬高侵蚀基点，防止沟底下切和沟岸坍塌，控制沟头前进和沟壁扩张。

（2）蓄洪、拦泥、削峰，减少入河、入库泥沙，减轻下游洪沙灾害。

（3）拦泥、落淤、造地，变荒沟为良田，可为山区农林牧业发展创造有利条件。

2.4.3　淤地坝工程规划

工程规划应在小流域坝系规划的基础上，按照工程类型（拦洪坝、小水库等）分别进行工程规划。具体内容包括确定枢纽工程的具体位置，落实枢纽及结构物组成，确定工程规模，拟定工程运用规划，提出工程实施规划、工程枢纽平面布置及技术经济指标，并估算工程效益。

2.4.3.1　坝系规划原则与布局

在一个小流域内修有多种坝，有淤地种植的生产坝，有拦蓄洪水、泥沙的防洪坝，有蓄水灌溉的蓄水坝，各就其位，能蓄能排，形成以生产坝为主，拦泥、生产、防洪、灌溉相结合的坝库工程体系，称为坝系。

合理坝系布设方案应满足投资少、多拦泥、淤好地，使拦泥、防洪、灌溉三者紧密结合为完整的体系。达到综合利用水沙资源的目的，尽快实现沟壑川台化。为此，首先必须做好坝系的规划。

1. 坝系规划的原则

（1）坝系规划必须在流域综合治理规划的基础上，上下游、干支沟全面规划，统筹安排。要坚持沟坡兼治、生物措施与工程措施相结合和综合、集中、连续治理的原则，把植树种草、坡地修梯田和沟壑打坝淤地有机地结合起来，以利形成完整的水土保持体系。

（2）最大限度地发挥坝系调洪拦沙、淤地增产的作用，充分利用流域内的自然优势和水沙资源，满足生产上的需要。

（3）各级坝系，自成体系，相互配合，联合运用，调节蓄泄，确保坝系安全。

（4）坝系中必须布设一定数量的控制性骨干坝、安全生产的中坚工程。

（5）在流域内进行坝系规划的同时，要提出交通道路规划。对泉水、基流水源，应提出保泉、蓄水利用方案，勿使水资源埋废。坝地碱化影响产量，规划中拟就防治措施，以防后患。

2. 坝系布设

坝系布设由沟道地形、利用形式以及经济技术的合理性与可能性等因素来确定，一般常见的有以下几种：

（1）上淤下种，淤种结合布设方式。凡集水面积小，坡面治理较好，洪水来源少的沟道，可采取由沟口到沟头，自下而上分期打坝方式，当下坝淤满能耕种时，再打上坝拦洪淤地，逐个向上发展，形成坝系。在一般情况下，上坝以拦洪为主，边拦边种，下坝以生产为主，边种边淤。

（2）上坝生产，下坝拦淤布设方式。在流域面积较大的沟道，坡面治理差、来水很多、劳力又少的情况下，可以采取从上到下分期打坝的办法，待上坝淤满利用时，再打下坝，滞洪拦淤，由沟头直打到沟口，逐步形成坝系。坝系的防洪办法是在上坝淤成后，从溢洪道一侧开挖排洪渠，将洪水全部排到下坝拦蓄，淤淀成地。

（3）轮蓄轮种，蓄种结合布设方式。在不同大小的流域内，只要劳力充足，同时可以打几座坝，分段拦洪淤地，待这些坝淤满生产时，再在这些坝的上游打坝，作为拦洪坝，形成隔坝拦蓄，所蓄洪水可浇灌下坝，待上坝淤满后，由滞洪改为生产，接着加高下坝，变生产为滞洪坝，坝系交替加高，轮蓄轮种，蓄种结合。

（4）支沟滞洪，干沟生产布设方式。在已成坝系的干支沟中，干沟坝以生产为主，支沟坝以滞洪为主，干支沟各坝应按区间流域面积分组调节，控制洪水，达到拦、蓄、淤、排和生产的目的。这种坝系调节洪水的办法是：干支沟相邻的 2～3 个坝作为一组，丰水年时可将滞洪坝容纳不下的多余洪水漫淤生产坝进行调节，保证安全度汛。

（5）多漫少排，漫排兼顾布设方式。在形成完整坝系及坡面治理较好的沟道里，可通过建立排水滞洪系统，把全流域的洪水分成两部分，大部分引到坝地里，漫地肥田，小部分通过排洪渠排到坝外漫淤滩地。布设时在坝系支沟多的一侧挖渠修堤，坝地内划段修挡水埂，在每块坝地的围堤上端开一引水口进行漫淤，下端开一退水口，把多余的洪水或清水通过排洪渠排到坝外。

（6）以排为主，漫淤滩地布设方式。对于一些较大的流域，往往由于洪水较大，所有坝地不能吃掉大部洪水时，就采取以排为主的方式，有计划的把洪水泥沙引到沟外。漫淤台地、滩地，其办法主要通过坝系控制，分散来水，将洪水由大化小，由急化缓，创造控制利用洪水的条件，把排洪与引洪漫地结合起来。

（7）高线排洪，保库灌田布设方式。在坝地面积不多的乡或者有小水库的沟道，为了充分利用好坝地或使水库长期运用，不能淤积，可以绕过水库、坝地，在沟坡高处开渠，把上游洪水引到下游沟道或其他地方加以利用。

（8）隔山凿洞。邻沟分洪布设方式。在一些流域面积较大且坡面治理差的沟道，虽然沟内打坝较多，但由于洪量太大，坝系拦洪能力有限，或者坝地存在严重盐碱化和排洪渠占用坝地太多等原因，既不能有效地拦蓄所有洪水，又不能安全向下游排洪。在这种情况下，只要邻近有山沟，隔梁不大，又有退洪漫淤条件，就可开挖分洪隧道，使洪水泄入邻沟内，淤漫坝地或沟台地，分散洪水，不致集中危害，达到安全生产，合理利用的目的。

（9）坝库相间，清洪分治布设方法。这种利用形式就是在沟道里能多淤地的地方打淤地坝，在泉眼集中的地方修水库，因地制宜地合理布置坝地和水库位置。具体布设有以下 3 种型式：

1）"拦洪蓄清"方式。在水库上游只建设清水洞而不设溢洪道的拦洪坝。拦洪坝采取"留淤放清，计划淤种"的运行方式，而将清水放入水库蓄起。

2）"导洪蓄清"方式。当洪水较大或拦洪坝淤满种植后，洪水必须下泄时，可选择合适的地形，使拦洪坝（或淤地坝）的溢洪道绕过水库，把洪水导向水库的下游。

3）"排洪蓄清"方式。当上游无打拦洪坝条件时，可以利用水库本身设法汛期排洪，汛后蓄清水。方法是在溢洪道处安装低坎大孔闸门或用临时挡水土埝。汛期开门（扒开埝土），洪水经水库穿堂而过，可把泥沙带走，汛后关门（再堆土埝）蓄清水。

3. 坝系形成和建坝顺序

（1）坝系形成的顺序。流域坝系形成的顺序根据其控制流域面积的大小和人力、财力等条件合理安排，一般有以下 3 种：

1）先支后干。符合先易后难、工程安全和见效快的原则。

2）先干后支。干沟宽阔成地多，群支汇干淤地快，但工程设计标准高，需投入较多的财力和人力。

3）以干分段，按支分片，段片分治。当流域面积较大、乡村多时，可以按坝系的整体规划，分段划片实行包干治理。

（2）坝系中建坝的顺序。坝系中打坝的先后，直接影响到坝系能否多快好省地形成。

不论是干系、支系和系组，建坝的顺序有以下两种：

1）自下而上从下游向上游逐座兴建，形成坝系。这种顺序可集中全部泥沙于一坝，淤地快，收益早；淤成一坝，上游始终有一个一定库容的拦洪坝，确保下游坝地安全生产，并能供水灌溉；同时上坝可修在下坝末端的淤积面上，有利减少坝高和节省工程量，但采用这种顺序打坝，初期工程量较大，需要的投工、投资也多。

2）自上而下从上游向下游逐座修建，上坝修成时，再修下坝，依次形成坝系。这种顺序，单坝控制流域面积小、来洪少、可节节拦蓄，工程安全可靠，且规模不大，易于实施。但坝系成地较慢，上游无坝拦蓄洪水，坝地防洪保收不可靠，初期防洪能力较差。

（3）流域建坝密度。流域建坝密度应根据降雨情况、沟道比降、沟壑密度、建坝淤地条件，按梯级开发利用原则，因地制宜地规划确定。据各地经验在沟壑密度 $5 \sim 7 km/km^2$，沟道比降 $2\% \sim 39\%$，适宜建坝的黄土丘陵沟壑区，每平方公里可建坝 $3 \sim 5$ 座；在沟壑密度 $3 \sim 5 km/km^2$，适宜建坝的残垣沟壑区，每平方公里建坝 $2 \sim 4$ 座；沟道比较大的土石山区，每平方公里建坝 $5 \sim 8$ 座比较适宜。

2.4.3.2　坝址选择

坝址的选择在很大程度上取决于地形和地质条件，但是如果单纯从地质条件好坏的观点出发去选择坝址却是不够全面的。选择坝址必须结合工程枢纽布置、坝系整体规划、淹没情况和经济条件等综合考虑。一个好的坝址必须满足拦洪或淤地效益大、工程最小和工程安全 3 个基本要求。在选定坝址时，要提出坝型建议。坝址选择一般应考虑以下几点：

（1）坝址在地形上要求河谷狭窄、坝轴线短，库区宽阔容量大，沟底比较平缓。

（2）坝址附近应有宜于开挖溢洪道的地形和地质条件。最好有鞍形岩石山凹或红黏土山坡。还应注意到大坝分期加高时，放、泄水建筑物的布设位置。

（3）坝址附近应有良好的筑坝材料（土、砂、石料），取用容易，施工方便，因为建筑材料的种类、储量、质量和分布情况影响到坝的类型和造价。采用水坠坝时应有足够的水源，在施工期间所能提供的水源应大于坝体土方量。坝址应尽量向阳，以利延长施工期和蒸发脱水。

（4）坝址地质构造稳定，两岸无疏松的坍土、滑坡体，断面完整，岸坡不大于 $60°$。坝基应有较好的均匀性，其压缩性不宜过大。岩层要避免活断层和较大裂隙，尤其要避免有可能造成坝基滑动的软弱层。

（5）坝址应避开沟岔、弯道、泉眼，遇有跌水应选在跌水上方。坝扇不能有冲沟，以免洪水冲刷坝身。

（6）库区淹没损失要小，应尽量避免村庄、大片耕地、交通要道和矿井等被淹没。有些地形和地质条件都很好的坝址，就是因为淹没损失过大而被放弃，或者降低坝高，改变资源利用方式，这样的先例并不少见。

（7）坝址还必须结合坝系规划统一考虑。有时单从坝址本身考虑比较优越，但从整体衔接、梯级开发上看不一定有利，这种情况需要注意。

2.4.3.3　设计资料收集与库容曲线绘制

1. 设计资料收集

进行工程规划时，一般需要收集和实测如下资料：

（1）地形资料。包括流域位置、面积、水系、所属行政、地形特点。

1）坝系平面布置图。在 1∶10000 地形图标出。

2）库区地形图。一般采用 1∶5000 或 1∶2000 的地形图。等高线间距用 2～5m，测至淹没范围 10m 以上。它可以用来计算淤地面积、库容和淹没范围，绘制高程与地面积曲线和高程与库容曲线。

3）坝址地形图。一般采取 1∶1000 或 1∶5000 的实测现状地形图，等高线间距 0.5～1m，测坝顶以上 10m。用此图规划坝体、溢洪道和泄水洞，估算大坝工程量，安排施工期土石场、施工导流、交通运输等。

4）溢洪道、泄水洞等建筑物所在位置的纵横断面图。横断面图用 1∶100～1∶200 比例尺；纵断面图可用不同比例尺。这两种图可用来设计建筑物估算挖填土石方量。

上述各图在特殊情况下可以适当放大和缩小。规划设计所用图表一般均应统一采用黄海高程系和国家颁布的标准图式。

（2）流域、库区和坝址地质及水文地质资料。

1）区域或流域地质平面图。

2）坝址地质断面图。

3）坝址地质构造，河床覆盖层厚度及物质组成，有无形成地下水库条件等。

4）沟道地下水、泉逸出地段及其分布状况。

（3）流域内河、沟水化学测验分析资料。包括总离子含量、矿化度（mL/g）、总硬度、总碱度及 pH 值在区域变化规律，为预防坝地盐碱化提供资料。

（4）水文气象资料。包括孤水、暴雨、洪水、径流、泥沙情况，气温变化和冻结深度等。

（5）天然建筑材料的调查。包括土、砂、石、砂砾料的分布，结构性质和储量等。

（6）社会经济调查资料。包括流域内人口、经济发展现状、土地利用现状、水土流失治理情况。

（7）其他条件。包括交通运输、电力、施工机械、居民点、淹没损失、当地建筑材料的单价等。

2. 集水面积测算及库容曲线绘制

（1）集水面积计算法。计算集水面积的方法很多，一般淤地坝的控制集水面积可用求积仪法、几何法、经验公式法。

1）求积仪法。采用求积仪时，要注意校核仪器本身的精度和比例，一般将量出图上的面积乘以地形图比例尺的平方值，即得集水面积。

2）方格法。用透明的方格纸铺在画好的集水面积平面图上，数一下流域内有多少方格，根据每一个方格代表的实际面积，乘以总的方格数，就得出集水总面积。

3）经验公式法。

$$F = fL^2 \tag{6.2.21}$$

式中：F 为集水面积，m^2；L 为流域长度，m；f 为流域形状系数，狭长形 0.25，条叶形 0.33，椭圆形 0.4，扇形 0.50。

（2）淤地坝坝高与库容、面积关系曲线绘制法。淤地面积和库容的大小是淤坝工程设

计与方案选择的重要依据，而它又是随着坝高而变化的，确定其值时，一般采用绘制坝高
与淤地面积和库容关系曲线，以备设计时用。绘制的方法有等高线法和横断面法。

　　1）等高线法。利用库区地形图，等高距
按地形条件选择，一般为 2～5m。计算时首先
量出各层等高线间的面积，再计算各层间库容
及累计库容，然后绘出坝高-库容及坝高-淤地
面积关系曲线（图 6.2.19）。相邻两等高线间
的体积为

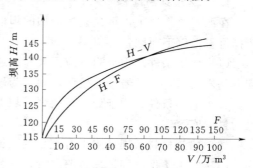

$$V_n = \frac{F_n + F_{n+1}}{2} H_n \qquad (6.2.22)$$

图 6.2.19　某淤地坝坝高（H）、淤地
面积（F）、库容（V）关系曲线

式中：V_n 为相邻两等高线之间的体积，m^3；
F_n、F_{n+1} 分别为相邻两等高线对应的面积，
m^2；H_n 为两相邻等高线的高差，m。

　　2）横断面法。当没有库区地形图时，可用横断面法粗略计算。

　　首先测出坝轴线处的横断面，然后在坝区内沿沟道的主槽中心线测出沟道的纵断面，
再在有代表性的沟槽（或沟槽形状变化较大）处测出其横断面。计算库容时，在各横断面
图上以不同高度线为顶线，求出其相应的横断面面积，由相邻的两横断面面积平均值乘以
其间距离，便得出此两横断面不同高程时的容积。最后把部分容积按不同高程相加，即为
各种不同坝高时的库容。同理，在上述计算过程中，量得每个横断面在同一坝高上的横断
面顶部宽度，根据相邻两断面的顶部距离，则可求得两个横断面之间的水面面积，然后把
同一坝高时各个横断面之间的水面面积累加起来，即为该坝高相应的淤地面积。最后根据
不同坝高计算求得的库容和淤地面积绘出坝高—库容—淤地面积曲线。坝区内如有较大的
支沟时，计算中应将相应水位以下支沟中的容积和面积加入。

2.5　拦　沙　坝

　　拦沙坝（sediment storage dam）是以拦蓄山洪泥石流沟道中固体物质为主要目的的
挡拦建筑物。拦砂坝多建在主沟或较大的支沟内，通常坝高大于 5m，拦沙量在 10^3～
$100^3 m^3$ 以上，甚至更大。

　　拦沙坝通常设置于泥石流形成区——流通区沟谷内，是泥石流综合治理中的骨干
工程。

2.5.1　拦沙坝的主要作用

　　（1）拦蓄泥沙（包括块石），调节沟道内水沙，以免除对下游的危害，便于下游河道
整治。

　　（2）提高坝址的侵蚀基准，减缓坝上游淤积段河床比降，加宽河床，减小流速，从而
减小了水流侵蚀能力。

　　（3）稳定沟岸崩塌及滑坡，减小泥石流的冲刷及冲击力，防止溯源侵蚀，抑制泥石流
发育规模。

2.5.2　坝址选择

1. 天然坝址的选择

在泥石流沟道上，可建立拦沙坝的坝址不多，要寻找理想的坝址更难。拦沙坝坝址的选择可参考以下原则：

(1) 地质条件。坝址附近应无大断裂通过，坝址处无滑坡、崩塌，岸坡稳定性好，沟床有基岩出露，或基岩埋深较浅，坝基为硬性岩或密实的老沉积物。

(2) 地形条件。坝址处沟谷狭窄，坝上游沟谷开阔，沟床纵坡较缓，建坝后能形成较大的拦淤库容。

(3) 建筑材料。坝址附近有充足的或比较充足的石料、砂等当地建筑材料。

(4) 施工条件。坝址离公路较近，从公路到坝址的施工便道易修筑，附近有布置施工场地的地形，有可供施工使用的水源等。

2. 拦沙坝的布置

(1) 与防治工程总体布置协调。如与上游的谷坊或拦沙坝，下游拦沙坝或排导槽能合理地衔接。

(2) 满足拦沙坝本身的设计要求。如以拦沙为主的坝，应尽量选在肚大口小的沟段，以拦淤反压滑坡为主的坝，坝址应尽量靠近滑坡。

(3) 有较好的综合效益。如拦沙坝既能拦沙，又能稳坡，一坝多用。

2.5.3　拦沙坝的坝型

1. 按结构分类

(1) 重力坝。依自重在地基上产生的摩擦力来抵抗坝后泥石流产生的推力和冲击力，其优点是：结构简单、施工方便、就地取材、耐久性强（图 6.2.20）。

(2) 切口坝。又称缝隙坝，是重力坝的变形，即在坝体上开一个或数个泄流缺口（图 6.2.21）。主要用于稀性泥石流沟，有拦截大砾石，滞洪调节水位关系等特点。

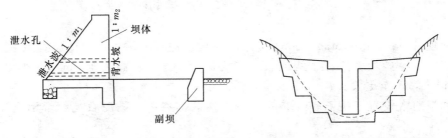

图 6.2.20　重力式拦沙坝结构图　　　　图 6.2.21　切口坝结构示意图

(3) 错体坝。错体坝将重力坝从中间分成两部分，并在平面上错开布置，主要用于坝肩处有活动性滑坡又无法避开的情况（图 6.2.22）。坝体受滑坡的推力后可允许有少量的横向位移，不致造成拦沙坝破坏。

(4) 拱坝。拱坝可建在沟谷狭窄、两岸基岩坚固的坝址处。拱坝在平面上呈凸向上游的弓形，拱圈受压应力作用，可充分利用石料和混凝土很高的抗压强度，具有省工、省料等特点。但拱坝对坝址地质条件要求很高，设计和施工较为复杂，溢流口布置较为困难。

因此在泥石流防治工程中应用较少。

（5）格栅坝。格栅坝是泥石流拦沙坝又一种重要的坝型，近年发展得很快，出现了多种新的结构。格栅坝具有良好的透水性，可有选择性地拦截泥沙，还具有坝下冲刷小，坝后易于清淤等优点。格栅坝主体可以在现场拼装，施工速度快。格栅坝的缺点是坝体的强度和刚度较重力坝小，格栅易被高速流动的泥石流龙头和大砾石击坏，需要的钢材较多，要求有较好的施工条件和熟练的技工。

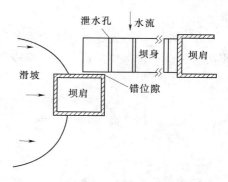

图 6.2.22　错体坝平面示意图

（6）钢索坝。钢索式拦沙坝是采用钢索编制成网，再固定在沟床上而构成的。这种结构有良好的柔性，能消除泥石流巨大的冲击力，促使泥石流在坝上游淤积。这种坝结构简单，施工方便，但耐久性差，目前使用得很少。

2. 按建筑材料分类

（1）砌石坝。可分为干砌石坝和浆砌石坝。

浆砌石坝属重力坝，多用于泥石流冲击力大的沟道，结构简单，是常用的一种坝型。

干砌石坝只适用于小型山洪沟道，亦为常用的坝型，断面为梯形，坝体系用块石交错堆砌而成，坝面用大平板或条石砌筑，施工时要求块石上下左右之间相互"咬紧"，不容许有松动、脱落的现象出现。

（2）混合坝。可分为土石混合坝和木石混合坝。

1）土石混合坝。当坝址附近土料丰富而石料不足时，可选用土石混合坝型。

坝的断面尺寸，在一般情况下，当坝高为 5～10m 时，上游坡为 1:1.5～1:1.7，下游坡为 1:2～1:2.5，坝顶宽为 2～3m。

土石混合坝的坝身用土填筑，而坝顶和下游坝面则用浆砌石砌筑。由于土坝渗水后将发生沉陷，因此，坝的上游坡必须设置黏土隔水斜墙，下游坡脚设置排水管，并在其进口处设置反滤层。

2）木石混合坝。在盛产木材的地区可采用木石混合坝。木石混合坝的坝身由木框架填石构成。为了防止上游坝面及坝顶被冲坏，常加砌石防护。木框架一般用圆木组成，其直径大于 0.1m，横木的两侧嵌固在砌石体之中，横木与纵木的连接采用扒钉或螺钉紧固。

（3）铁丝石笼坝。这种坝型适用于小型荒溪，在我国西南山区较为多见。它的优点是修建简易、施工迅速、造价低。不足之处是使用期短，坝的整体性也较差。

2.5.4　坝高与拦沙量的确定

1. 拦沙坝坝高的确定

拦砂坝的高度由下列条件决定：

（1）坝址处地基及岸坡的地质条件。

（2）坝址处地形条件。

（3）拦砂坝的设计目标，实现最好的防护效益。

（4）合理的经济技术指标，主要是坝高与拦淤库容的关系。坝高越高，拦砂越多，并能更有效地利用回淤来稳定上游滑坡崩塌体，每立方米坝体平均拦砂量是鉴别拦砂效益的重要指标。

（5）坝下消能设施。过坝山洪及泥石流的坝下消能设施费用随坝高的增加而增加，为此在满足设计目标的前提下，一般以不修高坝为好。

一般拦沙坝分为：

小型拦沙坝坝高：5～10m；

中型拦沙坝坝高：10～15m；

大型拦沙坝坝高：>15m。

2. 拦沙量计算

拦沙量的设计可按下法推求，对坝高已定的拦砂坝库容的计算可按下列步骤进行：

（1）在方格纸上绘出坝址以上沟道的断面图，并按山洪或泥石流固体物质的回淤特点，画出回淤线。

（2）在库区回淤范围内，每隔一定间距测绘横断面图。

（3）根据横断面图的位置及回淤线，求算出每个横断面的液体面积。

（4）求出相邻两断面之间的体积，计算公式为

$$V = \frac{W_1 + W_2}{2} L \qquad (6.2.23)$$

式中：V 为相邻两横断面之间的体积，m³；W_1、W_2 为相邻横断面面积，m²；L 为相邻横断面之间的水平距离，m。

（5）将各部分体积相加，即为拦沙坝的拦沙量。

2.5.5　拦沙坝的断面设计

拦沙坝断面设计的任务是，确定既符合经济要素又保证安全的断面尺寸。其内容包括：断面轮廓的初步尺寸拟定、坝的稳定设计和应力计算、溢流口计算、坝下冲刷深度估算、坝下消能，本节主要介绍最常用的浆砌石重力坝的断面设计。

1. 断面轮廓尺寸的初步拟定

坝的断面轮廓尺寸是指坝高、坝顶宽度、坝底宽度以及上下游边坡等。

表 6.2.4 提出的规格是指建在岩石基础上的溢流坝。当在松散的堆积层上建坝时，由于基底的摩擦系数小，必须用增加垂直荷重的方法来增加摩擦力，以保证坝体抗滑稳定性。增加垂直荷重的办法是将坝底宽度加大，这样不仅可以增加坝体重量，而且还能利用上游面的淤积物作为垂直荷重。

表 6.2.4　　　　　　　　　　　　浆砌石坝断面轮廓尺寸

坝高 /m	坝顶宽度 /m	坝底宽度 /m	坝坡	
			上游	下游
3	1.2	4.2	1:0.6	1:0.4
4	1.5	6.3	1:0.7	1:0.5
3	2.0	9.0	1:0.8	1:0.6
8	2.5	16.9	1:1	1:0.8
10	3.0	20.5	1:1	1:1.8

日本防沙工程设计拦砂坝断面时，根据坝顶溢流水深 h_1 及上游坝坡系数 m，用经验公式推求坝顶宽度 b：

$$b \geqslant (0.8 \sim 0.6m)h_1 \tag{6.2.24}$$

一般也可根据坝高 h 确定坝顶宽度 b：

$h = 3 \sim 5m$ 时，$b = 1.5m$；$h = 6 \sim 8m$ 时，$b = 1.8m$；$h = 9 \sim 15m$ 时，$b = 2.0m$。

拦沙坝下游坝坡系数 n 可用式（6.2.25）估算：

$$n \leqslant V \sqrt{\frac{2}{gh}} \text{ 或 } n \leqslant 0.46V = \frac{1}{\sqrt{h}} \tag{6.2.25}$$

式中：n 为下游坝坡系数；V 为下游最小石砾的始动流速，m/s；h 为坝高，m。

上游坝坡与坝体稳定性关系密切，m 值越大，坝体抗滑稳定安全系数越大，但筑坝成本愈高，因此，m 值应根据稳定计算结果确定。

2. 坝的稳定与应力计算

一座拦砂坝在外力作用下遭到破坏，有以下几种情况：①坝基摩擦力不足以抵抗水平推力，因而发生滑动破坏；②在水平推力和坝下渗透压力的作用下，坝体绕下游坝趾的倾覆破坏；③坝体强度不足以抵抗相应的应力，发生拉裂或压碎。在设计时，由于不允许坝内产生拉应力或者只允许产生极小的拉应力，因此，对于坝体的倾覆稳定通常不必进行核算，一般所谓的坝体稳定计算均指抗滑稳定而言。

3. 溢流口设计

溢流口设计的目的在于确定溢流口尺寸，即溢流口宽度 B 和高度 H。其设计步骤如下：

（1）确定溢流口形状和两侧边坡。一般溢流口的形状为梯形（图 6.2.23），边坡坡度为 1：0.75～1：1。对于含固体物很多的泥石流沟道，可为弧形。

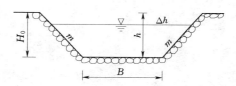

图 6.2.23　溢流口形状

（2）计算坝址处设计洪峰流量。山洪泥石流的设计洪峰流量可参考小流域暴雨径流公式进行计算，如果缺乏观测资料，泥石流的洪峰流量，可用泥痕调查法进行计算。

泥石流泥痕调查法其步骤如下：

1）调查访问并确定历史上曾经发生过的泥石流最高泥痕位置。

2）选取较顺直、冲淤变化不大的沟段进行泥石流过流断面的测量并计算其断面面积、平均泥深（过流断面除以相应最高泥水位的泥面宽度）及水力半径。

3）在较顺直的沟段上选择几处泥痕（至少 3 处），测定其比降。如果选择泥痕有困难，亦可用沟床比降代替。

4）泥石流流量用式（6.2.26）推求：

$$Q_c = \omega_c v_c \tag{6.2.26}$$

式中：Q_c 为泥石流流量，m^3/s；ω_c 为过流断面积，m^2；v_c 为泥石流流速，m/s。

（3）计算溢流口宽度。选定单宽溢流流量 q（m^3/s），估算溢流口宽度 B。

$$B=\frac{Q_c}{q} \qquad (6.2.27)$$

（4）计算山洪的流速。根据选择的溢流口形状，流速及洪峰流量，用 $Q_c=\omega_c v_c$ 试算求出过坝溢流深度 h_0，高含沙山洪的流速 v_c 采用式（6.2.28）计算：

$$v_c=\frac{15.3}{a}R^{2/3}I^{3/8} \qquad (6.2.28)$$

式中：R、I 为水力半径及水面纵坡，%；a 为阻力系数。

$$a=\left[\varphi/\gamma_H+1\right]^{1/2}$$

$$\varphi=\frac{\gamma_C-1}{\gamma_H-\gamma_C}$$

式中：φ 为改正系数；γ_H 为山洪中固体物质比重，一般为 $2.4\sim2.7\text{t/m}^3$；γ_C 为山洪容重。

（5）计算溢流口高度。计算溢流口高度 $h=h_0+\Delta h$，Δh 为超高，一般采用$0.5\sim1.0\text{m}$。

第3章 水土保持农艺耕作措施

水土保持农业技术措施（agronomicmeasures of water and soil conservation）指的是用增加地面糙率、改变坡面微小地形、增加植物被覆、地面覆盖或增强土壤抗蚀力等方法，保持水土、改良土壤，以提高农业生产的技术措施。水土保持农业技术措施与水土保持林草措施、水土保持工程措施有机结合，构成完整的综合治理体系。

3.1 水土保持农业技术措施特征及发展

水土保持农业技术措施的范围很广，包括大部分旱地农业栽培技术，其中水土保持效果显著的部分按作用可分为：以改变小地形增加地面糙率为主的农业技术措施；以增加植被覆盖为主的农业技术措施和以改善土壤物理性状的耕作措施3类。

3.1.1 以改变小地形增加地面糙率为主的农业技术措施

3.1.1.1 等高耕作

等高耕作（contour plouging）又称横坡耕作技术，是指沿等高线，垂直于坡面倾向，进行的横向耕作，如图 6.3.1 所示。它是坡耕地实施其他水土保持耕作措施的基础。沿等高线进行横坡耕作，在犁沟平行于等高线方向会形成许多"蓄水沟"，从而有效地拦蓄了地表径流，增加土壤水分入渗率，减少水土流失，有利于作物生长发育，从而达到高产。

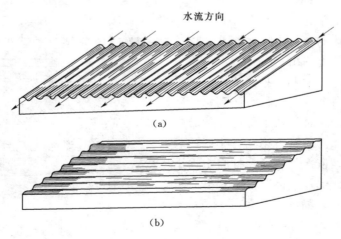

图 6.3.1 改顺耕为横耕

(a) 顺坡耕作；(b) 横坡耕作

3.1.1.2 等高沟垄耕作

等高沟垄耕作（contour listing tillage）是在等高耕作的基础上进行的。具体操作为：

在坡面上沿等高线开犁，形成沟和垄，在沟内或垄上种植作物。一条垄等于一个小坝，可有效地减少径量和冲刷量、增加土壤含水率、保持土壤养分。还可进一步划分为以下3种类型。

1. 水平沟种植

水平沟种植（contaur trench cropping）又称套犁沟播。具体作法为：在犁过的壕沟内再套耕一犁，然后将种子点在沟内，施上肥料，结合碎土，镇压覆盖种子，中耕培土时仍保持垄沟完整。

2. 垄作区田

垄作区田（contour check）是干旱和半干旱地区采用的蓄水保土耕作法。具体作法

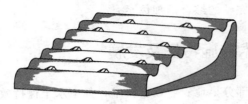

图6.3.2　沟垄种植

是：在坡地上从下往上进行，先在下边沿等高线耕一犁，接着在犁沟内施肥播种，然后在上边浅犁一道，覆土盖种，再空出一道的距离继续犁耕施肥播种，依次进行，直至种完。这样使坡面沟垄相间，有利于拦蓄地表径流。为了防止横向水土流冲刷，在沟内每隔1～2m横向修一道小土挡，如图6.3.2所示。

3. 平播起垄

平播起垄是用犁沿等高线隔行条播种植，并进行镇压，使种子和土壤密接，以利于出苗、保墒；在早期保持平作状态，在雨季到来以前，结合中耕，将行间的土培在作物根部，形成沟垄，并在沟内每隔1～2m加筑土挡，以分段拦蓄雨水。这种方法的优点是：在春旱地区，它可以避免因早起垄而增加蒸发面积造成缺苗现象，影响产量。它还能在雨季充分接纳和拦蓄雨水，故蓄水保土和增产作用较显著。

3.1.1.3　区田

区田也叫掏钵种植，是我国一种历史悠久的耕种法。具体作法是：在坡耕地上沿等高线划分成许多1m²的小耕作区，每区掏1～2钵，每钵长、宽、深各约50cm。掏钵时，用铣或镢先将表层熟土刮出，再将掏出的生土放在钵的下方和左右两侧，拍紧成埂，最后将刮出的熟土连同上方第二行小区刮出的熟土全部填到钵内，同时将熟土与施入的肥料搅拌均匀，掏第二行钵时将第三行小区的表层熟土刮到坑内，依次类推。这样自上而下地进行，上下行的坑作"品"字形错开，坑内作物可实行密植，如图6.3.3所示。每掏

图6.3.3　区田示意图

一次可连续种2～3年，再重掏一次。掏钵1hm²约需45～60个工。在实践中，群众还创造了人工加畜力的掏钵方法，值得推广。

3.1.1.4　圳田

圳田是宽约1m的水平梯田。具体作法是：沿坡耕地等高线作成水平条带，每隔50cm挖宽、深各50cm的沟，并结合分层施肥将生土放在沟外拍成垄，再将上方1m宽的

表土填入下方沟内。由于沟垄相间，便自然形成了窄条台阶地。此法亦可采用人畜相结合，以提高工效。

3.1.1.5　水平防冲沟

水平防冲沟也叫等高防冲沟。这是在田面按水平方向，每隔一定距离用犁横开一条沟。为了使所开犁沟能充分保持水土，在犁沟时每走若干距离将犁抬起，空很短的距离后再犁，这样在一条沟中便留下许多土挡，使每段犁沟较为水平，可以起到分段拦蓄的作用。同时应注意，上下犁沟间所留土挡应错开。犁沟的深浅和宽窄，在 20°的坡地上，沟间距离约 2m 左右，沟深 35～40cm。为了经济利用田面，犁沟内亦可点播豆类作物，并照常进行中耕除草。此法也可用在休闲地上，特别是夏闲地上。

3.1.2　增加植物被覆为主的耕作措施

3.1.2.1　草田轮作 (grassland rotation)

在农业生产过程中，将不同品种的农作物或牧草按一定原则和作物（牧草）的生物学特性在一定面积的农田上排成一定的顺序，周而复始地轮换种植就是轮作。在轮作的农田上，把作物安排为前后栽植顺序是轮作方式，轮作方式之中或全部栽植农作物，或按一定比例栽植作物与多年生牧草即草田轮作，种植一遍所历经的时间称为轮作周期。轮作有空间上的轮换种植与时间上的轮换种植，空间轮作是将同一种农作物（或牧草）逐年轮换种植，而时间轮作是在同一块农田上在轮作周期内，按轮作方式栽植不同品种的农作物或豆科牧草。从时间和空间的关系上来看，在作物安排上最简单的是 3 年轮作周期与 3 区轮作方式（表 6.3.1）。

表 6.3.1　　　　　　　　　　　　　　3 年轮作周期与 3 区轮作方式

田区号	第一年	第二年	第三年
第一区	大豆	高粱	谷子
第二区	高粱	谷子	大豆
第三区	谷子	大豆	高粱

依据水土保持作用，将草田轮作制中的农作物和牧草可分为三大类：第一类是保持水土作用小的玉米、高粱、棉花、谷子、糜子等禾本科中耕作物；第二类为保持水土作用大的小麦、大麦、莜麦、荞麦、豌豆、大豆、黑豆等一些禾本科和豆科的密播作物；第三类是 1 年生和多年生的牧草，如苏丹草、春箭舌、豌豆、苜蓿、紫花、沙打旺、红豆草、黑麦草等。

3.1.2.2　间作、套种与混种

间作 (intercropping) 是在同一田块于同一生长期内，分行或分带相间种植两种或两种以上作物的种植方式。农作物与多年生木本作物（植物）相间种植，也称为间作，有人称为多层作呈农林复合 (agroforestry)。

混作 (mixed cropping) 是在同一块地上，同期混合种植两种或两种以上作物的种植方式。一般混作在田间无规则分布，可同时撒播，或在同行内混合、间隔播种，或一种作物或行种植，另一种作物撒播于其行内或行间。

套种（relay cropping）是在前季作物生长后期的株行间播种或移栽后季作物的种植方式，也称为串种。如在小麦生长后期每隔3～4行小麦播种一行玉米。

上述3种作物的种植如图6.3.4所示。如果它们同出现在一块农田上时，就构成所谓的立体种植（multistorey cropping）。

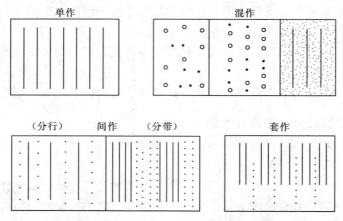

图6.3.4　作物种植方式示意图

间作、套种和混播，本来是增产措施，但由于增加了植物覆被率和延长了植被覆盖时间，因而仍属于水土保持农业技术措施的范畴。

3.1.2.3　等高带状间作

等高带状间作（contour strip cropping）是沿着等高线将坡地划分成若干条带，在各条带上交互和轮换种植密生作物与疏生作物、或牧草与农作物的一种坡地保持水土的种植方法。它利用密生作物带覆盖地面、减缓径流、拦截泥沙来保护疏生作物生长，从而起到比一般间作更大的防蚀和增产作用；同时，等高带状间作也有利于改良土壤结构，提高土壤肥力和蓄水保土的能力，便于确立合理的轮作制，促使坡地变梯田（图6.3.5）。

等高带状间作可分为农作物带状间作和草田带状间作两种。

3.1.2.4　沙田

沙田是甘肃等省的干旱区采用的一种蓄水保墒特殊耕作法。其作法是：一要选择离砂源近、土壤肥沃、坡度缓的土地；二要选择含土少、沙粒大小适中的沙源；三要事先平整土地，施足底肥、精耕细作；四要掌握铺砂厚度，旱沙田铺12cm厚，水沙田铺6cm厚，每公顷需砂150万kg以上；五要防止沙土混合，要采用不再进行翻

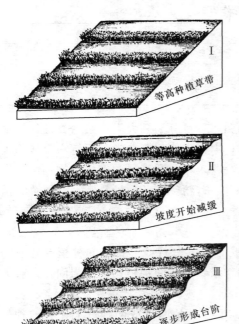

图6.3.5　草田带状间作

动土层的耕作。

3.1.3　改善土壤物理性状的耕作措施

从主要作用来看，下述各类措施均能起到改善土壤物理性状的作用。这一类措施包括了深耕法、少耕法和免耕法。

1. 深耕（deep tillage）

一般在夏、秋两季进行，深耕 21～24cm，其功能主要是增加入渗和蓄水保水能力，同时改善土壤的通透能力，有利于调节土壤中的水、气、热等要素。

2. 少耕

少耕（minimum tillage）是指在常规耕作基础上尽量减少土壤耕作次数或在全田间隔耕种，减少耕作面积的一类耕作方法，它是介于常规耕作和免耕之间的中间类型。

3. 免耕

免耕（no-tillage）又称零耕、直接播种，是 20 世纪 60—70 年代世界上普遍重视的一种耕作措施，其核心是不耕不耙，也不中耕。它是依靠生物的作用进行土壤耕作，用化学除草代替机械除草的一种保土耕作法。

免耕的作业过程是：在秋季收获玉米的同时，将玉米秸秆粉碎并撒在地表覆盖，近冬或早春将硝酸铵、磷肥、钾肥均匀地撒在冻土地，播种时用开沟机开沟（宽 6～7cm、深 2～4cm）并播种玉米，同时施入土壤杀虫剂与其他肥料，除草剂在播种后再喷撒。同时，在玉米收获之前用飞机撒播覆盖地面的草种，翌春用除草剂杀死返青的杂草，就地作为覆盖物。可见，残茬与秸秆覆盖是形成免耕法的两个重要作业环节。西北农林科技大学在陕西淳化县对小麦收割后留茬的水土保持作用进行了观测研究，发现其减沙效果特别明显。中国科学院地理研究所在山东禹城曾在棉田上利用秸秆保持秋冬两季的土壤水分，在春季播种棉花可以不浇水而保持齐苗。

3.1.4　水土保持耕作措施的进展

随着农业技术的不断发展和生产要求，人们在生产实践中以上述一些措施的设计原理为基础，又创造出几种新的水土保持耕作措施。

3.1.4.1　等高带状间轮作

等高带状间轮作是卢宗凡领导的课题组在延安地区安塞县茶坊水土保持实验区试验的一种方法，试验的全称为"山坡地粮草带状间轮作试验"。这一试验要求将坡地沿等高线划分成若干条带，根据粮草轮作的要求，分带种植草和粮，一个坡地至少要有 2 年生（4 区轮作）或 4 年生（8 区轮作）草带 3 条以上，沿埂边线则种植紫穗槐或柠条带。

利用此法的好处，一是可促进坡地农田退耕种草，即一半面积种草，一半面积种粮；二是把草纳入正式的轮作之中，固定了种草的面积；三是保证粮食作物始终种在草茬上，可减少优质厩肥上山负担，以节省大批劳畜力；四是既改良了土壤结构又提高了土壤蓄水保土能力；五是既确立了合理的轮作制，又可促使坡地变成缓坡梯田，等。

3.1.4.2　蓄水聚肥改土耕作法

蓄水聚肥改土耕作法又称抗旱丰产沟，是山西省水土保持科学研究所史观义等在吕梁山区经过多年研究试验，吸取了坑种、沟垄种植和传统的旱农优良耕作技术之长，因地制宜创造的一种科学耕作方法。此法由"种植沟"和"生土垄"两个主体部分组成，"种植沟"把耕作层表土集中起来，改善耕地的基础条件。"生土垄"把径流就地拦蓄，就地入渗。故既能培肥地力，抗旱丰产，又能防治水土流失。

此法的主要优点：一是有效控制水土流失，"生土垄"好似拦洪坝，"种植沟"相当于蓄水库，因此蓄水保肥，提高了抗旱能力；二是经济利用天然降水，提高了降水利用率，据测定，种植高粱、玉米，降水利用率提高 69.9%；三是表土、肥料集中使用，即把地面所有表土集中在"种植沟"内，使原来 5 寸的熟土层增加到 1 尺左右，加之沟底深翻，活土层达 1.5 尺上下。同时，把撒施在田面的有机肥全部掺混在种植作物的熟土沟内，土肥集中融为一体，形成良好的"土壤水肥库"，使作物根系分布最多的部位正好是养分集中的地方，大大提高了水肥利用率，增加了土壤孔隙度，提高了土壤入渗能力；四是加快生土熟化；五是充分发挥边行优势。蓄水聚肥耕作形成带状种植，沟内种植作物 1~2 行，生土垄上种豆科绿肥，高低搭配，每行作物都相当于边行，通风透光很好，减弱了叶茎之间互相遮阴，扩大了根系吸收范围。

3.1.4.3　旱地小麦沟播侧位施肥耕作法

旱地小麦沟播侧位施肥耕作法是利用 2BFG - 6（S）谷物沟播机进行耕种的一种方法。它能一次性完成开沟、施肥、播种、覆土、镇压多道工序，实现了沟播集中施肥等多项农艺要求。其特点：一是有利用于提高播种质量，培育壮苗；二是改善了小麦生长发育的水、肥、光、温等基本条件，小麦植株发育健壮；三是沟播结合集中施肥，可省工节能、提高肥效，从而达到小麦增产和保持水土的作用。

3.1.4.4　地膜种植与套种

此方法是"九五"期间，西北农林科技大学在淳化县泥河沟流域 8°坡耕地上试验研制的一种水土保持耕作法。具体为：地膜小麦采用人工起垄，水平种植覆膜，覆膜宽1.0m，点种小麦 6 行，再留空白带 0.3m，春季套种马铃薯、甘薯秋作物，小麦收割后留茬。通过试验证明它的特点一是形成良好的生境；二是提高水、肥利用率；三是侵蚀期地面能得以覆盖，防止了水土流失。

3.2　水土保持农业技术措施的作用

水土保持农业技术措施的直接作用：一是防止水土流失；二是增加作物产量。

3.2.1　农业技术措施与水土流失的关系

3.2.1.1　耕作措施对侵蚀的影响

水土保持农业技术措施均有减少和防止水土流失的作用。表 6.3.2 反映的是黄土高原一些试验研究结果。

从表 6.3.2 可以看出，对休闲地采用不同的翻耕方法，可对径流进行不同程度的调节，并由于地表微地形的改变，进而影响到径流所引起的土壤流失量的不同。在小坡度（3°）、20m 坡长地表裸露情况下，耕作措施采用水平犁沟，其径流量是普通翻耕的71.3%，产沙量是 16.2%。在坡度较陡（20°），采用等高垄作种植玉米，在丰水年情况下

表 6.3.2　　　　　　　　　　　耕作措施对径流量及产沙量的影响

耕作措施	作物种类	坡度/(°)	坡长/m	面积/m²	试验年度	产流降雨量/mm	M_w/(m³/km²)	H 净雨深/mm	A 径流系数/%	F 下渗量/mm	M'_w m³/(km²·mm)	M'_w 比较/%	M_s 产沙量/(t/km²)	M'_s t/(km²·mm)	M'_s 比较/%
水平犁沟		3	20	100	1960	55.0	3660	3.66	6.7	51.34	66.55	71.3	6	0.11	16.2
深翻(30cm)	夏休闲	3	20	100	1960	55.0	4790	4.79	8.7	50.21	87.09	93.3	31	0.56	82.4
普通耕翻(15cm)		3	20	100	1960	83.7	7810	7.81	9.3	75.19	93.31	100	57	0.68	100
套型沟播	玉米大豆	20	30	282	1960	111.2	18600	18.60	16.7	92.60	167.26	88.3	492.2	4.43	66.5
平作	玉米大豆	20	30	282	1960	111.2	21070	21.07	18.9	90.13	189.48	100	739.1	6.65	100
等高垄作	玉米	20	25	141	1963	410.2	64640	64.64	15.6	345.56	157.58	50.9	4232	10.32	22.0
等高带状间作	玉米大豆	20	25	141	1963	410.2	88530	88.53	21.6	321.67	215.82	69.8	10430	25.43	54.2
平作	玉米大豆	20	25	141	1963	410.2	126900	126.90	30.9	283.30	309.36	100.0	19250	46.93	100
间作	玉米大豆	20	27	150	1962	340.2	24570	24.57	7.2	315.63	72.22	71.8	5560	16.34	42.0
平作	玉米大豆	20	27	150	1962	340.2	34210	34.21	10.1	305.99	100.56	100	13230	38.89	100
中耕培垄	玉米大豆	20	30	224	1961	124.2	10970	10.97	8.8	113.23	88.32	86.5	392	3.15	47.7
平作	玉米大豆	20	30	224	1961	124.2	12810	12.81	10.3	111.39	103.14	100.0	821	6.60	100
等高垄作	玉米	20	25	141	1960	14.0	510.6	0.51	3.6	13.49	36.47	90.0	14	0.97	12.2
等高带状间作	玉米大豆	20	30	141	1960	14.0	829.8	0.83	5.9	13.17	59.27	146.2	70	5.01	63.4
平作	玉米大豆	20	25	141	1960	14.0	567.4	0.57	4.1	13.43	40.53	100.0	111	7.90	100

注　$M'_w = M_w/P_p$；$M'_s = M_s/P_p$，P_p 为产流降雨量（mm）。

（生长季节产流降水 410.2mm），其径流量是平作的 50.9%，产沙量是 22.0%；在枯水年（生长季节产流降水 14.0mm），其径流量是平作的 90.0%，产沙量是 12.2%。

可见，在土地裸露坡度较小的情况下，采用水平犁沟；在坡度较大，以种植玉米等秋作物为主的情况下，采用等高垄作措施，对于减少地表径流、增大下渗水量，进而降低此而引起的土壤流失，效果较好。

3.2.1.2　耕作措施对侵蚀过程的影响

图 6.3.6、图 6.3.7 是几种耕作措施的实验研究结果。

从中可以看出，不同的耕作措施其径流过程、产沙过程差异显著，说明耕作措施在坡耕地上对土壤侵蚀有着较为明显的影响与作用。

从图6.3.6可以看出，产流时间以顺坡耕作为最早，随后依次为平整坡面、人工掏挖、等高耕作；从同一时刻的产流量看，也是顺坡耕作最大，次序不变，因此从拦蓄径流、增加入渗的角度讲，人工掏挖、等高耕作相对于无措施的平整坡面效果要好，为正效应；而顺坡耕作则为负效应，增大了径流量，不但不利于土壤水分的蓄积，更增大了侵蚀发生的可能性及强度。图6.3.7中各措施的侵蚀发生时间及同一时刻侵蚀量的大小相差较大，并与图6.3.6的径流过程完全一致。这就进一步说明了耕作措施的水土保持作用，就是其对雨水及径流的调节，如果某一措施能够有利于雨水入渗，能够增大径流前进方向上的糙率，那么它就可以起到拦沙、蓄水的作用，增加的幅度越大，其作用也就越强。因此选择恰当的耕作方式（如等高耕作、人工掏挖等），有利于坡耕地的水土保持。

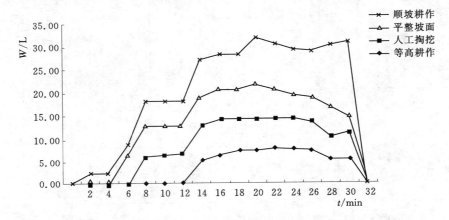

图6.3.6　雨强 $I=0.87$ mm/min 时不同措施的径流过程

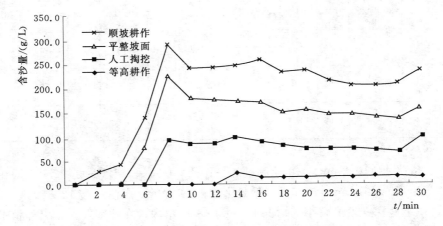

图6.3.7　雨强 $I=$ mm/min 时不同措施的侵蚀过程

3.2.2　农业技术措施与作物产量的关系

水土保持农业技术措施也均有提高农作物产量的作用。一般情况下，可增产粮食

20%～50%。四川省内江县水土保持试验站证实，采用等高耕作可增产粮食 25%；沟垄种植可使玉米增产 25.7%、红薯增产 71%、甘蔗增产 12%；垄作区田法可增产粮食 10%～100%；绥德、天水站证实间作套种可增产 37.5%。

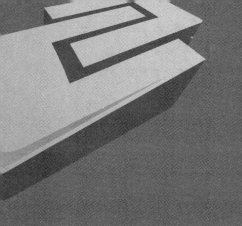

第7篇

防 汛 抗 旱

第1章 概 述

1.1 洪涝灾害的形成与特点

洪涝等自然灾害各个国家都有，但我国有文字记载以来，就是一个洪水多发的国家。治水就是治国，我国的历史就是一部治水史。

为什么我国容易发生洪涝灾害？

1.1.1 我国的地形地貌易形成洪涝灾害

我国地势西高东低，最高的是青藏高原，海拔4500m，降雨稀少；其次是云贵、黄土高原、内蒙古高原，以及四川、塔里木盆地、准噶尔盆地等，海拔在1000～2000m，降雨较青藏高原明显增多；再次是海拔200～1000m的丘陵、平原，如东北、华北、长江中下游平原、珠江三角洲等。长江、黄河、淮河、海河、辽河、松花江、珠江等七大江河大多分布在此，降雨量充沛，经济发达，也极易发生洪涝灾害。

1.1.2 降雨时空不均导致洪涝灾害

各地降雨大都集中在5—10月，这期间的降雨量一般占到全年降雨量的80%左右。在一些降雨集中程度较高的地区，7、8两个月份降雨量可占全年降雨量的50%～60%，甚至一个月的降雨量可占到全年降雨量的30%。集中的短时强降雨极易发生暴雨洪水，导致洪涝灾害、地质灾害频繁发生。据水利部门统计，1998年全国平均降雨量713mm，比常年偏多11.3%。松花江、辽河片比常年多20.6%，长江片比常年多11.5%。

1.1.3 土地承载洪水的能力弱

我国的农业土地承载洪水的能力十分薄弱，农业生产靠天收的状况难以改变，提高和加强农村防洪减灾能力迫在眉睫。全国54%的耕地缺少基本灌排条件；土地因长时间使用化肥造成土壤板结，农田汇流速度加快。20世纪90年代以来，全国平均每年因洪涝受灾面积超过2.1亿亩。积累工、义务工等"两工"取消后，农民投工投劳水利建设的积极性锐减，农田水利建设滞后仍然是影响农业稳定发展和国家粮食安全的最大硬伤。2010年12月31日颁布的2011年中央一号文件《中共中央 国务院关于加快水利改革发展的决定》,以水利改革发展为主题,是新中国成立以来中央首个关于水利的综合性政策文件,向全党全社会发出了大兴水利的明确信号,加大投入,解除瓶颈制约,尽快扭转水利建设滞后的局面。

1.1.4 抗御洪涝灾害的支持能力低

随着我国国民经济的快速发展,社会财富日益增多,洪灾造成的经济损失会越来越多。目前,全国 70% 以上的固定资产、44% 的人口、33% 的耕地、数百座城市以及大量重要的国民经济基础设施和工矿企业,都分布在主要江河的中下游地区,受洪水威胁严重。截至 2001 年底,仍有 70%(400 座)的城市未达到国家规定的防洪标准,40% 的水库带病运行,50% 的海堤未达到设计标准。大江大河的防洪体系也尚不完善,实际防洪标准仍然偏低。中小河流防洪标准较低,有些地方小沟小河甚至没有堤防挡水。据统计,20 世纪 90 年代以来,洪涝灾害造成的直接经济损失累计已超过 1 万亿元,约相当于同期国家财政收入的 1/5,每年的洪灾损失占当年 GDP 的 2.38%,仅 2010 年洪灾损失就达 1000 亿元。

1.1.5 泥石流灾害威胁大

泥石流是指大量泥沙、石块等固体物质,在重力与水的作用下,沿斜坡或沟谷突然流动的现象。典型的泥石流由悬浮的粗大固体碎屑物并富含粉砂及黏土的黏稠泥浆组成。在适当的地形条件下,大量的水体浸透山坡或沟床中的固体堆积物质,使其稳定性降低,饱含水分的固体堆积物质在自身重力作用下发生运动,就形成了泥石流。泥石流按其物质成分可分成 3 类:由大量黏性土和粒径不等的砂粒、石块组成的叫泥石流;以黏性土为主,含少量砂粒、石块,黏度大,呈稠泥状的叫泥流;由水和大小不等的砂粒、石块组成的谓之水石流。

泥石流常常具有暴发突然、来势凶猛、迅速的特点,可携带巨大的石块,并高速前进,具有强大的能量,兼有崩塌、滑坡和洪水破坏的多重作用,其危害程度往往比单一的滑坡、崩塌和洪水的危害更为广泛和严重。泥石流所到之处,一切尽被摧毁,破坏性极大。危害具体表现在如下 4 个方面:①对居民点的危害,泥石流最常见的危害之一是冲进乡村、城镇,摧毁房屋、工厂、企事业单位及其他场所、设施,淹没人畜,毁坏土地,甚至造成村毁人亡的灾难;②对公路、铁路的危害,泥石流可直接埋没车站、铁路、公路、摧毁路基、桥涵等设施,致使交通中断,还可引起正在运行的火车、汽车颠覆,造成重大的人身伤亡事故,有时泥石流汇入河流,引起河道大幅度变迁,间接毁坏公路、铁路及其他构筑物,甚至迫使道路改线,造成巨大经济损失;③对水利、水电工程的危害,主要是冲毁水电站、引水渠道及过沟建筑物,淤埋水电站尾水渠,并淤积水库、磨蚀坝面等;④对矿山的危害,主要是摧毁矿山及其设施,淤埋矿山坑道、伤害矿山人员,造成停工停产,甚至使矿山报废。

2010 年,甘肃舟曲地区的泥石流如排山倒海,一下子吞噬了无数的生命,必须加强对泥石流灾害的防治。

1.2 防汛抢险的基本知识

水火无情,1954 年的全国性特大洪水、1998 年的长江流域特大洪水,给人们留下了深刻的记忆。防洪减灾，成为人类年年不敢忘、年年不敢放松的大事。随着经济大发展，国家对大江大河治理经费的不断增加，大江大河及重要支流堤防的防洪标准大幅度提高。有些财政实力较强的地方对 5000 亩乃至千亩左右的小圩区堤防进行除险加固；对排涝标准不足的地方或补点建站，或更新改造老泵站，使农业生产的条件大大改善，使得新农村建设、小城镇建设有了良好的防洪屏障。但是，由于我国幅员辽阔，水资源时空分布的不均匀，对水土资源过度和不合理的开发，经济发展和江河的自然演变，我国水利的未来形势仍十分严峻，防汛工作任重而道远。特别是随着恶劣天气的增多，集中强降雨带来的对防洪工程的破坏，也使防汛抢险工作难度加大，对防汛技术要求也越来越高。为了在洪灾发生时，在水利工程发生险情时，能尽早应对，有针对性地采取强有力的抢险措施，尽可能地减少洪水给人们生产生活带来的损失，有必要了解一些防汛抢险的基本知识。

1.2.1　什么叫防汛

汛，顾名思义，是水太多而生成汛，其含义是指江河、湖泊等水域的季节性或周期性的涨水现象。汛，常以出现的季节或形成的原因命名，如春汛、伏汛、梅汛、台汛、秋汛和潮汛等。汛期，是指因强降雨造成江河、湖泊洪水在一年中的明显集中出现，容易形成洪涝灾害的时期。如安徽省汛期降雨量占全年降雨量的 60% 左右，浙江省汛期降雨量占全年降雨量的 70% 左右。我国幅员辽阔，各河流所处地理位置和涨水季节不同，汛期的长短和时序也不同。由于暴雨洪水的季节性与雨带南北移动和台风频繁活动关系密切，各地区汛期起止时间不一样。我国的长江流域 5—10 月中旬为汛期；江南地区 4—9 月为汛期。

防，就是未雨绸缪、积极地应对。防汛，是指积极地应对可能发生的汛情，为防止和减轻洪水灾害，在洪水预报、防洪调度、防洪工程运用等方面开展的相关工作。防汛抢险，"防"重于"抢"，思想上要突出"防"字，工作上要提前谋划，才能做到积极应对。防汛的内容很多，包罗万象，其中主要工作内容包括：长、中、短期天气形势的预测预报；洪水水情预报；堤防、水库、水闸、蓄滞洪区等防洪工程的调度和运用；出现险情灾情后的抢险救灾，非常情况下的应急措施等。

1.2.2　降雨的特性

没有降雨就没有水位的上涨，也就不可能有汛情。

1.2.2.1　降雨的分类

降雨按空气上升的原因，分为锋面雨、地形雨、对流雨和台风雨 4 种类型。

1. 锋面雨

两种性质不同的气流相遇，中间的交界面称作锋面。在锋面上，暖、湿、较轻的空气被抬升到冷、干、较重的空气上面去，在抬升过程中，空气中的水汽冷却凝结，形成的降水叫锋面雨。锋面常与气旋相伴而生，锋面有系统性的云系，但并不是每一种云都能产生降水。

2. 地形雨

地形雨是湿润气流遇到山脉等高地阻挡时被迫抬升而气温降低形成的降水。形成降水的山坡正好是迎风的一面，而背风的一面，因为气流下沉，温度升高，不再形成降水。地形雨对改变局部小气候有重要的影响作用。另外，由于地形雨对地形区两面坡的不同影响，导致人们对它们的利用开发也不尽相同，这种人文景观的明显差异是自然界对人类的恩赐。地形雨是三大降水方式之一。

3．对流雨

对流雨是大气对流运动引起的降水现象。其形成机制是近地面层空气受热或高层空气强烈降温，促使低层空气上升，水汽冷却凝结，而形成对流雨。对流雨来临前常有大风，大风可拔起树干直径为 50cm 的大树，并伴有闪电和雷声，有时还下冰雹。对流雨以低纬度地区表现最多，降水时间一般在午后，特别是在赤道地区，降水时间非常准确。对流雨与其他几种常见降水形式在成因、地域分布、降水特点方面有较大差别。对流雨对热带雨林的形成有着重大贡献。

4．台风雨

台风雨是热带海洋上的风暴带来的降雨。这种风暴是由异常强大的海洋湿热气团组成。台风经过之处暴雨狂泻，一次可达数百毫米，有时可达 1000mm 以上，极易造成灾害。台风不但带来大风，而且相伴发生降水。台风云系有一定规律，台风中的降水分布在海洋上也很有规律，但是在台风登陆后，由于地形摩擦作用就不那么有规律了。例如台风中有上升气流的整个涡旋区都有降水存在，但是以上升运动最强的云墙区降水量，最大螺旋云带中降水量已经减少，有时也形成暴雨，台风眼区气流下沉，一般没有降水。

1.2.2.2　降雨的基本术语

（1）降雨量：一定时段内降落在某一面积上的总雨量，mm。

（2）降雨历时：一次降雨所持续的总时间，h 或 d。

（3）降雨强度：单位时间内的降雨量，mm/h 或 mm/d。

（4）降雨面积：降雨笼罩的水平面积，km^2。

（5）降雨中心：即暴雨中心，为降雨量集中且范围较小的地区。

降雨强度与等级划分，见表 7.1.1。

表 7.1.1　　　　　　　　　　　降 雨 强 度 与 等 级

等级	12h 降雨强度/mm	24h 降雨强度/mm
小雨	$R_{12} < 5$	$R_{24} < 10$
中雨	$5 \leqslant R_{12} < 10$	$10 \leqslant R_{24} < 25$
大雨	$10 \leqslant R_{12} < 30$	$25 \leqslant R_{24} < 50$
暴雨	$30 \leqslant R_{12} < 70$	$50 \leqslant R_{24} < 100$
大暴雨	$70 \leqslant R_{12} < 140$	$100 \leqslant R_{24} < 200$
特大暴雨	$140 \leqslant R_{12}$	$200 \leqslant R_{24}$

注　其中 R_{12}、R_{24} 表示为雨量站雨桶内分别在 12h 和 24h 的雨量。

1.2.2.3　降雨量等值线图

为了表示降雨在地区上的分布（即降雨的空间分布），可绘制降雨量等值线图。即根据各雨量站的雨量资料，勾绘出雨量相等的点的连线。以河南"75·8"特大洪水为例，其最大三日降雨量等值线图如图 7.1.1 所示。

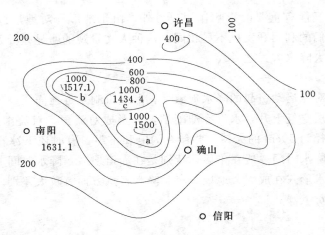

图 7.1.1　河南"75·8"特大暴雨降雨量等值线图/mm

1.2.3　防洪标准的划定

1.2.3.1　降雨的分类频率与重现期

频率是一个比较抽象的概念，防汛工作中常用重现期来代替。所谓重现期是指大于或等于某随机变量（如降雨、洪水）在长时期内平均多少年出现一次，即人们常说的多少年一遇。这个平均重现间隔期即重现期，用 N 表示。

在防洪、排涝工程设计中，水文分析时一定要研究当地的暴雨洪水资料，根据这些资料来研究所建工程的防洪排涝标准。

频率 P（%）和重现期 N（年）存在下列关系：

$$N = \frac{1}{P} \tag{7.1.1}$$

$$P = \frac{1}{N} \times 100\% \tag{7.1.2}$$

例如，某水库大坝校核洪水的频率 $P = 0.1\%$，由上式得 $N = 1000$ 年，称千年一遇洪水。即出现大于或等于 $P = 0.1\%$ 的洪水，在长时期内平均一千年遇到一次。若遇到大于该校核标准的洪水时，则不能保证大坝安全。反之，在此标准范围内，水库大坝理论上是安全的。如被誉为新中国第一坝的安徽佛子岭水库大坝，始建于 1952 年 1 月，是新中国第一个钢筋混凝土连拱坝。由于缺少钢筋混凝土连拱坝建设的经验，当地的水文资料也十分缺乏，1969 年 7 月水库上游暴雨如注，洪峰入库流量达 $12254 \mathrm{m^3/s}$，最高库水位达 130.64m，超过防浪墙顶 1.08m，出现了少有的水库漫坝现象。由于此次洪水只有百年一遇，佛子岭水库当时的防洪标准是 200 年一遇，水库大坝尽管内伤较重，但没有重大险情出现。汛后，水利建设者对大坝进行加高、溢洪道扩建，使水库防洪标准达到 1000 年一遇。

因此，现在建设水库的防洪标准一定尽可能提高，否则，集中强降雨形成的洪水可能会对水库形成破坏。

1.2.3.2　防洪标准

防洪标准是指各种防洪保护对象或工程本身要求达到的防御洪水的标准。通常按式

（7.1.1）计算的某一重现期的设计洪水为防洪标准，或以某一实际洪水（或将其适当放大）作为防洪标准。在一般情况下，当实际发生的洪水不大于防洪标准的洪水时，通过防洪工程的正确运用，能保证工程本身或保护对象的防洪安全。我国对已建防洪工程的防洪标准按国家标准 GB 50201—94《防洪标准》执行，防洪控制点的最高水位不高于保证水位，或流量不大于河道安全泄量。

防洪标准、工程本身或防洪保护对象的重要性与洪水灾害的严重程度及影响直接相关，与国民经济的发展水平相联系。如 2010 年，淮河上游防洪标准已达到 10 年一遇，中游 100 年一遇，下游略超过 100 年一遇。通过 5～10 年的努力，到 2020 年，淮河上游防洪标准将达到 20 年一遇，中游巩固 100 年一遇，下游 300 年一遇。将基本实现"一定要把淮河修好"的目标。淮河防洪标准的不断提高，就是我国经济发展水平不断提高的过程和反映。

1.2.3.3 河道安全泄量

河道安全泄量是指河道在保证水位时能安全宣泄的最大流量，是拟定防洪工程措施、进行防洪调度和防洪工作的重要依据。

新中国成立之前，我国的河道大部分没有经过治理，弯弯曲曲，宽窄不一，水流不畅，容易发生洪水灾害。新中国成立后，特别是改革开放以来，水利建设投入不断加大，扩大河道承载洪水的能力成为治理水灾的重要措施。扩大河道安全泄量的措施有：①展扩堤距；②疏浚河槽；③裁弯取直；④加高加固堤防（提高保证水位）等。

1.2.4 水库防洪特征水位

水库既可拦蓄洪水，调节水库下游洪水泄量，又可利用汛期拦蓄的洪水灌溉下游农田，为下游提供优质饮用水源，还可利用水能装机发电，是效益最好的人工水利工程。但是，如果水库在汛期调度不当，也会发生垮坝事件，造成下游人民生命财产的巨大损失，我国曾多次发生水库垮坝事件。因此，参与防汛的人员必须了解水库的特征水位（图 7.1.2）。

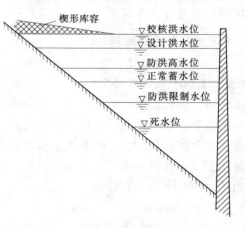

图 7.1.2 水库特征水位示意图

1.2.4.1 防洪限制水位

防洪限制水位又称汛限水位，是水库在汛期允许蓄水的上限水位，它可根据洪水特征和防洪要求，在汛期不同时段分期拟定，如梅汛限制水位、台汛限制水位等。

如果冬季雨雪较多，来年的春季就要利用发电、春灌加大水库水量的下泄，在汛期到来前使水库的水位达到防汛的要求，这样就可充分利用水资源，不至于空放水源，造成水资源浪费。如果水库水位超蓄不多，中长期天气预报或中短期天气预报降雨偏少，就要防止可能出现的偏旱或大旱年份，不一定要在汛期到来前腾空库容，提前放水。因此，水库的管理人员或当地的防汛指挥部门一定要科学对待汛限水位。

1.2.4.2　正常蓄水位

正常蓄水位是水库在正常运行的情况下，满足设计的兴利要求，在开始供水时应蓄到的高水位。正常蓄水可保证下游正常生产生活的开展，如水库下游有大量农田需要灌溉，在降雨偏少的时段，要正确处理发电与蓄水及灌溉的关系，水源紧张时要少发电或不发电，以满足下游农业灌溉和人民生活用水的需要。如有的工矿企业直接从水库取水，在大旱年份，也要正确处理工业与农业用水、人畜饮用水的关系，不能形成工业与农业争水、农业与人畜饮用争水的不良局面。

1.2.4.3　防洪高水位

防洪高水位是指水库承担下游防洪任务，在调节下游防护对象的防洪标准洪水时，坝前达到的最高水位。只有当水库承担下游防洪任务时，才需确定这一水位。此水位可采用相等下游防洪标准的各种典型洪水，按拟定的防洪调度方式，自防洪限制水位开始进行水库调洪计算求得。是遇到下游防护对象的设计洪水标准时，水库（坝前）达到的最高水位。

当遇到特大洪水年份，水库蓄水要突破最高水位时，洪水调度要慎重，短时超高不会影响水库安全，如长时间超高，必须加强水库大坝安全检测，不能以牺牲大坝安全为代价换取下游的防洪安全，否则可能得不偿失。

1.2.4.4　设计洪水位

遇到大坝的设计标准洪水时，水库（坝前）达到的最高水位。

1.2.4.5　校核洪水位

遇到大坝的校核标准洪水时，水库（坝前）达到的最高水位。它是确定工程规模、大坝坝高和进行大坝安全校核的主要依据。

1.2.5　水库特征库容

水库特征库容相应于某水库特征水位以下或两特征水位之间的水库容积 SL 104—95《水利工程水利计算规范》和 DL/T 5015—1996《水利水电工程动能设计规范》中，规定水库的主要特征库容有死库容、兴利库容（调节库容）、防洪库容、调洪库容、重叠库容、总库容等。水库库容的量算，通常先在适当比例尺的河道地形图上，量计坝址以上几条等高线的水库面积，据以绘制坝前水位和水库面积关系曲线，称为水库面积曲线，然后按照体积公式计算两相邻等高线间的体积，即为该段库容，据以绘制库区水位和水库容积关系曲线，称为水库库容曲线。

1.2.5.1　死库容

死水位以下的水库容积，又称底库容，一般用于容纳水库淤沙，抬高坝前和库区水深。在正常运用中不调节径流，也不放空。只有因特殊原因，如排沙、检修和战备等，才考虑泄放这部分容积。在特殊枯水年，水库已降落到死水位，仍需紧急供水或动用水电站事故备用容量时，也可视情况动用部分死库容供水、发电。

抽取死库容要处理好向下游供水与水库养鱼的关系，特别是小型水库，现在的水面一般都承包给私人养鱼，在死库容里的水不断减少时养鱼的人会阻拦放水要求，因此在签订承包协议时考虑死水位的抽空与养鱼的责任。

1.2.5.2　兴利库容

兴利库容指正常蓄水位至死水位之间的水库容积，用以调节径流，满足水库下游的生产、生活、用水或发电，又称调节库容。

1.2.5.3　防洪库容

防洪高水位至防洪限制水位之间的水库容积，用以控制洪水，满足水库下游防洪保护对象的防洪要求。当汛期各时段分别拟定不同的防洪限制水位时，这一库容指其中最低的防洪限制水位至防洪高水位之间的水库容积。

1.2.5.4　调洪库容

校核洪水位至防洪限制水位之间的水库容积，用以保证大坝安全。当汛期各时段分别拟定不同的防洪限制水位时，这一库容指其中最低的防洪限制水位至校核洪水位之间的水库容积。

1.2.5.5　重叠库容

正常蓄水位至防洪限制水位之间的水库容积。此库容在汛期腾空，作为防洪库容或调洪库容的一部分，汛后允蓄，作为兴利库容的一部分，以增加供水期的保证供水量或水电站的保证出力。在水库设计中，根据水库特性及水文特性，有防洪库容和兴利库容完全重叠、部分重叠、不重叠 3 种形式。在我国南方河流上修建的水库多采用前两者形式，以达到防洪和兴利的最佳结合、一库多利的目的。

1.2.5.6　总库容

校核洪水位以下的全部水库容积。它是一项表示水库工程规模的代表性指标，作为划分水库等级、确定工程安全标准的重要依据。

以上所述各项库容，均为坝前水位水平面以下或两特征水位水平面之间的水库容积，常称为静库容。在水库运用中，特别是洪水期的调洪过程中，库区水面线呈抛物线形状，这时实际水面线以下、水库末端和坝址之间的水库容积，称为动库容，其中实际水面线与坝前水位水平面之间的容积，称为楔形库容。动库容的大小不仅取决于坝前水位，还与入库流量、出库流量直接有关系。同一坝前水位的动库容因入库流量或出库流量的不同而变动，不是一个固定值。

1.2.6　河道堤防及防洪特征水位

堤防是一种挡水建筑物。在江河两岸修建堤防，其目的在于约束洪水，使其安全下泄。堤防断面示意图如图 7.1.3 所示。

1.2.6.1　设防水位

当江河洪水漫滩以后，堤防开始临水，需要防汛人员巡查防守时规定的水位。这一水位由防汛部门根据历史资料和堤防实际情况确定。

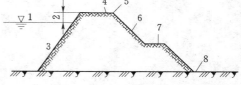

图 7.1.3　堤防断面示意图

1—设计洪水位；2—超高；3—迎水坡；4—堤顶宽；
5—堤肩；6—背水坡；7—戗台；8—堤脚

1.2.6.2　警戒水位

警戒水位是指当河道的自由水面超过该水位时，将有可能出现洪水灾害，必须对洪水进行监视做好防汛抢险准备的水位。

当水位达到警戒水位时，河段或区域开始进入防汛戒备状态，有关部门应进一步落实防汛责任制，备足抢险物料，加强巡堤查险等工作。一线民工要随时准备上堤巡堤查险除险，穿堤涵闸视情况停止使用。该水位是防汛部门根据长期防汛实践经验和堤防等工程出险基本规律分析确定。

1.2.6.3　保证水位

汛期堤防工程及其附属建筑物能够保证安全运行的上限洪水位，又称防汛保证水位或设计水位。当洪水位达到或低于这一水位时，有关部门有责任保证堤防工程及其附属建筑物的安全。保证水位是制定保护对象度汛方案的重要依据，它主要依据工程条件和保护区国民经济情况、洪水特征等因素分析拟定。一般采用河段控制站或重要穿堤建筑物的历年汛期最高洪水位作为保证水位。

1.2.6.4　分洪水位

当河道一侧设有蓄、分（蓄、滞）洪工程时，在其上游设置水位控制站。当预报河道洪水将超过分洪水位时，说明洪水将超过堤防安全防御标准，需要运用分洪工程控制洪水，这一水位主要是根据下游河道安全泄量确定的。为了保证防洪保护对象的安全和有效地利用分洪工程，启用分洪工程必须适时。同时，要做好分洪区的分洪准备，把灾害损失降至最低限度。

第2章 防汛组织与职责

2.1 防汛方针和任务

2.1.1 防汛方针

防汛的方针是根据不同时期国家经济状况、防洪工程建设程序以及防洪任务的要求而提出的。新中国成立后，水利建设迅速发展，兴建了大量水库工程，整修加固了江河堤防，防洪工程设施增多，控制江河洪水的能力有所提高。在这样的情况下，20世纪60年代防汛工作强调了"从最坏处打算，向最好方面努力"，提出了"以防为主，防重于抢，有备无患"的防汛方针。这主要是强调一个"防"字，不论在汛前的准备工作，还是在汛期的防守工作，都强调立足于防，防重于抢。要克服麻痹侥幸思想，要特别重视平时的防汛准备和汛期的巡视检查，不怕一万，就怕万一。要防患于未然，把各种险情消灭在萌芽状态。对出现超标准洪水或严重险情时，也要本着"有限保证、无限负责"的精神，积极防守，力争把灾害减少到最低限度。当前，我国防汛体系已逐步趋于健全，江河水库、堤防、水闸等防洪工程的体系也逐渐完善，对于不同类型洪水制定不同的防御方案，加强了非工程防洪措施的建设，开展了蓄滞洪区的安全建设。

2.1.2 防汛任务

防汛的主要任务是采取积极的和有效的防御措施，把洪水灾害的影响和损失减小到最低程度，以保障经济建设的顺利发展和人民生命财产的安全。为完成上述任务，防汛工作的主要内容是：①有组织、有计划地协同有关部门开展防汛工作；②大力宣传广大群众提高防汛减灾的意识；③完善防洪工程措施和建立非工程防御体系；④密切掌握洪水规律和汛情信息；⑤制定防御不同类型洪水的预案，研究洪水调度和防汛抢险的最优方案；⑥探讨和研究应用自动化系统；⑦汛后总结当年防汛工作的经验教训，并提出下一年防汛工作的重点。

此外，各地洪水灾害不同，防汛任务各异。

主要洪水灾害包括：①暴雨洪水；②融雪、融冰产生的洪水；③山区暴发的山洪、泥石流、滑坡；④沿海地区热带气旋、台风引起的风暴潮。这些类型的洪水灾害是人们经常遭遇到的自然灾害，各地可根据所处的地理环境、气候条件、防洪工程设施以及社会经济等情况确定不同的防汛任务。

2.2 防汛组织机构与职责

水灾无情，战胜水灾必须实施群体作战，而使群体作战胜利的首要条件是有指挥得力、行动果敢的组织。因此，各地在备战可能发生的大洪水时，第一步就是建立组织。1998 年实施的《中华人民共和国防洪法》规定，我国防汛抗洪工作实行各级人民政府行政首长负责制，统一指挥，分级分部门负责。防汛工作实行"安全第一，常备不懈，以防为主，全力抢险"的方针，遵循团结协作和局部利益服从全局利益的原则。防汛指挥是防汛工作的核心，行政首长负总责，就是在大汛来临时，政府的一把手要迅速调集人力物力，特事特办，急事急办，避免电话请示、文件汇报延误时机。分级分部门负责，就是要发挥水利、气象等部门的参谋作用，正确发挥业务部门的职能是防汛成功的关键。如果防汛工作不当或指挥调度失误，将造成不可挽回的损失，同时其他职能部门需要通力合作，才能取得防汛抗洪的胜利。

2.2.1　防汛组织机构

防汛抢险如同打仗，有时水情灾情比打仗更惨烈。防汛指挥工作担负着知晓工情、洞察水情、预测雨情、发动群众、组织社会力量、从事指挥决策等重大任务，而且需要进行多方面的协调和联系。因此，需要建立强有力的组织机构，实施有机的配合和科学的决策，做到统一指挥、统一行动、有令即行、行即有果。建立和健全各级防汛指挥系统，并明确指挥职责是取得防汛抗洪斗争胜利的关键。

2.2.1.1　国务院设立国家防汛抗旱总指挥部

国家防汛抗旱总指挥部总指挥由党中央政治局委员、国务院副总理担任，成员由中央军委、总参谋部和国务院有关部门负责人组成。国家防汛抗旱总指挥部办公室为其办事机构，设在水利部，负责管理全国防汛抗旱的日常工作。国家防总秘书长负责防总的上下左右的协调工作，处理日常事务。

国家防汛抗旱总指挥部统一指挥全国的防汛抗旱工作，制定有关防汛抗旱工作的方针、政策、法令和法规，根据汛情进行防汛动员，对大江大河的洪水进行统一调度，监督各大江大河防御特大洪水方案的执行，对各地动用重大分滞洪区要求进行审批，组织对发生重大灾情的灾区进行救灾，领导支持灾区恢复生产，重建家园。

2.2.1.2　地方防汛抗旱指挥部

有防汛任务的县级以上各级人民政府所成立的防汛指挥部（有抗旱任务的，成立防汛抗旱指挥部或防汛抗旱防风指挥部），由同级人民政府有关部门、当地驻军和人民武装部负责人组成，各级人民政府首长任指挥。其办事机构设在同级水利行政主管部门，或设在由人民政府指定的其他部门，负责所辖范围内的日常防汛工作。

各级防汛指挥机构，汛前负责制定防汛计划，组织队伍，划分防汛堤段，进行防汛宣传教育和传授抢险技术，做好分蓄洪准备与河道清障；传达贯彻上级指示和命令，清理和补充防汛器材，整顿和训练防汛队伍；汛后认真总结经验教训，检查防洪工程水毁情况并制定修复计划，做好器材及投工的清理、结算、保管等工作。

2.2.1.3　各大江大河流域机构防汛指挥部

水利部所属的流域管理机构内部均有组成防汛办事机构。黄河、长江等跨省、自治区、直辖市的重要河流设有防汛总指挥部，由有关省、自治区、直辖市人民政府负责人和流域机构负责人组成，负责协调指挥本流域的防汛抗洪事宜。河道管理机构、水利水电工程管理单位应建立防汛抢险和调度运行专管组织，在上级防汛指挥部领导下，负责本工程的防汛调度工作。

另外，水利、水电、气象、海洋等有水文、雨量、潮位测报任务的部门，汛期组织测报报汛网，建立预报专业组织，向上级和同级防汛指挥部门提交水文、气象信息和预报。城建、石油、电力、铁道、交通、航运、邮电、煤矿以及所有有防汛任务的部门和单位，汛期建立相应的防汛机构，在当地政府防汛指挥部和上级主管部门的领导下，负责做好本行业的防汛工作。

2.2.2　防汛机构的具体职责

各级防汛指挥部在同级人民政府和上级防汛指挥部的领导下，是所辖地区防汛的权力机构，具有行使政府防汛指挥权和监督防汛工作的实施权。根据统一指挥、分级分部门负责的原则，各级防汛机构要明确职责，保持工作的连续性，做到及时反映本地区的雨情、水情、灾情及防汛情况，果断执行防汛抢险调度指令。

防汛机构的职责一般具体包括以下各项：

（1）贯彻执行国家有关防汛工作的方针、政策、法规和法令。为深入改革开放，实现国民经济持续、稳定、协调发展做好防汛安全工作。

（2）制定和组织实施防御洪水预案，组织防汛抢险队伍。防汛抢险队伍分专业和非专业两支队伍，专业队伍如潜水队、移动排涝队、打桩队等。非专业抢险队伍就是一、二线民工，这在汛前一定要登记造册管理，特别是目前很多农村青年劳力外出打工，发生大水时不一定在家乡，要避免人手不够而误事。另外，当地驻军也要组建防汛抢险队伍，组织训练，熟悉当地重要地形和重要水利工程，以便在汛情发生时，能拉得出打得赢，为抢救人民生命财产贡献力量。

防汛部门组建的专业抢险队，一定要在汛前组织反复演练，使抢险队员熟悉抢险业务。对人员流失的要及时补充，抢险器械损坏的要及时添加。

（3）掌握汛期雨情、水情和气象形势，及时了解降雨区的暴雨强度、洪水流量，江河、闸坝、水库水位，长短期水情和气象分析预报结果。必要时发布洪水、台风、凌汛预报、警报和汛情公报。

（4）组织检查防汛准备工作，即每年汛前对以下内容进行检查：①检查树立常备不懈的防汛意识，克服麻痹思想；②检查各类防汛工程是否完好，加固工程完成情况，有无防御洪水方案；③检查河道有无阻水障碍及清障完成情况；④检查水文测报、预报准备工作；⑤检查防汛物料准备情况；⑥检查蓄滞洪区安全建设和应急撤离准备工作；⑦检查防汛通信准备工作；⑧检查防汛队伍组织的落实情况；⑨检查备用电源是否正常等。

（5）负责有关防汛物资的储备、管理和防汛资金的计划管理。资金包括列入各级财政年度预算的防汛岁修费、特大洪水补助费以及受益单位缴纳的河道工程修建维护管理费、防洪基金等。对防汛物资要制定国家储备和群众筹集计划，建立保管和调拨使用制度。

（6）负责统计掌握洪涝灾害情况。

（7）负责组织防汛抢险队伍，调配抢险劳力和技术力量。

（8）督促蓄滞洪区安全建设和应急撤离转移准备工作。

（9）组织防汛通信和报警系统的建设管理。

（10）组织汛后检查与总结。具体包括以下内容：

1）汛期防汛经验教训。

2）本年度暴雨洪水特征（又称洪水过程调查）。

3）防洪工程水毁情况。

4）防汛物资的使用情况。

5）防洪工程水毁修复计划。

6）抗洪先进事迹表彰情况。

（11）开展防汛宣传教育和组织培训，推广先进的防洪抢险科学技术。

2.2.3 其他部门在防汛抢险中的作用

防汛抗洪人人有责。防汛是全社会的大事，任何单位和个人都有保护防洪工程设施和依法参加防汛抗洪的义务。防汛是一项社会性防灾抗灾工作，要积极动员、组织和依靠广大群众与自然灾害做斗争，要动员和调动各行业各部门的力量，在政府和防汛指挥部的统一领导下，齐心协力完成抗御洪水灾害的任务。

各有关部门的防汛职责如下：

（1）各级水利行政主管部门负责所辖已建、在建江河堤防、民圩、闸坝、水库、水电站、蓄滞洪区等各类防洪工程的维护管理，防洪调度方案的实施，以及组织防汛抢险工作。

（2）水文部门负责汛期各水文站网的测报报汛，当流域内降雨、冰凌和河道、水库水位、流量达到一定标准时，应及时向防汛部门提供雨情、水情和有关预报。

（3）气象、海洋部门负责暴雨、台风、潮位和异常天气的监测和预报，按时向防汛部门提供长期、中期、短期气象预报和有关公报。

（4）电力部门负责所辖水电工程的汛期防守和防洪调度计划的实施。

（5）邮政、通信部门汛期为防汛提供优先通话、邮发水情电报的条件，保持通信畅通，并负责本系统邮政、通信工程的防洪安全。

（6）建设部门根据江河防洪规划方案做好城区的防洪、排水规划，负责所辖防洪工程的防汛抢险，并负责检查城乡房屋建筑的抗洪、抗风安全等。

（7）物资、商业、供销部门负责提供防汛抢险物资供应和必要的储备。

（8）铁道、交通、民航部门汛期优先支援运送抢险物料为紧急抢险及时提供所需车辆、船舶、飞机等运输工具，并负责本系统所辖工程设施的防汛安全。

（9）民政部门负责灾民的安置和救济，发生洪灾后政府要立即进行抢救转移，使群众尽快脱离险区，并安排好脱险后的生活。各工农业生产部门组织灾区群众恢复生产和重建家园。

（10）公安部门负责防汛治安管理和保卫工作，制止破坏防洪工程和水文、通信设施以及盗窃防汛物料的行为，维护水利工程和通信设施安全。在紧急防汛期间协调防汛部门组织撤离洪水淹没区的群众。

（11）中国人民解放军及武装警察部队负有协助地方防汛抢险和营救群众的任务，汛情紧急时负有执行重大防洪措施的使命。

（12）其他有关部门均应根据防汛抢险的需要积极提供有利条件，完成各自承担的抢险任务。

2.3　防汛责任制

我国《防洪法》和《防汛条例》都明确规定：防汛抗洪工作实行各级人民政府行政首长负责制，统一指挥，各级分部门负责，各有关部门实行防汛岗位责任制。防汛是一项责任重大的工作，必须建立、健全各种防汛责任制度，实行正规化、规范化，做到各项工作有章可循，各司其职。

防汛责任制度包括以下几方面。

2.3.1　行政首长负责制

行政首长负责制是各种防汛责任制的核心，是取得防汛抢险胜利的重要保证，也是防汛工作中最行之有效的措施。洪水到来时，工程一旦发生险情需要抗洪抢险，在一个地方自然会成为压倒一切的大事，需要动员和调动各部门各方面的力量，党、政、军、民全力以赴，投入抗洪抢险救灾，同心协力共同完成。在紧急情况下，要当机立断做出牺牲局部，保存全局的重大决策。因此，防汛指挥机构需要各级政府的主要负责人亲自主持，全面领导和指挥防汛抢险工作，对本辖区内有管辖权的防汛抗洪事项负总责。如发生由于工作上的失误而造成防汛抗洪工作严重损失的，首先要追究行政首长的领导责任。

行政首长负责制的主要内容如下：

（1）贯彻制定有关防汛的方针政策，督促建立健全防汛机构，配备专职人员。宣传动员群众积极参加防汛抢险工作，教育广大干部服从统一指挥和调度，树立全局观念，以人民利益为重，防止本位主义。克服麻痹思想，树立有备无患思想。

（2）根据统一指挥、分级分部门负责的原则，负责协调各部门的防汛责任，部署有关防汛措施和督促检查各项防汛准备工作。

（3）督促检查重大防御洪水措施方案、调度计划、防洪工程措施和各种非工程措施的落实情况。

（4）批准管辖权限内的江河、水库调度方案、蓄滞洪区运用以及采取紧急抢救措施等重大决策。对关系重大的抗洪抢险应亲临第一线，坐镇指挥，调动所辖地区的人力、物力有效地投入抗洪抢险斗争。

2.3.2　分级负责制

根据江河以及堤防、水闸和水库所处地区、工程等级、防洪标准和重要程度，确定省、地（市）、县、乡（镇）分级管理运用、指挥调度的权限责任。在统一领导下实行分级管理、分级调度和分级负责。

2.3.3　分包责任制

为确保重点地区和主要防洪工程的汛期安全，各级政府行政首长和防汛机构领导成员实行包库、包堤责任制，责任到人，实行分包责任制。

2.3.4　岗位责任制

汛期管好用好水利工程，特别是防洪工程，对做好防汛减灾至关重要。工程管理单位的业务处室和管理人员以及防汛队伍人员等要制定岗位责任制，明确任务、要求和职责，落实到人。制定的条文还要按规定进行评比、检查制度，发现问题及时纠正。

2.3.5　技术责任制

在防汛抢险中，为充分发挥工程技术人员的专长，实现科学抢险、优化调度及提高防汛指挥的准确性和可靠性，凡是评价工程抗洪能力、确定预报数字、制定调度方案、采取抢险措施等有关技术问题，均应由专业技术人员负责，建立技术责任制。对关系重大的技术决策，要组织相当技术级别的人员进行咨询，以防失误。县、乡（镇）的技术人员也要实行包库、包堤段负责制，责任到人。

2.3.6　值班工作制

为了及时掌握汛情，各级防汛机构应在汛期建立防汛值班制度，以便加强上下联系、多方协调，充分发挥防洪工程的作用。汛期值班主要责任如下：

（1）及时掌握汛情。

（2）按时请示报告，对于重大汛情及灾情要及时向上级汇报，对需要采取的防洪措施要及时请示批准执行。对受权传达的指挥调度命令及意见，要及时准确传达。

（3）熟悉所辖地区的防汛基本资料。对所发生的各种类型洪水要根据有关资料进行分析研究。

（4）及时了解各地防洪工程设施发生的险情和处理情况。

（5）对发生的重大汛情要整理好值班记录并归档保存。

（6）严格执行交接班制度。

2.4　防　汛　队　伍

实践证明，建立坚强的防汛组织机构，明确职责，落实责任制，组建有战斗力的防汛抢险队伍，是做好防汛抢险工作的有力组织保证。为取得防汛抢险斗争的胜利，除发挥工程设施的防洪能力外，更重要的是组织好防汛抢险队伍。防汛的实践经验告诉我们："河防在堤，守防在人，有堤无人，与无堤同"。所以，每年汛前都必须组织一支"招之即来，来之能战，战之能胜"的防汛抢险队伍。

2.4.1　水管单位的专业抢险队

水利工程管理单位一般都有专业抢险队伍。专业抢险队是防汛抢险的技术骨干力量，由河道堤防、水库等工程管理单位的管理人员组成。平时根据掌握的工程情况，分析工程的抗洪能力，划定险工、险段，做好抢险准备。进入汛期即投入防守岗位，密切注视汛情，加强检查观测，及时分析险情，明确各自任务和职责。专业抢险队要努力学习防汛抢险、检查观测、养护维修的技术，做好专业培训，必要时进行模拟演习。

2.4.2　乡镇群众性抢险队

各乡镇人民政府为了在大汛面前有备无患，一般都建立群众性抢险队。群众性防汛队伍人数比较多，由水库、堤、闸附近城乡居民中的民兵或青壮年组成。群众性抢险队组织要健全，汛前登记造册编成班组，要做到思想、工具、物料、抢险技术四落实。汛期按规定达到各种防守水位时，分批组出动。另外，在库区蓄滞洪区和海塘围区也要成立群众性的转移救护组织。

2.4.3　二线预备队

预备队是防汛的后备力量，当防御较大洪水或紧急抢险时，为补充加强一线抢险队伍而组建，人员条件和范围可放宽些，要落实到户到人。

2.4.4　机动抢险队

为了提高抢险效果，在一些主要江河堤段和重点工程可建立训练有素、技术熟练、反应迅速、战斗力强的机动抢险队，承担重大险情的紧急抢险任务。机动抢险队要与管理单位相结合，人员相对稳定，平时结合工程管理养护，学习提高技术，参加培训和实践演习。除上述防汛队伍外，要实行军民联防。人民解放军和人民武装警察部队是防汛抢险的突击力量，是取得防汛抗洪胜利的主力军。每当发生大洪水和紧急抢险时，他们不畏艰险，勇敢地承担了重大的防汛抢险和抢救任务。

防汛抢险工作是非常艰巨和紧急的，并有一定危险性，越是恶劣的条件，越是防汛抢险的紧急关头，因此，要求参加防汛抢险的人员必须做好吃大苦、耐大劳和连续作战的思想准备。

第3章　防汛准备与汛前检查

3.1　汛前工程检查

汛前多流汗，抗御洪水少流血。汛前仔细检查各类水利工程、加紧处理险工险段、建立抢险组织、筹备防汛抢险物资、制定防险抢险预案，是打赢防汛抢险硬仗的唯一途径。同时，工程又是战胜洪水的有力武器，因此汛前的工程准备十分重要。

3.1.1　水库的汛前检查

3.1.1.1　水库特性检查

（1）水库防汛是重中之重，必须高度重视其汛前检查。水文资料由于年限不够长，可能会发生变化，水库汛前检查首先要检查水库规划设计的水文资料有无补充和修正；计算数据有无变更；水利计算成果，如设计暴雨、设计洪水、调洪方式等有无修正和变更；其次要检查前一年水库运行中防洪调度执行情况，工程效益的发挥等水库运行的实际效果等。

（2）检查水库上游雨情、水情测报点是否能正常发挥作用，设备有无损坏，人员能否正常上岗，测报的精度是否符合防汛要求。

（3）要认真校对水库库容和库容曲线有无变化。位于含沙量较多河流上的水库，要定期用仪器施测库区地形，修正库容曲线。当发生大洪水后，要检查泥沙对有效防洪库容的影响和泥沙的淤积部位；要检查回水线是否向上游延伸，增加淹没和浸没农田面积有多少。

（4）检查水库在遭遇超标准洪水时，有无非常度汛措施，其可行性如何，下游人员的转移方案是否可行。当允许非主体工程破坏时有无防护主体工程的措施；有无减少对下游灾害损失的工程与非工程措施。

（5）要检查水库库区有无浸没、塌方、滑坡以及库边冲刷等现象；坝址所在的地形、地貌有无变化；坝区和上坝公路附近汛期有无可能发生塌方、滑坡、山洪泥石流等破坏断路迹象。

3.1.1.2　土坝坝体检查

中小型水库大部分是土坝，土坝内部容易产生隐患，因此对土坝的汛前检查更要仔细认真。

（1）从外观上看，对土坝应注意检查坝顶路面、防浪墙、护坡块石及坝坡等有无开裂、错动等现象，以判断坝体有无裂缝。如发现可疑的问题，要挖开路面或块石护坡进一步检查不放过任何一个疑点。发现坝体产生裂缝后，应立即对裂缝进行编号，裂缝所在的桩号、距坝轴线的距离、长度、宽度、走向等要认真测量，详细记录，并绘制裂缝平面分布图。对横向裂缝和较重要的纵向裂缝应设置明显标志，组织人员定期对裂缝进行观测并记录。必要时可进行坑探，观测裂缝深度，对裂缝长度、宽度、深度等测量。

（2）检查中如发现土坝发生纵向裂缝，应进一步检查判断坝体是否会发生滑坡。一般来说会产生滑坡的裂缝具有下述特征：①裂缝两端向坝坡下部弯曲，缝成弧形；②裂缝两侧产生相对错动，挖坑检查裂缝下端往往向坝趾方向弯曲，并可看出有明显摩擦的痕迹；③缝宽与错距的发展加快，滑坡的裂缝与沉陷裂缝随发展时间而减缓的痕迹显然不同；④滑坡裂缝的下部往往有隆起的现象，这是滑动的土壤受到阻拦的结果。

（3）检查土坝有无滑坡险情，应特别注意掌握一些关键时刻。具体包括：①高水位持续期间应注意检查内坡有无滑坡迹象，如发现要立即处理；②水位消落过程中和大幅度降低库水位后，应注意检查迎水坡有无滑坡现象，特别是有膨胀土的地方，土随水走，易产生滑坡；③暴雨期间应注意检查上下游坝面，有无因土壤含水饱和而产生滑坡；④发生 4 级以上地震后，应立即全面检查上下游坝坡是否发生滑坡。

（4）对土坝还要注意检查是否发生塌坑。发现坝面有塌坑时要测量塌坑离坝轴距离、桩号、高程、坑面直径大小、形状和深度等，并详细记录，绘出草图，必要时进行照相和录像。

（5）对土坝下游坡以及坝下游老河槽、台地等，要注意观察有无阴湿、渗水现象。如发现坝下游坡脚某高程以下全部湿润，说明坝体浸润线从坝坡出逸，应加强浸润线和渗流量观测，并分析原因，采取处理措施。如发现坝后翻砂冒水，应及时研究采取应急抢护措施，同时加强渗透观测。

（6）对坝的反滤坝趾、集水沟、减压井等导渗降压设备，要注意检查有无异常或损坏现象。还应注意检查坝体与护坡或溢洪道等建筑结合处有无渗漏。

（7）对土坝坝面要注意观察以下内容：

1）土坝前面的库水有无漩涡或变浑现象。

2）干砌石护坡有无松动、翻起、架空、垫层流失等现象。

3）浆砌石护坡有无裂缝、下沉、折断或垫层掏空等现象。

4）草皮护坡及土坡有无坍陷、雨淋坑、冲沟、裂缝等现象。

5）坝面排水系统是否畅通，有无堵塞或损坏。

（8）对坝顶防浪墙也需注意有无裂缝、变形、倾斜等情况，尤其在高水位、大风期间更要加强观察。

（9）土坝是兽畜喜欢打洞藏身住家的地方，应经常检查土坝有无兽洞、白蚁蚁穴等隐患，特别是草皮护坡，更应加强检查有无獾、鼠、蛇、白蚁、穿山甲等土栖动物的洞穴。这些隐患往往在高水位时出现意想不到的险情。

3.1.1.3　混凝土坝和砌石坝的检查

（1）对坝顶、坝面和廊道内要检查有无裂缝，对于重要的裂缝，应埋设标点和标志，定期观测测裂缝变化情况。

（2）对下游坝面、溢流面、廊道及坝后地基表面应检查有无渗水现象。如有渗水现象，应测定渗水点位置和高程，详加记载。

（3）对混凝土坝和砌石坝的溢流面要注意观察有无冲蚀、磨损及钢筋裸露现象。对混凝土坝表面还需观察有无脱壳、剥落、松软、侵蚀等现象。混凝土脱壳可用木捶敲击，听声响进行判断。表面剥落，应观察剥落的位置、面积、深度情况。松软程度可用手指、刀子试剥的方法进行判断。

（4）对混凝土坝和砌石坝的集水井、排水管以及护坦、消力池的排水孔等，应注意排水是否正常，有无堵塞现象。

（5）对混凝土坝的伸缩缝要注意观察随气温变化的开合情况，止水片和缝间填料是否完好，有无损坏流失等情况。

3.1.1.4　溢洪道的检查

溢洪道是水库宣泄洪水的建筑物，对保证水库安全关系十分重要。许多实例证明，不少水库由于溢洪道不能及时泄洪而招致垮坝失事。为此，必须随时保持溢洪道的正常工作能力。

（1）对溢洪道的闸墩、底板、边墙、胸墙、消力池、溢流堰等结构，要检查有无裂缝和损坏。

（2）对溢洪道的进水渠要检查两岸有无崩塌现象，应保证溢洪道进口有足够的宽度和边坡，应注意检查坝顶排水系统是否完整。

（3）有闸门控制的溢洪道挡水期间，要检查观察闸墩、边墙、底板等有无渗水现象。无闸门控制而用临时土堰挡水的，应检查土堰下游坡及坝趾等部位有无裂缝、渗水、冒沙等现象。

（4）大风期间，应注意观察风浪对闸门的影响，如有无振动。

（5）溢洪道泄洪期间应注意观察漂浮物对溢洪道胸墙、闸门、闸墩的影响。特别要注意是否卡堵门槽。

（6）溢洪道泄洪期间尚应注意观察溢流堰下和消力池的水流形态以及陡坡段水面线有无异常变化。

3.1.1.5　闸门启闭机的检查

（1）对放水涵洞、溢洪道等泄水建筑物的闸门应经常检查有无变形、裂纹、脱焊等损坏现象；油漆是否脱落，有无锈蚀；闸门主侧轮、止水设备是否正常；闸门及闸门槽有无气蚀等情况，在闸阀门部分启闭时，应注意观察闸阀门有无振动情况。

（2）对闸门的启闭机应经常检查其运转是否灵活；制动设备熔断器、安全阀、限位开关、过负荷开关等安全设备是否准确有效；电源系统、传动系统、润滑系统等是否正常。对平时极少用的溢洪道闸门启闭机，应在汛前进行试运转，并在整个汛期经常检查，保持启闭灵活。

（3）对溢洪道闸门启闭机还应检查备用动力设备或手动启闭是否可靠。

（4）启闭机运转过程中要注意检查其工作状态。发现有不正常的声响、振动、发热、冒烟等情况应立即停机检查，分析原因，进行检修。

（5）对连接闸门的钢丝绳、吊耳、拉杆螺杆等要注意检查有无锈蚀、裂纹、断丝弯曲等损坏现象，吊点结构是否牢固可靠。

（6）对金属结构表面，要检查有无油漆剥落和锈蚀现象。

（7）对焊接的金属结构，应观察有无裂缝和开焊现象。

（8）对铆接的金属结构，应检查铆钉有无松动。

3.1.2　水闸的汛前检查

河道上的水闸边界条件较为复杂，既要涉及涵闸自身的安全问题，还要涉及所在河道堤防的防洪安全。因此，汛前应结合河道堤防一并进行检查。检查的主要内容如下。

3.1.2.1　水力条件检查

水闸的运用主要是上下游水位的组合，要对照设计，检查上下游河道水流形态有无变化，河床有无淤积和冲刷，控制调节水位和流量的设计条件有无变化；检查闸门开启程序是否符合下游充水抬升的条件和稳定水流的间隙时间要求，要按照水闸下游尾水位变化的要求判断闸门同步开启或间隔开启是否是最优水流状态，有无水闸启闭控制程序；检查有船闸和鱼道的水闸，有无汛期联合运行规定。

3.1.2.2　闸身稳定检查

水闸受水平和垂直外力作用会产生倾覆和剪切应力，应检查闸室的抗滑稳定；检查闸基渗透压力和绕岸渗流作用是否符合设计规定。为消减渗透压力采取的铺盖、截流墙、排水等设施有无失效，两岸绕渗薄弱部位有无渗透变形，闸基有无发生冲蚀、管涌等破坏现象。

3.1.2.3　消能设施检查

水闸下游易发生冲刷坍塌，汛前要根据过闸水流流态观测记录，对照检查水闸消能设施有无破坏，消能是否正常；检查下游护坦防冲槽有无冲失，过闸水流是否均匀扩散，下游河道岸坡和河床有无冲刷。

3.1.2.4　建筑物检查

（1）土工部分。包括附近堤防、河岸，翼墙和挡土墙后的填土、路堤等，检查有无雨淋沟、浪窝、塌陷、滑坡、兽洞、蚁穴以及人为破坏现象。

（2）石工部分。包括岸墙、翼墙、挡土墙、闸墩、护坡等，检查石料有无风化，浆砌石有无裂缝、脱落，有无异常渗水现象。排水设施有无失效，伸缩缝是否正常，上下游石护坡是否松动、坍塌、掏空等。

（3）混凝土部分。水闸多为混凝土或钢筋混凝土建筑，在运行中容易产生结构破坏和材料强度降低等问题。应检查混凝土表面有无磨损、剥落、冻蚀、炭化、裂缝、渗漏、钢筋锈蚀等现象；检查建筑物有无不均匀沉陷，伸缩缝有无异常变化，止水缝填料有无流失，支承部位有无裂缝，交通桥和工作桥桥梁有无损坏现象等。

3.1.2.5　闸门、启闭设备及动力检查

水闸的闸门和启闭设备是控制水流的关键设施，关系到运用安全，汛期必须保证启闭灵活、安全可靠。

（1）闸门检查具体方法如下：

1）检查闸门的面板（包括混凝土面板）有无锈穿、焊缝开裂；格梁有无锈蚀、变形。

2）检查支承滑道部位的端柱是否平顺，侧轮、端轮和弹性固定装置是否转动灵活，止水装置是否吻合，移动部件和埋设部件间隙是否合格，有无漏水现象。

3）检查支铰部位，包括牛腿、铰座、埋设构件等，看支臂是否完好，螺栓、螺钉、

焊缝有无松动，墩座混凝土有无裂缝。

4）起吊装置要检查钢丝绳，有无锈蚀、脱油、断丝，螺杆、连杆有无松动、变形，吊点是否牢固，锁定装置是否正常。

（2）水闸所用启闭设备大都是卷扬式启闭机和螺旋式启闭机，其特点是速度慢，起重能力大。主要检查内容如下：

1）闸门运行极端位置的切换开关是否正常，启闭机起吊高度指示器的指示位置是否正确。

2）启闭机减速装置、各部位轴承、轴套有无磨损和异常声响，当荷载超过设计起重容量时，切断保安设备是否可靠，继电器是否工作正常。

3）所有机械零件的运转表面和齿轮咬合部位应保持润滑，润滑油盒的油料是否充满。

4）移动式启闭机的导轨、固定装置是否正常，挂钩和操作装置是否灵活可靠。

5）螺杆启闭机的底脚螺栓是否牢固。

（3）动力检查具体方法如下：

1）电动机出力是否符合最大安全牵引力要求。

2）备用电源并入和切断是否正常，有无备用电源投入使用的操作制度。

3）电动和人力两用启闭机有无汛期人力配合计划，使用人力时有无切断电源的保护装置。

4）检查配电柜的仪表是否正常。

5）看避雷设备是否正常。

3.1.3　堤防的汛前检查

堤防是抗御洪水的主要设施，但是由于堤防工程受自然和人类活动的影响，工作状态和抗洪能力都会不断变化，如汛前未能及时发现和处理，一旦汛期情况突变，会措手不及，造成被动局面。因此，每年汛前对所有堤防工程必须进行全面的检查。

3.1.3.1　堤防外部检查

（1）堤身表面应保持完整，管护范围内的各项管理设施、标点、界桩等应完好无缺。

（2）堤身有无雨淋沟、浪窝、脱坡、裂缝、塌坑、洞穴以及害虫害兽活动痕迹。

（3）有无人为取土、挖窖、埋坑、开挖道口、穿堤管线等。

（4）护坡护岸、险工坝段、控制工程有无松动、脱落、淘刷、架空、断裂等现象。

3.1.3.2　堤防断面检查

（1）堤防现有高程是否达到设计防洪水位的要求。

（2）堤顶的安全超高是否符合设计标准。

（3）河床有无冲刷变化，实测水位与设计水位流量关系是否相符。

（4）根据堤身、堤基土质和洪水涨落持续时间，检查堤身断面是否符合边坡稳定和渗透安全要求。

（5）检查堤顶宽度是否便于通行和从事防汛活动。

3.1.3.3　堤身隐患检查

堤身存在的隐患是削弱堤防抗洪能力，造成汛期需要动用人力物力抢险的主要根源。不论是汛前检查还是平时管理养护，都要把它视做重点。堤防常发生的隐患如下：

（1）洞穴。要检查有无动物破坏的痕迹，如野狐、狗獾、田鼠、土蛇、白蚁等做窝，在堤身掏穿的洞穴。

（2）要检查大堤内有没有因为当年筑堤时清基不彻底、挑土上堤杂物没有捡干净，留下的树根、树干、桩木等年久腐烂而形成的空隙。

（3）要认真检查当年施工时有无处理不当，或根本就没有处理而是埋在堤内的排水沟、暗管、废井、坟墓等。

（4）检查施工中有无因局部夯压不实，或填有冻土、大块土等而形成的空隙，特别是人工挑的堤防，要注意接头部位夯实情况。

（5）检查有无裂缝。一般应注意检查修筑时夯压不均匀、分界线和新旧堤结合部位有无发生裂缝，检查是否有因干缩、湿陷和不均匀沉降而生成的裂缝。对砂性土壤、膨胀土的堤防更要加强检查。

3.1.3.4　堤防渗漏检查

（1）检查以往汛期发生渗漏的实况记录，察看处理结果。分析渗漏发展与洪水位的关系，确定渗漏部位，仔细查找产生渗漏的原因，做好警示牌。

（2）向当年参加抢险的人员咨询，了解过去渗水的浑浊情况和渗水出口的水流现象。

（3）检查穿堤建筑物周边有无塌陷、开裂和上下游水头增大等现象。

（4）检查建在强透水地基上的堤防，为防止渗流破坏而修建的防渗、导流和减压工程等有无破坏。

（5）刚完工的堤防，因为没有经过挡水考验，检查更要仔细。

3.1.3.5　堤防检查方法

堤管员一定要发挥第一责任人的作用，要在汛前不断步行或骑自行车巡查。堤管单位要不断抽查，上级防汛部门要现场督察，不能麻痹松懈。堤防检查时，检查人员除沿堤实地察看和调查访问外，还应采取一些简易的探测方法，尽早发现并消除隐患，达到确保堤防安全的目的。一般常用的检查方法如下：

（1）对堤顶高程应定期进行水准测量，发现高程不够，特别是对长达几米或数十米的堤防高程不达标，要立即深入检查，分析原因。

（2）人工锥探。这是多年来处理堤身隐患的最简便的方法。做法是用直径 12～19mm、长 6～10mm 的优质钢锥的锥头加工成上面为圆形，尖端为四瓣或五瓣（或称洛阳铲）。由 4 人操作自堤顶或堤坡锥至堤基，根据锥头前进的速度、声音和感觉，可判别出锥孔所遇土石块、树根、腐木以及裂缝、空洞等。在锥探中还可对照向锥孔内灌细沙或泥浆量多少进行验证。必要时则重点进行开挖检查。

（3）机械锥探。机械锥探是采用打锥机以代替人力，锥头直径为 3mm，锥杆径为 22mm。操作机械有压挤法、锤击法、冲击法 3 种。机械锥探判别堤身有无隐患，要在钻探时利用灌浆或灌水发现。

3.1.4　防汛检查的要求

堤、闸、坝险情的发生和发展，都有一个从无到有、由小到大的变化过程，只要发现及时，抢护措施得当，就可将其消灭在早期，及时化险为夷。检查是防汛抢险中一项极为重要的工作，切不可掉以轻心，疏忽大意，检查的人员一定要有极强的责任心。

3.1.4.1　一般要求

（1）检查人员必须挑选熟悉工程情况、责任心强、有防汛抢险经验的人担任。

（2）检查人员力求固定，整个汛期不做变动。

（3）检查工作要做到统一领导，分项负责。检查前要确定具体检查内容、路线及检查时间（或次数），要把任务落实到人。

（4）当发生暴雨、台风、地震时，堤、闸、水库水位骤升骤降及持续高水位或发生有异常现象时，应增加检查次数，必要时应对可能出现重大险情的部位实行昼夜不间断监视。

（5）检查时应带好必要的辅助工具和记录簿、笔。检查路线上的道路应符合安全要求，不能发生检查人员溺水事件。

3.1.4.2　检查记录和报告

（1）在检查过程中，发现有异常情况时，除应详细记录时间、部位、险情并绘出草图外，必要时还应测图或摄影、摄像。

（2）现场记录必须及时整理，如有问题或异常现象，应立即进行复查，以保证记录的准确性。

（3）在检查中发现异常现象时，应及时采取应急措施，并上报主管部门。

（4）各种检查记录、报告均应整理归档，以备查考。

3.2　防汛预案落实与物质准备

"凡事预则立，不预则废。"每年汛期到来之前，要充分做好各项防汛准备。防汛抗洪如同作战，没有事先周密的计划和准备，就不能获得防汛的胜利。为此，要切实做好和落实迎战洪水的思想、组织、工程、物资、通信、水文预报和防御方案的各项准备，做到有备无患，为战胜洪水打下可靠的基础。

3.2.1　建立防汛预案

1. 水情测报和预报准备

检查水情测报设施，明确测报规定，做好暴雨、洪水预报方案的编制。

2. 制定防御洪水方案和调度计划

根据流域规划和防洪工程实际情况，各级防汛机构要制定所辖范围内江河防御洪水方案和水库调度运用计划，并报上级审批，蓄滞洪区汛前要做好安全避险和转移措施的准备。做好城市防汛各项准备工作，如制定防御洪水方案，加强河堤管理，清除河道障碍，易涝地区要有排水保安措施。

3. 通信联络准备

汛前要检查维修好各种防汛通信设施。

3.2.2　物料准备

3.2.2.1　石料

天然岩石按地质形成条件分为3类：岩浆岩（如花岗岩、玄武岩）、沉积岩（如石灰岩、砂岩）、变质岩（如大理岩、石英岩）。

在水利工程和防汛抢险中常用石料分类如下：

（1）毛石。由爆破后直接得到的形状不规则的石块，每块质量约 15～30kg。用于抛石护岸、砌筑堤坝、挡土墙、基础等。

（2）块石。将毛石稍做加工，具有两个大致平行的平面，宽度大于 20cm。用于块石护坡，砌筑水工建筑物主体部位等。

（3）粗料石。加工较规则，表面凹凸深度差小于 2cm，用于砌筑坝面、墩台、石拱等。

（4）细料石。加工成外形方正的六面体，表面凹凸深度差小于 2mm。用于砌筑要求较高的建筑物，如台阶、墙身、桥梁拱石等。

（5）石渣。将天然岩石破碎加工而成，又称石子，有卵石和砾石之分。用做反滤料、透水料。选用石料要注意坚硬、清洁、尺寸，不可以风化。

3.2.2.2　砂料

砂粒的粒径为 0.5～2.0mm，其中粗砂粒径为 0.5～2.0mm，中砂粒径为 0.25～0.5mm，细砂粒径 0.1～0.25mm，极细砂粒径小于 0.25mm。

砂料分为天然砂和人工砂两种。天然砂又可分为河砂、海砂和山砂。在防汛抢险中，砂料和石料一起用做反滤料和透水料。砂料要求坚硬、清洁、粒径满足级配要求和透水要求。

3.2.2.3　梢料

梢料是指山木、榆、柳等树的枝梢，有的岗柴、芦苇以及秸秆柴草等也统称为梢料。梢料在防汛抢险中用来制作反滤层和柳捆、苕枕、沉排等，历来为河工上的主要用材。

选用树木梢料以柳枝为好，一般直径小于 3cm，长度大于 2cm 为宜，芦苇秸秆容易拥扎，防冲性能好。

3.2.3　土工合成材料

主要原料是人工合成的高分子聚合物，广泛应用于建筑物防冲、滤土排水、隔离土层、防渗截水和加筋补强等。根据土工合成材料技术发展现状和我国有关技术规范，目前土工合成材料可分为土工织物、土工膜、土工复合材料和土工特种材料等 4 类。土工合成材料分类见表 7.3.1。

表 7.3.1　　　　　　　　　　土工合成材料分类表

土工合成材料	土工织物	织造型 （圆、扁丝之分）	编织
			平织
			针织
		非织造型 （长、短纤之分）	热黏
			化学黏
			机械黏
	土工膜	有材质、薄厚之分	
	土工特种材料	土工格栅、土工带、土工格室、土工网、土工石笼、土工管、土工模袋、三维网垫、聚苯乙烯等	
	土工复合材料	复合土工膜——膜与织物或其他材料相复合	
		复合防水材料——排水带、排水管、排水防水材料等	

3.2.3.1　土工织物

土工织物也称土工布，它是由聚合物纤维制成的透水性土工合成材料。

土工织物在防汛抢险工程中得到广泛应用，是由于它在工程中具有良好的技术性能和经济效益所决定的。它的优点主要表现在以下几个方面：

1）具有较高的抗拉强度、延伸性和整体性。可以抵抗外力的作用，适应不同的地形条件。加筋后可与土实现良好的结合，特别是用做防冲反滤层时不会像松散材料那样易被冲刷破坏。

2）具有良好的水力特性。土工织物具有细小的孔隙，孔隙率可达90%以上，透水性和保土能力强，特别适宜于做各类工程的排水和反滤层。浸渍和喷涂防水材料的土工织物和其他土工膜则极不透水，可用于各类工程的防渗。

3）稳定性好。通过现场土中和水中使用多年的土工织物试样试验，证明它与原样没有显著的差别。

4）可生产性强。工程要求的反滤特性和规格尺寸，可在生产过程中控制，易满足使用要求，质量和产量也易于保证。

5）施工简便、迅速，易于保证工程质量，特别是用做反滤层时更是如此。此外，还可节省施工机械设备和解决一般方法难以施工的问题，例如水下施工问题。

6）重量轻，运输方便。

7）工程造价低。用土工织物代替传统砾料反滤层，除工程地点有充足砂砾料外，一般均可节省工程费用10%～30%。用土工织物代替黏土或其他防渗材料亦可大大节省投资。

根据制造方法的差异，土工织物又可分为织造型土工织物和非织造型土工织物两大类。

（1）织造型土工织物，亦称有纺土工织物。其制造工序是先将聚合物原材料加工成丝、纱或带，再借织机织成平面结构的布状产品。成品具有较高的强度和较低的延伸率。平织是指一根横线压一根竖线，或一根竖线压一根横线的编织方法。针织是把线构成线圈，再串编成布料的编织方法。土工织物规格以100mm所含编丝的根数以及编丝的粗度表示。在防汛抢险中多制作土袋（即编织袋）、加筋编织布和土枕等。在工程中应根据材料的强度、经纬强度比、摩擦系数、等效孔径和耐久性等项指标来优选产品，铺设时要注意材料的合理铺设方向。

（2）非织造型土工织物，亦称无纺土工织物。根据黏合方式的不同，非织造型土工织物分为热黏合、化学黏合和机械黏合3种。热黏合非织造型土工织物主要用于生产薄型土工织物，厚度一般为0.5～1.0mm，织物中形成无数大小不一的开孔。因为无经纬丝之分，故其强度的各向异性不明显。纺黏法是热黏合法中的一种，这种织物厚度薄而强度高，渗透性大。由于制造流程短、产品质量好、品种规格多、成本低、用途广，近年在我国发展较快。化学黏合非织造型土工织物厚度可达3mm。如在施加黏合剂前加以滚压，可得到较薄的和孔径较小的产品。机械黏合非织造型土工织物产品厚度一般在1mm以上，孔隙率高，渗透性大，反滤排水性能佳，在工程中应用广泛。

非织造型土工织物在防汛抢险中可代替砂砾料，用于反滤排水、护坡垫层、减压井填料等。我国国内生产的一些土工织物特性指标见表 7.3.2。

表 7.3.2　　　　　　　　　　　　　　土工编织布主要性能表

名称	厚度 /mm	重量/ (g/m²)	条样法				抓样法				梯形撕裂极限强度 /kN		顶破极限强度 /kN	渗透系数 /(cm/s) /×10⁻³
			极限强度/kN		延伸率/%		极限强度/kN		延伸率/%					
			经向	纬向	经向	纬向	经向	纬向	经向	纬向				
GT－W₁	0.16	119.83	0.86	0.67	14.55	10.40	0.50	0.48	23.20	13.60	1.29	0.57	1.57	2.8
GT－W₂	0.20	117.83	1.14	1.02	19.76	16.61	0.74	0.85	22.20	22.20	1.44	1.08	2.13	25
GT－W₃	0.40	166.99	2.05	1.29	21.05	12.83	1.16	1.06	27.10	17.50	1.49	0.93	2.45	2.7
GT－W₄	0.70	274.78	2.56	2.13	20.41	14.15	2.03	1.87	32.70	23.80	0.93	0.73	4.55	25
GT－N₁	3.00	300.00	0.34	0.19	42.43	40.03	0.57	0.35	83.00	192.70	0.47	0.56	1.06	60
GT－N	3.45	403.57	0.91	0.18	99.00	131.50	1.66	1.68	120.70	131.50	0.62	0.66	1.81	110
GT－N₃	4.80	581.00	1.32	0.92	48.00	84.00	1.71	1.55	49.00	33.90	1.13	1.88	1.60	29

（3）聚氯乙烯编织袋。在防汛抢险工作中，过去多用草袋，体积大，不便于运输，保存时间长时易霉烂。近年来大量应用合成材料生产出多种规格的编织袋，在防汛抢险中应用范围越来越广。国家防汛抗旱总指挥部办公室委托水利部海河水利委员会实验室测验的防汛编织袋规格性能见表 7.3.3。

表 7.3.3　　　　　　　　　　　　　聚氯乙烯编织袋规格性能表

尺寸/cm	55×95	顶破强度/kg	＞9
每条重量/g	100±5	渗透系数/(cm/s)	10⁻³~10⁻²
经纬密度/(条/寸)	12×14	摩擦系数	0.3（干），0.25（湿）
经向拉强/(kg/cm)	＞9	延伸率/%	25（经向），0.25（纬向）

（4）土工编织布。在防汛抢险中，使用土工编织布也越来越多。辽宁省水利科学研究所对其性能指标的试验资料见表 7.3.4。

表 7.3.4　　　　　　　　　　　　　　土工编织布主要性能表

| 规格 | 质量 /(g/m²) | 厚度 /mm | 孔径/mm | | 抗拉强度/(N/cm) | | 延伸率/% | | 渗透系数 |
			φ₅₀	φ₉₀	横向	纵向	横向	纵向	
14×11	100	0.20	0.61	0.70	486.1	399.8	26	20	6.84×10⁻⁴
10×10	87.6	0.05			384.2	395.9	27	23.5	
14×14	102.6	0.21		0.15	515.5	572.3	18	13	

3.2.3.2　土工膜

土工膜是一种相对不透水的土工合成材料。根据原材料不同。可分为聚合物膜和沥青膜两大类。为满足不同强度和变形需要，又有不加筋和加筋的区分。聚合物膜在工厂制造，沥青膜则大多在现场制造。制造土工膜时需要掺入一定量的添加剂，使在不改变材料基本特性的情况下，改善其某些性能和降低成本。例如，掺入炭黑可以提高抗日光紫外线能力，延缓老化；掺入铅盐、钡、钙等可以提高材料的抗热、抗光照稳定性；掺入滑石等润滑剂以改善材料可操作性；掺入杀菌剂可防止细菌破坏等。

土工膜的厚度为 $0.25\sim4.0mm$，最常用的是 $0.5\sim1.5mm$，土工膜的幅度一般为 $2\sim4m$，特殊需要时可加宽到 $10m$。渗透系数 $k=1\times10^{-11}\sim1\times10^{-12}cm/s$，为良好的防渗隔水材料，具有不透水性强、抗冻性好、厚度薄、重量轻、体积小、造价低、便于施工等优点，在防汛抢险中常用于土质堤坝、渠道的防渗和水工建筑物止水等。

3.2.3.3　土工复合材料

土工复合材料是两种或两种以上的土工合成材料组合在一起的制品。这类制品将各组合料的特性相结合，以满足工程的特定需要。土工复合材料的品种繁多，是今后一段时期发展的方向。主要包括以下种类：

（1）复合土工膜。复合土工膜是将土工膜和土工织物（包括织造和非织造型）复合在一起的产品。应用较多的是针刺土工织物，其单位面积质量一般为 $200\sim600g/m^2$。复合土工膜在制造时可以有两种方法：一是将织物和膜共同压成；二是在织物上涂抹聚合物以形成二层（俗称一布一膜）、三层（二布一膜）、五层（三布二膜）的复合土工膜。复合土工膜有许多优点。例如，以织造型土工织物复合，可以对土工膜加筋，保护膜不受运输或施工期间的外力损坏；以非织造型织物复合，不仅对膜提供加筋和保护，还可起到排水排气的作用，同时提高膜面的摩擦系数，在水利工程和交通隧洞工程中有广泛的应用。

（2）塑料排水带。塑料排水带是由不同截面形状的连续塑料芯板外面包裹非织造土工织物（滤膜）而成。芯板的原材料为聚丙烯、聚乙烯或聚氯乙烯。芯板起骨架作用，截面形成的纵向沟槽供通水之用，而滤膜多为涤纶无纺织物，作用是滤土、透水。塑料排水带的宽度一般为 $100mm$，厚度 $3.5\sim4mm$，每卷长 $100\sim200cm$，每米重约 $0.125kg$。我国目前排水带的宽度最大达 $230mm$，国外已有 $2m$ 以上的宽带产品。

（3）软式排水管。软式排水管又称为渗水软管，是由高强钢丝圈作为支撑体，具有反滤、透水及保护作用的管壁包裹材料构成。高强钢丝由钢线经磷酸防锈处理，外包一层PVC材料，使其与空气及水隔绝，避免氧化生锈。包裹材料有3层：内层为透水层，由高强尼龙纱作为经纱，特殊材料为纬纱制成；中层为非织造土工织物过滤层；外层为与内层材料相同的覆盖层。为确保软式排水管的复合整体性，支撑体和管壁外裹材料间以及外裹各层之间都采用了强力黏结剂，结合牢固。目前市场出售的管径分别为 $50.1mm$、$80.4mm$ 和 $98.3mm$，相应的通水量（坡降 $i=1/250$ 时）为 $45.7cm^3/s$、$162.7cm^3/s$ 和 $311.4cm^3/s$。软式排水管既有硬水管耐压与耐久性能，又有软水管的柔性和轻便特点，过滤性强、排水性好，可以用于各种排水工程中。

（4）其他复合排水材料。现在已生产出各种型式芯材相外包滤膜的复合排水材料，有芯板上立管柱的，有做成各种乳头形的，有土工网的，还有用塑料丝缠成网状体的，均具有较大的排水能力，可按工程需要选用。

3.2.3.4　土工特种材料

土工特种材料是为工程特定需要而生产的产品，品种多，主要品种包括以下各项：

（1）土工格栅。土工格栅一般是指在聚丙烯或高密度聚乙烯板材上先冲孔，然后进行而成的带长方形或方形孔的板材，如图 7.3.1 所示。

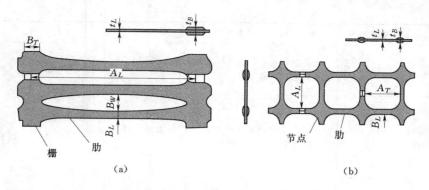

图 7.3.1　土工格栅的形状及细部
(a) 单向格栅；(b) 双向格栅

　　加热拉伸是让材料中的高分子定列，以获得较高的抗拉强度和较低的延伸率。按拉伸方向不同，格栅分为单向拉伸和拉伸两种。前者在拉伸方向上有较高的强度，后者在两个拉伸方向上皆有较高的强度。土工格栅因其高强度和低延伸率而成为加筋的好材料。土工格栅埋在土内，与周围土之间不仅有摩擦作用，而且由于石料嵌入其开孔中，还有较高的咬合力，它与土的摩擦系数可以高达 0.8～1.0。土工格栅的品种和规格很多。目前开发的新品种有用加筋带纵横相连而成的，有用高强合成材料丝纵横连接而成的。如玻璃纤维土工格栅、涤纶纤维土工格栅等。

　　(2) 土工网。土工网是以聚丙乙烯或聚乙烯为原料，应用热塑挤出法生产的具有较大孔径和较大刚度的平面结构材料。因网孔尺寸、形状、厚度和制造方法的不同而形成性能上的很大差异。一般而言，土工网的抗拉强度较低，延伸率较高。常用于坡面防护、植草、软基加固垫层，或用于制造复合排水材料。只有在受力不大的场合，才可用做加筋。

　　(3) 土工模袋。土工模袋是由上下两层土工织物制成的大面积连续袋状土工材料，袋内充填混凝土或水泥砂浆，凝固后形成整体混凝土板，可用做护坡。这种袋体代替了混凝土的浇注模板，故而得名。模袋上下两层之间用一定长度的尼龙绳来保持其间隔，可以控制填充时的厚度。浇注在现场用高压泵进行。混凝土或砂浆注入模袋后多余水量可从织物孔隙中排走，故而降低了水分，加快了凝固速度，增高强度。按加工工艺的不同，可将模袋分为两类，即机织模袋和简易模袋。前者是由工厂生产的定型产品，而后者亦可用手工缝制而成。机织模袋按其有无排水点和充填后成型的形状分成许多种。我国现行的机织模袋的基本型式有 5 种，其规格特征及用途见表 7.3.5。

表 7.3.5　　　　　　　　　　机 织 模 袋 基 本 型 式

型式	厚度/mm	特　征	充填料	示意图
有反滤排水点——FP 型	6.5 10.0 14.0 15.0 16.5	除接缝排水，还有等间距的排水点，每个点的面积 4cm^2，厚 6.5cm 的用临时性工程，10～16.5cm 的用于永久性工程	水泥砂浆	

型式	厚度/mm	特 征	充填料	示意图
无反滤排水点——NF型	5 10 15	不另设排水点，填充料硬结后不透水，用于对排水要求不高的工程	水泥砂浆	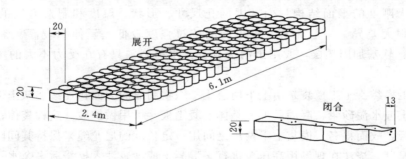
无排水点混凝土袋——CX型	15 20 30 50 70	不设排水点，如果排水，在护面上另设排水孔，用于要求后护面的工程	15～30cm厚，骨料粒径不大于25mm	
铰链块型——RB型	10 15	填充料硬结后为许多相互连接的独立块。排水畅通。由高强尼龙绳联络各块，各块可相互转动，适用于沉降差和地形变化大的工程	水泥砂浆	
框格型——NB型	空格30×60 空格22×22	填充硬结后呈格形，格内可种植花草，绿化坡面及环境	水泥砂浆	

（4）土工格室。土工格室是由强化的高密度聚乙烯宽带，每隔一定间距以强力焊接形成的网格室结构。典型的条带厚1.2mm，宽100mm，每隔300mm进行焊接。闭合和张开时的形状如图7.3.2所示。格室张开后，填以土料。由于格室对土的侧向位移的限制，可大大提高土体的刚度和强度。它可用于处理软弱地基，增大其承载力，还可用于固沙和护坡等。

图 7.3.2　土工格室（单位：cm）

（5）土工管、土工包。土工管是用经防老化处理的高强土工织物制成的一种大型管袋，主要用于护岸和崩岸抢险，或利用其堆筑堤防，解决疏浚弃土的放置难题。土工包是将大面积高强度的土工织物摊铺在可开底的空驳船内，充填200～800m³ 料物后，将织物包裹闭合，运送沉放至预定位置。在国外该技术大量用于环保工程。

（6）聚苯乙烯板块（EPS）。聚苯乙烯板块俗称泡沫塑料，是以聚苯乙烯聚合物为原料，加入发泡剂制成的。其主要特点是质量极轻、导热系数低、吸水率小，但也有一定抗压强度。其单位体积重量仅 0.2～0.4kN/m³，仅为砂和混凝土的1/50～1/100，属超轻型材料；导热系数为 0.1255～0.1590W/(m·K)，吸水率仅为 0.15～0.20g/100m³。由于其质轻，可用它代替土料，填筑桥端的引堤，解决桥头跳车问题；其导热系数低，在寒冷地区，可用该材料板块防止结构物冻害。例如，在严寒地区渠道混凝土衬砌下面、挡墙背面或闸底板下，放置泡沫塑料板以防止冻胀。

（7）土工合成材料黏土垫层（GCL）。土工合成材料黏土垫层是由两层土工织物（或土工膜）中间夹一层膨润土粉末（或其他低渗透性材料）以针刺（或缝合、或黏接）而成的一种复合材料。它与压实黏土衬垫相比，具有体积小、重量轻、柔性好、密封性良好、抗剪强度较高、施工简便、适应不均匀沉降等优点，可以代替一般的黏土密封层，用于水利或土建工程中的防渗或密封设计。

3.2.3.5　非织造型土工织物的反滤排水性能

土工织物是一种有发展前途的新材料，用于水利工程防汛抢险，国内才刚刚起步，现将土工织物代替砂石料用于反滤排水的基本知识介绍如下。

土工建筑物及地基往往因水流渗透作用而变形或破坏，如土体剥落、表面隆起或内部细颗粒被带出等。这种现象称为渗透变形，其形式通常归纳为管涌、流土、接触冲刷和接触流土4种。已有资料表明，土的渗透变形是造成不少水工建筑物破坏的重要原因，渗流破坏首先开始于渗流出口，因此保护渗流出口不受渗流破坏，是保证建筑物安全极为重要的一环。1922年，K.太沙基首次建议在渗流出口处设置砂砾料反滤层，同时提出了选择反滤层材料的准则，从此，这种传统的砂砾料反滤层在土工建筑物中得到了广泛的应用和长足的发展。土工织物的出现为反滤排水提供了一种崭新的材料。国内外的大量实践表明，用土工织物做反滤层除了具有粒状材料反滤层同样的功能之外，还有其独特的优点。因此，土工织物代替砂砾料反滤层成为国内外岩土工程中应用土工织物最为广泛的一种用途，在水利工程中尤其如此。可以认为，只要正确设计和施工，土工织物在水利工程中，特别是在防汛抢险中应积极推广使用。

土工织物的反滤用途也和常规粒料反滤一样是防止土工建筑物渗流出口渗透破坏。因此，土工织物反滤设计的基本要求和粒料反滤层相同，即达到保土和排水目的。土工织物用做反滤层时往往不仅起反滤作用，而且还可起隔离和加固作用。再者，粒料反滤层设计要求根据被保护土的性质选择反滤料的最佳级配和层厚，而土工织物反滤层在于选择适宜的有效孔径。从保土作用来说，土工织物实质上是一个薄层，且厚度一般在 0.5～5mm 之间，而粒料反滤层厚度则大得多，因此，两种反滤层的水力特性和细颗粒通过滤层的情况以及防止外界水流对被保护土的作用等方面均有所不同。

土工织物在水利工程或其他工程上作为反滤材料使用时，主要应满足以下3个方面的要求：

（1）反滤功能要求（水力学要求）。土工织物作为反滤使用时，必须满足保土透水的反滤功能，这就是说，一方面要保证被保护土不发生骨架颗粒的流失，不发生管涌或其他形式的渗流破坏，即保证土体的渗透稳定性；另一方面又要保证本身有足够的透水能力，使来自土体内的渗透水顺畅通过，不致因土工织物的铺设或孔眼被细土颗粒淤堵造成渗透水流受阻而引起水压力增加，若不能完全避免，则其水压力增加值应不超过一定范围。

（2）强度要求（力学性能要求）。土工织物用做反滤层，是作为一种工程建筑材料使用的，并且多铺设在隐蔽部位，在其上面（或下面）要铺设一定厚度的颗粒（有时带有棱角）的材料，有时还要承受很大的荷载，所以，它必须要有一定的力学强度，以保证在施工和运行过程中不被破坏，如撕裂、顶破、滑移等，否则将不能起到反滤作用，甚至发生基土的管涌或流土，导致工程破坏。

（3）耐久性要求。土工织物原料多是高分子聚合物，它作为反滤材料用于工程中时，随着时间推移，在自然气候的长期作用下，特别是由于日光的照射和某些化学物质的侵蚀，以及温度的剧烈变化，它的各项强度指标会降低。因此，在设计时必须根据织物所用的原材料及其性能，以及使用条件等对它在运行过程中的耐久性给予论证，以保证所使用的土工织物能满足耐久性要求。过去采用的排水措施，多在需要排水处用强透水的砂砾或碎石等材料。这种做法虽然取得了良好的效果，但也存在不少问题。用土工织物及有关产品代替传统的排水材料有许多优点，例如，土工织物排水不会因土体固结变形而失效，而且施工简便、缩短工期、操作方便、节省投资、保证工程质量。土工织物用做排水，常常同时起反滤作用，此时，有关反滤设计要求应遵循对反滤层的有关规定，使所选用土工织物同时满足反滤与排水两方面的要求，土坝下游排水应用土工织物的型式如图 7.3.3 所示。

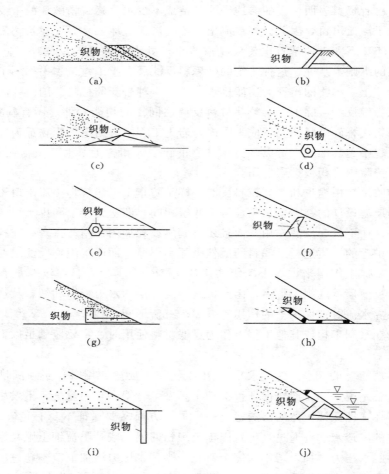

图 7.3.3　土坝下游排水应用土工织物的型式

(a) 1 型，表面式；(b) 2a 型，堆石坝趾式；(c) 2b 型，有水平褥垫的堆石坝趾式；(d) 3a 型，暗管式；
(e) 3b 型，堆石暗管式；(f) 4a 型，斜向下游上昂式；(g) 4b 型，垂直上昂式；(h) 4c 型，
斜向上游上昂式；(i) 5 型，井式；(j) 6 型，混合式

3.2.3.6　土工膜的防渗隔水性能

土工膜是一种良好的防渗隔水材料，广泛应用于水利工程建设和防汛抢险中。

非加筋薄膜用挤密型法制成的厚度为 0.25～4mm，幅宽 5～10m，长达几十米的卷材。用辊轧法制成的薄膜厚度为 0.25～2mm，幅宽 1.5～2.4m，宽辊产品的幅度亦可达到 5～10m，长几十米的卷材。加筋聚合物的土工薄膜，用辊轧法制成的薄膜厚度（稀疏土加筋）：一布二胶厚 0.75～2.5mm，二布三胶厚 1～4mm，幅宽和长度与上述相同。加筋或非加筋的沥青土工薄膜厚度用辊轧法制成的为 1～3mm，用摊铺法制成的为 3～10mm。在工地上，先将薄膜或织物铺平后，把沥青摊铺其上，其厚度通常为 10mm。

聚氯乙烯薄膜抗拉强度为 0.8～1.8kN/cm^2，拉断时极限伸长率为 100%～150%，适应温度为 -25～40℃，耐腐蚀性好，重度一般为 13～15kN/cm^2。聚乙烯薄膜抗拉强度比聚氯乙烯高，极限伸长率类似，可在气温 -20～35℃ 的环境中铺设，重度为 12～13kN/cm^3。因其不含易挥发的增塑剂，故不易老化，使用寿命长，近年来多采用这种土工薄膜。

通常土工膜一侧受水压力，另一面放置在土基或坝面上，要有一定厚度才能承受水压面不被压破，若基土颗粒较大，则薄膜会产生很大弯曲。经过一系列的试验，中砂垫层上铺设 0.1～0.2mm 厚的聚乙烯薄膜，在 200～300mm 水头下经久不坏，因此聚乙烯薄膜可以用于承受 100m 水头的水工建筑物。但在使用时，要考虑到地基可能产生的不均匀沉降或出现裂缝，在运输、拆装过程中可能出现的损坏以及铺设条件可能产生变异等种种不利因素，在选用时常比设计要求的略厚一些。对于承受 10m 以下的低水头，可采用非加筋聚合物土工膜，如用聚乙烯薄膜、聚氯乙烯薄膜，其厚度可用 0.12～0.24mm；如用沥青聚合物，膜厚可用 0.6～0.75mm。水头 10～30m 的坝，可用非加筋聚乙烯或聚氯乙烯薄膜，厚 0.2～0.4mm，如用沥青聚合物，膜厚可用 2～3mm。若用加筋聚合物（一布二胶），膜厚为 1.5～2.6mm，或组合膜，其厚 1.5mm 以上。水头高于 70～100m 的坝，宜用锦纶帆布氯丁橡胶（二布三胶），厚 3～4mm。

此外，物料准备中还需要适量的木材、竹材、绑扎材料（如铁丝、尼龙绳）、编织材料（如草袋、麻袋）、油料（如煤油、汽油、柴油、润滑油）、照明设备（如应急灯、柴油发电机组）、救生设备（如救生衣、救生圈、救生艇）、爆破材料（如雷管、炸药）等。各地各工程应根据实际情况，确定防汛物料的种类和数量，平时要加强保管，汛后要检查防汛物料的使用情况。

3.2.4　土工合成材料的应用

3.2.4.1　土工薄膜

在防汛抢险中采用土工薄膜防渗时，应考虑水利工程本身的特点。

1. 薄膜铺设

为使土工薄膜更好地适应土石坝的变形，薄膜应铺成褶皱状，以便使薄膜在土石坝变形时有伸展余地。同时薄膜做成褶皱状可增加过渡层与薄膜间的摩擦系数，增加保护层的稳定性，如图 7.3.4 所示。

2. 组合式土工薄膜

为了取消土工薄膜中砂过渡层，简化施工，可用土工织物代替过渡层。把土工膜与土

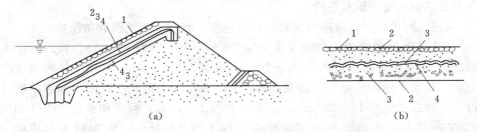

图 7.3.4　土工薄膜在坝坡上铺设方式
(a) 大坝横断面图；(b) 细部构造图
1—块石护坡；2—碎石；3—粗石；4—土工薄膜

工织物叠合，用热焊法或黏结法贴合在一起成组合式土工薄膜，卷成卷材直接运往工地使用。通常用非纺织物，这种土工织物厚，层面方向的透水性好，根据工程需要在背水面需排水时，它可起排水作用。采用两面组合还是单面组合，要看铺设地方的接触面土质情况，一面为砂土，另一面为采石时，只需在采石一面用组合土工织物，这种组合土工薄膜在运输和施工过程中，薄膜受到织物的保护，不易损坏。

3. 土工薄膜接头的黏接

目前工厂生产有宽幅（5～10mm）和窄幅两种。若为窄幅，最好在工厂黏接后成卷运往工地，铺设时各幅间在现场黏接。被黏接的土工薄膜若为热敏感材料，如热塑料、结晶热塑料等，采用加热法焊接，焊接时将薄膜搭接 20～30cm，用双电极法、热刀片法加热或把热空气吹入两搭接片之间。双电极法比较笨重，在工地不适用。若为沥青薄膜或沥青聚合物薄膜，亦为热敏感材料，可用加热法黏接。可把薄膜搭接面 20～50cm 加热，使搭接两片黏接，也可用热沥青直接黏接。如用热沥青涂于搭接部分两片间面再加热，黏接质量更好。

3.2.4.2　土工织物的施工要求

土工织物在反滤和排水工程中的施工是一个非常重要的工作，它是一项牵涉面广，技术性强的工作，要认真、慎重地进行。具体的施工要求与注意事项分述如下：

（1）选购土工织物要严格。在采购土工织物工作中，一定要严格按照设计要求的各项指标去选购，如物理性能指标、力学强度指标、水力特性指标、耐久性指标等都要达到设计要求的标准，并按要求对产品进行抽检。

（2）施工前与施工中的保护。土工织物在运输、存放以及铺设过程中，要注意保护，防止火烧（如焊接、爆破火烧），人为火种伤害，机械性伤害（如刺破、撕裂、穿洞、拉坏等），不能在日光下曝晒。如发现有以上情况时，对损害部分一定要剔除，不能应用到工程中。在施工过程中，不能直接向织物上抛掷大块石，以免损害织物。

（3）土工织物接触面的处理。凡与土工织物接触的表面，在施工前应进行处理，如铺设的地面是平面时应事先平整，不能有明显凸凹不平的地方，不能有孤石、树根或其他有可能损害土工织物的杂物。

（4）土工织物铺设松紧度的控制。织物在铺设时，不能过紧，以避免织物在施工过程中产生过大变形，故需保持一定的松紧度，必要时，可使织物有均匀褶皱，以增加透水能力。

(5) 做好接缝。铺设织物，一定要保持其连续性，绝对不能漏铺。由于织物幅宽不够，在施工中，一定要处理好土工织物之间的接缝，接缝的方法有搭接、缝接和黏接等，如图 7.3.5 所示。

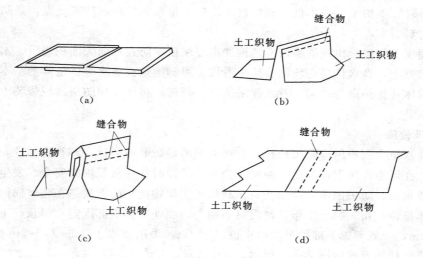

图 7.3.5 土工织物接缝方式示意图
(a) 搭接；(b)、(c) 缝接；(d) 搭接缝合

搭接是将相邻两块织物重叠一部分，重叠宽为 20～40cm，不要使搭接处集中受力，以防止织物移动和错位。如果织物上面铺有砂子，不宜采用搭接方法，因砂子易挤入两层织物之间而使织物分离，影响织物工作效能，甚至发生事故。缝接是指应用尼龙线或涤纶线将两块织物缝合在一起，缝合方法有对面缝和折叠缝（图 7.3.5）。在现场缝合时，可用移动式缝合机进行，十分方便，如一道线强度不够时，可缝合两道线，以增加接缝处的强度。在采用上述搭接方法的条件下，也可再加一道缝线（图 7.3.5），称为搭接缝合。这多用手工进行，其缝合表面平整良好，适宜排水工程使用。黏结法是在两块土工织物之间的接缝处用化学黏结剂或热黏法将两块织物接合在一起，这种方法工艺比较复杂，且黏结处影响排水，故在排水工程中不宜使用。

(6) 防止日光曝晒。土工织物由化纤原料制成，日光曝晒会使其强度受损，所以在运输存放、施工过程中都要注意防止日光曝晒，特别是在施工过程中，若施工期较长，在土工织物表面要覆盖上保护层，暴露时间最长不能超过一周。

(7) 防止土工织物滑动。为了防止土工织物沿坡面滑动，在施工中可采用防滑钉、木桩等将织物钉在土体上，具体钉法与尺寸根据具体工程确定。

(8) 土工织物与岸边、基础的连接。土工织物与堤、坝基础部位及岸边接头处一定要处理好，在同时有反滤要求时，一定要延伸铺砌长度，延伸长度应有 1～5m，可根据具体工程确定。

(9) 塑料排水板的施工。在软基中应用塑料板排水，其排水板施工有插入和平铺等形式，插入式可用插板机将排水板打入软基中，平铺式将塑料排水板平铺在软基的上、下石渣层之间即可。

3.2.4.3　土工织物的应用

1. 概述

用土工织物进行防汛抢险是一项新技术，其实施方法也是开创性的。土工织物具有强度高、重量轻、不怕水、成本低、到位快、能保土排水、抗冲耐磨等优点，是防汛抢险工程的理想材料。

汛期堤坝工程经常出现的险情有风浪冲击堤坝使堤防迎水面大面积坍滑、水流顶冲坍岸、管涌、流土、高水位堤后坡散浸流土滑坡、堤脚泡泉群涌水等。抢险的基本方法是迎水面采用软体枕排护岸与堵漏，背水面采用软体排渗，排体采用防滑编织袋装土压载或长枕袋装土压载。

2. 防汛抢险

（1）高水位大面积风浪险工抢护。有些河道的堤防断面、标高都符合标准，但是堤防土质较差，在风浪作用下极易受到冲刷，当水位较高时往往危及堤防安全。发生这种情形时往往战线很长，防护困难，费工费料。利用土工织物抢护的方法是在临坡面铺挂抗老化土工膜软体排，一布一膜土工布，铺设时布朝上，膜朝下。上部固定在堤顶，下部护至波谷以下 60cm，一般考虑下部护至险情水位以下 1m，采用宽幅土工布（4～5m 幅宽），制排非常方便。挂排方式如图 7.3.6 所示。

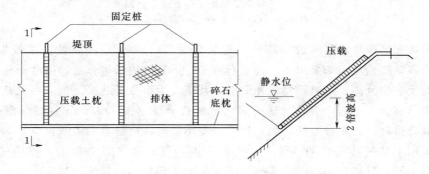

图 7.3.6　风浪险工抢护布排示意图

这种抢险方法的优点是布排迅速，洪水过后马上拆除，下次可以再用。铺设时先在堤顶开沟填土或打桩，固定排体上部，再依靠排体的底枕将排体滚铺在坡面上，视情况在排体上每隔 3～5m 压一组装土防滑编织袋压住排体。每片排体之间搭接 50cm，搭接处必须有压载。

（2）水流顶冲坍岸险工抢护。河道行洪期间，河堤坐弯迎溜处，由于土溜势下挫，造成堤岸下部坍塌而出现险工。岸坡刚出险尚未坍塌成陡坎时，为了防止险情发展的早期抢险工作，只需在险工位置上挂沉编织布软体排直至河底，即可防止土堤坍塌。如果险情已经发展到一定程度，岸坡已经出现严重坍塌时，挂排范围必须扩大，上游向第一块软体排的位置必须伸过险工处 5m 以上，才能避免水流从排下穿过冲刷堤坡。由于岸坡已经冲成陡坎，散抛的压载土枕容易被水冲走，不能正确到位，为此要求所有纵向压载处都用编织布缝的纵向长管袋，编织布排体也作为长管袋的一部分，排体就位后再往长管袋中推填装土，如图 7.3.7 所示。

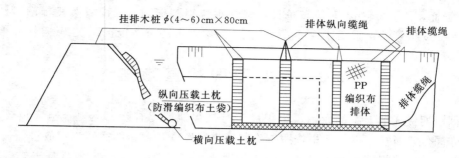

图 7.3.7　岸坡塌岸险工抢护

（3）漏洞抢护。由于堤身填土质量不佳，或堤内有裂缝、洞穴等隐患，在高水位作用下，使大堤背水坡或堤脚附近发生穿堤流水孔洞，水流由小到大，由清到浑，堤身出现蛰陷、坍塌，这是一种严重险情，不及时抢堵易形成溃堤。抢堵的方法是进口封堵断流，出口设反滤围井，抬高出口水位，降低甬道流速，截住流道泥沙。进口封堵采用一布一膜土工布制成堵洞软体排，一般排体宽 5m，沉入上游坡面，两边用防滑编织布袋装土压载，防止排体移动即可止水。出口平差排水截沙方法，是在背水坡的洞口用编织布做滤水排体（5m×5m），四周压载后，再在排体上用防滑编织袋装土建成滤水围井，井内投入碎石压载，厚度 20～50cm，如果滤土无上抬现象，也可以不填碎石。对编织布的要求是保沙滤水，太密太稀都不行。一般可用 12mm×10mm 密度的平织编织布，有效孔径 $\phi_{90}=0.25\sim1.0mm$，渗透参数大于 10 倍土壤渗透系数。围井的高度视洞口压力大小而定，没有强烈的翻沙冒水现象即可。围井的净面积一般在 $1.5\sim3.0m^2$，和漏水量大小有关，水量大的面积要大一些，如图 7.3.8 所示。抢险时采用哪种方法，视出险地点的场地条件而定。

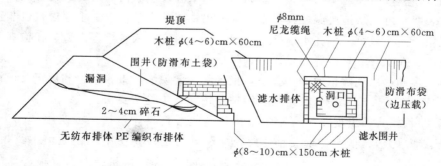

图 7.3.8　背河坡封堵漏洞方案

（4）管涌、流土抢护。对于强透水的砂层或砂砾石层堤基，当遇到高水位时，易发生管涌或流土现象。一旦出现管涌、流土现象，则堤身堤基的细颗粒土壤被带走，堤身蛰陷坍塌，严重时导致堤坝溃决。采用土工织物措施抢护时，首先在管涌、流土范围内进行清理平整，清除尖锐杂物，然后用透水材料如粗砂、碎石填平涌水泉眼，铺 300～400g/m² 的非织造布，块与块相互搭接好，四周用人工踩住土工织物嵌入土内，由四周向中心用透水性材料在土工布上铺压厚 20～50cm，其厚度视水压力大小而定。土工布铺设范围应超出泉眼 0.5m 以上，中间高四周低，并在管涌区用土修围墙。采用土工织物抢护管涌险情，在国内已有不少成功经验。如 1991 年淮河大堤陈家湾堤段，背水坡出现直径 30～

40cm 的管涌，用 $400g/m^2$ 无纺布抢护，险情很快得到控制；云南省陵良导南盘江大堤，在背水堤脚发生管涌，采用 3 块 4m 长的土工织物按上述方法抢护，仅 3h 险情即被解除。

3.3　汛期工程检查方法

根据汛期责任包干制的原则，组织民工有规律地巡堤查险。巡堤查险人员要明确责任，坚守岗位，听从指挥，严格按照查险制度进行巡查，要拉网式巡查不放过任何一个疑点。发现裂缝、坍塌、滑坡、陷坑、浪坎、冒水、冒沙等异常情况要及时报告。要做到"六查"，即查堤顶、查堤迎水坡、查堤背水坡、查堤脚、查平台及平台外一定范围，并互相查责任段以外至少 10～20m。巡查时要特别注意堤后洼地坑塘、排灌渠道、房屋内外等容易出险又容易忽视的地方，这些地方一旦有翻沙鼓水的现象，就有可能是管涌险情，必须立即处理，否则就会酿成大祸。

查险要注意"五时"，做到"五到"、"三清"、"三快"，准确"报警"。

"五时"，即：黎明时（人最疲乏），吃饭时（思想易松懈），换班时（巡查容易间断），黑夜时（看不清容易忽视），刮风下雨时（出险不容易判别）。

"五到"，即：眼到，眼到即看清堤顶、堤坡、堤脚有无明显的险象。临河近堤水面有无漩涡，背河堤坡、堤脚有无潮湿发软现象，堤脚、堤坡和近堤地面有无渗水，管涌漏洞等险象险情。手到，做好险情及其处理记录。当临河堤身上做有挂柳、防浪排等防护工程时，要用手检查堤边牵桩是否松动，桩上的绳缆、铅丝松紧是否合适，水面有漩涡处要用探水杆随时探摸。耳到，细听水流有无异常声音，夜深人静时伏地静听，有助于发现隐患。脚到，在黑夜雨天，淌水地区，要赤脚试探水温及土壤松软情况，如水温低，甚至感到冰凉，表明水可能从地层深处或堤身内部流出，属于出险现象。土壤松软也非正常。跌窝崩塌现象，一般也可用脚在水下探摸发现。工具料物随人到，巡查人员在检查时，应随身携带铁锹、探水杆、草捆等，以便遇到险情及时抢护。

"三清"，即：出现险情原因要查清，报告险情要说清，报警信号和规定要记清。

"三快"，即：发现险情要快，报告险情要快，抢护险情要快。

准确"报警"，即出现险情应立即发出报警信号，具体包括：①使用常规工具报警，如：口哨、锣（鼓）、烟火、旗帜等，警号可现场约定；②使用现代通信工具报警，如：移动电话、对讲机、电台、报警器等，警号应事先约定；③要会使用出险标志，对出险和抢险地点，要做出显著的标志，如红旗、红灯等。

3.3.1　巡查要拉网式

巡查临水坡时，可安排 3 人一组，人数多些更好，如图 7.3.9 所示。

1 人在临河堤肩走，1 人在堤半坡走，1 人沿水边走（堤坡长可增加人），还要带口哨

图 7.3.9　汛期民工在拉网式巡查险情

及旗子等明显标志,夜间要带手电筒等照明工具。沿水边走的人要借波浪起伏的间隙看堤坡有无险情。另外两人注意看水面有无漩涡等现象,并观察堤坡有无裂缝、塌陷、滑坡、洞穴等险情发生。在风大流急、顺堤行洪或水位骤降时,要特别注意堤坡有无崩塌现象。

巡查背水坡时,1 人在背河堤肩走,1 人在堤半坡走,1 人沿堤脚走(堤坡长可增加人),观察堤坡及堤脚附近有无漏洞、渗水、管涌、裂缝、滑坡等险情。对背水面堤脚外一定范围内的地面及积水坑塘,应组织专门小组进行巡查,检查有无管涌、翻沙、渗水等现象,并注意观测其发展变化情况。发现险情后,应指定专人定点观测并适当增加巡查次数,及时采取处理措施,并向上级报告。

3.3.2 坚持昼夜巡查

要坚持昼夜巡查,高水位及夜间应增加巡查次数,要有交接班制度,巡查人员做好巡查记录,现场做好标记,记录中写明异常情况及采取的措施,交接班时交代清楚。

3.3.3 巡查工作制度

巡查人员要形成严密、高效的巡查网络,能随时掌握辖区内工情、险情的真实动态。各级防汛部门要及时给上堤防守人员介绍防守堤段的历史情况和现有的险点、薄弱环节及防守重点,并实地检查指导工作。巡查人员必须听从指挥,坚守岗位,严格按照巡查办法工作,发现险情,应迅速判明情况,及时报告。夜间巡查,要增加巡查组次和人员,保证巡查质量。巡查换班时,相互衔接十分重要,上一班将水情、工情、险情、抢险工具、抢险物资数量及需注意的事项等向下一班交接清楚,对尚未查清的可疑情况,要共同巡查一次,详细介绍其发生、发展的变化情况。防汛队伍的各级负责人和驻防汛屋带班人员必须轮流值班,坚守岗位,全面掌握巡查情况,做好巡查记录,及时向上级汇报巡查情况。交接班时,班(组)长要向带班人员汇报巡查情况。带班人员一般每日向上级报告一次巡查情况,发现险情随时上报并根据有关规定进行处理,如果当班时发生抢险,具体险情处理情况要及时上报。巡查人员上堤后要坚守岗位,不经批准不得擅自离岗,休息时就地或在指定地点休息。有特殊情况,须经有管辖权的责任人批准后才能请假,并及时补充人员。

汛期结束后,对于查险抢险工作认真、完成任务好的人员要表扬,做出显著贡献的由县级以上人民政府或防汛指挥部予以表彰、记功,并给予一定的物质奖励。对不负责任的要给予批评,玩忽职守造成损失的要追究责任。对查险抢险不力给人民生命财产造成损失,情节、后果严重的,要依据法律规定进行处理。

第4章 防汛抢险方案与措施

4.1 堤防及水库防汛抢险

4.1.1 渗水的识别与抢护
4.1.1.1 渗水识别

在上下游水位差的作用下，水通过土中的孔隙发生的流动性现象，称为水的渗漏。土体能被水透过的性质，称为土体的渗透性。在汛期或持续高水位情况下，堤坝前的水体向堤坝内渗透，堤坝内形成上干下湿两部分，其分界线称为浸润线，浸润线与背水坡的交点称为浸润线的出逸点，如图 7.4.1 所示。

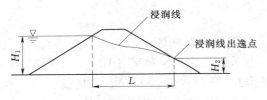

图 7.4.1 土质堤坝体渗流示意图

渗水又称散渗，是堤坝在汛期持续高水位情况下，堤坝浸润线和浸润线出逸点较高，出逸点以下的背水坡及坝脚出现土壤潮湿发软并有水渗出的现象，如不及时抢护，有可能导致集中渗水、脱坡、管涌等重大险情。造成渗水的原因很多，主要是高水位持续时间长，水位超过大堤或水库大坝的设计标准；当年挑土筑坝时断面不足，浸润线在高水位时易抬高，上游的水在背水坡溢出；堤坝内砂性土较多，透水性强，又缺少有效的防渗措施；筑堤坝时夯实不足或有兽洞和蚁穴。

4.1.1.2 渗水的抢护要点

发现渗水时要立即进行抢护，堤坝抢护的原则是"背水导渗，临水截渗"。背水导渗，就是在背水坡开挖人字沟或 Y 字沟，再进行滤料回填，防止水渗出时带出坝身内的土，达到除险目的。临水截渗，就是用黏性土修筑前戗，或用纺布、土工布、土工膜的外辅，达到减少水从堤坝内渗出的目的，降低浸润线，排除险情，确保安全。

4.1.1.3 渗水的抢护方法

1. 开沟导渗

从背水堤坡出现渗水的最高点起，至堤脚外止，开挖若干条与堤身垂直的竖沟或与堤身成 45°～60°的斜沟（人字沟或 Y 字沟），竖沟斜沟要连通。一般沟宽 0.3～0.5m，深 0.5～1.0m，沟距 6～10m，或根据具体情况确定，沟内按反滤要求，分层铺填滤料，随挖随填，防止沟壁坍塌。沟底铺编织袋、草袋、麻袋等，上压块石或沙袋。同时顺堤脚开一道排水沟与竖沟相连，使渗水集中到沟内排出。

2. 反滤导渗

先将背河渗水部位表层杂物清除，再按反滤要求，下细上粗，分层填铺反滤料。可选用砂石、梢料或土工织物（根据土壤粒径选定），最上面压盖石料或沙袋。

3. 临河筑戗

临河筑戗有很多种方式：

（1）在渗水堤段，顺临水坡填筑黏性土袋，修筑前戗，尺寸按临河水深及渗水程确定，一般戗顶宽 3～5m，高出水面 1m，长度超过渗水堤段两端至少各 5m。戗筑好后组织人力向戗仓抛黏性土，土在迎水坡自上而下，由里向外，土多时由人工慢慢向水里推，黏性土入水后固结，起到挡水入渗的作用。

（2）如河水流速较大，但水位较低时，可采用桩柳编织篱笆或土袋堆筑隔墙，其高度以能填土截渗为标准，隔墙筑好后再组织人力填筑黏性土料。

（3）如河道水位较高，无法做前戗，可组织人力打桩，再在桩之间用苇席绑扎，形成戗仓，然后组织人力填筑黏性土料，进行临水截渗。

4. 背水帮戗

如果堤坝渗水严重，背水坡土壤过于稀软，开挖反滤导渗沟有困难，可采取背坡帮戗的办法除险。方法是：清除背河渗水部位的表层软泥及草皮，清理好地面，铺放芦苇（或秸柳）两层，每层厚 10cm 左右，铺成人字交叉。柴梢向外，在芦苇上铺稻草，厚 5cm，其上压沙土厚 1～1.5m，戗坡按 1：3～1：5 填筑，填筑压实高度应超过渗水最高点 0.5m。

这种办法虽然效果不如开沟导渗，但也能滤土排水，且戗体从堤脚往上，也能起到稳固堤脚的作用。

4.1.1.4 注意事项

（1）一定要遵守"背水导渗，临水截渗"的原则。根据渗水堤段的险情、地势和取材难易程度确定抢护方法，如背水坡附近有筑堤时留下的潭坑、池塘，一定要在堤脚处抛填石或土袋固基。

（2）查险抢险人员要尽量减少在已铺好的层面上走动践踏，也要尽量避免在渗水范围内来回踩踏，以免加大、加深土壤稀软的范围，造成施工困难加大和险情扩大。

（3）在背水坡上一般不要开挖纵沟，斜沟导渗面积大，便于渗水。导渗沟的反滤料一定要求分层铺设，注意背水坡堤脚附近不能用黏土筑台。

（4）渗水抢险的方法是开挖导渗沟，做透水后戗，临水做戗，汛后一定要对这些措施进行处理，不合适的临时工程要彻底清除，以免给第二年的防汛留下后患。

4.1.2 管涌抢险

4.1.2.1 险情识别

管涌俗称"翻沙鼓水"，对堤防来说管涌是最常见的多发性险情，一般发生在背水堤脚附近。当渗水现象没有得到处理时，坝体内的细颗粒在粗颗粒中被水带出坝体，在地面上或坑塘中出现冒水、冒沙，冒沙处形成"沙环"（图 7.4.2）。有的地方出现单个或数

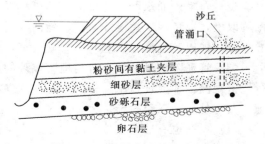

图 7.4.2 管涌出现时的示意图

个，甚至形成管涌群。如果产生渗水通道，基础细砂层被掏空，就会导致堤身骤然下挫坍塌、裂缝、漏洞、滑坡，甚至酿成决堤灾害。

4.1.2.2 抢护原则

由于管涌是地基强渗水层渗透水压力引起的，临水坡水位高，入渗口难以判断准确位置，不能在临水面采取截渗的方法，只能在背水面采取"反滤导渗，蓄水反压"的方法处理。

4.1.2.3 抢护方法

管涌的抢护方法有以下几种：

（1）反滤导渗。在管涌范围较大，孔眼较多的地方，如险情不太严重，做围井又困难时，可直接按反滤要求，分层铺设反滤料，其上加盖块石或沙袋。

（2）反滤围井。管涌险情较严重时，在冒水孔处，清除杂物，挖去软泥，周围用土袋做成围井，井壁与地面严密接触，井内按反滤要求，分层铺设滤料，围井高度以能使冒水不携带泥沙为宜，在井口安设竹管、钢管。PVC管等排水管使渗出的清水流走，以防溢流冲塌井壁。如果用砂石料作为反滤层，围井中间底部要铺放粗砂，再堆放小石子、大石子，粗砂、小石子、大石子的厚度以20～30cm为宜。对于小的管涌，也可用无底的箩筐、水桶、铁桶等套在管涌口，再在中间垫铺砂石滤料，这样可加快抢险速度。

（3）蓄水反压（俗称养水盆），此方法又叫无滤反压法，适用于上下游水位差小，高水位持续时间短的抢险。当临背水头差较小时，可在涌水口用土袋抢修较大面积围井，壅水反压。围井内不需要填放滤料，但井壁必须不漏水。随着井内水位的升高，逐步加高井壁高度，直到涌出的水不再带沙，此时再插入导水管排出多余的水，防止井壁崩塌。如出现的管涌范围较大时，无法做围井蓄水反压，可在背水坡外抢修一条月牙状的小堤防（简称月堤），月堤将管涌包裹住，蓄起渗出的水进行反压。月堤的高度也是以制止涌水带沙为宜，当月堤里的水位达到一定高度时，也要插上排水管排出月堤内多余的水。

（4）导渗台。在筑台范围内清除杂物，管涌严重时，出水口分层铺填石滤料，或用秸柳、芦苇做成柴排，然后用透水性大的砂、土修筑平台，其长、宽、高尺寸视具体情况确定（此方法与渗水处理中的背水帮戗方法类似）。

4.1.2.4 注意事项

（1）在背水侧处理管涌险情时，一定受遵循"背水导渗"的原则，首先切忌用不透水的材料强填硬塞，绝对不允许使用黏性土料修筑透水后戗或导渗台，这样就会破坏管涌的渗径，堵住了这一个渗水孔，有可能冒出好几个新的翻沙鼓水孔；其次排出的清水要引至排水沟，排到不影响抢险的地方。

（2）对翻沙涌水严重的管涌，不可将围井修得过高，井壁要筑牢，且不要在围井附近挖坑取土，以免因缩短渗径而产生新的管涌。抢护时以反滤围井为主，并优先选用砂石反滤围井，辅以其他措施。随时查看周围是否出现新的管涌。

（3）管涌险情虽然是在背河堤脚以外的地面或水塘中，但对临河一侧也要组织人力进行严密观测。如发现情况异常，如有河水渗漏现象或堤岸有其他变化，应立即采取有效措施，及时处理，以免险情扩大。

（4）现在也有地方在抢险时用土工布反滤导渗，大部分效果也不错，但如果土工布有效孔径不合适，或匹配不当，可能达不到预想效果。

4.1.3　漏洞抢险

4.1.3.1　险情表述

在汛期高水位下，大堤背水坡或堤脚附近发生横贯堤身或基础的漏水孔洞称为漏洞。

漏洞流出的水如由清变浑，或时清时浑，表明漏洞的险情指数在增加，如不抢护，险情将迅速恶化，造成大堤塌陷甚至发生溃决。漏洞是堤防汛期最常见也是最危险的险情之一，防汛抢险人员在汛期巡查时必须认真查看，发现堤后漏水，一定要马上向上级报告，因为漏洞的处理需要一定的人力物力。

4.1.3.2　抢护原则

漏洞产生的原因是因为坝身或堤防地基质量差，坝体有兽洞或白蚁巢穴，也可能是堤防坝基与水工建筑物结合不好，止水防渗措施失效，还可能是穿堤缆道或管道断裂，造成集中渗流穿堤成孔，从而形成漏洞。

漏洞的抢护要以"前堵为主、后导为辅"为原则。漏洞抢险如同治病，一定要早发现，抢早抢小。抢护时首先要找到临水坡的漏洞口，如能及时堵塞截断水源最好，若不能一次性堵住漏洞，也要尽量减少漏洞的进水量，同时在背水坡漏洞的出水口，采取滤水导渗的办法，减少并阻止土壤的流失，使漏洞险情减小并消失。但堵漏洞切忌在背水坡出水口，用黏性土或不透水的物料强堵强塞。

4.1.3.3　漏洞进水口查找方法

漏洞发生在白天容易发现，黑夜发现难度加大，但查找漏洞的进水口白天黑夜方法大致相同，查找漏洞的方法有很多，下面介绍几种常见的实用方法。

（1）利用漂浮物查看漩涡。在可能产生漏洞的地方，可将纸条、锯末、稻糠等撒在水面上，如发现打旋或集中于一处不流动，漏洞的进水口就可能在漂浮物的下方。

（2）水下探摸查看漏洞。如漏洞进水口距水面较深，可派专业潜水人员潜水探摸，确定进水口位置。如没有专业潜水人员，也可用一根长竹竿，在竹竿头绑上布条或人们穿的夏衣，将竹竿伸入水中，如布条或夏衣被水吸住，顺着竹竿下摸就能找到进水口。

（3）投放颜色，判断洞口。在水面上撒放容易融水的颜料，如出水口有颜色流出，可大致判断出漏洞进水口的位置。

（4）利用 ZDT-Ⅰ型智能堤坝隐患探测仪等仪器探测漏洞。

4.1.3.4　抢护方法

1. 软帘盖堵

当进水口较大或有多处漏水孔洞，且土质松软时，可用帆篷布或土工编织布作为软帘盖堵，软帘大小根据盖堵的范围决定。软帘的上边用绳索或铅丝系牢于堤顶的木桩上，下边坠以重物，利于软帘沉贴边坡，并顺坡滑动。在盖堵前，先将软帘卷起，置放在洞口上部，盖堵时用杆子顶推，顺堤坡下滚，把洞口盖堵严密后，再盖压土袋，抛填黏土形成前戗使洞口闭气截渗，如图 7.4.3 所示。

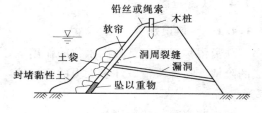

图 7.4.3　软帘盖堵示意图

2. 软楔堵塞

在漏洞进口较小，周围土质较坚硬的情况下，可用细铁丝、渔网绳、尼龙绳等结成楔形网兜，网兜内填麦秸、稻草等，或用棉衣、棉被制作软楔，排潜水员潜水找到洞口，用网兜或软楔将进水口填实塞严，再在洞口抛掷黏土或土袋闭气截渗。

如果漏洞口水不太深，或是水工建筑物与堤身连接处发生漏洞比较大，漏洞一时无法堵塞，也可用土袋抢修临河月堤，再在漏洞口抛填黏土闭气截渗。

3. 抛填黏土前戗

条件许可时，根据漏水堤段的临水深度和漏水程度，确定抛填前戗的尺寸，一般顶宽2～3m，长度最少超过漏水段两端各3m，戗顶高出水面1m。抛填前可将边坡上的草、树和杂物尽量清除。

采取上述措施后，当堤后仍有渗水时，可按处理管涌的措施反滤围井。

4.1.3.5　注意事项

（1）漏洞险情抢护是一项十分紧急的任务，要加强领导、统一指挥、措施得当、行动迅速。摸漏一定要派专业潜水人员，或熟悉当地水情水性好的年轻人，漏洞口一定要找准。

（2）无论对漏洞进水口采取哪种办法抢堵，均应注意工程的安全性和人身安全。要用充足的黏性土料封堵闭气，取土区如是农田不能顾及长势良好的庄稼，漏洞闭气后要抓紧采取加固措施。漏洞抢堵加固之后，还应安排专人看守观察，以防再次出险，特别是夜晚值守人员，一定要倍加警惕，防止漏洞没堵上，酿成大祸。

（3）堵漏洞切忌在漏洞进水口乱抛砖石、木棍等块状材料，以免架空洞口。抛黏土或土袋时使之不能与漏洞紧密接触，以免贻误战机，使漏洞发展扩大。

（4）利用盖堵法堵洞口，在刚刚盖堵住洞口时要防止从洞口四周进水，这时洞内断流，外部水压增大，因此盖堵洞口后要封严四周，同时用充足的黏性土料封堵闭气。否则一次失败，洞口扩大，再堵就更加困难。

（5）堵漏洞一定要有专业人员指导，不能蛮干。特别是在漏洞出水口只能采取导渗措施时，导渗切忌打桩或用不透水料物强塞硬堵。以防堵住一处，附近又开一处，或把小的漏洞越堵越大，致使险情扩大恶化，甚至造成堤防溃决。

（6）凡发生漏洞的地方，汛后一定要除险加固。要采取灌浆法、套井回填法、开挖回填法彻底清除险情。对堵塞在漏洞里的棉衣棉被、稻草麦秸，要清除干净。

4.1.4　跌窝抢险

4.1.4.1　险情识别

跌窝俗称塌坑，是在高水位的作用下，堤顶、堤坡及堤脚附近突然发生局部下塌而形成的险情。这种险情破坏了大堤的稳定性，有时还伴随渗水、漏洞等险情出现，危及堤防安全。

产生跌窝险情的原因如下：

（1）堤身有隐患，机械碾压不到位或人工夯实不充分，分段施工接头处没有大头碾压夯实。

（2）堤防质量差，坝基不好，堤身有白蚁巢穴或兽洞。

（3）渗水、管涌或漏洞险情没有处理好，伴随形成跌窝。

4.1.4.2　抢护原则

根据跌窝产生的部位来分析产生险情的原因。如果是发生在大堤顶部或背水坡的跌窝，可采取开挖跌窝再还土填实的办法处理。如跌窝伴有管涌、渗水、漏洞等险情，应按防渗处理的方法"临水截渗，背水导渗"的措施来除险。

4.1.4.3　抢护方法

1. 填土夯实

向跌窝内填土，分层夯实，直到填满跌窝。填筑所用土料，如跌窝在堤顶或临水坡，宜用透水性小于原堤坝的土料；如位于背水坡，宜用透水性不小于原堤坝的土料。

2. 填塞封堵

发生在临水坡水下的跌窝，使用草袋、麻袋或编织袋装黏土直接在水下填实陷坑，必要时可再抛投黏土，加以封堵和帮戗，以免跌窝处形成渗水。如堤防单薄，可在跌窝处理后再抛填黏土形成前戗，如图 7.4.4 所示。

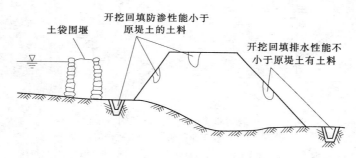

图 7.4.4　翻填夯实跌窝示意图

3. 填筑滤料

如跌窝发生在背水坡，并伴随发生渗水或漏洞险情，可先将陷坑内松土或湿软土清除，然后用粗砂填实，再在背水坡按照背水导渗要求，铺设反滤层进行抢护。

4. 注意事项

对跌窝险情要查明原因，针对不同情况，选用不同方法，备足抢险物料，迅速抢护。在抢护跌窝过程中，必须密切注意上游水情涨落变化，以免发生意外。

从以上的抢险措施中可以看出，汛前备足防汛抢险需要的黏土、砂石、草袋、土工布、木材等，非常重要。

4.1.5　裂缝抢险

4.1.5.1　险情识别

裂缝险情就是一个整体发生横向、纵向或纵横交错的裂缝，裂缝破坏了工程的整体性和稳定性。对河堤和水库大堤来说，堤坝的裂缝是常见的险情之一。

1. 裂缝的分类

堤顶或堤坡发生裂缝，与堤身垂直的叫横缝，与堤身平行的叫纵缝。横缝易形成渗水通道，险情比较严重，要及时加以处理。

2. 裂缝产生的原因

堤坝堤基产生不均匀沉降、边坡过陡、穿堤建筑物与堤身结合不紧密、地震等因素，均是产生裂缝的主要原因。

4.1.5.2　抢护原则

隔断水源，开挖回填。

4.1.5.3　抢护方法

1. 横墙隔断

横墙隔断适用于横缝。在裂缝堤段临水面做前戗或挡水围堰，使裂缝与水源隔断。再沿裂缝开挖沟槽，开挖前往裂缝里灌石灰水，开挖顺着石灰水的痕迹即可。然后与裂缝垂直方向每隔 3～5m 再增挖沟槽，槽长一般为 2.5～3m，最后按要求回填黏土。

若沿裂缝背坡水已有漏水，还应同时在背水坡做好反滤导渗，如图7.4.5所示。

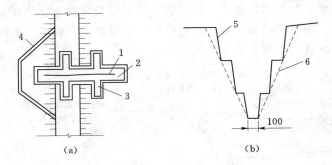

图 7.4.5　横墙隔断法加固裂缝示意图（单位：cm）

(a) 裂缝开挖平面；(b) 裂缝开挖剖面

1—裂缝；2—坑槽；3—结合槽；4—挡水围堰；5—开挖线；6—回填线

2. 纵缝处理

加强观测，分析产生裂缝原因，如裂缝由滑坡、坍塌等原因引起，则立即采取相应措施抢护。一般可用帆蓬布遮盖缝口，防止雨水进入，或用干细沙灌填裂缝，封堵缝口。

4.1.5.4　注意事项

(1) 对伴随滑坡、坍塌等险情出现的裂缝，应先抢护滑坡、坍塌险情，待脱险并趋于稳定后，才能按上述方法处理裂缝。

(2) 在采用开挖回填法、横墙隔断法等处理裂缝时，必须注意上游水情、雨情预报，并备足料物，抓住晴天时机，保证质量，突击完成抢护工作。

4.1.6　滑坡抢险

4.1.6.1　险情识别

滑坡是严重险情之一，主要特征是堤顶、堤坡发生裂缝，随着土体下挫滑塌，裂缝发展形成滑坡。

产生滑坡的原因如下：

(1) 高水位的长时间浸泡，渗水引起浸润线高，背水坡土壤含水量大产生滑坡。

（2）当堤防所在周边的分洪区分洪，或左右岸有破圩现象，造成河道水位骤降，水的拉动引起临水坡大面积滑坡。

（3）地基处理不干净，有淤泥层，坡脚外的水塘没有回填，堤身堤基有缺陷引起的滑坡。

（4）堤顶突然增加重物，或有地震，造成边坡的滑动力大于阻滑力，边坡失稳下滑。

4.1.6.2　抢救原则

固脚阻滑，削坡减载。在高水位时，采取迎水坡截渗，背水坡导渗，降低浸润线，减少渗透压力，以稳定险情。背水坡可加戗，迎水坡可削坡减载。

4.1.6.3　抢护方法

1. 固脚阻滑

发现滑坡险情时，应及时在坡脚堆砌块石或沙袋，稳住堤坡。对地基不好或临近坑塘的地方，应先做填塘固基。如滑坡已形成，抢护时应在滑坡体上部削坡减载，下部做固脚阻滑，如图 7.4.6 所示。

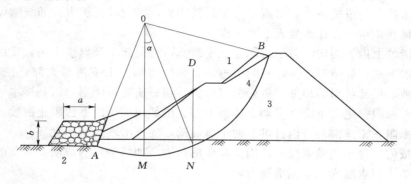

图 7.4.6　堆石固脚阻滑示意图

1—原坝坡；2—堆石固脚；3—滑动圆弧；4—放缓后坝坡

2. 滤水土撑和滤水后戗

当滑坡险情严重时，可采用滤水土撑或滤水后戗。先清理滑动的坡面，然后在滑坡部位顺坡挖沟导渗，沟深最好挖至脱裂面，沟内按反滤要求铺设反滤料。开沟困难时，也可直接采用反滤层。在完成反滤沟或反滤体后，为防止继续滑坡，可用透水性大的砂料分层填筑透水土撑。土撑间距一般为 8~10m，如图 7.4.7 所示。

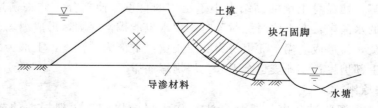

图 7.4.7　用滤水土撑治理滑坡示意图

如果堤坝断面单薄，背水坡陡，险情严重，可修筑滤水后戗。

3. 滤水还坡

根据滑坡情况将滑坡顶部陡坎削成缓坡，清除坡面松土杂物，做好导渗层。在坡脚堆放块石或沙袋固脚，然后直接回填中、粗砂还坡。也可采取临河筑戗以加大原堤防断面。

4. 砂、石滤水还坡

如发生的是背水坡的滑坡，可先将背河滑坡体顶部陡立坡削成斜坡，按反滤层要求分层填粗砂、石屑、碎石各一层，厚度均为 20cm 左右，最后压盖块石一层，以恢复原堤坡，使渗水从反滤层中流出。

4.1.6.4　注意事项

（1）滑坡是堤防的一种严重险情，当发现滑坡时，应及时抢护，备齐料物，处理险情要果断，一气呵成。

（2）抛石固脚阻滑是抢护临水坡滑坡行之有效的方法，但一定要探清水下滑坡的位置，在滑坡体外缘进行抛石固脚，才能制止坡体滑动。必要时可派潜水员探摸滑动的最外缘，插上小竹竿，在竹竿附近抛石，就基本上起到固脚的作用，避免乱抛浪费块石。严禁在滑动土体的中上部抛石，以免加大滑动力，进一步加大险情。

（3）渗水严重的滑坡体上，要避免大批人员践踏，以免险情扩大。如坡脚泥泞，人不能上去，可铺些柴草，先让少数人上去工作。

（4）在滑坡上做导渗沟，应尽可能挖至脱裂面，否则起不到导渗作用，反而有可能跟随土坡一齐滑下来。如情况严重，时间紧迫，至少应将沟的上下两端大部分挖至脱裂面，以免工程失败。反滤材料的顶部要做好覆盖保护，切忌使滤层堵塞，以利排水畅通。

（5）削坡减载。绝对不能在滑动土体的上部、中部用加压的办法阻止滑坡。也不能用打桩的方法来阻止土体滑动，因打桩会使土壤震动，促进滑坡险情的发展。

（6）滑坡的裂缝不能灌浆处理，因为灌浆的压力会加快滑坡的滑动。裂缝的缝口要盖上雨布等，防止雨水灌入，加剧滑坡滑动。

4.1.7　坍塌与崩岸抢险

4.1.7.1　险情识别

大堤临水堤坡或控导工程被洪水水流冲塌，或退水期堤岸失去水体支撑，再加上反向渗透压力出现崩岸时，如抢护不及时，就有决堤的危险。崩岸又称之为坍塌。崩塌的土体成条状，长度较长，宽度较小，称之为条崩；崩塌的土体成弧形阶梯状，长度较小，宽度较大，称之为窝崩。

崩岸产生的原因是：①水流冲刷。由于河道弯曲，水流速度快，大堤顶流之处冲刷严重，可淘空堤脚，使堤身土壤的黏结力小于土体的自重，使部分土体失衡造成坍塌，另外，岸边回流的水溜岸，在水位时涨时落时，溜水也能掏空堤脚，形成坍塌；②坝堤基础不好，坡度较陡，易形成坍塌；③堤身为双层土壤，下部为砂性土，上部为黏性土，下部被淘空，造成上部坍塌；④地震也会引起大堤坍塌崩岸。

4.1.7.2　抢护原则

护脚固基，缓溜防冲。也就是想办法护住大堤的堤脚，达到护坡的效果，使工程稳定。

4.1.7.3　抢护方法

1. 护脚固基

在堤防受到水流的冲刷，堤脚或堤坡已形成陡坎时，需要用此法抢护。可在堤顶或船上沿坍塌部位抛块石、柳石枕或铅丝（竹）石笼。先从大溜顶冲、坍塌严重的部位抛护，然后依次向上下游延伸，抛至稳定坡度为止。水下抛护的块石坡度要缓于大堤的坡度。

2. 沉柳缓溜防冲

如临水坡被水流淘刷的范围较大，可抛一些柳枝条，对减缓近岸水流、抗御水流冲刷十分有效，尤其对多沙河流的防冲效果更明显。在摸清可能要发生坍塌崩岸的堤坡后，砍来枝多叶茂的柳树头，用铅丝或麻绳将大块石或沙袋拴在树权上，装在船上从下游向上游，由低处到高处，依次抛沉。如一排不能掩护淘刷范围，可增加沉柳排数，树头依次排列，前后树梢紧密相连。

3. 修建圈堤法

在水流湍急、坍塌崩岸速度太快，抢护困难时，在临河面紧急抢护中可在背河侧修建圈堤，防止大堤垮塌。圈堤要保证质量，堤顶高度要高出水面 1m，且与原来的大堤保持足够的距离。

4.1.7.4　注意事项

（1）对洪水期大溜顶冲的堤段，易于掏根出险，应派专人驻点观察，以便及时发现险情，及时进行抢护。

（2）对于长年不靠溜的平工堤段，洪水漫滩堤防靠水后，堤身遇水时也容易发生坍塌出险，要加强巡堤查水。

（3）抢护坍塌崩岸险情，尤其是在高水位时，在堤顶打桩要注意对险情的影响，合理选择打桩位置。

4.1.8　风浪抢险

4.1.8.1　险情

高水位时风大浪高，堤（坝）迎水坡受风浪冲击，连续淘刷，侵蚀堤身，严重时有决口危险。

4.1.8.2　抢护要点

消浪防冲，保护堤岸。

4.1.8.3　抢护方法

1. 织物防浪

用土工织物、土工膜布、篷布或彩色编织布铺放在堤坡上，铺设时，织物的上沿应高出洪水位 1～2m。织物四周用沙袋或大块石压牢，但要加强观察，以防被冲失。也可用纺织袋装土、砂卵石等，沿水边线排放连成排体防浪。

2. 挂柳防浪

选择枝叶茂密的柳树，在枝权部位截断，将树头向下放入水中，相互紧靠，用铅丝或麻绳拴在打入堤（坝）顶部的木桩上，如图 7.4.8 所示。

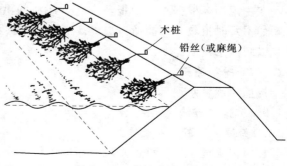

图 7.4.8　挂柳防浪示意图

3. 挂枕防浪

用秸料或苇料、柳枝等，扎成直径50cm的枕，将枕两端用绳系在堤岸木桩上，推置水面上，随波起伏，起到消浪作用，如图7.4.9所示。

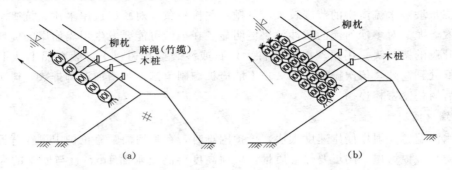

图 7.4.9　挂枕防浪示意图
(a) 单环挂枕防浪；(b) 连环挂枕防浪

4. 柳箔防浪

将柳枝、芦苇或稻草等扎成直径10cm的靶子，用细麻绳连成柳箔，置于风浪顶冲处，柳箔上端系在堤（坝）顶部的木桩上，下端坠块石，将箔顺堤放入水中，中间再打桩或压块石。

5. 秸柳防浪

在土坡受风浪冲击的范围内，顺堤坡打一排木桩，再将柳枝、秸料等紧靠木桩排放，内填土料，直至高出水面1m多再压土袋，以防风浪。如高度不足，可做两级或多级桩柳防浪。

4.1.8.4　注意事项

（1）抢护风浪险情尽量不要在堤坡上打桩，必须打桩时，桩距要疏，以免破坏土体结构，影响堤防抗洪能力。

（2）防风浪一定要坚持"预防为主，防重于抢"的原则，平时要加强管理养护，种植防浪林，保持堤坡完好。

4.1.9　漫堤抢险

4.1.9.1　险情识别

在主汛期，根据水情预报，水库、江河的洪水位将超过设计洪水位甚至可能超过堤顶，如不及时抢救，可能溃口决堤。因此，在洪水来临之前，一定要在堤顶临水面抢修子埝，以防洪水漫溢。

4.1.9.2　抢护原则

提前筑埝，水退拆除。

4.1.9.3　抢护方法

1. 加做土（石）袋子埝

在风浪大或土质不好的堤段，用编织袋、麻袋或草袋装土（不要装满），将袋口朝向背水侧，分层错缝垒筑压紧，每一层之间加上散土。也可在土袋后面做土戗，分层夯实。

还可两边垒砂卵石袋，中间填黏土防渗。

2. 土料子埝

在堤顶较宽及取土容易的堤段，距临水堤肩 0.5~1m，清除堤顶杂物，并开挖抽槽，选用黏性土修子埝，埝顶宽 0.6~1m，边坡不陡于 1:1，埝顶应超出最高洪水位 0.5~1m。土埝做好后，可在子埝的迎水坡、埝顶加盖土工布或土工膜，防止风浪和雨水冲刷。如没有土工布和土工膜，也可用稻草覆盖防冲刷。

退水期要视洪水回落情况，适时逐步拆除子埝，利用土料平整加固堤防。

4.1.9.4　注意事项

（1）修筑子埝务必抢在洪水到来之前完成。根据预报估算洪水到来的时间和最高洪水位，并做好抢修子埝的施工计划（包括料物、机具、劳力、进度和取土地点等安排）。施工中要抓紧时间，如时间紧迫，可先抢修小断面子埝，再逐步扩大。

（2）抢险子埝，要保证质量，以防在洪水期经不起考验，造成决口。

（3）抢修子埝要全线同步施工，保证施工质量，决不允许中间留有缺口或部分堤段施工进度过缓的现象存在。

（4）抢修完成的子埝，一般质量不如堤身质量，应派专人严密巡查，加强防守，发现问题要及时抢护。

4.1.10　堵口抢险

4.1.10.1　险情识别

汛期江河、湖泊堤防发生险情，因抢护不及时或措施不当，就会导致堤防被破坏而决口，对决口进行封堵称为堵口。堤防决口是防汛抗洪最大的险情，汹涌的洪水咆哮而至，会给下游的农田、工矿企业、人民生命财产造成巨大损失。堤防决口产生的原因主要是发生超标准洪水，也有防护不当，水流冲刷堤防发生坍塌、管涌等险情处理不及时产生决口。如果是洪水漫顶而决堤称之为漫决，因水流冲击而决堤称之为冲决，因堤身坍塌而决堤称之为溃决，如是人为掘堤决口称之为扒决。

4.1.10.2　堵口原则

因地制宜，及时抢堵。

4.1.10.3　堵口方法

1. 立堵

堤防决口两端做好裹头，从口门两端同时抛投堵口材料。可根据水深和流速采取不同方法。如流速不大或是静水，可直接填土进行堵口；如流速较大，可用打桩、抛枕、抛笼等进行堵口，最后集中抛投合龙。

2. 平堵

沿口门选定堵口堤线，利用架桥或船只平抛料物，如散石、混凝土块、柳石枕、铝丝笼或竹笼等，从河底开始逐层填高，直至高出水面，以堵截水流，达到堵口目的。

3. 混合堵

根据堤防决口的具体情况，也可因地制宜采用平堵、立堵相结合（混合堵）的办法进行堵口。

4. 钢木土石组合堵口

由裹头两端进钻，置若干排间距 0.8～1.2m 的钢管桩，用钢管连接成框架，顶层塔上竹木为工作桥。然后在钢管桩之间置木桩，并在木桩之间回填砂石料袋。龙口窄、流速大时，框架可加密并斜撑。稳固框架，还可在决口上游设置挑流设施。

4.2　河道整治工程险情抢护

4.2.1　堤岸基础淘塌抢护

4.2.1.1　险情识别

水流集中冲刷，将河道整治工程的丁坝、垛、护岸的基础或坡脚淘空，引起坝岸发生裂缝、沉陷或局部坍塌，坝身失稳而出险。

4.2.1.2　抢护原则

及时抛投料物，稳定基础。

4.2.1.3　抢护方法

1. 抛块石

抛投块石采用从岸上和从船上抛投两种方法进行。应先从险情最严重的部位抛起，然后依次向两边展开；在船上作业时，可从下层向上层抛投，应随抛随测，使水下抛石坡度达到稳定坡度（一般为 1∶1～1∶1.5）为止。为防止根石走失，应选大块石，块石重量 30～75kg/个，抢护坡脚不小于 15kg/个。然后修复坝岸沉陷或坍陷部位。

抛石的落点受水流速度、水深、石重等因素影响，在抛投前应做简单试验，求出抛投入水点与落点的距离，然后参照试验结果在落点上游合适距离抛投。在水深流急情况下抛石，应选用较大块石在预计抛石部位先抛一条石埂，然后用一般块石逐次向上游突出抢抛。

2. 抛土袋

用土工编织袋、麻袋、草袋装砂或土，充填度 70%～80%，后用尼龙绳、细麻绳、铅丝绑扎封口，投入出险部位。

抛投方法基本上与抛块石相同，抛土袋需层层叠压，流速过大时，可将数个土袋捆绑一块抛投（有条件的地方可用吊车等机械投抛），抛投后坡度为 1∶1～1∶1.5。在岸上抛投时，最好用滑板，这种方法易入位。注意防止尖锐的物体扎破或撕破袋子。在土袋露出水面 1m 后，再在前面抛块石裹护并护根。

3. 推柳石枕

坝岸基础淘刷严重、坍塌范围较大、根石走失较多时，采用此办法。柳石枕的长度视抢护现场条件和需要而定，一般长 10m 左右，最短不小于 3m，直径 0.8～1.0m，柳石体积比大致为 2∶1。本办法需经过平整场地、铺柳排石（在铺柳的中间排石）。

捆枕和推枕有以下几个步骤：

（1）平整场地。在出险部位的坝顶选好抛枕位置，在场地后部顺放一根枕木，在枕木上横放垫桩一排，垫桩间距为 0.5～0.7m，两垫桩间放一条捆枕绳（8 号铅丝），另外在场地后部上游一侧打好拉桩（推枕时绑串心绳用）。

（2）铺柳排石。在已经布放好的捆枕绳上（即铝丝上）顺枕轴线方向铺放柳枝（苇料、田菁或其他长形软料），宽约1m，柳枝根梢压茬搭接，铺放均匀，压实厚度为0.15～0.20m。柳枝铺好后排放石料，石料排成中间宽，上下窄，直径约0.6m的圆柱体，排紧填实，并用小块石填满空隙或缺口，枕两端各留0.4～0.5m不排石块，以盘扎枕头。在排石达到一半高时，放串心绳（笼筋）一根，绳上应拴2～3根"十"字木棍或条形块石，以免龙筋绳滑动。待块石铺好后，再在顶部盖柳，方法同前。如石料短缺，也可以用黏土块、编织袋（麻袋）装土代替。

（3）捆枕。枕下的捆枕绳须依次用力拉紧，或用绞杠绞紧，将捆枕绳系牢，余头顺枕互相连接，将枕头盘扎好。

（4）推枕。推枕前先将笼筋绳活扣拴于坝顶的拉桩上，并派专人掌握绳的松紧度。推枕人员要分配均匀站在枕后，推枕号令一下，同时动作，先推后掀垫桩使桩平衡滚落入水，推枕时人要站在垫桩之间，忌骑垫桩上，以免发生危险，枕入水后，应加强水下探摸，及时放松笼筋绳调整枕位，或在捆枕前先铺上几根底勾绳，控制枕位，使其落到预定位置。

（5）石笼的制作。视险情大小和水流变化而定，可采用铝丝笼、钢筋笼、竹笼等防冲体。笼的大小，视需要和抛投手段（工具）而定。铝丝笼体积一般为1.0～2.5m³，用预先编织网片，现场装石扎结成笼。竹笼直径一般0.5m左右。钢筋笼先用细钢筋或角钢焊成笼壁，大小需视推投能力而定。

4. 抛石笼的方法

抛石笼的方法包括以下几种：

（1）人工推笼。在坝岸或护坡（根）台上，临时修一缓坡，坡上装笼，人工推笼下水。

（2）垫桩抛笼。在现场平地上或护坡（根）台上放几根木桩，在桩上扎笼装石，抛笼时一面人力推笼，一面掀垫桩，使笼滚入水中。

（3）笼架抛笼。将抛笼架安设在抛笼地点，架上装石成笼后，操作把柄，使笼滚动入水。

（4）船上抛笼。将船锚定在抛笼地点，在船上装笼后下抛。在港口附近，如有浮吊船，用浮吊将笼放入水底效果更好。

4.2.1.4　注意事项

（1）不论抛投块石、土袋或石笼，抛前应先做简单试验，求出抛投入水点与落点的距离，然后参照试验距离在要求的落点上游抛投。

（2）从高处抛投时，为避免损毁坝岸，应采用滑板或其他辅助设施，使块石平稳入位。

（3）抛投块石、土袋或石笼抛笼，应先从险情严重部位投抛，再向两边展开。随抛随测，坡度1∶1～1∶1.5即可。

（4）石笼四周要紧密均匀，装石要满。

（5）抛完后，应全面探摸一次，笼之间接头不严处用块石填齐。

（6）在防汛抢险中，需要在船上作业时，抛锚固定船只便可。方法是利用船头两侧的大锚向侧前方抛投，船尾外侧或两侧的大锚向侧后方抛投。抛投距离（应根据水深而定），一般在 30～100m。用船上的绞关调整船位。锚的重量根据船只的吨位大小、水深及流速而定，一般每口锚的重量为 200～400kg，如果没有大重量的锚，也可将小锚捆绑一起使用。

4.2.2　堤身沉陷险情抢护

4.2.2.1　险情识别

坝垛基础被水流严重掏刷，根石或坦石连同部分土坝基突然蛰入水中，如抢护不及，就会产生断坝、垮坝等重大险情。

4.2.2.2　抢护原则

迅速加高，及时护根，保土防冲。

4.2.2.3　抢护方法

一般用推柳石枕等抢出水面，再抛石、抛土袋固根，或用柳石搂厢法抢护。柳石搂厢做法如下：在坝垛墩蛰处削坡，铲削成 1:0.5～1:1.0 的坡度。在岸坡的顶部，距岸边约 2～3m 处，打一排顶桩，桩距约 1m，供拴底勾绳用。以后每厢一坯（约 1.0～1.5m 厚一层），在第一排顶桩后面错开约 0.15m，再打一排顶桩，供下一坯拴底勾绳用。同时固定捆厢船，架好龙骨（木杆），再布放底勾绳，并用练子绳和底勾绳结成网。练子绳的一端固定在坝顶的顶桩上，另一端拴在龙骨上（活扣），在铺放柳枝后不断松绳可以将其逐渐沉入河底。在绳网上铺设厚约 1.0m 的柳（秸）料一层，然后在柳料上压 0.2～0.3m 厚的块石一层，块石距埽边 0.3m 左右，石上再盖一层 0.3～0.4m 厚的散柳，柳石总厚度不大于 1.5m。柳石铺好后，在埽面上打"家伙桩"和"腰桩"。将底勾绳每间隔一根搂回一根，经家伙桩、腰桩并拴于顶桩上，这样底坯就做完了。

按上法逐坯加厢，每加一坯均需要打腰桩，腰桩的作用是使上下坯结合稳固，适当松底勾绳，保持埽面出水高度在 0.5m 左右，一直到底坯沉入河底。这时将所有绳、缆搂回拴在顶桩上，最后在搂厢顶部压石块或压土 1.0m 左右封顶。

4.2.2.4　注意事项

（1）柳石搂厢每 1m³ 体积压石 0.2～0.4m³，在柳石用法上，应先厚柳薄石，然后厚石薄柳。为防止搂厢发生仰脸（下部滑脱）险情，压石应采取从前向后，前重后轻的压法。

（2）柳石搂厢每做一坯，应适当后退，使搂厢面的坡度保持在 1:0.3 左右为好，坡度宜陡不宜缓，最大不宜超过 1:0.5，防止搂厢仰脸或前爬。

（3）做柳石搂厢的石料，可用土工编织袋装土代替，但封口要严，防止漏土，排放时并要注意不要让柳枝戳破。用土工编织袋以土代石，可以减少运输力量并可就地取土，同时操作也较方便。

4.2.3　护岸工程滑动抢护

4.2.3.1　险情识别

坝垛在自重和外力的作用下失去稳定，护坡连同部分土胎从坝垛顶部沿弧形破裂面向河内滑动，就会发生坝垛倾倒的重大险情。坝垛滑动分骤滑和缓滑两种，其中骤滑险情突发性强，易发生在水流集中冲刷处，故抢护困难，对防洪安全威胁也大，这种险情看似与坍塌险情中的猛墩猛蜇相似，但其出险机理不同，抢护方法也不同，注意区分。出险的主要原因：护岸工程基础深度不足，或护脚坡度陡；地基有软夹层或存有腐烂埽料或顶部堆物超载；水位骤降，坝岸工程受渗透水压力作用失去平衡，滑动或倾倒。

4.2.3.2　抢护原则

对"缓滑"应以"减载、止滑"为原则；对"骤滑"应用搂厢或土工布软体排等方法保护土胎，防止水流进一步冲刷坝岸。

4.2.3.3　抢护方法

1. 抛石固基及上部减载法抢护

当护岸发生裂缝等有滑动前兆时，应立即进行水下测量，可用 FB-1 型根石探摸仪等仪器测量，也可用探水杆探摸或投石查水深或观察水势等，找出薄弱部位迅速抛石、石笼固基阻滑。如系顶部超载，应移走堆集物或拆除洪水位以上的部分坝岸，将土坡削成 1:1.0 坡度，以减轻荷载。

2. 土工编织布软体排抢护

当出现护岸滑落、倾倒、土体外露，大溜继续顶冲时，除用搂厢抢护外，可用此办法。

3. 制作排体

用聚丙烯（也可用聚乙烯）编织布若干幅，缝成 12m×10m 的排体，在排体的下端横向缝上 0.4m 宽的袋子（即横袋），两边及中间再缝上 0.4~0.6m 宽的竖袋，竖袋的间距可根据流速及排的大小而定，一般为 4m 左右。各竖袋的两旁排体上下两面分别缝上直径 1cm 聚乙烯挂排缆绳。纵向拉筋绳及挂排绳均应预留一定长度，以便与顶桩连结。在排的上游面还要拴两根拉筋绳。抢险用的编织布排体近似于河岸护坡用的膜带，只是排体的带子较少，是装散料而不是装混凝土。

4. 下排

在下排部位的岸上，展开排体，将土装入横袋内，装满后封口，然后以横袋为轴卷起，再移到岸边（排的长度应大于所抢护的岸坡长和可能淘刷深度之和）。将拉筋绳及挂绳拴在顶桩上，然后将排推入水中，把卷排展开。同时向竖袋内装土（或土袋），直到横袋沉至河底。排体沉放后，要随时探摸，如发现排脚以下仍有冲刷坍塌现象，应继续向竖袋加土，并放松拉筋绳，使排体紧贴岸坡整体下滑，贴覆坝岸坍塌部位。

4　注意事项

……先缝制好大小不一的土工编织布软排体，穿好配套绳缆，集中保存，抢险时，……排体缝合应采用双道缝线，搭接处留出 5cm。两条线相距不小于 1.5~……竖向布袋缝合时，也要采用双线。

……后面过水发生后溃，上游边上的竖袋必须充填密实，必要时可充填碎……另压土袋，务必压实。

……止排体受水流冲击下移，要在上游岸顶上打桩，将排下端的拉筋绳活……松紧。

……运到工地。

……2.0cm。……排体与横向……

……（2）为防止排体上……石袋加重或在排体上……

……（3）下排时为防……扣系桩上，并由专人……

（4）上下游两排的搭接处，必须接好压实。

4.2.4　堤岸工程溃膛抢护

4.2.4.1　险情识别

在中常洪水水位变动处，水流透过保护层及垫层，将坝体护坡后面土料淘出，蛰成深槽，槽内道水淘刷土体，险情不断扩大，使保护层及垫层失去依托而坍塌，严重时可造成整个坝岸溃塌。

4.2.4.2　抢护原则

先堵截串水来源，同时加修后膛，防止蛰陷。

4.2.4.3　抢护方法

1. 抛土袋抢护

若险情较严重，坦石滑塌入水，土坝基裸露，可采用土工编织袋、草袋装土等进行抢护。即先将溃膛处挖开，然后用土工布铺在开挖的溃膛底部及边坡上做反滤层，再把装好土的土袋垒筑在上面，并将土袋与土坝之间空隙填实，袋外抛石笼恢复原坝坡。

2. 坝岸溃膛抢护

如果险情较轻，即坦石塌陷范围不大，深度较小，且坝顶未发现变形，用块石直接抛于塌陷部位即可，并略高于原坝坡，恢复坝坡原貌。

若坝体蛰陷险情严重，险情发展迅速，可采用大柳石枕（又叫懒枕）、柳石、搂厢等方法进行抢护。

4.2.4.4　注意事项

（1）抢护坝垛溃膛险情，首先要通过观察找出串水的部位进行截堵，消除冲刷，在截堵串水时，切忌单纯向沉陷沟槽内填土，以免仍被水流冲走，扩大险情，贻误抢险时机。

（2）坝垛前抛石或柳石枕维护，以防坝体滑塌前爬。

（3）汛后应将抢险时充填的料物全部挖出，按设计和施工要求进行修复。

（4）填石，在棋盘桩内填石1.0m高，然后用棋盘绳扣拴缚封顶。

（5）包边与封顶，即成宽0.8m，高1.0m的枕心。在枕心上部及两侧裹护柳厚约0.5m。

（6）捆枕，将枕用麻绳捆扎结实，再将底勾绳搂回拴死于枕上，形成高宽各为2.0m，中间有桩固定的大枕。

（7）在桩上压石，或向蛰陷的槽子内混合抛压柳石，以制止险情发展。

（8）汛后水位降低后，应将出险处开挖，重新处理，修作垫层，恢复原工程结构

4.3　穿堤涵闸及管道抢护

4.3.1　闸门漏水抢护

4.3.1.1　险情一

1. 现象

闸门构造不严或有损坏，发生严重漏水。

2．抢护方法

在关闸门挡水的情况下，应从下游接近闸门，用沥青麻丝、棉纱团、棉絮等填塞缝隙，或用土工编织袋、麻袋装土封堵闸门。

4.3.1.2　险情二

由于土石结合部夯填不实，防渗止水设备不完善，或工程标准不能满足防渗要求，施工质量差等原因，在土石结合部或背河有清水或浑水集中渗出、漏出。

1．抢护原则

对漏洞要临河堵塞漏洞进水口。采用背水反滤导渗，对渗水要临河隔渗，背河导渗。

2．抢护方法

堵塞漏洞进水口。当漏洞口不大，且水深在 2.5m 以内时，用草捆、旧棉絮、棉衣等堵塞（草捆大头直径 0.4～0.6m，内包石块或黏土），如果水下混凝土建筑物裂缝较大或有孔洞时，可同浸油麻丝、桐油灰掺石棉绳、棉絮等嵌堵。

背河反滤导渗。可根据渗水险情及现场反滤料物准备情况（如柴草、石料、柳枝、分级后的砂、石料，以及土袋、麻袋、土工织物等）确定，采取反滤导渗措施，修筑反滤减压围井等。

4.3.2　闸基渗水或管涌抢护

4.3.2.1　险情识别

当地下轮廓渗径不足、渗透比降超过地基土壤允许值或地基表层为弱透水层时，也可能发生渗水或管涌。

4.3.2.2　抢护原则

临河截渗，背河导渗。

4.3.2.3　抢护方法

闸上游抛黏土阻渗。先铺土工膜或篷布，上抛土袋，再抛黏土落淤封闭。如渗水口分散而且明显，可用船在渗漏区抛填黏土，形成铺盖层防止渗漏，也可以由潜水人员下水用黏土袋堵进口，再加抛散黏土封闭。

闸下游修反滤围井。见 4.1 节管涌抢险。

闸下游蓄水平压。闸下游围堤蓄水平压，减小上下游水头差，在下游渠道一定范围内用土袋或土料筑成围堤或利用渠道节制闸关闸，抬高水位减小水头。闸下游围墙高度根据洪水水位等情况确定，围墙顶宽 4m，边坡坡度 1∶2。

4.3.3　穿堤管道抢护

4.3.3.1　险情识别

埋设在堤身的各种管道，如虹吸管、泵站出水管、输油、输气管等，一般多为铸铁管、钢管或钢筋混凝土管，常会发生管接头开裂、管身断裂或管壁锈蚀穿孔，造成漏水（油），冲刷并掏空堤身，危及堤防安全。

4.3.3.2　抢护原则

临河封堵，中间截渗，背河反滤导渗。

4.3.3.3　抢护方法

1. 临河截堵

对于虹吸管等输水管道,发现险情应立即关闭阀门,排除管内积水,以利于检查监视险情。对于没有安全阀门装置的管道,洪水前应严密封闭管理进水口。封闭方法,做一个1～2cm 厚、直径与管径同粗的钢板,垫橡皮垫,用螺栓固定在管道进口处密封。

2. 临河堵漏

若漏洞口发生在管道进口周围,可参照本章 4.3 节漏洞抢险中堵漏方法。

3. 压力灌浆截渗

在沿管壁四周集中渗流情况下,可采用压力灌浆堵塞管壁四周空隙或空洞。浆液用黏土浆或加 10%～15%的水泥,宜先稀后浓。为加速浆液凝结,可适量加入水玻璃或氯化钙等。对于内径大于 0.7m 的管道,可派人进入管内,用沥青或桐油麻丝、快凝水泥泥浆或环氧砂浆,将管壁的孔洞和接头裂缝紧密填塞。如有必要,也可以运用前述的反滤导渗、背河抢修围堤、蓄水平压等方法抢护。

第8篇

农村水利信息技术

第1章 概　述

随着我国新农村的建设，以及对水利行业的投入，特别是对农业投入的加大，农村水利信息化越来越需要加强投入和管理。农村水利信息化在20世纪90年代以前，由于信息收集技术及传输技术的限制，不具备发展条件。同时由于我国资金投入的限制，倾向于农村水利基础设施的建设，对农村水利信息技术的投入远远不够，因此农村水利信息技术在这一阶段以前发展缓慢。当今，随着我国改革开放的发展，已经能够从财力及技术上进行此项工作的开展，另外农村水利信息技术给农业机械化、现代化的发展带来越来越大的契机。农村水利信息技术能够从农村水资源供需、农业灌溉水资源供需、农村河道等治理上以及农村降水、地下水等方面的数据进行分析，进而全面地、及时地、统筹地进行合理化的配置水资源以及加强抗旱防涝等方面的作用，其作用越来越明显。

目前我国农村水资源信息技术基础设施很薄弱，一些地区甚至可以说是无此项投入。我国农村水利信息技术目前存在以下几点缺陷：①农村水利信息观测及测验点严重缺乏，因此无基础数据的收集设施，应由基层单位根据本区域的特点，从地表水、地下水、降水等方面的水量及水质进行设置监测站；②农村水利监测数据的传输设施较为落后，随着信息时代的发展，农村网络信息化以及GPS等卫星监测系统的发展，应该与农村其他行业的通信通话设置进行协调，能否进行并网处理，可以减少此项投入，增加农村水利信息系统建设的可行性；③水务部门及农业部门对农村水利信息技术的认识不够，由于基础水利单位的人员编制限制以及对水利信息技术的认识程度不够，导致很多水务工作人员认识不到水利信息技术的重要性，看不到农村水利信息建设的长远效益，因此应加大水利信息技术的普及宣传；④农村干部及农民对此认识不够，对水利监测设施的理解不够，所以对其保护也是一个问题，因此对于农村水利信息监测系统，特别是无人管理的监测信息系统的制作需防人为破坏，这就需从监测点监测站的建设上要考虑人为破坏因素，同时加大对农村水利信息系统保护上的法律法规的建设，加强对农民的水利信息系统保护意识的宣传。

本篇主要从农村水利信息技术的观测方法以及观测站的建设进行分析，同时对农村水利信息系统的收集及传输进行总结。主要从降水、河道水位、水量以及地下水等监测方法进行总结分析，另增加对降水、地表水、地下水等方面的水质监测、信息收集的方法进行总结。在本篇中对监测数据的传输技术以及数据分析进行了系统的总结和分析。

第2章　水利信息观测及测验

2.1　降　水　观　测

降水量观测主要观测降雨、降雪、冰雹的水量。根据农业发展的需要，降水量主要观测全年的降雨、降雪的水量，进而对农业水资源配置进行分析，使其能够充分地利用降水，同时也根据降水量的大小，及早地作出抗旱除涝的规划及对策。

2.1.1　降水观测站点的布置

降水观测站点的布置主要参照《水文站网规划技术导则》（SL 34—92）、《水面蒸发观测规范》（SD 265—88）。降水量观测受风的影响较大，因此需要设置在避风区。降水量观测站点布置应在空旷场地，应远离障碍物及建筑物的影响。尽量布置在无种植庄稼等空旷地。布置密度根据观测点的控制范围及设置目的，针对农业降水量的监测点布置相比较水文监测、气象监测点的设置密度可适当降低。

降水观测设备主要有雨量器、虹吸式自记雨量计、翻斗式自记雨量计。当设置雨量器时，要求场地为 4m×4m，当设置虹吸式自记雨量计、翻斗式自记雨量计时，要求场地4m×6m。场地应保证平坦，种草及其他作物高度不应高于 20cm，同时在场地周围应设置钢栏栅。要求场地应保证不积水、不积雪，不储存杂物等条件，同时尽量布置远离居民活动地。

当观测点设置完毕后，应对观测点进行编号，同时对基础资料进行记录，以备以后调阅观测点的原始资料。

2.1.2　降水观测方法

降水观测方法主要有雨量器法、虹吸式自记雨量计法、翻斗式自记雨量计法。其中雨量器法、虹吸式自记雨量计法主要适用于有人值守，针对农村观测站点特点，主要应设置翻斗式自记雨量计法，可用于无人值守。

1. 翻斗式自记雨量计法

翻斗式自记雨量计法自记周期可选用 1 日、1 个月或 3 个月。针对农村农业的特点，农村水利信息系统的降水观测点的自记周期选用 3 个月，雨季自记周期选用 1 个月。观测巡视时间应在自记周期末 3 日内进行，更换记录纸、记录表、电池以及检查设备运行情况。每个自记周期换纸时应记住更换时间点，以备记录数据的连续性。针对数据传输的设备，应定期分析检查中心站收集的数据是否合理，以判断观测站是否能够运行正常。降水观测点的数据记录要进行连续正常整理，实际运行时，要在自记周期内进行误差分析，检查是否在误差允许范围内，若超出范围，进行误差纠正，进行合理性调整，保证数据的连续性及准确性。

2. 雨量器法

雨量器法主要适用于有人值守，应用于农村水利信息系统，主要针对大面积的国有农场以及大型灌区等地，具备设置气象水文观测站的条件和必要性，进行设置。雨量器法的自记周期可每天 1 次或多次，根据实际需要定制。可进行固态及液体降水观测，需要人为进行记录。每次观测时，需注意仪器设备运行的完好性，同时记录数据需每日进行整理，录入信息系统，以便中心站进行调阅。记录数据每月或设置一个固定周期进行整理汇总。

3. 虹吸式自记雨量计法

虹吸式自记雨量计法主要适用于有人值守，主要针对液态降水观测。应用于农村水利信息系统，主要针对大面积的国有农场以及大型灌区等地，具备设置气象水文观测站的条件和必要性，进行设置。虹吸式自记雨量计法自记周期每天 1 次，定在 8 时。降水观测数据可自动进行记录，每日应调整记录笔，并定期进行换纸。同时注意储水器是否需要更换，注意每日需主要虹吸是否正常。记录数据需每日进行整理，录入信息系统，以便中心站进行调阅。记录数据每月或设置一个固定周期进行整理汇总。

2.2　水　位　观　测

2.2.1　水位

水位是指河流、湖泊、水库等水体的自由水面离固定基面的高程。

水位的监测有以下几种作用：

（1）直接使用。为水利、航运、水运、防洪等提供直接使用价值。对于桥梁、涵洞、泵站、河道等规划设计提供水文设计依据。

（2）间接使用。可以为流量及比降等间接计算提供数据。

（3）水资源计算。

（4）水文预报中的上、下游水位相关法等。

2.2.2　基面

基面即为确定水位和高程的起始水平面。水位计算必须要有计算基准面，即起始零点。

目前基面共有以下几种：

（1）绝对基面。以国家统一要求的基准点进行基准面设定。如黄海高程、大沽高程，该基准面数据能够同其他等系列高程进行比较，但需附近有已知的高程点。

（2）相对基面。使用一个特征的点作为相对基准面，其余高程均以此为起点。相对基面优点是能够比较明显了解监测断面的情况。缺点是无法跟其他监测面进行平行比较，需进行高程转化。相对基面通常由监测站选地质条件变化较小，受自然气候影响较小的点作为基准面。

2.2.3　观测设备与方法

1. 直接观测

直接观测全国统一基准时为 8 时。主要采用直尺、斜尺、桩式及混凝土墙标尺 4 种方式。此种方法比较直观、简易、目前采用较多。水尺的设置一般高于历史最高水位 0.5m，低于最低水位 0.5m。农村水利建设根据项目需要，应多采用混凝土墙标尺，不容易破坏，数值也相对比较稳定。

2. 间接观测

主要采用浮子式、压力式、液位计式、超声波、遥感等技术。此种技术监测连续性较好，有的也能作为实时传输。针对农村水利建设，可根据实际条件，有条件地采用。

2.2.4　水位数据处理

水位数据直尺观测法应为基准面高程加上直尺读数。

水位数据应在固定时间及时间段进行观测。当碰到雨季及汛期，应增加监测次数。

水位数据记录应该记录基准编号，以及记录时间，同样最好有条件应记录当日气象数据。

水位数据缺失通常采用内插法、同比法进行处理。内插法通常按时间序列的水位起伏进行直接内插，或最小二乘法等内插。同比法，主要参照跨年相同时间的水位进行比较使用。

使用水位数据系列时应该进行数据合理性校核，通常进行单站及综合上下游进行数据分析，剔除明显不合理的数据。

2.3　流　量　测　验

2.3.1　概述

流量是单位时间内流过江河某一横断面的水量，m^3/s。流量是反应水资源和江河、湖泊、水库等水体水量变化的基本数据，也是河流最重要的水文特征值。

测验流量方法有很多，按其工作原理可以分为以下几类：

（1）流速面积法：流速仪法、航空法、比降面积法、积宽法、浮标法。

（2）水力学法：通过测量量水建筑物和水工建筑物的有关水力因素，并事先率定出流量系数，利用水力学中的出流公式计算流量，如三角堰。

（3）物理法：利用声、光、电、磁等物理学原理测定流量。

（4）化学法：在测验河段上游释放一种已知浓度的化学指示剂，水流紊动作用能够使之在水中稀释扩散并充分混合，其稀释的程度与水流流量成正比。测出下游充分混合后的化学指示剂浓度，并计算出流量。

以上方法，限于农村水利涉及的河道规模都比较小，因大规模河道都有水文站另行监管。另考虑到农村水利监测应尽量减少投资，故适宜的办法可采用流量面积法、水力学法，如有条件的可采用物理法中超声波法。

2.3.2　流速面积法

流速面积法主要基于公式：$Q=AV$。主要需要监测河道的断面及流速。

1. 断面测量

断面测量主要在测深断面上布设测深垂线，并确定其在测深断面上的位置，测定测深垂线的水深。断面测量的主要测量内容有：水深，从水面到河底的垂直距离；起点距，测深断面上测深垂线到起点桩之间的距离；水位。

测深垂线的布设原则是能控制断面形状的变化，可正确绘出断面图，分布能控制河床变化的转折点，且主槽部分比滩地密。布置垂线数目的最少测深垂线数目见表 8.2.1。

表 8.2.1　　　　　　　　　　测深时水下部分的最少测深垂线数目

水面宽/m		<5	6	50	100	300	1000	>1000
最少测深垂线数	窄深河道	5	6	10	12	15	15	15
	宽浅河道			10	15	20	25	>25

水深的测量方法主要有以下几种：

（1）直接用测深器具：①测深杆，适用于水深小于 10m、流速小于 $3.0 \text{m}^3/\text{s}$ 的河流；②测深锤，当水深、流速较大时，可用测深锤测深；③测深铅鱼，有缆道或水文绞车设备的测站，可将铅鱼悬吊在缆道或水文绞车上测水深。

（2）间接测深：回声测深仪，超声波具有定向反射的功能，根据超声波在水中的传播速度和测得的往返时间计算出水深。

2. 起点距的确定

起点距是指测验断面上某一垂线至断面上的固定起始点的水平距离。断面上各垂线的起点距，均以高水时断面桩（一般为左岸桩）作为起算零点。

测定起点距的方法很多，有直接量距法、断面索法、建筑物标志法、地面标志法、计数器测距法、仪器测角教会法（如经纬仪、平板仪、六分仪法）等。

3. 断面测深数据的整理

断面测深数据整理如图 8.2.1 所示。

其中断面两边面积 A_0 采用三角形计算面积，中间采用梯形计算面积。

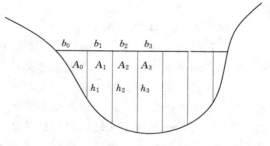

2.3.3　流速的测定

1. 流速分布的特性

流速在断面上沿水深和横断面方向有一定的变化规律。流速受到糙率、冰冻、气候、水草、河床地形、河床组成物等影响。

图 8.2.1　断面测深数据整理图

流速在横断面上河底与岸边流速最小。水面流速、近两岸边的流速小于中泓流速。水深最大处水面流速最大。

2. 流速仪法测流

流速仪分为非转子流速仪，转子式流速仪。非转子流速仪利用声、光、力、电、磁作用于水流的效应测定水流通过的流速。转子式流速仪主要利用转子传递流速。

流速仪测流主要有以下工作内容：测流水深、起点距，观测测速垂线上各测速点的流速，有斜流时要测流向，水位观测。

测速垂线布置原则：①应能控制断面地形和流速沿河宽分布的主要转折点；②垂线布置应大致均匀，但主河槽要比河滩密；③测速垂线应尽可能固定；④当河道水位有明显变化时，应分级设置测速垂线。

2.3.4　流量计算

（1）岸边部分，由岸和距岸第一条测速垂线所构成的岸边部分面积，至少包括一个岸边块，由岸边流速乘以岸边面积求得岸边流量。

（2）中间部分，以相邻两条测速垂线划分部分、将各个部分内测深垂线间的面积乘以两测速的平均值求得中间部分的流量。

（3）将所有部分的流量相加即得河道的流量。

2.4　地下水监测

2.4.1　概述

我国地下水的主要监测要素是地下水水位、水温、水质和出水量。由于特殊需要，还可能监测地下水流向和流速。

地下水监测可参照《地下水监测规范》（SL 183—2005）和《地下水监测站建设技术规范》（SL 360—2006）进行。

2.4.2　地下水水位监测

地下水水位是最普遍、最重要的地下水监测要素，地下水水位一般都以"埋深"进行观测，再得到水位。

监测地下水位的方法可以分为人工观测和自动观测两种，使用相应的人工和自动观测设备。

1. 地下水位人工观测仪器

人工观测地下水位基本上应用测盅和电接触悬锤式水尺，还有更简单的代用措施。测盅是最古老的地下水位测具，测盅盅体是长约 10cm 的金属中空圆筒，直径数厘米，圆筒一端开口，另一端封闭，封闭端系测绳，开口端向下。测量时，人工提测绳，将测盅放至地下水面，上下提放测盅。测盅开口端接触水面时会发出撞击声，由此判断水面位置，读取测绳上刻度，得到地下水埋深值。这种地下水位测量设备也常被称为"悬锤式水位计""水位测尺"。仪器由水位测锤、测尺、接触水面指示器（音响、灯光、指针）、测尺收放盘等组成。测尺是一柔性金属长卷尺，其上附有两根导线，卷尺上有很准确的刻度。测锤有一定重量，端部有两个相互绝缘的触点，触点与导线相联；也可以以锤体作为一个触点。两触点接触地下水体时，电阻变小（导通）。地上与两根导线相联的音响、灯光、指针指示发出信号，表示已到达地下水水面。从测尺上读出读数，可以知道地下水位埋深。

2. 自动测量地下水位的仪器

能自动测量地下水位的仪器主要有浮子式和压力式两种地下水位计，曾经应用过自动跟踪式悬锤水尺。大口径测井、埋深不大时，可以应用所有类型的地下水位计。限于农村水利的规模小及投资有限的条件，采用这两种方法不很适宜，故不多论述。

2.4.3　地下水水质监测

《水环境监测规范》（SL 219—98）规定了地下水水质监测项目，参数与地表水接近，其分析方法按地表水规定执行。此规范也规定了地下水采样方法。

地下水水质监测方法可以分为人工采样分析和自动监测两种方法。自动监测又可分为电极法水质自动测量和抽水采样自动分析方法。地下水水质自动监测基本上都采用电极法水质自动测量仪器。

人工测量时一般都只在现场采集水样，带回实验室分析。也可以使用便携式自动测量仪在现场进行人工自动测量和采样现场分析。

电极法水质直接测量仪器的传感器（水质测量电极或相应的测量元件）放入水体中，能直接感测或转换得到某一水质参数的数值。某一种电极只能测得某一种水质参数。感应头直接感应水质，没有可动部件，可以较长时期在水中工作，连续测量。

2.4.4　地下水水温监测

规范要求水温的观测允许误差为 $\pm0.2℃$，同时观测的气温的允许误差也是 $\pm0.2℃$。

人工测量地下水温时应用各种数字式温度计测温，流出地面后可以用一般温度计测水温。

自动测量水温的传感器一般和其他传感器安装在一起，构成水位、水温测量传感器，多参数水质传感器等。单独自动测量水温的仪器使用半导体、铂电阻等传感器。这些仪器都能达到测温准确性要求。

2.4.5　地下水出水量监测

地下水以泉水方式自动流出地面，或用水泵抽出地面。

以泉水形式出流地面时，出水量的测量和渠道流量测量方式相同；以水泵抽出地面时可以以管道流量的方式进行测量。这两类流量测量的方法和使用仪器都有规范规定，也比较成熟。

泉水流量一般不会很大，其泥沙含量也不大。针对这些特点，可以优先考虑使用量水建筑物法、流速仪法。应用量水建筑物法测量流量时，只测水位，可以方便地做到自动测量。应用各种自动水位计测量上游水位，只是水位准确度要求高，水位测量误差要达到 $\pm3mm$。水量和流速很小时，可以使用小浮标测速的方法；水量很大时，可以使用其他河流流量测验仪器。

水泵抽水量流量测量在管道内可以使用各种管道流量计，如水表、电磁管道流量计、声学（超声波）管道流量计等。一般地下水中泥沙很少，适合使用水表来计测水量，水表价廉、可靠。电子水表可以用于自动化系统，应优先考虑。但很多地下水的泥沙含量并不小，会很快损坏水表，其他管道流量计又较贵，所以还普遍应用电功率法由水泵耗电量得到水量。水泵出水流入渠道后可以使用明渠流量测验方法测量流量。

2.5　水 质 信 息 采 集

2.5.1　地表水采样

1. 采样断面及采样垂线和采样点的选择

（1）采样断面的选择。采样断面主要应考虑到以下几种情况：

1）在大量废水排入河流的主要居民区，工业区的上游、下游。

2）湖泊、水库、河口的主要出入口。

3）河流主流、河口、湖泊水库的代表性位置，如主要用水地区等。

4）主要支流汇入主流、河流或沿海水域的汇合口。

（2）采样垂线与采样点位置的确定。

1）考虑因素：纳污口的位置、水流状况、水生物的分布，水质参数特性等。

2）河流上采样垂线的布置。

a. 在污染物完全混合的河段中，断面任意位置都可以。

b. 河道采样点布设应符合表 8.2.2。

表 8.2.2　江河采样垂线布设

水面宽度/m	采样垂线布设	岸边有污染带	相对范围
<50	1 条（中泓处）	如一边有污染带，增设 1 条垂线	
50～100	左、中、右 3 条	3 条	左、右设在距湿岸 5～10m 处

3）湖泊（水库）采样垂线的分布。湖泊中应设采样垂线的数量是以湖泊的面积为依据的，详见表 8.2.3。

表 8.2.3　湖泊（水库）采样垂线设置

水面宽度/m	垂线数量	说　明
≤50	1 条（中泓线）	（1）面上垂线的布设应避开岸边污染带。有必要对岸边污染带进行监测时，可在污染带内酌情增设垂线；
50～100	2 条（左、右近岸有明显水流处）	（2）无排污河段并有充分数据证明断面上水质均匀时，可只设中泓 1 条垂线
>100	3 条（左、中、右）	

4）采样垂线上采样点的布置。垂线上水质参数浓度分布决定于水深、水流情况及水质参数等特性，具体规定见表 8.2.4。

表 8.2.4　垂线上采样点布置

水深/m	采样点数	位　置	说　明
<5	1	水面下 0.5m	不足 1m 时，取 1/2 水深；
5～100	2	水面下 0.5m，河底上 0.5m	如沿垂线水质分布均匀，可减少中层采样点；
>10	3	水面下 0.5m，1/2 水深，河底上 0.5m	潮汐河流应设置分层采样点

2. 采样时间和采样频率

采集的水样要有代表性，针对农村水利河道的采样，采用现有的一、二级河道采样水文站的监测数据，不另设监测点。未纳入水文站监测点的河道，根据季节的不同以及河道本身的特性，在特征时间点如大雨过后或大旱过后等进行监测，以备农业及农村水资源的利用。

2.5.2　地下水采样

1. 采样井布设方法与要求

（1）尽量与现有地下水水位观测井网相结合；

（2）平原（含盆地）地区地下水采样井布设密度一般为 $200km^2/$ 眼，重要水源地或污染严重地区应适当加密。山区应根据农业实用情况进行布设。

2. 采样时间和采样频率

（1）背景井点每年采样 1 次。

（2）在以地下水作为生活饮用水水源的地区每月采样 1 次。

（3）以地下水作为灌溉水源的地区，应在灌溉前采样进行监测。

3. 采样方法与要求

（1）采样时采用器放下与提升时动作要轻，避免搅动井水及底部沉积物。

（2）用机井泵采样时，应排尽管道中的积水。

（3）自流地下水应在水流流出处进行采样。

2.5.3 水质数据处理及整编、汇编

1. 数据记录与处理

（1）数据记录要求。数据记录应采用钢笔或圆珠笔进行记录，填写清楚，不得随意修改。原始记录修改应采用一横线进行修改，不得肆意涂抹。原始记录应有记录时间、监测点编号、记录人、校核人等。

（2）数据有效位数的原则。

1）根据计量器具的精度和仪器刻度来确定读数的有效位数。

2）数据加减时，取小数点后位数最少的为准，数据乘除时，以有效位数最少的为准。

2. 资料整编、汇编

（1）原始资料的初步整编工作以基层监测中心为单位。

（2）资料要定期成册，以便于保管和后查。

（3）汇编主要内容应包括：资料索引表、编制说明、水质站及断面详细图、水质站布置图、监测成果表、监测成果特征值年统计表。

（4）资料保存应根据纸质材料要求保存的时间进行保存、电子产品应防止磁质消失及丢失。

第3章 水利信息系统

3.1 水利信息的收集与传输

水利信息的收集与传输分为水文信息和水质信息的收集与传输。水质信息的收集在前节已叙述，不再累述，本节只介绍水文信息的收集与传输。

3.1.1 水文信息的收集形式

目前水文信息的收集由人工到自动化经历以下几个阶段：

（1）人工直接观察，进行数据原始分析与整理，成果是各种数据报表和图。

（2）一般老式记录仪器进行自记观测，如水位仪及流量计，形成的成果是水文要素变化过程线或图。

（3）用较新的自记化仪器进行观测，成果形成是能输入计算机的水文信息，如穿孔纸带、可存储芯片等。

（4）用完全自动化的记录仪和传输装置来记录及传输，可以通过有线、无线或遥感技术进行。

3.1.2 水文数据的信息化收集

水文数据的信息化收集是采用适当仪器，使所收集的水文信息能直接为计算机识别。

水位观测常用的是浮子式或气压式自记水位计，其数据记录可采用磁带及存储芯片记录，直接输入计算机。

降水数据对于灌溉及除涝具有直接影响意义，尤其对灌溉条件不充分或暴雨地区。而且目前针对农村水利监测项目降水数据是最主要指标，因此建立自动测报水文信息是十分必要的。带有记录器的自记雨量器的感应器，最常用是虹吸式和翻斗式雨量器，其中翻斗式雨量器信息化比较方便。磁带雨量记录器、传送式雨量器是直接把雨量记录或传送的装置。

流量信息的收集，一般通过在标准断面处进行流量测验率定水位流量关系，通过水位过程线来推求流量过程。流量信息收集需事先确定水位流量关系的稳定过程，这样可以用信息化水位过程推求任何时候的流量。也可用便于信息化的其他水文要素来计算流量。

3.1.3 水文信息的传输

水文信息传输的可靠性及传输速度是水文信息自动测报的关键两个要素。其中传输的及时性具有至关重要的作用。

目前水文传输常用的是利用现有的民用传输网络。对于水利传输有线网络，自建投资成本太大，经济上不切合实际。因此多数采用民用传输网络兼顾。但民用传输网络多为居民及工业使用，而农业水利信息监测多在野外，故二者结合有时不是很理想。目前这种传输方式仅使用人工观测后输入计算机通过互联网传入中央处理系统。

目前常用的是无线电无线传输。一般人工观测站可借助于一般无线电台传输水文信息。特别重要的测站，可专设无线电台，对重要指标进行专门输送水文信息。一些重要地区，可建立自己单独的微波传输系统，在中央处理系统建立接收塔，进行收集信息。这样的监测系统应具有专业人士进行操作和维护，传输距离也不能较长。此种方法比较适宜农村水利，但布设密度和布设地点需因地制宜地斟酌。

对于大型的农业片区，可采用远距离输送，可借助农业卫星和遥感技术进行传输，此项成本较大，需根据使用规模进行选择。

3.2　水量监测与传输

3.2.1　系统的组成

水文要素如降水量、水位、流量等数据的实时采集、报送和处理的系统即为我们追求的自动监测系统。

按水文自动监测系统的规模分为基本系统和测报网。基本系统由监测站、遥测站、信道组成。测报网通过计算机的标准接口和各种信道，把若干个基本系统连接起来，组成数据交换的自动测报网络。

主要设备组成如下：

（1）监测器，根据不同水文指标设置不同的监测器，能进行自动记录。

（2）传感器，能够对完成的原始测量数值，转变成电子信号或辐射信号传输。

（3）编码器，其作用是将测定的数值转化为有一定规则的编码，便于传输、处理。

（4）解码器，安装在接收站，将编码器转化的编码反作用转化成原始参数值。

（5）存储卡/器，按时间顺序进行存储参数值。

（6）键盘/显示器，显示器用于显示测定的参数值，键盘用于设置测定要素。

（7）调制解调器，调制将转化后的数字信号转变成适宜的传输信号，解调是把接到的传输信号转变为数字信号，进行分析使用。

（8）数据处理系统，对接收到的数据进行合理性检查、整理，并存入数据库，生成各种数据文件等。

（9）数据输出，数据显示、打印、报警及数据转发等。

水文自动测报系统包含以下 4 类站点：

（1）遥测站，在遥测终端控制下，自动完成被测参数的采集、存储、传输等。

（2）集合转发站，在某些水位自动测报系统中，为组网需要，由集合转发站接收处理若干个遥测站的数据，再合并转发到中心站。

（3）中继站，用于沟通无限通信电路，以满足数据传输的要求。

（4）中心站，主要完成各站遥测数据的实时收集、存储以及数据处理。

3.2.2　基本系统设计

水文自动监测系统主要有 3 种体制：自报式、查询—应答式与混合式工作体制。

（1）自报式，在遥感站设备控制下，在规定的时间间隔内，被测的水文参数发生一个规定的增减量变化时自动向中心站发送数据，数据站的数据接收设备始终处于值守状态。

（2）查询—应答式，由中心站自动定时或随时呼叫遥测站，遥测站按照中心站的呼叫进行实时采集水文数据发送中心站。

（3）混合式，由自报式和查询—应答式两种遥测方式的遥测站组成系统。

3.2.3　系统联网

各水文自动测报系统中心站与水文信息网连接的网络通常为星形结构。联网可按以下要求进行：

（1）应优先选择已建的专网和公用通信网等现有循环水网络，新建的联网，应满足传输速率和传输可靠性。

（2）网络建设应根据信息量的大小及速度进行设置，考虑到后期的拓展。

3.2.4　数据处理系统设计

水文自动监测系统的数据处理系统应包括以下：

（1）对遥测数据及其他水文信息的接收。

（2）对实时信息进行处理和存储。

（3）应创建相应的数据库系统，管理数据和分析数据。

（4）信息能够实时转发。

3.3　水质监测与传输

水质自动监测与传输是以一套在线自动分析仪器为核心，运用现代传感技术、自动测量技术、自动控制技术、计算机应用技术以及相关的专用分析软件和通信网络组成的综合性在线自动监测系统。

3.3.1　系统功能

1. 实现监测自动化

水质自动监测仪对水质指标如 pH 值、COD、BOD、浊度等进行在线监测，并能自动连续监测、数据远程传输。

2. 实现水污染的预警报告

根据自动监测数据，将系统输入水质指标标准，当出现某一或几个指标超出水质指标要求的标准，系统进行实时自动报警。

3. 实现水质信息的在线查询与共享

可以实现对上下游地区的水质信息的在线查询共享，以便下游地区根据上游的水质情况，考虑环境容量，进行下游水质分析。

3.3.2　系统组成及质量控制

水质污染自动监测系统是在一个地区设置若干个有连续自动监测仪器的监测站，由一个中心站控制若干个固定监测子站，随时对区域水质进行监测。

水质监测系统组成及质量控制主要需考虑以下几种因素。

1. 水样采集

采用方法分为瞬时采样、周期采样和连续采样 3 种。采用设备为潜水泵，潜水泵安装在固定深度水面下，经输水设备输送到子站监测室内配水槽。自动监测设备安装在配水槽上进行自动监测水质指标。

2. 监测指标选择

农村水利水质监测指标应根据灌溉农业和农村生活等使用情况进行选择，灌溉农业水质指标应根据灌溉作物要求的灌溉水质要求进行监测，农村居民生活和喂饮牲畜用水应满足饮用水水质指标要求。

3. 信息传输方式

信息尽量采用无线传输，应充分考虑现有的有限网络，进行实时、稳定、可靠地传输。

4. 数据处理

根据反馈的信息，前瞻性地分析水质指标，进行实时报警等，以备农村灌溉及生活用水的安全性。

5. 质量保证与质量控制

由于在线监测仪器往往采用光学原理，探头需进行定期清洗。考虑到监测的稳定性及准确性，需要对监测仪器进行校核。对传输线路进行定期复查，保证传输的可靠性。